高等学校软件工程专业系列教材

软件工程 第5版

李代平 胡致杰 林显宁 ◎ 编著

清華大学出版社
北京

内容简介

本书是在《软件工程》(第4版)的基础上,根据使用该书的教师等读者的意见,做了很多调整和修改,如补充了应用实例,加强了对方法论的讲解。本书针对软件工程的基本理论、可行性研究、软件需求分析、总体设计、软件详细设计、面向对象分析与设计、用户界面设计、数据库及其接口设计、软件实现、软件测试、软件项目管理与计划等进行了严谨的论述,通过各章实例来讲解概念。同时各章都配有丰富的习题。本书还有配套的《软件工程习题解答》(第4版)(ISBN 978-7-302-47333-6)和《软件工程实践与课程设计》(ISBN 978-7-302-47867-6)。

本书可作为高等学校计算机、软件工程及相关专业本科生的教材,也可作为IT领域的科研人员、开发人员的参考用书。

图书在版编目(CIP)数据

软件工程/李代平,胡致杰,林显宁编著.—5版.—北京:清华大学出版社,2022.8(2025.2重印)
高等学校软件工程专业系列教材
ISBN 978-7-302-60986-5

Ⅰ.①软… Ⅱ.①李… ②胡… ③林… Ⅲ.①软件工程-高等学校-教材 Ⅳ.①TP311.5

中国版本图书馆CIP数据核字(2022)第089578号

责任编辑:付弘宇 张爱华
封面设计:刘 键
责任校对:徐俊伟
责任印制:丛怀宇

出版发行:清华大学出版社
网 址:https://www.tup.com.cn,https://www.wqxuetang.com
地 址:北京清华大学学研大厦A座 **邮 编**:100084
社 总 机:010-83470000 **邮 购**:010-62786544
投稿与读者服务:010-62776969,c-service@tup.tsinghua.edu.cn
质量反馈:010-62772015,zhiliang@tup.tsinghua.edu.cn
课件下载:https://www.tup.com.cn,010-83470236
印 装 者:大厂回族自治县彩虹印刷有限公司
经 销:全国新华书店
开 本:185mm×260mm **印 张**:20 **字 数**:503千字
版 次:2002年8月第1版 2022年8月第5版 **印 次**:2025年2月第7次印刷
印 数:13501~15500
定 价:69.00元

产品编号:095169-01

前言

1. 写作背景

软件工程是研究如何用工程化的概念、原理、技术和方法来指导计算机软件开发和维护的一门交叉性学科，其理论性和实践性都很强。它的应用范围和规模日益扩大，使之成为软件开发人员必须掌握的技术之一。作为软件技术人员，接受软件工程的概念并不难，但是要真正理解、掌握和运用这门先进的技术并完整地进行系统开发，是有一定难度的。鉴于此，我们编写了这本关于软件工程系统分析、设计和实施的教材，以使更多同行受益。

本书从2002年第1版到2017年第4版都备受老师和读者欢迎。为更好地反映最近几年软件工程领域的发展现状，编者根据"'十二五'普通高等教育本科国家级规划教材"的指导精神，总结近年来教学和科研的经验，在第4版的基础上做了调整，特别补充了应用实例，形成了本书。为了方便学校教学，编者为本书制作了教学PPT，设计了教学大纲，并编写了配套的《软件工程习题解答》和《软件工程实践与课程设计》。

2. 本书结构

本书由四部分组成。

第一部分为基础理论，包括第1～3章。

第二部分为结构化方法，包括第4～6章。

第三部分为面向对象方法与实现，包括第7～11章。

第四部分为测试与工程管理，包括第12、13章。

3. 编写方法

本书是编者根据二十多年来对软件工程学、面向对象方法等的教学与研究，并结合软件开发新技术编写而成。根据编者的教学经验，读者学习一门新技术时，教材是非常重要的。因此，编者在修订时，对于部分章节和内容做了更新和修改。为了便于读者的理解和应用，我们将一个完整实例的各部分分别对应第2～8章各章内容的最后一节。

4. 如何使用本书

根据实际情况，在讲授本书时建议安排36～54学时。教师可以按照自己的风格和喜好删除章节，也可以根据教学目标灵活调整章节顺序。

第1章　绪论(2学时)

第2章　基本理论(2学时)

第3章　可行性研究(2～4学时)

第 4 章 软件需求分析(4～6 学时)

第 5 章 总体设计(4～6 学时)

第 6 章 软件详细设计(4 学时)

第 7 章 面向对象分析(4～6 学时)

第 8 章 面向对象设计(4～6 学时)

第 9 章 用户界面设计(2～4 学时)

第 10 章 数据库及其接口设计(2～4 学时)

第 11 章 软件实现(2～4 学时)

第 12 章 软件测试(2～4 学时)

第 13 章 软件项目管理与计划(2 学时)

本书的编写得到了广东理工学院李代平教授主持的广东省级重点学科建设项目“计算机科学与技术”一级学科课题的支持。胡致杰、林显宁、李清霞、彭守镇、李小莲、郭锐参加了资料的收集与整理工作。

由于软件工程的知识面广,在介绍中不能面面俱到,加上时间仓促,编者水平有限,书中的不足之处在所难免,恳请读者批评指正。

本书配套资源可以从清华大学出版社官方微信公众号“书圈”(见封底)下载。关于本书及资源使用中的问题,请联系 404905510@qq.com。

编　者

2022 年 1 月

于振华楼

第4版前言

1. 写作背景

在计算机软件开发的工程科学技术中，软件工程的概念、原理、技术与方法已成为计算机科学与技术范畴的一项重要内容，在计算机科学技术领域占据无可争议的主流地位。作为软件技术人员，接受软件工程的概念并不难，但是要真正理解、掌握和运用这门先进的技术并完整地进行系统开发，是有一定难度的。鉴于此，编者编写了这本关于软件工程系统分析、设计和实施的教材，以使更多同行受益。

几年前，编者编写的《软件工程》(第 3 版)备受老师和其他读者欢迎。这本书对于应用型本科学校的读者而言，有些内容显得深了些。为更好地反映最近几年软件工程领域的发展现状，编者根据"'十二五'普通高等教育本科国家级规划教材"的指导精神，总结近年来教学和科研的经验，在第 3 版基础上进行了调整和增删，形成了第 4 版教材。为了方便教学，编者还编写了配套的《软件工程习题解答》(第 4 版)(ISBN 978-7-302-47333-6)和《软件工程实践与课程设计》(ISBN 978-7-302-47867-6)。

2. 本书结构

本书由四部分组成。

第一部分为基础理论，包括第 1～3 章。

第二部分为结构化方法，包括第 4～6 章。

第三部分为面向对象方法与实现，包括第 7～11 章。

第四部分为质量与工程管理，包括第 12～15 章。

3. 本书特点

本书对有用的概念都进行了严格的论述，每个概念都有相应的例子解释，同时每章都配有习题。此外，编者还编写了与本书配套的《软件工程习题解答》(第 4 版)和《软件工程实践与课程设计》，帮助读者巩固所学知识。

4. 适用范围

软件工程是软件系统开发课程的教科书，适合作为软件工程方面课程的教材，也可作为相关工程技术人员的参考用书。

在选修本课程之前，读者应该具有计算机的基础知识，掌握数据结构和数据库技术。另外，如果具有算法语言的编程经验，会有助于深入理解系统开发过程。

5. 编写方法

本书是编者根据近20年来对软件工程学、面向对象方法等的教学与研究,以及编者主持或参与几十项软件开发项目的实践经验,并结合软件开发新技术编写而成的。根据编者的教学经验,读者学习一门新技术时,教材是非常重要的。因此,编者在修订时,对于部分章节和内容进行了更新和修改,以便读者更好地学习与掌握相关知识。

6. 如何使用本书

根据实际情况,在教学时建议安排54～60学时。教师可以按照自己的风格和喜好删减章节,也可以根据教学目标灵活调整章节顺序。

第1章　绪论(2学时)
第2章　基本理论(2学时)
第3章　可行性研究(2学时)
第4章　需求分析(4学时)
第5章　总体设计(4学时)
第6章　软件详细设计(4学时)
第7章　面向对象分析(4学时)
第8章　面向对象设计(2学时)
第9章　用户界面设计(2～4学时)
第10章　数据库及其接口设计(2学时)
第11章　软件实现(2学时)
第12章　软件质量(2学时)
第13章　软件测试(2学时)
第14章　软件维护(2学时)
第15章　软件项目管理与计划(2学时)

本书的编写得到广东理工学院李代平主持的广东省级重点学科建设课题——一级学科“计算机科学与技术”项目的支持。信息工程系胡致杰、赖小平、刘建友和张俊林参加了资料的收集与整理工作。

由于软件工程的知识面广,书中不可能面面俱到,加上时间仓促,编者水平有限,书中的不足之处在所难免,恳请读者批评指正。

编　者
2017年5月
于振华楼

第3版前言

1. 写作背景

软件工程是指导计算机软件开发的工程科学技术。软件工程的概念、原理、技术与方法已成为计算机科学与技术范畴的一项重要内容。用软件工程的思想进行软件设计与开发的先进性众所周知,它在计算机科学技术领域占据无可争议的主流地位。作为软件技术人员,接受软件工程的概念并不难,但是要真正理解、掌握和运用这门先进的技术并完整地进行系统开发,是有一定难度的。鉴于此,编者编写了这本关于软件工程系统分析、设计和实施的教材,以使更多同行受益。

几年前,编者编写的《软件工程》(第2版)备受老师和读者欢迎。为更好地反映最近几年软件工程领域的发展现状,编者根据"'十二五'普通高等教育本科国家级规划教材"的指导精神,总结近年来教学和科研的经验,在第2版基础上做了调整和增删,形成了这本教材。主要从下述4个方面进行了精心修改:删掉了一些较陈旧或较次要的内容;增加了一些较新颖或较重要的内容;用UML的概念与符号重新改定了有关面向对象方法学的内容;结构上也进行了必要的调整。

2. 本书结构

本书由四部分组成。

第一部分为基础理论,包括第1~3章。

第二部分为结构化方法,包括第4~6章。

第三部分为面向对象方法与实现,包括第7~16章。

第四部分为质量与工程管理,包括第17~20章。

3. 本书特点

本书对各章的概念都进行了严格的论述,每个概念都有相应的例子解释,同时各章都配有习题。编者还编写了与本书配套的《软件工程习题解答》,帮助读者巩固所学知识。

4. 适用范围

软件工程是软件系统开发课程的教科书,适合开设有软件工程课程的大学高年级和低年级研究生作为教材,也可作为工程技术人员的参考用书。

在选修本课程之前,读者应该具有计算机的基础知识,掌握数据结构和数据库技术。另外,如果具有算法语言的编程经验,会有助于深入理解系统开发过程。

5. 编写方法

本书是编者根据近十年来对软件工程学、面向对象方法等的教学与研究,以及编者负责或参与几十项软件开发项目的实践经验,并结合软件开发新技术编写而成。根据编者的教学经验,读者学习一门新技术时,教材是非常重要的。因此,编者在修订时,对于部分章节和内容做了更新和修改。

6. 如何使用本书

根据实际情况,在教学时建议安排 54～60 学时。教师可以按照自己的风格和喜好删除章节,也可以根据教学目标灵活调整章节顺序。另外,前面带“*”的部分为选学内容。

第 1 章　绪论(2 学时)
第 2 章　基本理论(2 学时)
第 3 章　可行性研究(2 学时)
第 4 章　需求分析与*体系结构(4 学时)
第 5 章　总体设计(4 学时)
第 6 章　软件详细设计(4 学时)
第 7 章　面向对象方法概论(4 学时)
第 8 章　模型(2 学时)
第 9 章　对象分析(4 学时)
第 10 章　关系分析(4 学时)
第 11 章　控制驱动部分的设计(4 学时)
第 12 章　问题域部分设计(4 学时)
第 13 章　用户界面设计(2～4 学时)
第 14 章　数据库及其接口设计(2 学时)
第 15 章　*形式化方法(0～4 学时)
第 16 章　软件实现(2 学时)
第 17 章　软件质量(2 学时)
第 18 章　软件测试(2 学时)
第 19 章　软件维护(2 学时)
第 20 章　软件项目管理与计划(2 学时)

编　者
2011 年 1 月
于广州小谷围岛

1. 写作背景

本书是根据"'十一五'普通高等教育本科国家级规划教材"的指导精神而编写的。出版后我们在教学的使用过程中,觉得有许多地方不是很理想,因此,我们根据使用该教材的教师和读者的意见,对原书在结构和内容上做了很大的调整和修改。

随着科学技术的进步,软件的理论与开发方法不断涌现。软件工程是指导计算机软件开发的工程科学技术。软件工程的概念、原理、技术与方法已成为计算机科学与技术的一项重要内容。

用软件工程进行软件设计与开发的先进性是众所周知的,它在计算机科学技术领域占据了无可争议的主流地位。作为软件技术人员,接受软件工程的概念并不难,但是要真正理解、掌握和运用这门先进的技术并完整地进行系统开发,是有一定难度的。鉴于此,我们编写了本书,目的是向读者提供一本关于软件工程系统分析、设计和实施的教科书,以使更多同行受益。

2. 本书结构

本书由四部分组成。

第一部分为基础理论,包括第1~3章。

第二部分为结构化方法,包括第4~6章。

第三部分为面向对象方法与实现,包括第7~15章。

第四部分为质量与工程管理,包括第16~19章。

3. 本书特点

本书对每章的概念都进行了严格的论述,每个概念都有相应的例子解释,同时每章都配有习题,使读者巩固所学知识。

4. 适用范围

软件工程是软件系统开发课程的教科书。讲授时间一般为40~60学时。本书适合开设有软件工程课程的大学高年级本科生和低年级研究生作为教材,也可作为工程技术人员的参考用书。

在选修本课程之前,读者应该具有计算机的基础知识,掌握数据结构和数据库技术。同时具有可视化类语言的编程经验,会有助于深入理解系统开发过程。

5. 编写方法

本书是编者根据近10年来对软件工程学、面向对象方法等的教学与研究,以及编者领导或参与的20项软件项目开发的实际应用经验,并结合软件开发新技术编写而成。根据过去的教学经验,读者学习一门新技术,教材是非常重要的。因此,在修订时,对于部分章节和内容做了调整和修改。

6. 如何使用本书

根据学生的实际情况,教师在教授本书时,建议一般在54～60学时。教师可以按照自己的风格和喜好删除章节,也可以根据教学目标灵活调整章节顺序。另外,前面带"*"为选学内容。

第1章　绪论(1学时)
第2章　基本理论(2学时)
第3章　可行性研究(2学时)
第4章　软件需求分析(4学时)
第5章　总体设计(4学时)
第6章　软件详细设计(4学时)
第7章　面向对象方法概论(4学时)
第8章　模型(2学时)
第9章　对象分析(4～6学时)
第10章　关系分析(4～6学时)
第11章　面向对象设计原则(2学时)
第12章　对象设计(5～6学时)
第13章　接口设计(4～6学时)
*第14章　形式化方法(4学时)
第15章　软件实现(2学时)
第16章　软件质量(2学时)
第17章　软件测试(2学时)
第18章　软件维护(2学时)
第19章　软件项目管理与计划(2学时)

由于软件工程知识面广,在介绍中不能面面俱到,加上时间仓促,编者水平有限,书中的不足之处在所难免,恳请读者批评指正。

编　者
2007年5月
于小谷围岛

1. 关于本书

软件工程是指导计算机软件开发的工程科学。人们希望通过用工程技术和管理方法使软件开发工程化,由此产生了软件工程学。软件工程学是采用工程的概念、原理、技术与方法,把当前先进的技术与已经实践证明了的正确管理方法相结合来开发软件。从20世纪60年代提出软件工程的概念以来,软件工程技术逐渐成熟,现在已成为计算机科学技术中的一门重要学科。但是,还有些公司和个人仍然在随意开发软件,将编写高质量的程序与开发系统混为一谈,也有些软件专业的学生或软件开发人员还没有掌握软件开发出现的新技术,鉴于此,我们编写了本书。

本书是编者根据近10年来对软件工程学、面向对象方法等教学与研究的经验,以及领导或参与的20项软件项目开发的实际应用经验,并结合软件开发新技术编写而成。根据过去的教学经验,读者学习一门新技术,教材是非常重要的。因此,我们在编写本书之前,在各方面进行了充分的准备。

2. 本书结构安排

本书由16章构成,内容如下。

第1章:绪论。介绍的主要内容有软件的特点、软件的发展、软件危机、软件工程、软件工程与方法学、软件工程的基本原理等。

第2章:软件工程的基本理论。介绍的主要内容有软件工程过程、软件生存周期、软件生存周期模型、软件开发方法、软件开发工具。

第3章:可行性研究。介绍的主要内容有可行性研究的任务与步骤、系统分析、分析原理、结构化分析、系统流程图、数据流图、数据字典、成本-效益分析、可行性研究的文档、项目开发计划。

第4章:软件需求分析与概念模型。介绍的主要内容有需求分析、IDEF方法、概念模型与规范化。

第5章:总体设计。介绍的主要内容有软件设计的重要性、设计过程、软件总体设计、设计基本原理、体系结构设计、结构化设计、IDEFO图的设计方法、软件结构优化。

第6章:软件细节设计。介绍的主要内容有细节设计任务与方法、设计表示法、结构化程序设计、结构化定理、图形工具、面向数据结构的设计。

第7章:面向对象方法学。介绍的主要内容有传统方法学的缺点、面向对象的基本概念、对象模型、动态模型、功能模型。

第8章:面向对象分析。介绍的主要内容有面向对象分析的基本过程、对象的发现和标识、发现对象方法、定义属性、定义服务、定义结构、实例连接、消息连接、建立功能模型。

第9章：面向对象设计。介绍的主要内容有设计的准则、启发式规则、系统分解、设计问题域子系统、设计任务子系统、设计数据管理子系统、面向对象程序设计、软件重用、统一建模语言(UML)。

第10章：形式化方法。介绍的主要内容有形式化方法的基础知识、有限状态机(FSM)、Petri网的基本原理、净室方法学、客户/服务器模式。

第11章：用户界面设计。介绍的主要内容有界面软件开发综述、人-机交互子系统设计、图形用户界面设计、多媒体用户界面设计、用户界面模型、用户界面的描述方法与技术等。

第12章：软件质量。介绍的主要内容有软件质量的概述、软件质量的度量和评价、软件质量保证、技术评审与审查、软件的可靠性。

第13章：软件实现。介绍的主要内容有程序设计语言的特性及选择、程序设计风格、程序设计效率、冗余编程、软件容错技术。

第14章：软件测试。介绍的主要内容有软件测试概述、测试方法、测试用例的设计、测试过程、调试。

第15章：软件维护。介绍的主要内容有软件维护概述、软件可维护性、软件维护的特点、软件维护的实施、维护“老化代码”、逆向工程和再工程。

第16章：软件项目管理与计划。介绍的主要内容有软件项目管理概述、项目管理过程、软件开发成本估算、风险分析、进度安排、软件项目的组织。

此外，本书的最后给出了一个附录，列出了软件产品的主要文件，以供读者参考。

3. 本书特点

本书侧重于理论联系实际，从实用性、易懂性出发，重点突出，内容丰富而实用。在详细介绍理论的同时，给出了部分示例，以利于读者掌握其实际应用的方法。此外，为了便于读者巩固所学的知识，在各章的后面都附有相应的小结与练习题。

4. 适用对象

本书可作为大专院校相关专业高年级学生的教材和参考书，也可供计算机专业的高级人员参考。

本书由李代平编写，另外张信一参加了第9、11、12章的编写，彭重嘉参加了第13～16章的编写。

由于编者水平有限，书中的不足之处在所难免，恳请读者批评指正。

编　者

2002年7月

第一部分　基础理论

第二部分 结构化方法

第一部分

基础理论

第1章 绪论

软件工程是指导计算机软件开发和维护的一种工程科学,它涉及的知识相当广泛。在学习软件工程之前,必须对软件工程领域的一些基本概念有所了解,对软件工程有一个初步的认识,这样才能顺利地进入后面章节的学习。

1.1 软件概述

计算机系统由硬件和软件两大部分组成。自 1946 年诞生到 20 世纪 60 年代中期是计算机发展的早期。在早期,计算机系统还是以硬件为主,软件费用是总费用的 20%左右。到了中期(20 世纪 60 年代中期到 20 世纪 80 年代初期),软件费用迅速上升到总费用的 60%,软件不再只是技巧性和高度专业化的神秘机器代码。而 1985 年以后直到今天,软件费用已上升到 80%以上,软件相对硬件的费用比例在不断提高。可以从图 1-1 中看到硬件和软件费用比例的变化。

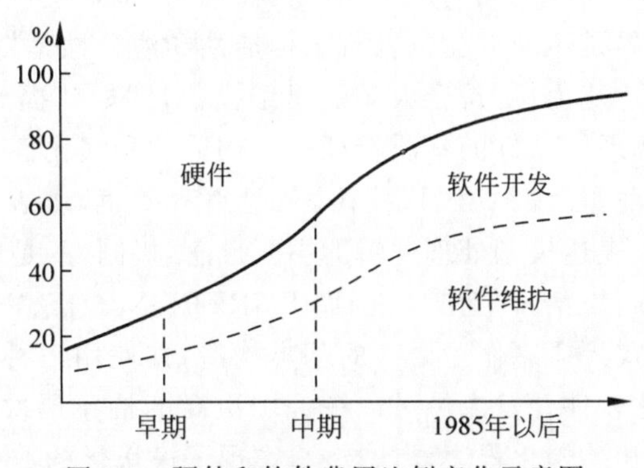

图 1-1 硬件和软件费用比例变化示意图

"软件"的定义是计算机程序及其说明程序的各种文档。在该定义中,"程序"是计算任务的处理对象和处理规则的描述;"文档"是有关计算机程序功能、设计、编制、使用的文字或图形资料。软件与硬件一起构成了计算机系统。

1.1.1 什么是计算机软件

计算机软件的定义如下。

定义 1-1 软件是计算机运行所需要的各种程序和数据的总称,包括操作系统、汇编程序、编译程序、数据库、文字编辑及维护使用手册等。软件是计算机系统的重要组成部分。

软件是当代计算机行业中的重要产品,但它不是一种有形的物质,它表示的仅仅是一种思想,必须以某种形式表达,通常存储在磁盘(带)介质上或者以文本方式提供,也可以存储在 ROM 中。

计算机软件的主要组成部分是计算机程序。它是指以算法语言为基础而编制的,能够使计算机做出信息处理并产生一定结果的指令或指令组合。计算机程序一般是由文字和符号代码按照一定的规律所组成的。计算机程序包括源程序和目标程序,同一程序的源文本和目标文本应当视为同一作品。

根据其表现形式,计算机程序可以分为源程序和目的程序。源程序即指用高级语言或汇编语言编写的程序;目的程序即指源程序经编译或解释加工以后,可以由计算机直接执行的程序。

通常,计算机程序要经过编译和链接而成为一种人们不易理解而计算机理解的格式,然后运行。未经编译就可运行的程序通常称为脚本程序。

常用计算机语言有 BASIC、Visual Basic、C、PowerBuilder、HTML 及所见即所得工具(FrontPage、Dreamweaver、Flash)。

文档是指用自然语言或者形式化语言所编写的文字资料和图表,用来描述程序的内容、组成、设计、功能规格、开发情况、测试结果及使用方法,如程序设计说明书、流程图、用户手册等。

1.1.2 软件的特点

软件是对客观世界中问题空间与解空间的具体描述,是客观事物的一种反映,是知识的提炼和"固化"。客观世界是不断变化的,因此,构造性和演化性是软件的本质特征。如何使软件模型具有更强的表达能力、更符合人类的思维模式,即如何提升计算环境的抽象层次,在一定意义上来讲,这体现了软件的本质特征——构造性和演化性。

在高级语言出现以前,汇编语言(机器语言)是编程的工具,表达软件模型的基本概念(或语言构造)的是指令,表达模型处理逻辑的主要概念(机制)的是顺序和转移。显然,这一抽象层次是比较低的。高级语言的出现,例如 FORTRAN 语言、Pascal 语言、C 语言等,使用了变量、标识符、表达式等概念作为语言的基本构造,并使用三种基本控制结构来表达软件模型的计算逻辑,因此软件开发人员可以在一个更高的抽象层次上进行程序设计。随后出现了一系列开发范型和结构化程序设计技术,实现了模块化的数据抽象和过程抽象,提高了人们表达客观世界的抽象层次,并使开发的软件具有一定的构造性和演化性。近 20 年来,面向对象程序设计语言的诞生并逐步流行,为人们提供了一种以对象为基本计算单元、以消息传递为基本交互手段来表达的软件模型。面向对象方法的实质是以拟人化的观点来看待客观世界,即客观世界是由一系列对象构成的,这些对象之间的交互形成了客观世界中各式各样的系统。面向对象方法中的概念和处理逻辑更接近人们解决计算问题的思维模式,使开发的软件具有更好的构造性和演化性。目前,人们更加关注软件复用问题,构建比对象粒度更大、更易于复用的基本单元——构件,并研究以构件复用为基础的软件构造方法,更好地凸显软件的构造性和演化性等特性。易于复用的软件,一定是具有很好构造性和演化性的软件。

计算机系统中的软件与硬件是相互依存的，缺一不可。而软件与其他产品的特点不同，它是一种特殊的产品，具有下列特殊性质。

(1) 软件产品的生产主要是脑力劳动，还未完全摆脱手工开发方式，大部分产品是"定做"的。

(2) 软件是一种逻辑产品，它与物质产品有很大的区别，它是脑力劳动的结晶。软件产品是看不见摸不着的，因而具有无形性。它以程序和文档的形式出现，保存在存储介质上，通过计算机的运行才能体现它的功能和作用。

(3) 软件产品不会用坏，不存在磨损、消耗问题。

(4) 软件产品的生产主要是研制。其成本主要体现在软件的开发和研制上，软件开发研制完成后，通过复制就产生了大量软件产品。

(5) 软件费用不断增加，软件成本相当昂贵。软件的研制工作需要投入大量的、复杂的、高强度的脑力劳动，它的成本非常高。

1.1.3 软件的分类

20 世纪计算机产生以来，人们围绕着它开发了大量的软件，广泛应用于科学研究、教育、工农业生产、事务处理、国防和家庭等众多领域，积累了丰富的软件资源。然而，在软件的品种质量和价格方面仍然满足不了人们日益增长的需要。计算机软件产业是一项年轻的、充满活力的、飞速发展的产业。因此，关于其分类方法不同，所分类型差别也很大。这里简单地介绍计算机软件在计算机系统、实时系统、嵌入式系统、科学和工程计算、事务处理、人工智能、个人计算机和计算机辅助软件工程(CASE)等方面的应用。

按照计算机的控制层次，计算机软件分为系统软件和应用软件两大类。

1. 系统软件

计算机系统软件是计算机管理自身资源(如 CPU、内存空间、外存、外部设备等)，提高计算机的使用效率并为计算机用户提供各种服务的基础软件。系统软件依赖于机器的指令系统、中断系统以及运算、控制、存储部件和外部设备。系统软件要为各类用户提供尽可能标准、方便的服务，尽量隐藏计算机系统的某些特征或实现细节。因此，系统软件是计算机系统的重要组成部分，它支持应用软件的开发和运行。系统软件包括操作系统、各种语言处理程序、数据库管理系统、实用程序与软件工具等。

(1) 操作系统。DOS：基于字符界面的单用户单任务的操作系统；Windows：基于图形界面的单用户多任务的操作系统；UNIX：一个通用的交互式的分时操作系统，用于各种计算机；NetWare：基于文件服务和目录服务的网络操作系统；Windows NT：基于图形界面 32 位多任务、对等的网络操作系统。

(2) 语言处理程序。机器语言：计算机能直接执行的、由一串 0 或 1 所组成的二进制程序或指令代码，是一种低级语言。汇编语言：一种用符号表示的、面向机器的低级程序设计语言，须经汇编程序翻译成机器语言程序才能被计算机执行。高级语言：按照一定的"语法规则"、由表达各种意义的"词"和"数学公式"组成的、易被人们理解的程序设计语言，须经编译程序翻译成目标程序(机器语言)才能被计算机执行，如 FORTRAN、C、BASIC 等。

(3) 数据库管理系统。普及式关系型：FoxPro、Paradox、Access；大型关系型：Oracle、Sybase、SQL Server。

(4) 实用程序与软件工具。如 QAPLUS、PCTOOLS。

2. 应用软件

应用软件是计算机应用程序的总称，主要用于解决一些实际的应用问题。按业务、行业分类，应用软件可分为如下几类。

(1) 个人计算机软件。个人计算机上使用的软件也可包括系统软件和应用软件两类。近 20 年来，个人计算机的处理能力已提高了三个数量级，以前在中小型计算机上运行的系统软件和应用软件，如今已经大量移植到个人计算机上。在个人计算机上开发了大量的文字处理软件(如 Word、WPS)、图形处理软件(如 AutoCAD、Photoshop)、报表处理软件(如 Excel、Lotus 1-2-3)、个人和商业上的财务处理软件、数据库管理软件、网络软件(如 Terminal、Mail)、简报软件(如 PowerPoint)、统计软件(如 SPAA、SAS)、多媒体技术(如 Xingmpeg、Authorware、Director)，使个人计算机具有了用文字、图形、声音进行人机交互的能力，为个人计算机的普及创造了必要条件。人们还将个人计算机与计算机网络连接在一起，进行通信和共享网络资源，加速了人类社会信息化的进程。随着社会的进步，个人计算机及其软件的发展、普及和应用前景将更加广阔。

(2) 科学和工程计算软件。它们以数值算法为基础，对数值进行处理计算，主要用于科学和工程计算，例如数值天气预报、弹道计算、石油勘探、地震数据处理、计算机系统仿真和计算机辅助设计等。这类软件大多数用 FORTRAN 语言描述，近年来有的也用 C 语言或 Ada 语言描述。它是使用最早、最广泛、最为成熟的一类软件。从 20 世纪 50 年代起，有经验的程序员就把许多常用算法用程序设计语言编制成标准程序，如今已经积累了大量的科学和工程计算软件。人们将各种软件按学科或应用领域分类，开发了各种程序库、软件包和软件系统。这些软件具有质量高、使用方便等特点，为计算机在科学和工程上的应用做出了重要贡献。

(3) 实时软件(如 FIX、INTouch、Lookout)。监视、分析和控制现实世界发生的事件，能以足够快的速度对输入信息进行处理并在规定的时间内做出反应的软件，称为实时软件。实时软件依赖于处理机系统的物理特性，如计算速度和精度、I/O 信息处理与中断响应方式、数据传输效率等。支持实时软件的操作系统称为实时操作系统。实时软件使用的计算机语言有汇编语言、Ada 语言等。实时系统的服务经常是连续的，系统在规定的时间内必须处于能够响应的状态。因此，实时软件和计算机系统必须有很高的可靠性和安全性。

(4) 人工智能软件。支持计算机系统产生人类某些智能的软件。它们求解复杂问题时，不是采用传统的计算或分析方法，而是采用诸如基于规则的演绎推理技术和算法，在很多场合还需要知识库的支持。人工智能软件常用的计算机语言有 LISP 和 Prolog 等。迄今为止，在专家系统、模式识别、自然语言理解、人工神经网络、程序验证、自动程序设计、机器人学等领域开发了许多人工智能应用软件，用于诊断疾病、产品检测、自动定理证明、图像和语音的自动识别、语言翻译等。

(5) 嵌入式软件。嵌入式计算机系统是将计算机嵌入在某一系统之中，使之成为该系统的重要组成部分，控制该系统的运行，进而实现一个特定的物理过程。用于嵌入式计算机系统的软件称为嵌入式软件。大型的嵌入式计算机系统软件可用于航空航天系统、指挥控制系统和武器系统等。小型的嵌入式计算机系统软件可用于工业的智能化产品之中，这时嵌入式软件驻留在只读存储器内，为该产品提供各种控制功能和仪表的数字或图形显示功能等。例如，汽车的刹车控制，空调机、洗衣机的自动控制等。嵌入式计算机系统一般都要和各种仪器、仪表、传感器连接在一起，因此，嵌入式软件必须具有实时采集、处理和输出数据的能力，这样的系统称为实时嵌入式系统。它广泛应用于连续的动力学系统的控制与仿真。

(6) 事务处理软件。用于处理事务信息，特别是商务信息的计算机软件。事务信息处理是软件最大的应用领域，它已由初期零散、小规模的软件系统，如工资管理系统、人事档案管理系统等，发展成为管理信息系统，如世界范围内的飞机订票系统、旅馆管理系统、作战指挥系统等。事务处理软件需要访问、查询、存放有关事务信息的一个或几个数据库，经常按某种方式和要求重构存放在数据库中的数据，能有效地按一定的格式要求生成各种报表。有些管理信息系统还带有一定的演绎、判断和决策能力。它们往往具有良好的人机界面环境，在大多数场合采用交互工作方式。它们需要交互式操作系统、计算机网络、数据库、文字/表格处理系统的支持。常用的语言有 COBOL、第四代语言等。

(7) 工具软件。计算机辅助软件工程是指软件开发和管理人员在软件工具的帮助下进行软件产品的开发、维护以及开发过程的管理。

1.1.4 软件的发展

自第一台计算机诞生以来，软件的生产就开始了。随着计算机技术的飞快发展和应用领域的迅速拓宽，自 20 世纪 60 年代中期以后，软件需求迅速增长，软件数量急剧膨胀。这种增长导致了软件的发展，可以将软件生产的发展划分为三个时代。

1. 程序设计时代(1946—1956 年)

在这一时期，软件的生产主要是个体手工劳动的生产方式。程序设计者使用机器语言、汇编语言作为工具；开发程序的方法上主要追求编程技巧和程序运行效率。在程序设计中还没有注意其他辅助作用，因此所设计的程序难读、难懂、难修改。这个时期软件的特征是只有程序、程序设计概念，不重视程序设计方法。

2. 程序系统时代(1956—1968 年)

计算机的应用领域不断扩大，软件的需求也不断增长，软件由于处理的问题域扩大而使程序变得复杂，设计者不得不由个体手工劳动组成小集团合作，进入作坊式生产方式这种小集团合作生产的程序系统时代。生产工具是高级语言，开发方法仍旧靠个人技巧。由于大的程序需要合作，在程序设计中开始提出结构化方法。软件方面的程序员数量也猛增，其他行业人员大量进入这个行业。这时一方面大量软件开发的需求已提出，软件的规模越来越大，结构越来越复杂。发现错误必须修改程序，软件维护的资源耗费严重，许多软件最终不可维护。另一方面，由于开发人员无规范约束，又缺乏软件理论方法，开发技术也没有新的突破，开发人员的素质和落后的开发技术不适应大规模、结构复杂的软件的开发。因此，这种尖锐的矛盾导致软件危机的产生。

3. 软件工程时代(1968 年至今)

1968 年,在联邦德国召开的国际会议上讨论了软件危机的问题。在这次会议上正式提出并使用了"软件工程"术语,新的工程科学就此诞生。软件工程时代的生产方式是采用工程的概念、原理、技术和方法,使用数据库、开发工具、开发环境、网络、分布式、面向对象技术来开发软件。软件特征使开发技术有很大进步,但是未能获得突破性进展,软件价格不断上升,没有完全摆脱软件危机。

1.1.5 软件危机

所谓软件危机,是指在计算机软件的开发和维护过程中所遇到的一系列严重问题。这种"严重问题"不仅仅是"不能正常运行",实际上几乎所有的软件都不同程度地存在问题。软件危机主要是指如何开发软件,怎样满足对软件日益增长的需求,如何维护数量不断膨胀的现有软件。

1. 软件危机的表现

软件危机表现在以下几方面。

(1) 对于软件开发的成本和进度的估计很不准确。由于缺乏软件开发的经验和软件开发数据的积累,使得开发工作的计划很难制订。主观盲目制订的计划,执行起来和实际情况有很大差距,使得开发经费一再突破。由于对工作量和开发难度估计不足,进度计划无法按时完成,开发时间一再拖延。

(2) 开发的软件产品不能完全满足用户要求,用户对已完成的软件系统不满意的现象常常发生。一般情况下,软件开发人员在开发初期对用户的要求了解不够明确,未能得到明确表达,就开始着手编程。开发工作开始后,软件人员和用户又未能及时交换意见,使得一些问题不能及时解决,导致开发的软件产品不能完全满足用户要求。有些软件还因为合作与技术问题而导致失败。

(3) 开发的软件可靠性差。由于在开发过程中没有确保软件质量的体系和措施,在软件测试时又没有严格的、充分的、完全的测试,提交给用户的软件质量差,在运行中暴露出大量的问题。这种不可靠的软件,轻则会影响系统正常工作,重则会发生事故,造成生命财产的重大损失。

(4) 软件没有适当的文档资料。开发过程无完整、规范的文档,发现问题后进行杂乱无章的修改。计算机软件不仅仅是程序,还应该有一套文档资料。这些文档资料是在软件开发过程中产生的,开发软件的组织者据此进行管理,开发人员利用它作为通信渠道,文档资料对于软件维护人员至关重要。缺乏或者不合格的文档资料,会给软件维护带来巨大的困难。

(5) 软件的可维护性差。由于开发过程没有统一的、公认的规范,软件开发人员按各自的风格工作,各行其是。很多程序中的错误非常难改,实际上不可能使这些程序适应新的硬件环境,也不可能根据用户要求在程序中增加新功能。

(6) 软件开发生产率提高的速度,远远跟不上计算机应用普及深入的趋势。软件产品"供不应求"的现象使人类不能充分利用计算机硬件资源提供的巨大潜力。

2. 软件危机的产生

软件发展第二阶段的末期，由于计算机硬件技术的进步，计算机运行速度、容量和可靠性有了显著的提高，生产成本显著下降，为计算机的广泛应用创造了条件。一些复杂的、大型的软件开发项目提了出来。但是，软件开发技术一直未能满足发展的要求。软件开发中遇到的问题因找不到解决的办法，使问题积累起来，形成了尖锐的矛盾，导致了软件危机。

3. 软件危机的原因

在软件的开发和维护过程中存在着这么多的问题，一方面与软件本身的特点有关，另一方面也与软件开发和维护的方法有关。造成上述软件危机的原因概括起来有以下几方面。

(1) 软件的规模日益庞大。1968 年，美国航空公司订票系统达到 30 万条指令；IBM360OS 第 16 版达到 100 万条指令；1973 年，美国阿波罗计划达到 1000 万条指令。这些庞大软件的功能非常复杂，体现在处理功能的多样性和运行环境的多样性。随着计算机应用的日益广泛，需要开发的软件规模日益庞大，软件结构也日益复杂。有人曾估计，软件设计与硬件设计相比，其逻辑量要多达 10～100 倍。对于这种庞大规模的软件，其调用关系、接口信息复杂，数据结构也复杂，这种复杂程度超过了人所能接受的程度。

(2) 软件开发的管理困难。软件不同于硬件，它是计算机系统中的逻辑部件。在写出代码并在计算机上试运行前，由于软件规模大，结构复杂，又具有无形性，软件开发过程的进展情况较难度量，质量也难评价，因此导致管理困难，进度控制困难，质量控制困难，可靠性无法保证。另外，软件在运行过程中不会因为使用时间长而被用坏。如果运行中出现问题，一般是在开发阶段引入的而在测试阶段没有发现的问题。因此，软件维护通常意味着对原有设计的改进。

(3) 软件本身的独有特点确实给开发和维护造成一些客观困难。但是人们在长期的实践中也积累了不少成功的经验。如果坚持使用成功的经验和正确的方法，许多困难是可以克服的。但是相当多的软件开发人员对于软件的开发和维护存在不少糊涂的观念，实践中或多或少地采用了错误的方法和技术。这可能是软件危机的主要原因。

(4) 软件开发和维护中许多错误认识和方法的形成可以归结于计算机发展早期软件开发的个体化特点。其主要表现在对软件需求分析的重要性认识不够、错误地认为软件开发就是写程序并使之运行、不重视软件需求分析与维护等工作。

(5) 软件开发技术落后。在 20 世纪 60 年代，人们注重一些计算机理论问题的研究，如编译原理、操作系统原理、数据库原理、人工智能原理、形式语言理论等，不注重软件开发技术的研究，用户要求的软件复杂性与软件技术解决复杂性的能力不相适应，它们之间的差距越来越大。

(6) 生产方式落后。软件仍然采用个体手工方式开发，根据个人习惯和爱好工作，无章可循，无规范可依据，靠言传身教方式工作。

(7) 开发工具落后，生产率提高缓慢。软件开发工具过于原始，没有出现高效率的开发工具，因而软件生产率低下。在 1960—1980 年，计算机硬件的生产由于采用计算机辅助设计、自动生产线等先进工具，使硬件生产率提高了 100 万倍，而软件生产率只提高了 2 倍，相差悬殊。

1.2 软件工程概述

软件工程(Software Engineering)是指导计算机软件开发和维护的工程科学。为了克服软件危机,人们从其他产业的工程化生产得到启示,采用工程的概念、原理、技术和方法来开发和维护软件,把经过时间考验而证明正确的管理技术与方法结合起来,这就是软件工程。

1. 软件工程的定义

软件工程是用工程、科学和数学的原则与方法研制、维护计算机软件的有关技术及管理法。因此,软件工程的定义如下。

定义 1-2 软件工程是将系统的、规范的、可度量的工程化方法应用于软件开发、运行和维护的全过程及上述方法的研究。

该定义说明了软件工程是计算机科学中的一个分支,其主要思想是在软件生产中用工程化的方法代替传统手工方法。工程化的方法借用了传统的工程设计原理的基本思想,采用了若干科学的、现代化的方法技术来开发软件。软件工程由方法、工具和过程三部分组成。软件工程方法是完成软件工程项目的技术手段。它支持项目计划和估算、系统和软件需求分析、软件设计、编码、测试和维护。软件工程使用的工具是人类在开发软件的活动中智力和体力的扩展和延伸,它自动或半自动地支持软件的开发和管理,支持各种软件文档的生成。软件工具最初是零散的,不系统、不配套,后来根据不同类型软件项目的要求建立了各种软件工具箱,支持软件开发的全过程。近年来,人们又将用于开发软件的软硬件工具和软件工程数据库集成在一起,建立集成化的计算机辅助软件工程环境。它类似于计算机辅助设计/计算机辅助制造(CAD/CAM)。软件工程中的过程贯穿于软件开发的各个环节。管理者在软件工程过程中要对软件开发的质量、进度、成本进行评估、管理和控制,包括人员组织、计划跟踪与控制、成本估算、质量保证和配置管理等。软件工程的方法、工具和过程构成了软件工程的三要素。它们既有区别又有联系。

2. 软件工程的性质

软件工程是一门综合性的交叉学科,它涉及哲学、计算机科学、工程科学、管理科学、数学和应用领域知识。计算机科学中的研究成果均可用于软件工程,但计算机科学着重于原理和理论,而软件工程着重于如何建造一个软件系统。

软件工程要用工程科学中的观点来进行费用估算、制订进度、制订计划和方案;要用管理科学中的方法和原理进行软件生产的管理;要用数学的方法建立软件开发中各种模型和各种算法,如可靠性模型、说明用户需求的形式化模型等。

1.2.1 软件工程与方法学

程序设计方法学和软件工程方法学是为了解决软件危机问题而逐渐形成的学科。Floyd 于 1967 年提出的断言方法(证明了流程图程序的正确性)、Dijkstra 于 1968 年提出的

GOTO有害论、Hoare于1969年在Floyd断言法基础上提出的程序公理方法、Wirth于1971年提出的“自顶而下逐步求精”等对软件工程和程序设计方法学的形成和初期的发展有着深刻的影响。1969年,IFIP(国际信息处理协会)成立了“程序设计方法学工作组”——WG2.3,云集了当时许多著名的计算机科学家,专门研究程序设计方法学,这个国际组织对以后程序设计方法学的发展起了很大的促进作用。

软件工程作为一个术语,是在1968年北大西洋公约组织的一次计算机学术会议上正式提出来的。这次会议专门讨论了软件危机问题。这次会议是软件发展史上一个重要的里程碑。

事实上,在软件工程和方法学形成以后,研究工作一开始就分成了两种不同的角度和方法,形成了两种紧密相关、相辅相成又各有侧重的学科。一种是以数学理论为基础的理论性学科:程序设计方法学,程序设计方法学是主要运用数学方法研究程序的性质以及程序设计理论和方法的学科;另一种是以工程方法为基础的工程学科:软件工程学,软件工程学是主要应用工程的方法和技术研究软件开发与维护的方法、工具和管理的一门计算机科学与工程学交叉的学科。软件工程学和程序设计方法学都是研究软件开发和程序设计的学科,它们的研究对象、研究内容、出发点和目标都是一致的。

软件工程学与程序设计方法学的研究对象是软件和程序。它们的根本目标是以较低的成本开发高质量的软件和程序,具体包括:

(1) 提高软件的质量与可靠性。

(2) 提高软件的可维护性。

(3) 提高软件生产率,降低软件开发成本等。

但是,软件工程学和程序设计方法学研究的途径和侧重点有所差异,主要差异如下。

(1) 研究方法和途径不同。软件工程学应用的是工程方法,而程序设计方法学依据的是数学方法;软件工程学注重工程方法与工具研究,程序设计方法学则注重算法与逻辑方法研究。

(2) 研究对象有所侧重。软件工程的研究对象一般是指“大型程序”,是一个系统;而程序设计方法学的研究对象则侧重于一些较小的具体程序模块,早期的程序设计方法学的研究重点是某个单独的程序的时空效率、正确性证明等问题。

(3) 软件工程学注重“宏观可用性”,程序设计方法学注重“微观正确性”。例如,软件工程学研究的方法是“软件测试”,程序设计方法学研究软件的“可靠性”的方法则是程序的“正确性证明”。

随着软件技术的迅速发展,软件工程学和程序设计方法学的研究内容也都在不断发展,研究的内容和方法相互渗透。事实上,人们已经很少、也没有必要区分什么是软件工程学的范畴,什么是程序设计方法学的范畴了。逐渐地,这两条研究途径的界限又模糊化、一体化了。

一方面,程序设计方法学研究已发生了较大的变化,逐渐从“纯粹的程序”正确性证明等较老的课题转向“软件”的结构化、正确性、可靠性及软件设计方法方面的研究。例如,现在程序设计方法学及软件工程学都将面向对象的方法作为其重要的新的研究方向,程序设计方法学正逐渐发展成软件设计方法学。

另一方面,软件工程从一开始就是以程序设计方法学为基础的一门工程学科,而且还在不断吸收程序设计方法学和计算机科学理论的新成果和新技术。从某种意义上可以说,软件工程学实际上就是“应用设计方法学”。

实际上,“软件工程学”或“程序设计方法学”术语都已难以准确表达它们的研究内涵和含义了。也许采用“软件工程方法学”或“软件工程与方法学”更能概括当前软件工程学和方法学研究的内涵。

可以这样描述:软件工程方法学是指应用计算机科学理论和工程方法相结合的研究方法,研究软件生存周期中一切活动(包括软件定义、分析、设计、编码、测试与正确性证明、维护与评价等)的方法、工具和管理的学科。

软件工程方法学既强调软件(一般指大型软件)开发的工程特征,又强调软件设计方法论的科学性、先进性。其基本内容包括以下几个方面。

(1) 结构化理论与方法。

(2) 模块技术与数据抽象。

(3) 软件测试与程序正确性证明。

(4) 软件分析与设计方法、工具及环境。

(5) 软件工程管理与质量评价。

1.2.2 软件工程的基本原理

1983年,B. Weohm提出了软件工程的七条基本原理。这七条基本原理是保证软件产品质量和开发效率的最小集合,又是相当完备的。现在虽然不能用数学方法严格证明其是一个完备的集合,但是可以证明在此以前的100多条软件工程原理都可以由这七条原理组合与派生。这七条原理如下。

1. 用分阶段的生命周期计划严格管理

这一条是吸取前人的教训而提出来的。统计表明,50%以上的失败项目是由于计划不周而造成的。在软件开发与维护的漫长生命周期中,需要完成许多性质各异的工作。这条原理意味着应该把软件生命周期分成若干阶段,并相应制订出切实可行的计划,然后严格按照计划对软件的开发和维护进行管理。

在整个软件生命周期中应指定并严格执行六类计划:项目概要计划、里程碑计划、项目控制计划、产品控制计划、验证计划、运行维护计划。

2. 坚持进行阶段评审

统计结果显示:大部分错误是在编码之前造成的,大约占63%;错误发现得越晚,改正它要付出的代价就越大,要差2~3个数量级。

因此,软件的质量保证工作不能等到编码结束之后再进行,应坚持进行严格的阶段评审,以便尽早发现错误。

3. 实行严格的产品控制

在软件开发的过程中不应随意改变需求,因为改变一项需求需要付出较高的代价。开发过程中比较麻烦的事情之一就是改动需求。但是实践告诉我们,需求的改动往往是不可避免的。由于各种客观的需要,不能禁止用户提出改变需求的要求,而只能依靠科学的产品控制技术来适应这种要求。也就是要采用变动控制,又叫基准配置管理。当需求变动时,其他各个阶段的文档或代码应随之相应变动,以保证软件的一致性。

4. 采纳现代程序设计技术

从提出软件工程的概念开始,人们主要的精力都用于研究各种新的程序设计技术。20世纪60年代的结构化软件开发技术,以及随后又发展的结构化分析和结构化设计技术,已成为大多数人认为的先进程序设计技术。后来又提出面向对象技术,从第一、第二代语言,到第四代语言,人们已经充分认识到:方法大于气力。采用先进的技术既可以提高软件开发的效率,又可以减少软件维护的成本。

5. 结果应能清楚地审查

软件产品不同于一般的物理产品,软件是一种看不见、摸不着的逻辑产品。软件开发小组的工作进展情况可见性差,难以评价和管理。为更好地进行管理,应根据软件开发的总目标及完成期限,尽量明确地规定开发小组的责任和产品标准,从而使所得到的标准能清楚地审查。

6. 开发小组的人员应少而精

开发人员的素质和数量是影响软件质量和开发效率的重要因素,应该少而精。这一条基于两点原因:高素质开发人员的效率比低素质开发人员的效率要高几倍到几十倍,同时开发工作中犯的错误也要少得多。

当开发小组为 N 人时,可能的通信信道数为 $N(N-1)/2$,可见随着人数 N 的增大,通信开销将急剧增大。

7. 承认不断改进软件工程实践的必要性

遵从上述前六条基本原理,就能够较好地实现软件的工程化生产。但是,它们只是对现有经验的总结和归纳,并不能保证赶上技术不断前进发展的步伐。因此,Weohm 提出应把承认不断改进软件工程实践的必要性作为软件工程的第七条原理。根据这条原理,不仅要积极采纳新的软件开发技术,还要注意不断总结经验,收集进度和消耗等数据,进行出错类型和问题报告统计。

这些数据既可以用来评估新的软件技术的效果,也可以用来指明必须着重注意的问题和应该优先进行研究的工具和技术。

1.2.3 软件工程的目标

软件工程是一门工程性学科,目的是成功地建造一个大型软件系统。软件工程活动是"生产一个最终满足用户需求且达到工程目标的软件产品所需要的步骤",主要包括需求、设计、实现、确认以及支持等活动。需求活动是在一个抽象层上建立系统模型的活动,该活动的主要产品是需求规约,是软件开发人员和客户之间契约的基础,是设计的基本输入。设计活动定义实现需求规约所需的结构,该活动的主要产品包括软件体系结构、详细的处理算法等。实现活动是设计规约到代码转换的活动。验证/确认是一项评估活动,贯穿于整个开发过程,包括动态分析和静态分析。主要技术有模型评审、代码走查以及程序测试等。维护活动是软件发布之后所进行的修改,包括对发现错误的修正、对环境变化所进行的必要调整等。

软件工程的目标:在给定成本、进度的前提下,开发出具有可修改性、有效性、可靠性、可理解性、可维护性、可重用性、可适应性、可移植性、可追踪性和可互操作性并满足用户需求的软件产品。追求这些目标有助于提高软件产品的质量和开发效率,减少维护的困难。下面分别介绍这些概念。

(1) 可修改性(Modifiability)。容许对系统进行修改而不增加原系统的复杂性。它支持软件的调试与维护,是一个难以度量和难以达到的目标。

(2) 有效性(Efficiency)。软件系统能最有效地利用计算机的时间资源和空间资源。各种计算机软件无不将系统的时空开销作为衡量软件质量的一项重要技术指标。很多场合,在追求时间有效性和空间有效性方面会发生矛盾,这时不得不牺牲时间效率换取空间有效性或牺牲空间效率换取时间有效性。时空折中是经常出现的。有经验的软件设计人员会巧妙地利用折中概念,在具体的物理环境中实现用户的需求和自己的设计。

(3) 可靠性(Reliability)。能够防止因概念、设计和结构等方面的不完善造成的软件系统失效,具有挽回因操作不当造成软件系统失效的能力。对于实时嵌入式计算机系统,可靠性是一个非常重要的目标,因为软件要实时地控制一个物理过程,如宇宙飞船的导航、核电站的运行等。如果可靠性得不到保证,一旦出现问题可能是灾难性的,后果将不堪设想。因此,在软件开发、编码和测试过程中,必须将可靠性放在重要地位。

(4) 可理解性(Understandability)。系统具有清晰的结构,能直接反映问题的需求。可理解性有助于控制软件系统的复杂性,并支持软件的维护、移植或重用。

(5) 可维护性(Maintainability)。软件产品交付用户使用后,能够对它进行修改,以便改正潜伏的错误,改进性能和其他属性,使软件产品适应环境的变化等。由于软件是逻辑产品,只要用户需要,它可以无限期地使用下去,因此软件维护是不可避免的。软件维护费用在软件开发费用中占有很大的比重(见图 1-1)。可维护性是软件工程中一项十分重要的目标。软件的可理解性和可修改性有利于软件的可维护性。

(6) 可重用性(Reusebility)。概念或功能相对独立的一个或一组相关模块定义为一个软部件。软部件可以在多种场合应用的程度称为部件的可重用性。可重用的软部件有的可以不加修改直接使用,有的需要修改以后再用。可重用软部件应具有清晰的结构和注解,应具有正确的编码和较低的时空开销。

各种可重用软部件还可以按照某种规则存放在软部件库中,供软件工程师们选用。可重用性有助于提高软件产品的质量和开发效率、降低软件的开发和维护费用。从更广泛的意义上理解,软件工程的可重用性还应该包括应用项目的重用、规格说明(也称为规约)的重用、设计的重用、概念和方法的重用等。一般说来,重用的层次越高,带来的效益越大。

(7) 可适应性(Adaptability)。软件在不同的系统约束条件下,使用户需求得到满足的难易程度。适应性强的软件应采用广为流行的程序设计语言编码,在广为流行的操作系统环境中运行,采用标准的术语和格式书写文档。适应性强的软件较容易推广使用。

(8) 可移植性(Portability)。软件从一个计算机系统或环境搬到另一个计算机系统或环境的难易程度。为了获得比较高的可移植性,在软件设计过程中通常采用通用的程序设计语言和运行支撑环境。对依赖于计算机系统的低级(物理)特征部分,如编译系统的目标代码生成,应相对独立、集中。这样,与处理机无关的部分就可以移植到其他系统上使用。可移植性支持软件的可重用性和可适应性。

(9) 可追踪性(Tracebility)。根据软件需求对软件设计、程序进行正向追踪,或根据程序、软件设计对软件需求进行逆向追踪的能力。软件可追踪性依赖于软件开发各个阶段文档和程序的完整性、一致性和可理解性。降低系统的复杂性会提高软件的可追踪性。软件在测试或维护过程中或程序在执行期间出现问题时,应记录程序事件或有关模块中的全部或部分指令现场,以便分析、追踪产生问题的因果关系。

(10) 可互操作性(Interoperability)。多个软件元素相互通信并协同完成任务的能力。为了实现可互操作性,软件开发通常要遵循某种标准,支持这种标准的环境将为软件元素之间的可互操作性提供便利。可互操作性在分算环境下尤为重要。

1.2.4 软件工程的内容

软件工程研究的主要内容是软件开发技术和软件开发管理两个方面。在软件开发技术中,它主要研究软件开发方法、软件开发过程、软件开发工具和环境。在软件开发管理中,它主要研究软件管理学、软件经济学和软件心理学等。

从某种角度来说,软件开发的本质就是要实现"高层概念"到"低层概念"的映射,实现"高层处理逻辑"到"低层处理逻辑"的映射。对于大型软件系统的开发,这一映射是相当复杂的,涉及有关人员、使用的技术、采取的途径以及成本和进度的约束。因此,软件工程理解为:软件工程(Software Engineering)是应用计算机科学理论和技术以及工程管理原则和方法,按照预算和进度,实现满足用户要求的软件产品的定义、开发、发布和维护的工程或以之为研究对象的学科。

软件工程的基本目标是生产具有正确性、可用性及开销合宜(合算性)的产品。正确性意指软件产品达到预期功能的程度;可用性意指软件基本结构、实现及文档达到用户可用的程度;开销合宜意指软件开发、运行的整个开销满足用户的需求。以上目标的实现不论在理论上还是在实践中均存在很多问题有待解决,这些问题制约了对过程、过程模型及工程方法的选取。

1.2.5 软件工程原则

为了达到软件系统开发目标,在软件开发过程中必须遵循下列软件工程原则:抽象、模块化、信息隐藏、局部化、完整性、一致性和可验证性。

1. 抽象

抽象(Abstraction)指抽取事物最基本的特性和行为,忽略非基本的细节。采用分层次抽象的办法可以控制软件开发过程的复杂性,有利于软件的可理解性和开发过程的管理。

2. 模块化

模块(Module)是程序中逻辑上相对独立的成分,它是一个独立的编程单位,应有良好的接口定义。例如,FORTRAN语言中的函数、子程序,Ada语言中的程序包、子程序、任务等。模块化(Modularity)有助于信息隐藏和抽象,有助于表示复杂的软件系统。模块的大小要适中,模块过大会导致模块内部复杂性的增加,不利于模块的调试和重用,也不利于对模块的理解和修改。模块太小会导致整个系统的表示过于复杂,不利于控制解的复杂性。模块之间的关联程度用耦合度(Coupling)度量,模块内部诸成分的相互关联及紧密程度用内聚度(Cohesion)度量。

3. 信息隐藏

信息隐藏(Information Hiding)指将模块中的软件设计决策封装起来的技术。模块接口应尽量简洁,不要罗列可有可无的内部操作和对象。按照信息隐藏的原则,系统中的模块应设计成“黑箱”,模块外部只能使用模块接口说明中给出的信息,如操作、数据类型等。由于对象或操作的实现细节被隐藏,软件开发人员能够将注意力集中于更高层次的抽象上。

4. 局部化

局部化(Localization)要求在一个物理模块内集中逻辑上相互关联的计算资源。从物理和逻辑两个方面保证系统中模块之间具有松散的耦合关系,而在模块内部有较强的内聚性。这样有助于控制解的复杂性。

抽象和信息隐藏、模块化和局部化的原则支持软件工程的可理解性、可修改性和可靠性,有助于提高软件产品的质量和开发效率。

5. 完整性

完整性(Completeness)指软件系统不丢失任何重要成分,完全实现系统所需功能的程度;在形式化开发方法中,按照给出的公理系统,描述系统行为的充分性;当系统处于出错或非预期状态时,系统行为保持正常的能力。完整性要求人们开发必要且充分的模块。为了保证软件系统的完整性,软件在开发和运行过程中需要软件管理工具的支持。

6. 一致性

一致性(Consistency)指整个软件系统(包括文档和程序)的各个模块均使用一致的概念、符号和术语;程序内部接口应保持一致;软件与硬件接口应保持一致;系统规格说明与系统行为应保持一致;用于形式化规格说明的公理系统应保持一致等。一致性原则支持系统的正确性和可靠性。实现一致性需要良好的软件设计工具(如数据字典、数据库、文档自动生成与一致性检查工具等)、设计方法和编码风格的支持。

7. 可验证性

可验证性(Verifiability)是软件工程的重要原则。开发大型软件系统需要对系统逐步分解。系统分解应该遵循系统容易检查、测试、评审的原则,以便保证系统的正确性。采用形式化的开发方法或具有强类型机制的程序设计语言及其软件管理工具可以帮助人们建立一个可验证的软件系统。

1.2.6　软件工程面临的问题

软件工程有许多需要解决的棘手问题，如软件费用、软件可靠性、软件可维护性、软件生产率和软件重用等。

1. 软件费用

由于软件生产基本上仍处于手工状态，软件是知识高度密集的技术的综合产物，人力资源远远不能适应这种迅速增长的社会要求，因此软件费用上升的势头必然还将继续下去。

2. 软件可靠性

软件可靠性是指软件系统能否在特定的环境条件下运行并实现所期望的结果。在软件开发中，通常要花费 40％的代价进行测试和排错，即使这样还不能保证以后不再发生错误，为了提高软件可靠性，就要付出足够的代价。

3. 软件可维护性

统计数据表明，软件的维护费用占整个软件系统费用的 2/3，而软件开发费用只占 1/3。软件维护之所以有如此大的花费，是因为已经运行的软件还须排除隐含的错误，新增加的功能要加入进去，维护工作是非常困难的，效率又是非常低下的。因此，如何提高软件的可维护性、减少软件维护的工作量，也是软件工程面临的主要问题之一。

4. 软件生产率

计算机的广泛应用使得软件的需求量大幅度上升，而软件的生产又处于手工开发的状态，软件生产率低下，使得各国都感到软件开发人员不足。这种趋势将仍旧继续下去。所以，如何提高软件生产率，是软件工程又一重要问题。

5. 软件重用

提高软件的重用性，对于提高软件生产率、降低软件成本有着重要意义。当前的软件开发存在着大量的、重复的劳动，耗费了不少人力资源。

软件的重用有各种级别，软件规格说明、软件模块、软件代码、软件文档等都可以是软件重用的单位。软件重用是软件工程中的一个重要研究课题，软件重用的理论和技术至今尚未彻底解决。

小结

本章主要介绍了软件工程的一些基本概念与基础知识。在介绍软件发展的过程中，介绍了其发展所经历的程序设计时代、程序系统时代和软件工程时代，还介绍了软件危机的表现、软件危机的产生和软件危机的原因以及软件工程的产生、软件工程的定义、软件工程的性质和基本原理。

本章重点掌握的是软件工程的七条基本原理，具体如下。

(1) 用分阶段的生命周期计划严格管理。

(2) 坚持进行阶段评审。

(3) 实行严格的产品控制。

(4) 采纳现代程序设计技术。

(5) 结果应能清楚地审查。

(6) 开发小组的人员应少而精。

(7) 承认不断改进软件工程实践的必要性。

根据上述基本原理，不仅要积极采纳新的软件开发技术，还要注意不断总结经验，收集进度和消耗等数据，进行出错类型和问题报告统计。

另外，本章还介绍了软件工程的目标、软件工程的内容以及软件工程面临的问题。

综合练习1

一、填空题

1. 到目前为止，软件生产的发展经过了三个阶段，即________、________、________。

2. 软件工程研究的主要内容是软件开发技术和软件开发管理两个方面。在软件开发技术方面，主要研究________、________、________。在软件开发管理方面，主要研究________、________、________。

二、选择题

1. 软件是一种(　　)产品。

A. 有形　　B. 逻辑　　C. 物质　　D. 消耗

2. 软件工程与计算机科学性质不同，软件工程着重于(　　)。

A. 原理探讨　　B. 理论研究　　C. 建造软件系统　　D. 原理的理论

3. 软件工程方法学的目的是使软件生产规范化和工程化，而软件工程方法得以实施的主要保证是(　　)。

A. 硬件环境　　B. 开发人员的素质

C. 软件开发工具和软件开发的环境　　D. 软件开发的环境

三、简答题

1. 什么是软件危机？软件危机有什么表现？软件危机产生的原因是什么？

2. 简述软件的发展过程。

3. 什么叫软件工程？软件工程是如何克服软件危机的？

4. 软件工程的目标是什么？软件工程有哪些原则？

5. 为什么说软件工程是一门综合性的交叉学科？

6. 软件工程方法学的基本内容包括哪些？

7. 软件产品具有哪些特殊性质？

8. 软件工程学研究的对象是什么？

基本理论

软件工程是一门复杂的学科。只有先了解软件工程过程、软件的生命周期及其模型、软件开发方法和开发工具等基本理论，才能更深入一步地学习软件工程。

2.1 软件工程过程

软件工程与其他工程所不同的是，在整个工程中需要开发者与用户合作。这种合作可以分为若干过程。软件工程过程规定了获取、供应、开发、操作和维护软件时要实施的过程、活动和任务。其目的是为各种人员提供一个公共的框架，以便用相同的语言进行交流。

软件工程由几个重要过程组成这个框架，这些过程含有用来获取、供应、开发、操作和维护软件所用的基本的、一致的要求。该框架还用来控制和管理软件的过程。各种组织和开发机构可以根据具体情况进行选择和剪裁，可在一个机构的内部或外部实施。软件工程过程包括如下七个过程。

1. 开发过程

开发过程就是开发者和机构为了定义和开发软件或服务所需的活动。此过程包括需求分析、设计、编码、集成、测试、软件安装和验收等活动。

2. 管理过程

管理过程为软件工程过程中的各项管理活动，包括项目开始和范围定义、项目管理计划、实施和控制、评审和评价、项目完成。

3. 供应过程

供应过程是供方按照合同向需求方提供合同中的系统、软件产品或服务所需的活动。

4. 获取过程

根据需要，获取过程是需求方按合同要求获取一个系统、软件产品或服务的活动。

5. 操作过程

操作过程是操作者和机构为了在规定的运行环境中为其用户运行一个计算机系统所需

要的活动。

6. 维护过程

维护过程是维护者和机构为了管理软件的修改,使它处于良好运行状态需要的活动。

7. 支持过程

支持过程对项目的生命周期过程给予支持。它有助于项目的成功并能提高项目的质量。这个过程没有规定一个特定的生命周期模型或软件开发方法,各软件开发机构可为其开发项目选择一种生命周期模型,并将软件工程过程所含的过程、活动与任务映射到该模型中。也可以选择和使用软件开发方法来执行适合于其软件项目的活动和任务。

2.2 软件生命周期

软件生命周期(Software Life Cycle)也称为软件生存周期,是软件工程最基础的概念。软件工程的方法、工具和管理都是以软件生命周期为基础的活动。换句话说,软件工程强调的是使用软件生命周期方法学和使用成熟的技术与方法来开发软件。

软件生命周期的基本思想:任何一个软件都是从它的提出开始到最终被淘汰为止,有一个存在期。软件生命周期的概念并不是说软件同硬件一样,存在"被用坏"和"老化"问题,而是指软件从被提出起到其被淘汰为止的这段时期,每一个软件都是这样,新的软件淘汰了旧的软件,所以称为软件生命周期。

软件生命周期是借用工程中产品生命周期的概念而得来的。引入软件生命周期的概念,对于软件生产管理、进度控制有着非常重要的意义,可使软件生产有相应的模式、相应的流程、相应的工序和步骤。

软件生命周期是指一个软件从提出开发要求开始直到该软件报废为止的整个时期。把整个生命周期划分为若干阶段,使得每个阶段有明确的任务,把规模大、结构复杂和管理复杂的软件开发变得容易控制和管理。

类似人在生命周期内划分成若干阶段(如幼年、少年、青年、中年、老年等)一样,软件在其生存期内,也可以划分成若干阶段,每个阶段有较明显的特征,有相对独立的任务,有其专门的方法和工具。目前,软件生命周期的阶段划分有多种方法。软件规模、种类、开发方式、开发环境与工具、开发使用模型和方法论都影响软件生命周期阶段的划分。但是,软件生命周期阶段的划分应遵循一条基本原则,即要使各阶段的任务尽可能相对独立,同一阶段各项任务的性质应尽可能相同。这样可降低每个阶段任务的复杂程度,简化不同阶段之间的联系,有利于软件开发的管理。

软件生命周期的一种典型的阶段划分为问题定义、可行性研究、需求分析、概要设计(总体设计)、详细设计、编码、测试和维护八个阶段。有些文献将可行性研究与项目开发计划称为系统分析阶段或软件计划阶段。有些文献将单元测试划分到编码阶段,而将测试阶段称为综合测试。软件生命周期内阶段的划分要受软件的规模、性质、种类、开发方法等影响,阶段划分过细还会增加阶段之间联系的复杂性和软件工作量,在实际软件工程项目中较难操作。也有提出软件生命周期内划分成四个活动时期:软件分析时期、软件设计时期、编码与测试时期以及运行与维护时期。它们的关系如图 2-1 所示。

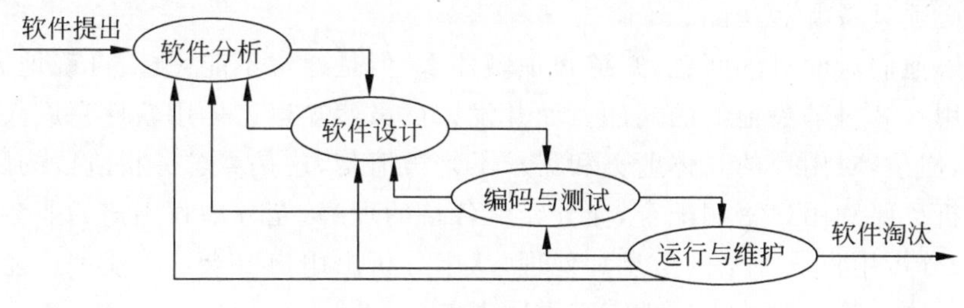

图 2-1　软件的四个活动时期

2.2.1　软件分析时期

软件分析时期也可称为软件定义与分析时期。这个时期的根本任务是确定软件项目的目标、软件应具备的功能和性能，构造软件的逻辑模型，并制定验收标准。在此期间，要进行可行性论证，并做出成本估计和经费预算，制定进度安排。通俗地说，软件定义与分析时期主要解决如下问题：

- 要做的是什么软件？
- 有没有可行性？
- 软件的具体需求是什么？验收标准是什么？

这个时期包括可行性研究、项目开发计划和需求分析三个阶段，可以根据软件系统的大小和类型决定是否细分阶段。

1. 可行性研究和项目开发计划

可行性研究和项目开发计划阶段必须要回答的问题是"要解决的问题是什么"。该问题有可行的解决办法吗？若有解决问题的办法，则需要多少费用？需要多少资源？需要多少时间？要回答这些问题，就要进行问题定义、可行性研究，制订项目开发计划。

用户提出一个软件开发要求后，系统分析员首先要解决的是该软件项目的性质是什么、是数据处理问题还是实时控制问题、是科学计算问题还是人工智能问题等。还要明确该项目的目标是什么，该项目的规模如何等。通过系统分析员对用户和使用部门负责人的访问和调查、开会讨论，就可解决这些问题。

在清楚问题的性质、目标、规模后，还要确定该问题有没有可行的解决办法。系统分析员要进行压缩和简化的需求分析和设计，也就是在高层次上进行分析和设计，探索这个问题是否值得去解决、是否有可行的解决办法。最后要提交可行的研究报告。

经过可行性研究后，确定该问题值得去解决，然后制订项目开发计划。根据开发项目的目标、功能、性能及规模，估计项目需要的资源，即需要的计算机硬件资源、需要的软件开发工具和应用软件包，以及需要的开发人员数目及层次。还要对软件开发费用做出估算，对开发进度做出估计，制订完成开发任务的实施计划。最后，将项目开发计划和可行性研究报告一起提交管理部门审查。

2. 需求分析

需求分析阶段的任务不是具体地解决问题，而是准确地确定"软件系统必须做什么"，确定软件系统必须具备哪些功能。

用户了解他们所面对的问题,知道必须做什么,但是通常不能完整、准确地表达出来,也不知道怎样用计算机解决他们的问题。而开发人员虽然知道怎样用软件完成人们提出的各种功能要求,但是,对用户的具体业务和需求不是很清楚,这是需求分析阶段的困难所在。

系统分析员要和用户密切配合,充分交流各自的理解,充分理解用户的业务流程,完整、全面地收集、分析用户业务中的信息和处理,从中分析出用户要求的功能和性能,完整、准确地表达出来。这一阶段要给出软件需求说明书。

软件分析时期结束前要经过管理评审和技术评审,方能进入软件设计时期。

2.2.2 软件设计时期

软件设计时期的根本任务是将软件分析时期得出的逻辑模型设计成具体计算机软件方案。具体来说,主要包括以下三个方面。

(1) 设计软件的总体结构。

(2) 设计软件具体模块的实现算法。

(3) 软件设计结束之前,也要进行有关评审,评审通过后才能进入编码时期。理想的软件设计结果应该可以交给任何熟悉所要求的语言环境的程序员编码实现。

软件设计时期也可以根据具体软件的规模、类型等决定是否细分成概要设计(总体设计)和详细设计两个阶段。

1. 概要设计

在概要设计阶段,开发人员要把确定的各项功能需求转换为需要的体系结构,在该体系结构中,每个成分都是意义明确的模块,即每个模块都和某些功能需求相对应。因此,概要设计就是设计软件的结构,包括该结构由哪些模块组成、这些模块的层次结构是怎样的、这些模块的调用关系是怎样的、每个模块的功能是什么。同时还要设计该项目的应用系统的总体数据结构和数据库结构,即应用系统要存储什么数据、这些数据是什么样的结构、它们之间有什么关系等。

这个阶段要考虑如下几种可能的方案。

(1) 最低成本方案。系统完成最必要的工作。

(2) 中等成本方案。系统不仅能够完成预定的任务,而且能够完成用户没有指定的功能。

(3) 高成本方案。系统具有用户希望的所有功能。

系统分析员要使用系统流程图和其他工具描述每种可能的系统,用结构化原理设计合理的系统的层次结构和软件结构。另外,系统分析员还要估计每一种方案的成本与效益,在综合权衡的基础上向用户推荐一个好的系统。

2. 详细设计

详细设计阶段就是为每个模块完成的功能进行具体描述,要把功能描述转变为精确的、结构化的过程描述。即该模块的控制结构是怎样的、先做什么后做什么、有什么样的条件判定、有什么重复处理等,并用相应的表示工具把这些控制结构表示出来。

2.2.3　编码与测试时期

编码与测试时期也可称为软件实现时期。在这个时期，主要是组织程序员将设计的软件"翻译"成计算机可以正确运行的程序，并且要经过按照软件分析中提出需求的要求和验收标准进行严格的测试和审查。审查通过后才可以交付使用。

这个时期也可以根据具体软件的特点，决定是否划分成一些阶段，如编码、测试等。

1. 编码

编码阶段就是把每个模块的控制结构转换为计算机可接受的程序代码，即写成以某特定程序设计语言表示的"源程序清单"。当然，写出的程序应结构好，清晰易读，并且与设计相一致。

2. 测试

测试是保证软件质量的重要手段，其主要方式是在设计测试用例的基础上检验软件的各个组成部分。测试分为模块测试、组装测试和确认测试。

(1) 模块测试是查找各模块在功能和结构上存在的问题。

(2) 组装测试是将各模块按一定顺序组装起来进行的测试，主要是查找各模块之间接口上存在的问题。

(3) 确认测试是按软件需求说明书上的功能逐项进行的，发现不能满足用户需求的问题，决定开发的软件是否合格、能否交付用户使用等。用正式的文档将测试计划方案和实际结果保存下来作为软件配置的组成部分。

2.2.4　运行与维护时期

运行与维护时期简称维护时期。维护是计算机软件不可忽视的重要特征。维护是软件生命周期中时间最长、工作量最大、费用最高的一项任务。事实上，软件工程的提出最主要的因素之一就是软件出现了难以维护这种"危机"。

软件维护是软件生命周期中时间最长的阶段。已交付的软件投入正式使用后，便进入软件维护阶段，它可以持续几年甚至几十年。软件运行过程中可能由于各方面的原因，需要对它进行修改。其原因可能是运行中发现了软件隐含的错误而需要修改，可能是为了适应变化了的软件工作环境而需要做适当变更，也可能是因为用户业务发生变化而需要扩充和增强软件的功能等。

以上划分的四个时期的七个阶段是在 GB 8567—1988 中规定的。在大部分文献中将生命周期划分为五个阶段，即要求定义、设计、编码、测试及维护。其中，要求定义阶段包括可行性研究和项目开发计划、需求分析，设计阶段包括概要设计和详细设计。

软件活动时期划分主要有如下几个优点。

(1) 每个软件活动时期的独立性较强，任务明确，且联系简单，容易分工。

(2) 软件工程过程清晰、简明。

(3) 软件规模大小都适合，大型软件可以在软件活动时期内再划分阶段进行。

(4) 适合各种软件工程开发模型和开发方法。

(5) 适合各类软件工程。

2.3 软件生命周期模型

软件生命周期模型是指开发软件项目的总体过程思路。在过去的实践中,将成功的软件开发过程总体思路归纳为不同的模型。在介绍各种模型前,先了解一下生命周期模型的有关概念。

2.3.1 软件生命周期模型的概念

为了理解事物,人们对事物做出一种抽象,它忽略了不必要的细节,用于表示事物的一种抽象形式、一个规划、一个程式就是模型。软件生命周期模型是描述软件开发过程中各种活动如何执行的模型。

一个强有力的软件生命周期模型对软件开发提供了强有力的支持,为软件开发过程中的所有活动提供了统一的政策保证,为参与软件开发的所有成员提供了帮助和指导。它提示了如何演绎软件过程的思想,是软件生命周期模型化技术的基础,也是建立软件开发环境的核心。

软件生命周期模型确立了软件开发和演绎中各阶段的次序限制以及各阶段活动的准则,确立了开发过程应遵守的规定和限制,便于各种活动的协调以及各种人员的有效通信,有利于活动重用的活动管理。

软件生命周期模型能表示各种活动的实际工作方式、各种活动间的同步和制约关系,以及活动的动态特性。生命周期模型应该容易为软件开发过程中的各类人员所理解,应该适应不同的软件项目,具有较强的灵活性,支持软件开发环境的建立。

目前有若干种软件生命周期模型,如瀑布模型、原型模型、增量模型、螺旋模型、喷泉模型、基于知识的模型和变换模型。

2.3.2 瀑布模型

从前面的论述可知,按照传统的生命周期方法学开发软件,这个阶段的工作自顶向下从抽象到具体顺序进行,好像奔流的瀑布总是从高到低。因此,传统的生命周期方法学可以用瀑布模型来模拟。瀑布模型是将软件生命周期各活动规定为依线性顺序连接的若干阶段的模型。这里将软件生命周期划分成七个阶段,包括可行性分析、项目开发计划、需求分析、概要设计、详细设计、编码、测试和维护。每个阶段的工作完成都需要评审等技术确认。

瀑布模型主要包括开发和确认两个过程,即开发过程和确认过程。

开发过程是严格的下导式过程,各阶段间具有顺序性和依赖性,前一阶段的输出是后一阶段的输入,每个阶段工作的完成需要审查确认。

确认过程是严格的追溯式过程,后一阶段出现了问题要通过前一阶段的重新确认来解决。所以,问题发现得越晚,解决问题的难度就越大。

瀑布模型规定了由前至后、相互衔接的固定次序,如同瀑布,水流逐级下落。

瀑布模型为软件开发提供了一种有效的管理模型。根据这一模式制订开发计划，进行成本预算，组织开发力量，以项目的阶段评审和文档控制为手段有效地对整个开发过程进行指导。因此，它是以文档作为驱动、适合于需求很明确的软件项目开发的模型。

1. 模型

瀑布模型表示如图 2-2 所示。该模型说明整个软件开发过程是按六个阶段进行的。

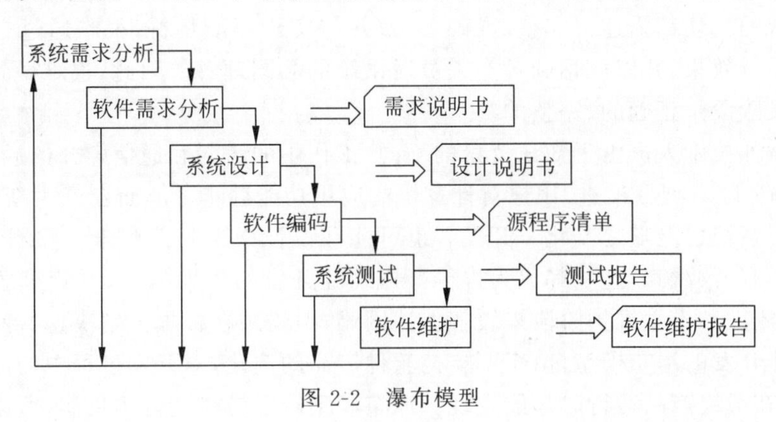

图 2-2 瀑布模型

每个阶段的任务完成之后，产生右边相应的文档(图 2-2 中只列出该阶段最主要的文档)，这些文档经过确认，表明该阶段工作完成，并进行下一阶段的工作。每个阶段均以上一阶段的文档作为开发的基础，如果某一文档出现问题，则要返回上一阶段去重新进行工作。

2. 瀑布模型的特点

瀑布模型是一种整体开发模型，在开发过程中，用户看不见系统是什么样的，只有开发完成向用户提交整个系统时，用户才能看到一个完整的系统。

瀑布模型严格按照生命周期各个阶段来进行开发。它强调了每一阶段的严格性。这样就能解决在开发阶段后期修正不完善的需求说明将花费巨额费用的问题。于是人们须付出极大的努力来加强各阶段活动的严格性，特别是要求定义阶段，希望得到完整、准确、无二义性的需求说明，以减少后面各阶段不易估量的浪费。在传统的观念中，人们认为只要认真努力，总可以通过详尽的术语及表达方式，准确、清楚地表达和通信，以便在严格的开发管理下得到完美的结果。

在这种严格定义的模型中，开发人员试图在每一活动过程结束后，通过严格的阶段性复审与确认，得到该阶段的一致、完整、准确和无二义性良好文档，以"冻结"这些文档为该阶段结束的标志，相关文档保持不变，作为下一阶段活动的唯一基础，从而形成一个理想的线性开发序列，以每一步的正确性和完整性来保证最终系统的质量。

瀑布模型是以文档形式驱动的，为合同双方最终确认产品规定了蓝本，为管理者进行项目开发管理提供了基础，为开发过程施加了"政策"或纪律限制，约束开发过程中的活动。

瀑布模型以里程碑开发原则为基础，提供各阶段的检查点，确保用户需求，满足预算和时间限制。

瀑布模型适合于功能和性能明确、完整、无重大变化的软件开发。大部分的系统软件就具有这些特征,例如编译系统、数据库管理系统和操作系统等。在开发前均可完整、准确、一致和无二义性地定义其目标、功能和性能等。

3. 瀑布模型的局限性

对于软件开发前期,一般情况是用户对系统只有一个模糊的想法,无法明确表达对系统的全面要求。经过详细的要求定义,尽管可得到一份较好的需求说明,但却很难期望该需求说明能将系统的一切都描述得完整、准确、一致并与实际环境相符,很难通过它在逻辑上推断出系统的运行效果,并以此达到各类人员对系统的共同理解。因此,很难做到保证每个阶段特别是定义阶段是正确的、完整的。

用户和软件技术人员由于知识背景的不同,工作中的疏漏和通信媒介的局限性,通信中会有一些误解；随着项目推进,用户对计算机的应用功能逐步了解而会产生新的要求,或因环境变化希望系统也能随之变化。开发者也可能在设计中遇到某些未曾预料的实际困难,希望在需求中有所权衡。这些都成为进行严格线性开发的重大障碍,尽管可通过加强复审与确认、全面测试和设立维护阶段来缓解上述困难,但均未在根本上解决这些问题。

作为整体开发的瀑布模型,由于不支持软件产品的演化,对开发过程中的一些很难发现的错误,只能在最终产品运行时才能发现。瀑布模型缺乏应付变化的机制,所以最终产品将难以维护。

虽然瀑布模型得到了广泛的应用,在消除非结构化软件、降低软件的复杂性、促进软件开发工程化方面起了很大作用。但是,瀑布模型在大量的软件开发实践中也逐渐暴露出它的严重缺点,体现在它是一种理想的线性开发模式,缺乏灵活性,特别是无法解决软件需求不明确或不准确的问题。这些缺点最终可能导致开发出的软件并不是用户真正需要的软件,并且问题往往是在开发过程完成后才能发现,已为时太晚。为此必须要进行返工,或者在运行中进行大量修改。这种返工或修改付出的代价巨大。同时,随着软件开发项目的规模日益扩大,瀑布模型缺乏灵活性的缺点引发的问题更为严重。为克服瀑布模型的不足,现在已提出若干其他模型。

2.3.3 原型模型

原型模型(Prototyping Model)则是借助一些软件开发工具或环境尽可能快地构造一个实际系统的简化模型。图 2-3 所示是一个原型模型。

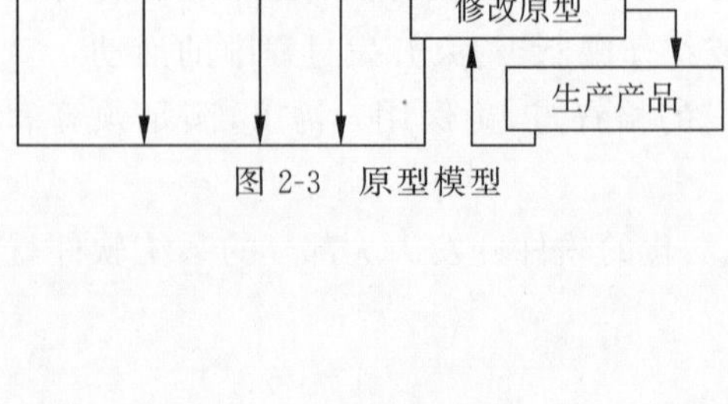

需求分析
快速设计
建立原型
用户评价原型
修改原型
生产产品

图 2-3 原型模型

原型模型的最大特点：利用原型法技术能够快速实现系统的初步模型,供开发人员和用户进行交流,以便较准确获得用户的需求；采用逐步求精法使原型逐步完善,这是一种在新的高层次上不断反复推进的过程,它可以大大避免在瀑布模型冗长的开发过程中看不见产品雏形的现象。

相对瀑布模型来说,原型模型更符合人类认识真理的过程和思维活动,是目前较流行的一种实用的软件开发方法。但是，采用原型模型适合满足如下条件的软件开发。

(1) 有快速建立系统原型模型的软件工具与环境。随着计算机软件的飞速发展，这样的软件工具越来越多，特别是一些第四代语言，已具备较强的生成原型系统的能力。

(2) 原型模型适合于那些不能预先确切定义需求的软件开发。

(3) 原型模型适合于那些项目组成员(包括分析员、设计员、程序员和用户等)不能很好协同配合、交流或通信上存在困难的情况。

2.3.4 增量模型

由于传统的瀑布模型本身存在不足，因此在开发过程中不论怎样严格，终究难以接近理想目标，一切活动都掺杂着若干未能预料的疏漏。于是人们考虑改变传统思想中的一些基本观念：能否将整个软件一部分一部分地开发；能否在需求难以完全明确的情况下，快速分析并构造一个小的原型系统，满足用户的某些要求后，使用户在使用过程中受其启发，逐步确定各种需求。这就是所谓的增量构造模型。

1. 增量构造模型

增量构造模型如图 2-4 所示。由图 2-4 可以看出，需求分析阶段和设计阶段都是按瀑布模型的整体方式开发的。但是编码阶段和测试阶段是按增量方式开发的。这种模型的优点是开发中用户可以及早看到部分软件功能，发现问题，以便在开发其他软件功能时及时解决问题。

2. 演化提交模型

演化提交模型是增量模型的极端形式，如图 2-5 所示。

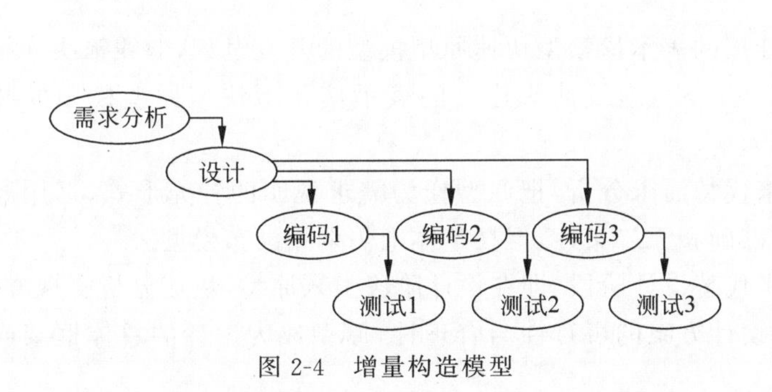

图 2-4 增量构造模型

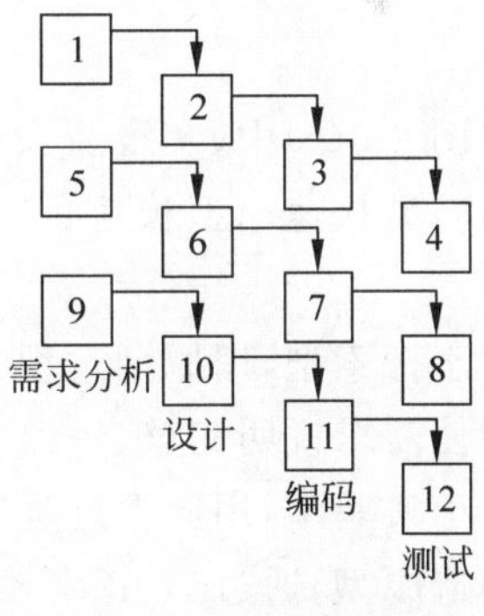

图 2-5 演化提交模型

从模型中可以看到，项目开发的各个阶段都是增量方式。先对某部分功能进行需求分析，然后按顺序进行设计、编码和测试，对该功能进行开发，提交给用户，直至所有功能的增量开发完毕为止。开发的顺序按图 2-5 中的编号进行。该模型不仅是增量开发也是增量提交，用户尽早收到部分软件，能及早发现问题，使修改扩充更容易。

3. 快速原型模型

鉴于以前各个模型的缺点，许多研究人员得出结论：软件开发的早期阶段应该是一个学习与实践的过程，其活动包括开发人员和用户两个方面。不仅要求他们合作，而且要有一个实际的工作系统。用户开始虽然说不出未来系统的样子，但对现行系统可以非常熟练地使用。基于这种思想的技术就是快速原型开发。

快速原型模型如图 2-6 所示。图 2-6(a)为原型本身，图 2-6(b)说明了原型的使用过程，图 2-6(c)说明了快速原型的开发过程。

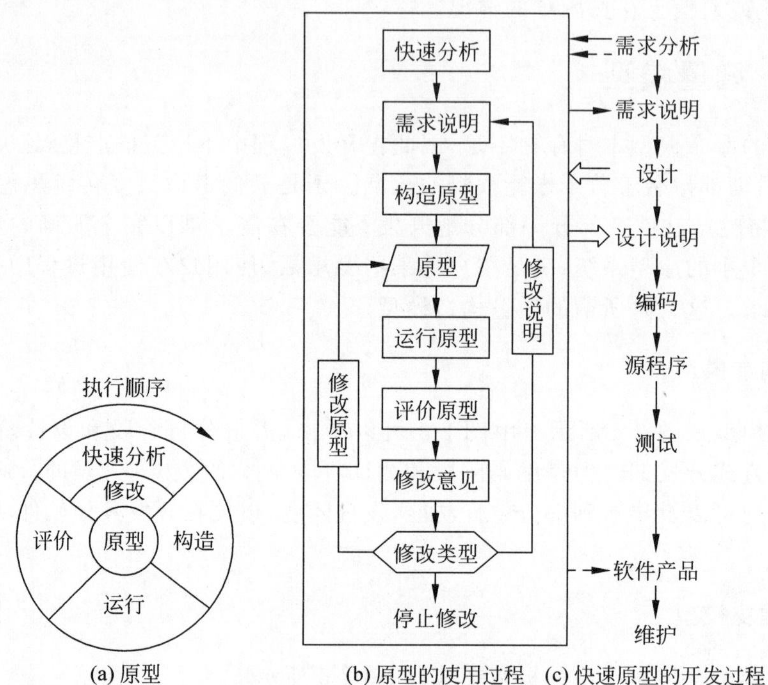

(a) 原型　(b) 原型的使用过程　(c) 快速原型的开发过程

图 2-6　快速原型模型

在图 2-6(c)中，实线箭头连接的表示探索型快速原型模型的开发过程，双线箭头连接的表示实验型快速原型模型的开发过程，虚线箭头连接的表示演化型快速原型模型的开发过程。

对于探索型，用原型过程来代替需求分析，把原型作为需求说明的补充形式，运用原型尽可能使需求说明完整、一致、准确和无二义性，但在整体上仍采用瀑布模型。

对于实验型，用原型过程来代替设计阶段，即在设计阶段引入原型，快速分析实现方案，快速构造原型，通过运行，考察设计方案的可行性与合理性，原型成为设计的总体框架或设计结果的一部分。

对于演化型，用原型过程来代替全部开发阶段。这是典型的演化提交模型的形式。它是在强有力的软件工具和环境支持下，通过原型过程的反复循环，直接得到软件系统；不强调开发的严格阶段性和高质量的阶段性文档，不追求理想的开发模式。

2.3.5 螺旋模型

螺旋模型综合了传统的软件生命周期模型和原型模型的优点。将瀑布模型与增量模型结合起来，加入的两种模型均忽略了的风险分析，弥补了这两种模型的不足。

螺旋模型是一种风险驱动的模型。在软件开发中，有各种各样的风险。对于不同的软件项目，其开发风险大小有别。在实施项目开发时，分析员不容易准确无误地明确项目的需求是什么、需要多少资源、开发进度如何安排等一系列问题。但是通常可凭借经验估计和分析而给出初步的设想，这种设想会有一定的风险。同样，在设计阶段的设计方案是否能实现用户的功能，也会具有一定的风险。实践表明，项目越复杂，设计方案、资源、成本和进度等因素的不确定性越大，项目开发的风险也越大。因此，应及时对风险进行识别、分析和采取对策，从而消除或减少风险的危害。

螺旋模型将过程周期分为和瀑布模型大致相符合的几个周期。螺旋模型如图 2-7 所示。

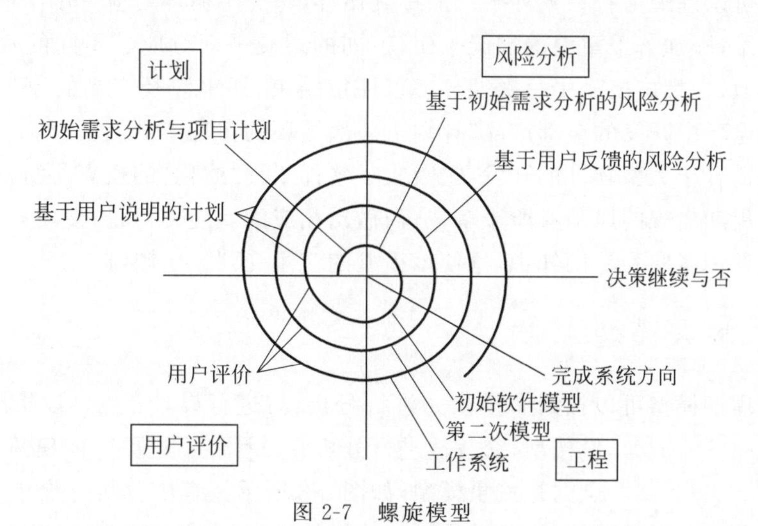

图 2-7 螺旋模型

在图 2-7 中，半径的大小代表了完成现在步骤所需的费用累加值。螺旋角度的大小代表了完成螺旋的每次循环须做的工作，模型反映了一个重要的概念，即每一次循环包含一次进展，该进展对产品的每一部分及每一级改进指出了从用户需求文档至每一单独程序的编程步骤的相同次序。每个螺旋周期可分为以下四个工作步骤。

1. 计划

确定软件产品各部分的目标，如性能、功能和适应变化的能力等；确定软件产品各部分实现的各种方案；确定不同方案的限制条件。

2. 风险分析

对各个不同实现方案进行评估，对出现的不确定因素进行风险分析，提出解决风险的策略，建立相应的原型。若原型是可运行的，则可作为下一步产品演化的基础。

解决风险可采用面向说明书、面向原型、面向模拟法和面向自动转换的方法。在这种情况下，通过相应的程序风险大小及不同方法效率的分析来选择合适的配合策略。类似地，风险管理分析能决定投入其余工程活动的时间和工作量。

3. 工程

若以前的原型已解决了所有性能和用户接口风险,而且占主要位置的是程序开发和接口控制风险,那么接下来的应是采用瀑布模型的方法,进行用户需求、软件需求分析及软件设计和软件实现等。同时要对其做适当修改,以适应增量开发。

4. 用户评价

通过对产品的评价,提出修改意见,对下一周期的软件需求、设计和实现进行计划。

螺旋模型可以理解为有一系列平行的螺旋循环,每一个循环对应一个组成部分,好像在图中加入第三维,即加若干重叠的螺旋平面,不同的螺旋平面对应于不同的软件组成部分。与其他模型相似,在螺旋模型中每次循环都以评审结束,评审涉及产品的原来人员或组织,评审覆盖前次循环中开发的全部产品,计划下一次循环的实现产品的资源。

螺旋模型适合于大型软件的开发,它吸收了软件工程“演化”的概念,使得开发人员和用户对每个螺旋周期出现的风险有所了解,从而做出相应的反应。但是,使用该模型需要有相当丰富的风险评估经验和专门知识,这使该模型的应用受到一定限制。

2.3.6 喷泉模型

软件生命周期模型可以按瀑布模型先进行分析,后进行设计;也可以按螺旋模型或增量模型,交替地进行分析和设计。不过更能体现两者之间关系特点的是喷泉模型,如图2-8所示。其中分析与设计这两个水泡表明分析和设计没有严格的边界,它们是连续的、无缝的,允许有一定的相交(一些工作既可看作是分析的,也可看作设计的),也允许从设计回到分析。

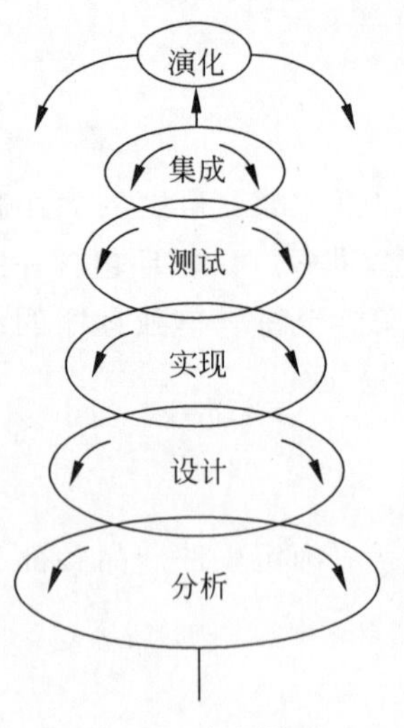

图2-8 喷泉模型

喷泉模型是以面向对象的软件开发方法为基础,以用户需求为动力,以对象作为驱动的模型,它适合于面向对象的开发方法。它克服了瀑布模型不支持软件重用和多项开发活动集成的局限性。喷泉模型使开发过程具有迭代性和无间隙性。系统某些部分常常重复工作多次,相关功能在每次迭代中随之加入演化的系统。无间隙是指在分析、设计和实现等开发活动之间不存在明显的边界。喷泉模型的特点如下。

(1) 模型规定软件开发过程有5个阶段,即分析、设计、实现、测试与集成。

(2) 模型从高层返回低层无资源消耗,反映了软件过程迭代的自然特性。

(3) 以分析为基础,资源消耗呈塔型,在分析阶段消耗的资源最多。

(4) 各阶段相互重叠反映了软件过程并行性。

(5) 模型强调增量开发,它依据分析一点、设计一点的原则,并不要求一个阶段的彻底完成,整个过程是一个迭代的逐步提炼的过程。

(6) 模型是对象驱动的过程,对象是所有活动作用的主体和项目管理的基本内容。

(7) 模型在实现时,由于活动不同,可分为系统实现和对象实现,这既反映了全系统的开发过程,也反映了对象的开发和重用过程。

2.3.7 基于知识的模型

基于知识的模型是把瀑布模型和专家系统结合在一起。在开发的各个阶段都利用了相应的专家系统来帮助软件人员完成开发工作,使维护在系统需求说明一级上进行。为此,建立了各阶段所需要的知识库,将模型、相应领域知识和软件工程知识分别存入数据库,以软件工程知识为基础的生成规则构成的专家系统与含有应用领域知识规则的其他专家系统相结合,构成了该应用领域的开发系统。

基于知识的模型如图 2-9 所示。

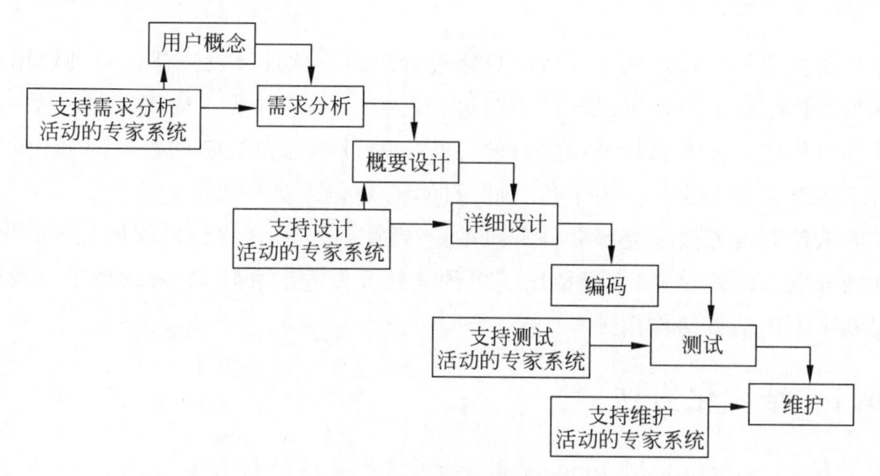

图 2-9 基于知识的模型

由图 2-9 可以知道,基于知识的模型基于瀑布模型,在各阶段都有相应的专家系统支持。其中,支持需求分析活动的专家系统用来帮助减少需求活动中的二义性、不精确性和冲突易变的需求,这种专家系统要使用应用领域的知识,要用到应用系统中的规则,建立应用领域的专家系统来支持需求分析活动。另一个是支持设计活动的专家系统,它是用于支持设计功能的 CASE 中的工具和文档的选择,这种专家系统要使用软件开发的知识。还有一个是支持测试活动的专家系统,它用于支持测试自动化,利用基于知识的系统选择测试工具,生成测试数据,跟踪测试过程,分析测试结果。最后是支持维护活动的专家系统,它将维护变成新的应用开发过程的重复,运行可利用的基于知识的系统来进行维护。

2.3.8 变换模型

变换模型主要用于软件的形式化开发方法,从软件需求形式化说明开始,经过一系列变换,最终得到系统的目标程序。一个形式化的软件开发方法要提供一套思维方法和描述开发手段,如规范描述的原则、程序开发的一般过程、描述语言等。使开发者能利用数学概念和表示方法恰当合理地构造形式规范,根据开发过程的框架及设计原则进行规范描述和系统化的设计,并对规范的性质和设计的步骤进行分析和验证。

图2-10所示为变换模型。从图2-10可以看出,变换模型可以分为模型规范的建立和规范到实现开发的一系列变换过程。

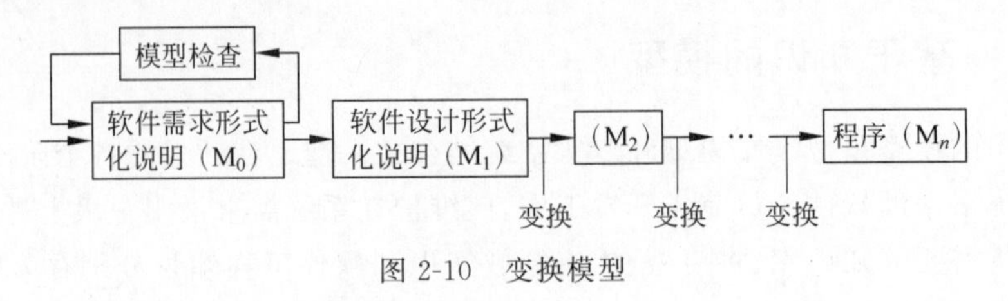

图2-10 变换模型

2.4 软件开发方法

软件开发模型是指开发软件项目的总体过程思路。软件开发方法是一种使用早已定义好的技术集及符号表示习惯组织软件生产过程的方法。其方法一般表述成一系列的步骤,每一步骤都与相应的技术和符号相关。软件开发的目标是在规定的投资时间内,开发出符合用户需求的高质量的软件。为了达到此目的,需要有成功的开发方法。

优秀的软件开发方法是克服软件危机的重要途径之一。因此,自软件工程诞生以来,人们重视软件开发方法的研究,已经提出了多种软件开发方法和技术,对软件工程及软件产业的发展起到了不可估量的作用。

2.4.1 结构化方法

结构化方法(Structure Method)是最早的、最传统的软件开发方法。20世纪70年代初,就提出了用于编写程序的结构化程序设计方法,而后发展到用于设计的结构化设计(SD)方法、用于分析的结构化分析(SA)方法、结构化分析与设计技术(SADT)以及面向数据结构的Jackson方法、Warnier方法等。结构化方法由结构化分析、结构化设计和结构化程序设计构成,也称Yourdon方法。它适用于一般数据处理系统,是一种较流行的软件开发方法。在实际软件开发中使用的许多方法都是基于结构化分析与设计的改进方法。

所谓结构化分析,就是根据分解与抽象的原则,按照系统中数据处理的流程,用数据流图来建立系统的功能模型,从而完成需求分析。所谓结构化设计,就是根据模块独立性准则、软件结构准则,将数据流图转换为软件的体系结构,用软件结构图来建立系统的物理模型,实现系统的概要设计。所谓结构化程序设计,就是根据结构程序设计原理,将每个模块的功能用相应的标准控制结构表示出来,从而实现详细设计。

结构化方法总的指导思想是自顶向下、逐步求精,它是一种面向数据流的开发方法。其基本原则是功能的分解与抽象。它是软件工程中最早出现的开发方法,特别适合于数据处理领域的问题。该方法简单实用,应用较广,相应的支持工具较多,技术成熟。

但是它不适用于规模大以及特别复杂的项目,该方法难以解决软件重用问题,难以适应需求变化的问题,难以彻底解决维护问题。

2.4.2　Jackson 方法

Jackson 方法是一种面向数据结构的详细设计方法，也是一种较为流行的详细设计方法。Jackson 方法的发展可分为两个阶段。20 世纪 70 年代，Jackson 方法的核心是面向数据结构的设计，以数据驱动为特征；因为一个问题的数据结构与处理该问题数据结构的控制结构有着惊人的相似之处，该方法就是根据这一思想形成了最初的 JSP（Jackson Structure Programming）方法。该方法首先描述问题的输入/输出数据结构，分析其对应性，然后推出相应的程序结构，从而给出问题的软件过程描述。20 世纪 80 年代初开始，Jackson 方法已经演变到基于进程模型的事件驱动。许多软件设计书籍仍然将 Jackson 方法列为面向数据结构的设计方法。

Jackson 方法把问题分解为可由三种基本结构形式表示的各部分层次结构。这三种基本结构形式就是顺序、选择和重复。Jackson 方法提出一种与数据结构层次图非常相似的数据结构表示法，并提出一组基于这种数据结构到程序结构的映射和转换过程。

JSP 方法是以数据结构为驱动的，适合于小规模的项目。当输入数据结构与输出数据结构无对应关系时，难以应用该方法。基于 JSP 方法的局限性，又发展了 JSD（Jackson System Development）方法，它是 JSP 方法的扩充。

JSD 方法是一个完整的系统开发方法。该方法首先建立现实世界的模型，再确定系统的功能需求，对需求的描述特别强调了操作之间的时序性，它以事件作为驱动，是一种基于进程的开发方法，应用于时序特点较强的系统，包括数据处理系统和一些实时控制系统。

JSD 方法对客观世界及其同软件之间的关系认识不完整，所确立的软件系统实现结构过于复杂，软件结构说明的描述采用第三代语言，这不利于软件开发者对系统的理解以及开发者之间的通信交流，这些缺陷在很大程度上限制了人们实际运用 JSD 方法的热情。

2.4.3　维也纳开发方法

1969 年，IBM 公司维也纳实验室的研究小组在开发 PL/1 语言时，小组成员遇到如何对大型高级语言尽快用形式化说明来开发编译系统，使语法、语义的定义更严密、更系统化的问题。从软件系统最高一级抽象到最终目标代码生成，每一步都给出形式化说明的问题。最初提出了维也纳开发方法（Vienna Development Method，VDM）。到现在，维也纳开发方法已形成一种对大型系统软件形式化开发的较有潜力的方法，在欧洲及北美有相当大的影响。20 世纪 80 年代，该方法已应用到工程开发上。

VDM 是一种形式化的开发方法，软件的需求用严格的形式语言描述，把描述模型逐步变换成目标系统。VDM 是一个基于模型的方法，它的主要思想是：将软件系统当作模型来给予描述，具体说就是把软件的输入/输出看作模型对象，而这些对象在计算机内的状态可看作该模型在对象上的操作。

VDM 从抽象说明开始，对软件系统功能条件给出定义，对其输入输出用不同的数学域进行分类定义，这称为语法域说明。具体说明对象的真正含义，称为语义域说明。对系统在计算机内状态进行描述，称为加工函数（或语义函数）。前面的语义域和语法域都是用数学的域方程表示的，而加工函数是用数学函数形式表示的，所以 VDM 的软件系统模型是代数式的说明。

VDM借助于其强有力的描述工具语言Meta_IV开始在欧洲广泛应用,先是应用于开发程序语言的语义形式说明,以后变成一般软件的开发方法。

2.4.4 面向对象的开发方法

面向对象软件开发(Objected-Oriented Software Development)是近年来最流行的软件开发方法。但是,面向对象(OO)的概念和思想却由来已久。有人认为,可以将Dahl与Nygaard在1967年推出的程序设计语言Simula-67作为面向对象的诞生标志。Simula-67首先在程序中引入了对象概念。但是,面向对象真正的第一个里程碑应该是于1980年出现的Smalltalk-80。Smalltalk-80发展了Simula-67对象和类的概念,并引入方法、消息、元类及协议等概念,所以有人将Smalltalk-80称为第一个面向对象语言,但是最后使面向对象广泛流行的则是面向对象的程序设计语言C++。

什么是面向对象?面向对象应该具备哪些基本特征呢?面向对象方法是一种运用对象、类、继承、封装、聚合、消息传送、多态性等概念来构造系统的软件开发方法。

面向对象开发的基本出发点是尽可能按照人类认识世界的方法和思维方式来分析和解决问题。客观世界由许多具体的事物、事件、概念和规则组成,这些均可看成对象。面向对象方法正是以对象作为最基本的元素,对象也是分析问题、解决问题的核心。由此可见,面向对象方法符合人类的认识规律。计算机实现的对象与真实世界的对象有一一对应的关系,不必做任何转换,这就使面向对象易于为人们所理解、接受和掌握。

面向对象开发方法包括面向对象分析、面向对象设计和面向对象实现。面向对象开发方法有Booch方法、Coad方法和OMT方法等。

除了前面介绍的方法外,还有其他一些较成熟的软件开发方法,如适用于实时事务处理系统的有限状态机方法(FSM)、适用于并发软件系统的Petri网方法等。有兴趣的读者可以参考有关资料。

2.5 软件工具与开发

软件工具一般被称为支持软件人员开发和维护软件活动而使用的软件。例如,项目估算工具、需求分析工具、设计工具、编码工具、测试工具和维护工具等。使用软件工具可以提高软件生产率,放大人类的智力。

2.5.1 软件工具箱

在软件开发的过程中,一般情况下是一种工具支持一种开发活动。开发过程中的活动较多,所以用的软件工具也多。于是将各种工具简单组合起来就构成工具包,人们将这种软件工具包形象地称为工具箱。工具箱的特点是工具界面不统一、工具内部无联系、工具切换由人工操作。因此,它们对大型软件的开发和维护的支持能力是有限的,即使可以使用众多的软件工具,但由于这些工具之间相互隔离、独立存在,因此无法支持一个统一的软件开发和维护过程。

2.5.2 软件开发环境

工具箱的使用既有方便的地方又存在问题，为了使软件工具支持整个生命周期，人们将工具系统集成化，使之形成完整的软件开发环境。它不仅能支持软件开发和维护中的个别阶段，而且能支持从项目开发计划、需求分析、设计、编码、测试到维护等所有阶段，不仅支持各阶段中的技术工作，还支持管理和操作工作，保持项目开发的高度可见性、可控制性和可追踪性。

2.5.3 计算机辅助软件工程

为了实现软件工具在软件生命周期各个环节的自动化，软件工具正在发生很大的变化，不断建立新的软件工具。这些软件工具的共同点是让软件开发人员以对话的方式建立各种软件系统，因此称之为计算机辅助软件工程。可以将其定义为软件开发的自动化，简称为CASE(Computer Aided Software Engineering)。为了实现软件生命周期各个环节的自动化并使之成为一个整体，在自动化基础上，CASE 的实质是为软件开发提供一组优化集成的且能大量节省人力的软件开发工具。

CASE 技术是软件工具和软件开发方法的结合。它不同于以前的软件技术，因为它强调了解决整个软件开发过程的效率问题，而不是解决个别阶段的问题。由于它跨越了软件生命周期各个阶段，着眼于软件分析和设计以及实现和维护的自动化，因此在软件生命周期的两端解决了生产率问题。

CASE 工具与其他软件工具的区别体现在：支持专用的个人计算环境；使用图形功能对软件系统进行说明并建立文档；将生命周期各阶段的工作连接在一起；收集和连接软件系统中从最初的软件需求到软件维护各个环节的所有信息；用人工智能技术实现软件开发和维护工作的自动化。

通常，结构化方法可使用瀑布模型、增量模型和螺旋模型进行开发；Jackson 方法可使用瀑布模型、增量模型进行开发；面向对象的开发方法一般采用喷泉模型，也可用瀑布模型、增量模型进行开发；而形式化的维也纳开发方法只能用变换模型进行开发。

2.6 软件工程应用实例

项目(题目构造)：成绩管理系统。

1. 背景

教育学及其技术的发展，要求学校对教学成绩管理也要提高质量及效率。因而，需要编写学生成绩管理系统来满足现代教学管理要求。

该产品要充分考虑实际情况，主要完成学生成绩录入、批量导入、学生成绩分析与统计等，也可作为学生与教务管理系统的子模块。

2. 目标

考虑到规模，学生人数为 500～80 000，满足 600 个专业(每个专业都有 30～40 门课程)

考试类别多、课程多的特点。对学生成绩的分析统计,适合用于现在的工具以便于掌握教学情况,改进教学活动。

1) 用户

用户包括系统管理员、教师、学生、其他人员。

2) 初步功能

完成用户注册相关信息的输入、管理及维护等。

课程信息:添加、修改、查询及删除各门课程的信息。

成绩信息:添加、修改、查询及删除各门课程对应学生成绩的信息。

查询:成绩信息查询,课程查询,教师信息查询,学生信息查询。

编辑:名单录入,学生成绩录入,所学课程录入,用户信息录入。

统计:统计各科考试成绩、所获学分、成绩的绩点、学生总分及在校排名,分析对比与学生上一学期名次的升降状况。

报表:学生名单,课程报表,成绩报表,教师报表。

数据库:数据库表的设计,增加、删除、查询与修改数据库的数据信息。

数据安全和保密:管理员赋予相关用户的登录权限,且只能查看自己相关的信息和执行相关的操作,其他非管理员授权的权限禁止操作、查看和删除他人信息。

上述功能需求概括如图 2-11 所示。

3) 性能需求

(1) 客户端一般响应时间(除报表统计、数据导入)不超过 1s。

(2) 报表统计时间不超过 30s。

(3) 支持 2000 名学生信息的一次性导入,导入时间不超过 300s。

(4) 支持 5000 名用户并发使用,并保证性能不受影响。

(5) 输出如报告、文件或数据,对每项输出要说明其特征,如用途、产生频度、接口以及分发对象。

(6) 输入说明系统的输入,包括数据的来源、类型、数量、数据的组织以及提供的频度。

(7) 处理流程和数据流程用图表的方式表示出最基本的数据流程和处理流程,并辅之以叙述。

(8) 本系统相连接的其他系统。

系统与外系统的关系如图 2-12 所示。

4) 安全性需求

安全性需求包括权限控制、重要数据加密、数据备份、记录日志。

5) 可用性需求

可用性需求包括操作方便、支持没有计算机使用经验、控制必录入项、容错能力、操作提示信息、用户可自定义、在线帮助。

6) 其他需求

其他需求包括支持多浏览器系统安装方便,易于维护。

3. 需求规定

1) 系统角色

系统角色包括系统管理员、教师、学生。

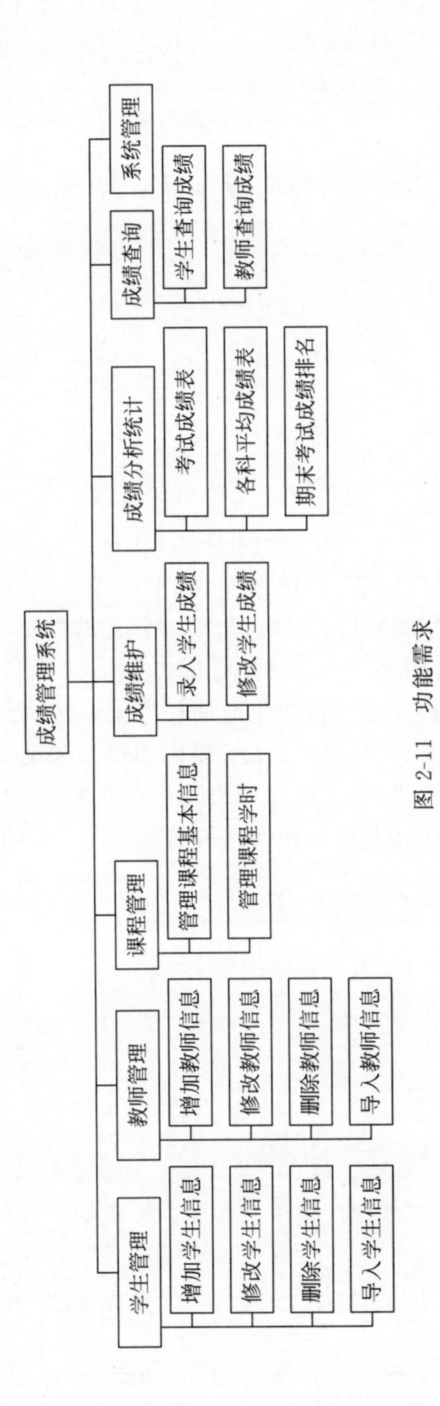
成绩管理系统
学生管理
增加学生信息
修改学生信息
删除学生信息
导入学生信息
教师管理
增加教师信息
修改教师信息
删除教师信息
导入教师信息
课程管理
管理课程基本信息
管理课程学时
成绩维护
录入学生成绩
修改学生成绩
成绩分析统计
考试成绩表
各科平均成绩表
期末考试成绩排名
成绩查询
学生查询成绩
教师查询成绩
系统管理

图 2-11 功能需求

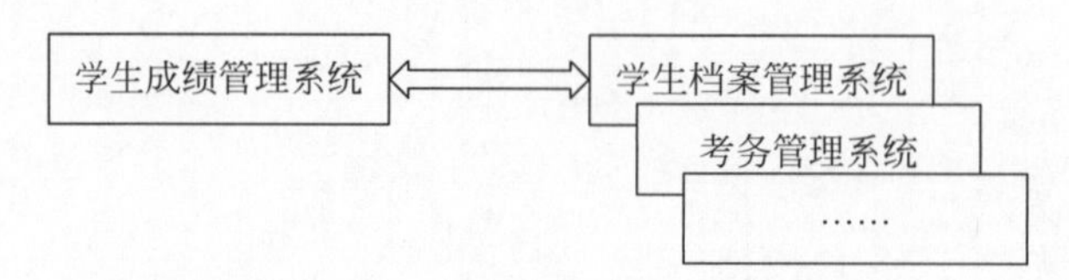

图 2-12 系统与外系统的关系

2）系统功能

系统功能包括学生管理、教师管理、课程管理、成绩维护、成绩分析与统计、成绩查询和系统管理。

4. 运行环境

单机版和网络环境版；预留用户、硬软件和通信接口。

小结

本章主要介绍软件工程的基本理论。首先介绍了软件工程过程，为了说明其周期性，介绍了软件的开发过程、管理过程、供应过程、获取过程、操作过程、维护过程和支持过程。然后介绍了软件生命周期。为了说明软件生命周期，介绍了软件的四个活动时期：软件分析时期、软件设计时期、编码与测试时期和运行与维护时期。

根据软件的开发过程，本章分别介绍了软件生命周期模型及概念。介绍的模型有瀑布模型、原型模型、增量模型、螺旋模型、喷泉模型、基于知识的模型和变换模型。此后又介绍了软件的开发方法，这些方法有结构化方法、面向对象的开发方法和其他开发方法。最后介绍了软件开发中常用的工具箱、软件开发环境和计算机辅助软件工程的一般方法。

综合练习 2

一、填空题

1. 软件工程过程包含了________、________、________、________、________、________、________七个过程。

2. 喷泉模型是一种以________为动力，以________作为驱动的模型，适合于________的开发方法。它克服了瀑布模型不支持软件重用和多项开发活动集成的局限性。喷泉模型使开发过程具有________和________。

3. 螺旋模型将开发过程分为几个螺旋周期，在每个螺旋周期内分为如下四个工作步骤。

第一步：________，确定目标，选定实施方案，明确开发限制条件。

第二步：________，分析所选方案，识别风险，通过原型消除风险。

第三步：________，实施软件开发。

第四步：________，评价开发工作，提出修改意见，建立下一个周期的计划。

二、选择题

1. 软件生命周期模型有多种，下列选项中，(　　)不是软件生命周期模型。

A. 螺旋模型　　B. 增量模型　　C. 功能模型　　D. 瀑布模型

2. 瀑布模型中软件生命周期划分为八个阶段：问题的定义、可行性研究、软件需求分析、系统总体设计、详细设计、编码、测试和运行与维护。这八个阶段又可归纳为三个大的阶段：计划阶段、开发阶段和(　　)阶段。

A. 运行　　B. 可行性分析　　C. 详细设计　　D. 测试与排错

3. 在软件生命周期中，用户主要是在(　　)参与软件开发。

A. 软件定义期　　B. 软件开发期

C. 软件维护期　　D. 整个软件生命周期过程中

三、简答题

1. 什么是软件的生命周期模型？它主要有哪些模型？
2. 什么是软件开发方法？有哪些主要开发方法？
3. 开发软件为什么首先要确定软件生命周期模型？
4. 软件工程过程包括哪些过程？
5. 软件生命周期内阶段的划分为什么要受软件的规模、性质、种类、开发方法等影响？
6. 软件定义与分析时期主要解决什么问题？
7. 瀑布模型的主要开发过程和优缺点有哪些？
8. 简述原型模型的特点以及原型模型与瀑布模型的关键区别。
9. 简述喷泉模型的基本思想。

可行性研究

在客观世界中，并不是所有的问题都可以有明显的解决方法。在进行任何一项较大的工程时，首先要进行可行性分析和研究。实际上，有许多问题不可能在设定系统的规模内有解，还有一些问题在当时的技术条件下是无解的。因为这些工程中的问题并不都有明显的解决办法，所以就不可能在预定的时间、费用之内解决这些问题。

如果这些问题没有行得通的解决办法，那么贸然开发这些项目就会造成时间、人力、资源和经费的巨大浪费。同样，对软件的项目开发也存在这一问题。所以，必须对开发项目进行可行性研究。

3.1 可行性研究任务与步骤

可行性研究与其他的研究不同，这个阶段不是去开发一个软件项目，也不是解决问题，而是研究这个软件项目是否值得去开发、其中的关键和技术难点是什么、问题能否得到解决、怎样达到目的等。一般情况下，软件可行性研究的目的是在尽可能短的时间内用最小的代价确定该软件项目是否值得去开发。

要解决这样的问题不是依靠主观猜想确定的，而只能依靠客观的分析。一定要分析几种主要可能解的利弊，判断原定的目标是否现实，系统完成后所带来的经济效益是否值得投资。可行性研究实质上是要进行一次简化、压缩了的需求分析和设计过程，是要在较高层次上以较抽象的方式进行的需求分析和设计过程。

可行性研究的主要内容是对问题的定义，要初步确定问题的规模和目标，问题定义后，要导出系统的逻辑模型。然后从系统的逻辑模型出发，选择若干供选择的主要系统方案。一般应从四方面研究系统方案的可行性。

(1) 技术可行性研究。根据客户提出的系统功能、性能及实现系统的各项约束条件，从技术的角度研究实现系统的可行性。技术可行性研究往往是系统开发过程中难度最大的工作。由于系统分析和定义过程与系统技术可行性评估过程同时进行，这时，系统目标、功能和性能的不确定性会给技术可行性论证带来许多困难。技术可行性研究包括风险分析、资源分析和技术分析。风险分析的任务：在给定的约束条件下，判断能否设计并实现系统所需功能和性能。资源分析的任务：论证是否具备系统开发所需的各类人员(管理人员和各类专业技术人员)、软硬件资源和工作环境等。技术分析的任务：当前的科学技术是否支持系统要求的全过程。

(2) 经济可行性研究。进行成本效益分析,评估项目的开发成本,估算开发成本是否会超过项目预期的全部利润。分析系统开发对其他产品或利润的影响。

(3) 法律可行性研究。研究在系统开发过程中可能涉及的各种合同、侵权、责任以及各种与法律相抵触的问题。

(4) 开发方案的选择性研究。提出并评价实现系统的各种开发方案,从中选出一种用于软件项目开发。

技术可行性评估是系统可行性研究工作的关键。这一阶段决策的失误将会给开发工作带来灾难性的影响。可行性研究能保证系统开发一定有明显的经济效益和较低的技术风险、一定没有各种法律问题以及其他合理的系统开发方案。如果上述四个方面中的任何一个存在问题,都应该做进一步的研究。

此外,还要为每一个可行的系统方案制定一个粗略的实现进度。可行性的根本任务是对项目的方针提出建议。可行性研究的时间依项目的规模而定,可行性研究的成本应占项目预算总成本的5%～10%。

3.1.1 研究任务

在进行项目可行性研究中,首先需要进行概要的分析研究,初步确定项目的规模和目标,确定项目的约束和限制,把它们清楚地列举出来。要研究目前正在使用的系统。如果目前有一个系统正在使用,那么这个系统一定能完成某些有用的工作。所以新系统的目标也必须能完成这些基本功能。如果现有的系统是完美的,那么用户就不会提出开发新系统。

因此,现行系统必然存在问题,这也是新系统必然要解决的问题。现行系统的运行费用是一个重要的经济指标,如果新系统相对于旧系统不能增加收入或减少开销,那么新系统就不如旧系统。研究中要阅读现行系统的资料,要实地考察。要从相关人员中了解这个系统可以做什么,为什么这样做。

一般情况下,了解到的是问题的表现,而不是实际的问题。如果要分析所得到的信息,就要从现行系统出发,该系统一定是在实际中运行的,与其他系统都有一定的联系。了解这个系统与其他系统的接口是设计新系统的重要约束条件。

可行性分析中错误的做法之一是花大量的时间去分析旧系统,了解旧系统做什么,而不是了解怎么做。第二种错误做法是不认真搜集资料,凭空想象。

从现有的物理系统出发,对物理系统进行简要的需求分析,抽象出该项目的逻辑结构,参考物理系统建立逻辑模型。

新系统的逻辑模型实质上表明系统分析员对新系统的看法。但用户是否认同了?因此系统分析员应该与用户一起对新系统复查问题的定义、工程的规模、目标。讨论中应该将数据流图和数据字典作为讨论的载体。如果存在系统分析员对于问题的误解或用户对于问题的遗漏,此时就可以改正。可行性研究有以下步骤:分析员定义问题,分析这个问题,导出试探解,在此基础上再定义问题,再分析这个问题,修改这个问题。继续这个循环过程,直到逻辑模型完全符合系统目标。

澄清问题的定义后,系统管理人员要导出系统的逻辑模型。然后从逻辑模型出发,探索出若干种可供选择的主要解决办法,对每种解决方法都要仔细研究它的可行性。一般来说,应该从以下四方面分析研究每种解决方法的可行性。

1. 技术可行性

要确定使用现有的技术是否能够实现系统,那么就要对开发项目的功能、性能和限制条件进行分析,确定在现有的资源条件下技术风险有多大、项目是否能实现,这些是技术可行性研究的内容。这里的资源条件是指已有的或可以得到的软硬件资源、现有技术人员的技术水平和已有的工作基础。

在技术可行性研究过程中,系统分析员应采集系统性能、可靠性、可维护性和可生产性方面的信息;分析实现系统功能和性能所需要的各种设备、技术、方法和过程;分析项目开发在技术方面可能担负的风险以及技术问题对开发成本的影响等。如有可能,应充分研究现有类似系统的功能与性能,采用各种技术、工具、设备和开发过程中成功和失败的经验、教训,以便为现行系统开发作参考。必要时技术分析还包括某些研究和设计活动。

数学建模、原型建造和模拟是基于计算机系统技术分析活动的有效工具,描述了技术分析建模过程的信息流图。系统分析员通过对现实世界的观察和分析建立技术分析模型,评估模型的行为并将它们与现实世界对比,论证系统开发在技术上的可行性和优越性。基于计算机系统,模型必须具备下列特性。

(1) 能够反映系统配置的动态特性,容易理解和操作,能够提供系统真实的结果并有利于评审。

(2) 能够综合与系统有关的全部因素,能够再现系统运行的结果。

(3) 能够突出与系统有关的重要因素,能够忽略与系统无关的或次要的因素。

(4) 结构简单,容易实现,容易修改。

技术可行性很关键。但是,由于系统处于最初研究阶段,因此这个时候项目的目标、功能和性能比较模糊。正因为如此,许多问题常常是最难解决的。技术可行性一般要考虑的情况如下。

(1) 技术。通过调查了解当前最先进的技术,分析相关技术的发展是否支持这个系统。

(2) 资源的有效性。考虑用于建立系统的软硬件、开发环境等资源是否具备,特别是用于开发项目的人员在技术和时间上是否存在问题。

如果模型很大很复杂,那么需要对模型进行分解,将一个大模型分解为若干小模型,一个小模型的输出作为另一个小模型的输入。必要时,还可以借助模型对系统中的某一独立要素进行单独评审。开发一个成功的模型需要用户、系统开发人员和管理人员的共同努力,需要对模型进行一系列的试验、评审和修改。

根据技术分析的结果,项目管理人员必须做出是否进行系统开发的决定。如果系统开发技术风险很大,或模型演示表明当前采用的技术和方法不能实现系统预期的功能和性能,或系统的实现不支持各子系统的集成等,项目管理人员不得不做出“停止”系统开发的决定。

在评估技术可行性时,需要了解应用于本项目目前最先进的技术水平。要有相当丰富的系统开发经验,不要为了获取项目而忽略不可行的因素,对问题的评估要准确。一旦估计错误,将会出现灾难性后果。

2. 经济可行性

计算机技术发展异常迅速的根本原因在于计算机的应用促进了社会经济的发展,给社会带来了巨大的经济效益。因此，基于计算机系统的成本-效益分析是可行性研究的重要内容，它用于评估基于计算机系统的经济合理性，给出系统开发的成本论证，并将估算的成本与预期的利润进行对比。

经济可行性问题包含两方面：一方面是经济实力；另一方面是经济效益。分析经济可行性研究的内容时要进行开发成本的估算，了解项目成功取得效益的评估，确定要开发的项目是否值得投资开发。

由于项目开发成本受项目的特性、规模等多种因素的制约，对软件设计的反复优化可以获得用户更为满意的质量等因素，因此系统分析员很难直接估算基于计算机系统的成本和利润，得到完全精确的成本-效益分析结果是十分困难的。

一般来说，基于计算机系统的成本由如下四部分组成。

(1) 购置并安装软硬件及有关设备的费用。

(2) 系统开发费用。

(3) 系统安装、运行和维护费用。

(4) 人员培训费用。

在系统分析和设计阶段只能得到上述费用的预算，即估算成本。在系统一切完毕并交付用户运行后，上述费用的统计结果就是实际成本。

系统效益包括经济效益和社会效益两部分。经济效益指应用系统为用户增加的收入，它可以通过直接的或统计的方法估算；社会效益只能用定性的方法估算。

例如，开发计算机辅助设计(CAD)系统取代当前的手工设计过程。系统分析员为当前的手工设计系统和CAD目标系统定义对应的可测试特征。

T：绘一幅图的平均时间，单位是小时。

d：每小时绘图的平均成本，单位是元。

n：每年绘图的数目。

r：用CAD系统绘图减少的绘图时间比例。

p：用CAD系统绘图的百分比。

于是，可用下式计算利用CAD系统绘图每年可以节省的经费：

$$B=r \cdot T \cdot n \cdot d \cdot p$$

当$r=1/4$，$T=4$小时，$n=8000$/年，$d=20$元/小时，$p=60\%$时，代入上式计算得$B=96\,000$元/年，即用CAD系统绘图比用手工绘图平均每年节省96 000元。实际上，投资利润还应该考虑软硬件降价、税收的影响和其他潜在的因素。

对于一个系统而言，一般衡量经济上是否合算，应考虑一个最小利润值。经济可行性研究范围较广，包括成本-效益分析、企业经营策略、开发所需的成本和资源、潜在的市场前景等。

3. 社会可行性

社会可行性研究的内容包括研究开发的项目是否存在任何侵犯、妨碍等责任问题。社会可行性所涉及的范围也比较广，它包括合同、责任、侵权、用户组织的管理模式及规范，以及其他一些技术人员常常不了解的陷阱等。

有一些项目是社会公益性的。这样的项目主要考虑在经济条件许可下的社会效益。

4. 操作可行性

要考虑开发项目的运行方式在用户组织内是否行得通,现有管理制度、人员素质和操作方式是否可行。

3.1.2 研究步骤

在可行性研究时,一般情况下分析人员对于项目的接触时间不长,分析人员对于一个新的技术领域刚开始认识,同时,又要在限定条件下给出结论,因此,要求系统分析员要根据当前的技术水平和过去的经验,按照下列研究步骤执行。

1. 系统定义

系统定义是一个系统的关键,如果系统没有定义好,也就是没有确定系统的边界,也就谈不上确定项目规模和目标。

为了定义好一个系统,系统分析员对有关人员进行调查访问,仔细阅读和分析有关的材料,对项目的规模和目标进行定义和确认,描述项目的一切限制和约束,确保系统分析员正在解决的问题确实是要解决的问题。

2. 对于现行系统进行分析研究

现行系统可能是一个人工操作的系统,也可能是计算机上运行的旧软件系统,因某种原因需要开发一个新的计算机系统来代替现行系统。要认识到现行系统是信息的重要来源,需要研究它的基本功能、性能、环境、存在的问题,以及运行现行系统需要多少费用,对新系统有什么新的功能要求,新系统运行时能否减少使用费用等。

具体方法可以实地考察现行系统,收集、研究和分析现行系统的文档资料。在考察的基础上,访问有关人员,描绘现行系统的高层系统流程图,系统流程图反映了现行系统的基本功能和处理流程。还要与有关人员一起审查该系统流程图是否正确。

3. 导出新系统的逻辑模型

根据对现行系统的分析研究,搞清新旧系统的特征,逐渐明确新系统的功能、处理流程以及所受的约束。有了这些理解后,就可以用建立逻辑模型的工具——数据流图和数据字典来描述数据在系统中的流动和处理情况。在描述时不必详细描述,只需概括地描述高层的数据处理和流动。

4. 设计方案

分析员根据新系统的高层逻辑模型,从技术角度出发,根据用户的要求和开发的技术力量,提出实现高层逻辑模型的不同方案。在设计方案时,既可以设计出投资比较大的最先进的方案,也可以设计出一般投资的实用方案,提供以后进行比较,然后再根据技术可行性、经济可行性和社会可行性对各种方案进行评估,去掉行不通的解法,就得到了可行的解法。

5. 推荐可行的方案

根据上述可行性研究的结果，同时要根据用户的具体情况，决定该项目是否值得去开发。若值得开发，那么可行的解决方案是什么，并且说明该方案可行的原因和理由。考察该项目是否值得开发，从经济上看是否合算，这就要求分析员对推荐的可行方案进行成本-效益分析。

6. 编写可行性研究报告

将上述可行性研究过程的结果按照：①要求、目的、条件与限制、可行性研究方法及评价尺度；②处理流程、工作负荷、费用开销和局限性；③处理流程、运行环境和局限性；④技术条件的可行性；⑤经济方面的可行性；⑥社会条件的可行性；⑦其他可供选择的系统；⑧结论的顺序写成可行性研究报告，提请用户和使用部门仔细审查，从而决定该项目是否进行开发，是否接受可行的实现方案。

3.2 系统分析

如果确认开发一个新的软件系统是必要而且可能的，那么就要进入系统分析阶段。这个时期的首要任务是认识和对问题的评价、建立模型以及对规格的分析，要清楚软件工作域是进行各种估算的基础。首先，为了了解软件在系统中的各种关系和评审软件工作域，系统分析员要研究系统规格说明(System Specification)和软件项目计划(Software Project Plan)。其次，为了确保对问题的识别，必须为分析建立通信关系。系统分析员必须与用户和软件开发机构的管理与技术人员进行接触。项目管理员可以作为协调员来保证通信渠道的畅通；系统分析员的目标是弄清用户已经理解的基本问题元素。

第二项任务是分析，是主要工作问题评价与解的综合。系统分析员必须定义和详细描述全部软件功能，熟悉影响系统事件前后关系的软件行为，建立系统界面的特征，评价信息流和信息的内容，以及揭示设计限制。这些任务都是为问题的描述服务的，所以整个方法或解是一个综合的过程。

最后一项任务是建立需求分析文档(规格说明和用户手册)。它是用户和开发人员进行评审的基础。一般情况下，需求评审经常导致软件功能、性能、信息表达式、限制和确认准则的修改。由于软件的特性，如果没有分析文档，在进行评审的过程中，可能因为没有这种基础而不能发现运行中软件功能、性能、信息表达式、限制和确认准则所存在的问题。此外，软件项目计划也是由此得到评价，它可以决定早期的各种估算是否仍然有效。

3.2.1 系统分析员

要完成上述系统分析的任务，就要有相应的技术人员，即系统分析员。

对系统分析员职务有许多不同叫法：系统分析员、主系统分析员、主系统设计员、分析员等。不管其职务叫什么，作为系统分析员必须具备下列能力。

(1) 能掌握抽象概念(Abstract Concepts)，并能把其整理为逻辑划分(Logical Divisions)，以及根据每一个逻辑划分综合为解(Solutions)的能力。

(2) 有弄清用户环境的能力。

(3) 有从冲突(Conflict)或混淆(Confusions)中吸取恰当事实的能力。

(4) 有用较好的书面和口头形式进行通信(Communication)的能力。

(5) 有把硬件和软件系统用于用户环境(User/Customer Environments)的能力。

(6) 有"从树木见森林"的能力。

上述所列的最后一条也许就是区分一位杰出的系统分析员与一般的分析者的标准。过去的经验告诉我们,一般分析者往往在项目一开始就考虑一些细小的环境和实现,过早地拘泥于细节,而忽略整个软件目标。系统分析员要完成或合作完成与软件需求分析有关的每一项任务。在整理各项任务过程中,他应与用户进行交流,以确定现有环境的特征。系统分析员在评价和综合任务中,也要这样要求开发人员。这样,软件的特性才能被正确定义。系统分析员的一般职责是负责软件需求规格说明的开发,并参与整个评审。

系统分析员必须弄清每一个软件工程模式,并懂得其中的每一步。有许多隐含的软件需求(如可维护性设计),只有懂得软件工程的分析者,才能把它包含在需求规格之中。

需求分析是软件工程的一个重要任务,它是系统层软件配置与软件设计之间的桥梁。系统分析员在软件需求分析阶段有以下五个方面的工作。

(1) 问题识别(Problem Recognition)。

(2) 评价和综合(Evaluation and Synthesis)。

(3) 建模(Modeling)。

(4) 规格说明(Specification)。

(5) 评审(Review)。

3.2.2 面临的问题域

在系统分析的过程中,都会遇到许多问题,特别是在3.2.1节讨论的前两项任务:问题识别与问题评价和综合,在很大程度上决定于能否获得恰当的信息。一般情况下,会有用户提供的信息与早期其他人提出的需求说明相矛盾;也有功能和性能与其他系统元素所给的限制相矛盾;特别是随着时间的推移,对系统目标的理解发生变化。那么,应当收集什么信息?应当怎样对它们进行表示?谁能提供各种信息的初始模型?采用什么技术和工具才能方便地进行信息收集?所有这些都是要解决的问题。

随着问题规模的增大,分析任务的复杂性也在增加。每个新的信息项、功能或限制都可能影响整个软件的其他元素。由此,随着问题复杂性的增加,分析工作量将呈几何级数增长。问题就是当定义一个大系统时,怎样能避免系统内部的不一致性;怎样能察觉这种遗漏;为了更易于处理大问题,怎样能有效地进行划分等。

需求分析是一项要求充分通信的活动过程。通信时,通信中的误解和遗漏都可能给系统分析员和用户造成困难。需求分析中遇到的难题,必须要与已得到的恰当信息、处理问题的复杂性,以及在分析以后可能发生的相应变化联系起来。

系统工程第一定律就是无论在系统生存期的哪个阶段,系统都将发生改变,而且这种改变将在整个生存期中连续不断。这里所讲的改变是需求的改变。不论讲的是一个系统或只是软件,改变都是要发生的。事实上,分析任务完成的前后,这种改变的要求肯定不断出现。问题是软件需求怎样与其他系统元素改变相适应;怎样评价一个改变可能对其看起来无关的软件部分的影响;为了避免副作用,在规格说明中怎样进行错误的改正。

造成上述问题有许多原因,可归纳如下。

(1) 缺少通信,信息获得困难。

(2) 由于不适当的技术和工具致使规格说明不充分或不准确。

(3) 在需求分析中,试图走捷径,导致不可靠的设计。

(4) 在软件定义前,方案选择错误。

上述这些问题及其产生的原因,不可能用需求分析的软件工程方法来彻底解决。但是固定通信技术的应用、基本分析原理,以及系统的分析方法都将极大地减轻上述问题的影响。

3.2.3 通信技术

一个软件开发的开始往往是用户提出一个问题,并认为这个问题可能适合用计算机来解决,于是寻找开发者,这时开发者对用户的请求回答是可以对用户进行帮助的。这样,开发者与用户间的通信就开始了。所以说软件需求分析通常是从两方面或多方面之间的通信开始。但是,从通信到真正理解系统,常常是艰难的。

1. 过程的开始

当用户与开发者有了合作意向后,经常使用的分析技术是会议或访问,将它作为用户和开发人员之间的通信桥梁。会议或访问期间,双方都希望能成功。刚开始,用户对于系统总的目标只有一个模糊的想法,对于具体的目标和要求常常不知道应该问什么、说什么。一般情况下,在第一次的会谈中,用户会介绍自己的基本情况。我们建议:系统分析员可以就此切入,了解用户的现行运作,希望在哪些地方用计算机来解决问题,提出用户、总目标和效益方面问题,具体如下。

(1) 这项工作主要在哪些部门应用?

(2) 项目的结构主要是谁使用?

(3) 项目成功的应用会带来什么样的经济效益?

(4) 为了达到目的,还需要其他什么资源?

在此过程中,用户一般会介绍他们的现状。为了利于系统分析员对问题更好地理解,而用户又能够表达关于目标的理解,可以进一步了解:

(1) 如何表示一个成功的目标能产生一个好的输出形式?

(2) 这样的理解可以解决一些什么样的问题?

(3) 显示或描述一下这样的目标要使用的环境。

(4) 这种方式的解对特殊的性能问题或限制将有哪些影响?

通过初步了解后,系统分析员会发现一些更具体和技术上的问题。为了通信的有效性,要考虑的称为元问题(Meta-questions)。建议如下。

(1) 谁是能回答这些问题的人?

(2) 谁能确切解决这些问题?

(3) 问题是否提得太多?

(4) 这里还有其他人可以提供其他方面的信息吗?

(5) 还有什么事情是我应该问的?

上述所有这些问题将有助于打开僵局和初步的通信,这种通信是成功分析的基础。在交流的过程中最好不要用一问一答的会议形式。事实上,问答式会议应当只适用于第一次会面,然后采用交换式会议的形式,综合问题的各个元素进行协商和说明。这种类型的会议方法在下面还要讨论。

2. 深入了解

在交流的过程中,用户因为对自己的业务非常熟悉,所以他会用很简短的概括叙述。这时可以借此向用户索取有关业务源头与结果的资料,通过对资料的分析,对于一些复杂的业务,要到现场去跟随业务流程"跟单",然后把理解的过程用合适的技术表示出来。这种业务过程的表示是否正确,要与用户共同分析和确认。

3. 方便的应用规范技术

用户和软件工程师通常有一种无意识的"我们和你们"的思想,而不是作为一个工作组的工作来确定和定义需求。每个用户用他们自己的方式来定义,或通过备忘录、文件、问答式会议的通信方式来定义。过去的工作经验表明,这种方法会使许多误解和重要信息被遗漏,而且建立起来的绝不是一种成功的工作关系。

由于在思想上存在"你们和我们"的问题,因此一些研究机构开发出一种面向组的方法,应用于分析和规格说明早期的需求收集,这种方法称为方便的应用规范技术(Facilitated Application Specification Technique,FAST)。FAST 促使用户和开发人员组成一个联合组一起去确定问题,提出解的各个元素,协商不同方法,并定义一个初步解的需求集。今天,FAST 已广泛地应用于信息系统界。这种技术对于促进通信在所有类型的应用中具有潜力。现在,FAST 有许多不同的方式,每种方式的使用都有不同的背景,但所有应用都必须遵循以下原则。

(1) 会议由上一级部门或中立部门主持,开发人员和用户双方参加。

(2) 一位主持人(可以是用户、开发商或局外人)被指定为控制会议的人。

(3) 确定准备和参加的原则。

(4) 提出一个议事日程,这个议事日程是正规的,并包括所有重要观点。但是要不拘形式地鼓励大家自由发表意见。

(5) 有一张确定的日程(可以是工作单、可转动的图表、墙上张贴物或墙上印刷牌)。

(6) 目标就是确定问题、提出解的各种元素、协商不同方法,以及定义一个初步解的需求集,并且能在一个有助于目标完成的气氛中进行。

3.3 分析原理

过去已经开发出一些软件分析和规格说明的方法,这些软件分析和规格说明的方法虽然在软件的开发中起到了积极的作用,但是在应用中也发现了存在的问题及其原因。为此又开发出一些方法和规则来克服这些问题。于是研究出了多种软件分析和规格说明的方法,每一种方法都有它不同的表示法和观点。归纳起来,所有的分析方法都与下述一组基本原理相联系。

(1) 问题的信息域必须能被表示和被理解。

(2) 应当开发描述系统信息、功能和行为的模型。

(3) 问题必须能按一定形式进行分割,就是用一种层次(或分层)形式来揭示它们的细节。

(4) 分析过程应当从基本信息开始,直到实现细节。

不论用何种软件分析和规格说明的方法,都是基于这些原理的应用。有了这些基本原理,分析者可以系统地研究问题。为了更全面地了解功能,要检查信息域;为了按合同方式进行信息交流,要使用模型;为了降低问题的复杂性,采用分割技术;而软件的基本实现,就是软件需要符合由于处理需求所造成的逻辑限制,同时还要符合由于其他系统元素所造成的物理限制。

3.3.1 信息域

在计算机的应用领域中,所有的软件应用都可以被统称为数据处理(Data Processing)。有了数据处理这个概念,就非常利于了解软件需求。所谓软件,就是对处理数据进行构造。这种构造表现为将数据从一种形式变换为另一种形式,即接收输入,继而以某种方式处理,然后产生输出。信息处理也指处理代表信息的数据并确定被处理数据的意义的过程,所以可以用信息处理代替数据处理。信息处理的对象是信息。信息的定义:一方面是物质状态发生改变的一种表征,通常指数据消息中所包含的意义;另一方面是知识的一种元素,以任何形式聚合,能产生一个完整的概念、条件或情况的数据,是通信中线路传输时被加入接收消息内的数据。

信息域是一个信息字或一组信息中的特定部分,信息域中的内容通常被作为一个整体来处理。它包括三种不同方面的数据和控制:信息内容、信息结构和信息流。每个方面都由计算机程序处理。

在需求分析的过程中,搜集与分析的主要对象是信息域,为了完全地了解信息域,对信息的每一个方面都应该进行研究。

1. 信息内容

信息内容是知识的一种元素,描述了单个数据和控制项,这些项可以组成更大的信息项。

2. 信息结构

信息结构描述了各种数据和控制项的内部组织。数据和控制项组成的是一个 n 维的表还是一个分层的树结构?在结构内部,哪些信息与其他信息相关?所有的信息都包含在一个单一结构内,还是使用了不同的结构?在一个信息结构内怎样与另外的结构信息相关联?这些涉及软件信息结构设计与实现的分析讨论,由于与数据结构的概念相关,因此在后面讨论。

3. 信息流

信息流描述了数据和控制沿系统流动变化的方式。信息流可以用数据流图(DFD)来表示,如图 3-1 所示。

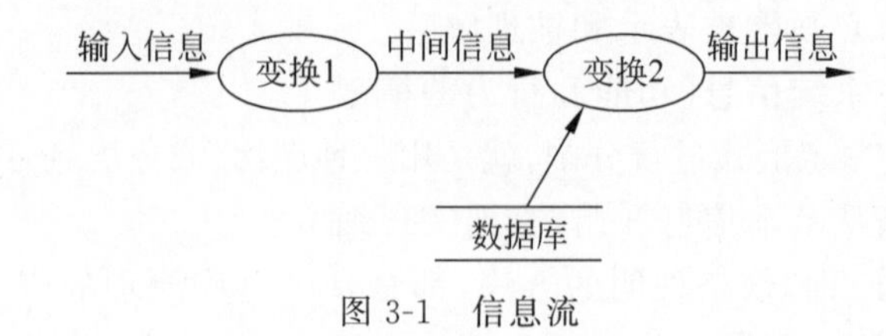

图 3-1　信息流

从图 3-1 可以看出,输入信息经变换后为中间信息,然后再变换为输出信息。沿这条变换路径,可以从存在的数据库(磁盘文件或缓冲存储器)引入另外的信息。应用于数据的这种变换必须完成程序功能或子功能,在两个变换(功能)之间流动的数据和控制定义了每个功能的接口。

3.3.2 建立模型

模型是在科学的各个领域中,为了更好地理解建立的实际实体,对研究的系统、过程、事物或概念的一种表达形式,可以是物理实体,也可以是图表或数学表达式。当这种实体是一个物理的物体时,可以用缩小比例的方法建立一种形式表示的模型。而当构造的实体是软件时,模型必须采用另一种形式。它必须能够模拟软件变换的信息,能使变换的功能(和子功能)作为变换系统的行为发生。

在软件需求分析过程中,要完成将建立的系统的模型。模型主要说明系统必须做什么,而不是表达怎样做。在一般情况下,用图形符号表示的方法来描述信息、处理、系统行为,而其他特性则使用性质不同的和公认的图符(Icons)表示。如果条件允许,可以采用源代码通过在机器上演示说明系统做什么,模型的另外一些部分可以是单纯的文字形式,对需求的描述可以用自然语言或专用语言。

在需求分析中,模型的建立可以反映人们对事物的认识,起到很重要的作用。

首先,这种模型可以辅助分析人员更好地了解系统的信息、功能和行为,从而使分析更容易和更系统化。

其次,模型是评审的焦点,是确定系统完整性(Completeness)、一致性(Consistence)和规格说明准确性(Accuracy)的关键。

最后,模型也是设计的基础。模型能给设计人员提供一种软件的基本表达式,这种表达式可以映射成为实现的正文。

以后要讨论的各种分析方法,实际就是建立模型方法。对于比较小的软件系统,可以省略建立模型,但对于比较大的系统,最好要建立模型。建立模型方法的作用是做好分析工作的基础。

3.3.3 分解

在相关领域中,通常都会有涉及多技术的复杂问题分析。把一个很大和复杂的问题作为一个整体很难被完全理解。因此,为了能够较容易地理解这个问题,人们力图把这样的问题分解为若干部分。与此同时,为了整体功能的完成,还要在各个部分之间建立它们的接口。在需求分析过程中，软件领域的信息、功能、行为都可以分解。

从本质上讲，分解就是把一个问题划分为几个组成部分。在概念上，可以建立一种分层的功能或信息表达式，然后按下述两条分解出最主要的元素。

(1) 在分层中，按垂直方向逐层细化。

(2) 在分层中，按水平方向对功能进行分解。

为了说明分解的方法，现在分析一个文字处理软件系统的例子。

对于文字处理软件的需求，可以根据产品划分的信息、功能、行为等几部分来分析。图 3-2(a)和图 3-2(b)分别给出了文字处理软件功能部分的水平分解和垂直分解。

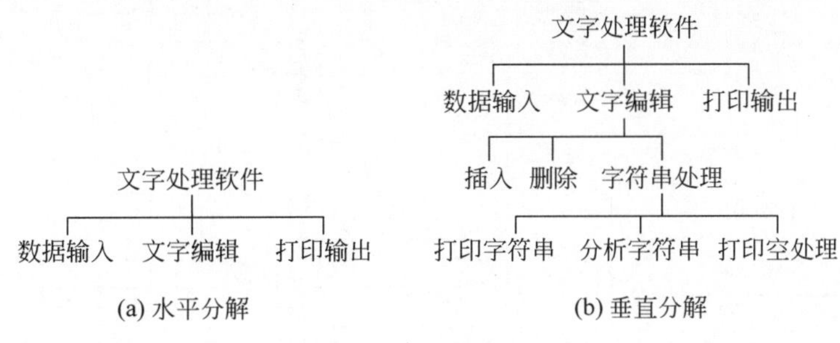

图 3-2　功能分解

软件需求分析应当集中在软件完成什么上，而不是在怎样才能实现处理上。然而，这里不应该把实现观点作为怎样做的表达式来理解。相反地，一个实现模型给出了当前的操作方式，只是把已有的和建议的操作分配给系统的所有元素，而基本模型(功能的或数据的)在一般意义上不应直接给出功能是怎样实现的。

3.4　系统模型与模拟

3.4.1　系统模型

系统分析员将系统功能和性能分解，定义若干个子系统及其界面之后，开始建立系统模型，为需求分析和设计阶段的工作奠定基础。输入—处理—输出(IPO)结构是系统建模的基础，它将基于计算机的系统转换为一个信息变换模型。另外还有用户界面处理、维护和自测试处理两方面的内容。虽然这部分内容对每个系统来说并不是必需的，但是它们的引入丰富了系统建模的思想。

1. 结构图

系统分析员用结构模板开发系统模型。结构模板如图 3-3 所示。它由用户界面处理、输入处理、处理和控制功能、输出处理、维护和自测试五部分组成。结构模板能帮助系统分析员按照系统工程和软件工程的建模技术自顶向下、由粗到细地建立基于计算机系统的系统模型。

其中，系统总体结构关系图(Architectural Connector Diagram，ACD)位于系统模型图的最顶层。ACD 定义了系统的组成，定义了各子系统引用和生成的信息，建立了系统与系统运行环境之间的信息界面。通过界面对系统进行测试和维护,完成系统与外部实体间各种数据和控制信息的通信。ACD的有向边表示系统的信息流和控制流,圆角方框表示系统或子系统,方框表示外部实体,即系统信息的生产者和消费者。

系统分析员借助ACD的帮助定义各子系统的结构流图(Architectural Factor Detail,AFD)。最初的结构流图是系统AFD的顶层节点。AFD中的每个矩形都可以引出并扩展为一个更精细的结构流图,后者是前者更详细的表示,这样的扩展方式还可以持续下去,直到系统分析员认为已经足够详细、能充分支持以后的系统开发时为止。图3-4给出了上述过程的示意图。

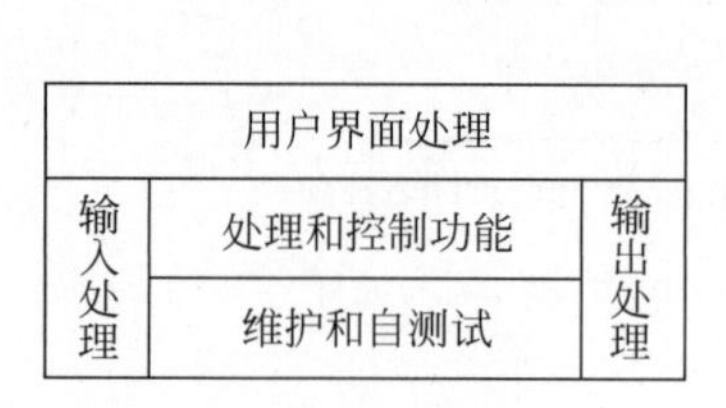

图3-3 结构模板

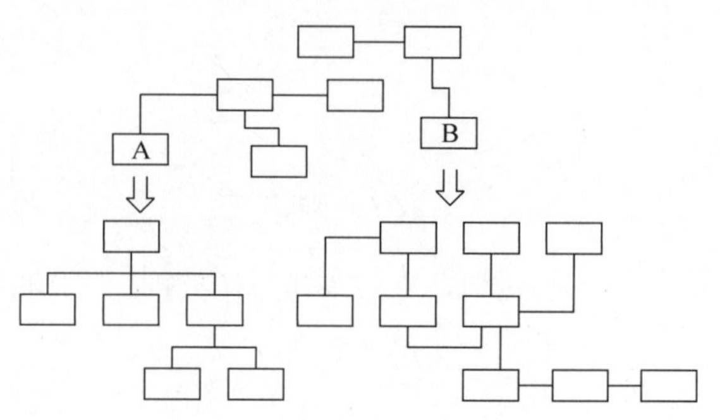

图3-4 结构流程的层次结构

2. 系统结构规格说明

为满足后续工作的需要,系统分析员必须准确、详细地说明系统结构、组成系统的各个子系统以及各子系统之间的信息流和控制流。结构图规格说明(Architecture Description Specification,ADS)描述子系统信息以及子系统之间的控制流和信息流信息。每个子系统的结构图规格说明都应包括系统模板说明书、系统结构字典和系统结构互联图。

系统模板说明书描述各子系统的功能、信息处理的对象和结果以及与其他子系统的连接关系。系统结构字典定义系统结构图中的每个信息项。信息项的类型、信息源和流向目标可以从结构流图中提取。信息项的通信路径表示信息的迁移方式。第4章将详细介绍数据字典的结构和建造数据字典的技术。结构流图的有向边仅描述系统的数据流和控制流,没有描述该数据流或控制流与其他因素的关系。系统结构互联图和对应的规格说明描述系统信息的传送方式,如电的方式、光的方式或机械方式等。

3.4.2 系统建模和模拟

一个系统一般采用交互方式实现系统与现实世界的信息交流。系统通过硬件、软件对现实世界的对象、事件和过程进行管理和控制。

一般情况下,系统建立之前人们很难理解和预测系统的性能、效率和行为,只能在系统运行后通过反复试验和纠错来逐步理解、实现客户对系统行为提出的要求。当系统是实时嵌入式系统时,风险更大些。例如,飞机自动控制系统不仅十分复杂,而且对可靠性要求非常高。在飞机飞行过程中对系统进行试验和纠错,风险和代价都是很大的。为了减少在真实环境中试验的风险和代价,人们在系统分析和设计阶段普遍采用系统建模和模拟技术。

模型是现实系统的一种描述，是现实系统的抽象和简化。模型必须反映现实系统的本质和实际；模型必须由现实系统的有关元素组成；模型必须反映这些元素之间的关系。

现实系统模型可分为物理模型和数学模型两大类。物理模型由物理元素构成，故称形象模型。数学模型由数学符号、逻辑符号、数字、图表、图形等组成，故称抽象模型。随着计算机图形学、图像学及多媒体技术的发展与应用，在基于计算机的系统上不仅可以处理抽象模型，而且还可以模拟和展示形象模型。从时间的角度看，模型可分为静态模型和动态模型。静态模型与时间参数无关，动态模型依赖于时间参数。从系统参数的随机性来看，模型分为确定模型和随机模型。确定模型中的参数不含随机变量，而随机模型中的参数包括随机变量。线性规划模型、动态规划模型等是确定模型，确定模型的一组输入量经模型处理得到一组唯一确定的输出结果。排队模型、计算机中断处理模型等是随机模型，随机模型的输入含一个或多个随机变量，经模型处理后得到的输出结果是随机的。从系统参数的连续性来看，模型又分为连续模型（如水库库容模型）和离散模型（如计算机中断系统排队模型）两类。

用一个系统表示某个实际系统或抽象系统中选定行为的特征称为模拟。它借助于计算机系统表示现实世界的物理或社会现象，如用一个计算机系统模拟另一个计算机系统的操作、模拟飞行器仪器舱的环境、模拟企业经济管理系统等。系统模拟的目的是借助于系统模型进行现实系统的特征实验，这样可以缩短实验的时间，增加实验的机会，降低实验的成本。随着计算机技术、系统科学和系统模拟理论的发展及应用，系统模拟广泛地应用于社会、科学、军事及经济的各个领域并取得了显著的社会效益和经济效益。

用于现实系统模拟的模型必须遵循科学的社会规律，必须反映现实系统的本质，必须具有一定的精度。在此基础上，还应力求简单，尽量删除某些不必要的细节，如有可能，尽量采用已有的模型，在实验过程中不断修改和完善模型，使之更能反映现实系统的本质和特征。系统建模与模拟的主要步骤是：

(1) 分析问题、确定模拟的目标。

(2) 建立模型。

(3) 运行模型并分析模型结果。

(4) 修改模型（如有必要）。

(5) 撰写模拟文档。

3.5 成本-效益分析

人们投资一个项目的目的是在将来得到更大的好处。经济效益通常表现为增加收入或减少开销。但是投资新系统开发是有一定风险的，其风险表现为开发成本可能比预计的要高，效益可能比预计的低。

在什么情况下投资新系统合算？成本-效益分析的目的是从经济角度评价开发一个新的软件项目是否可行。成本-效益分析首先是估算将要开发的系统的开发成本，然后与可能取得的效益进行比较和权衡。效益分有形效益和无形效益两种。有形效益可以用货币的时间价值、投资回收期和纯收入等指标进行度量；无形效益主要从性质上、心理上进行衡量，很难直接进行量的比较。

系统的经济效益等于因使用新的系统而增加的收入加上使用新的系统可以节省的运行费用。运行费用包括操作人员人数、工作时间和消耗的物资等。下面主要介绍有形效益的分析。

1. 成本估计

一个软件开发的成本主要表现在人力消耗上。由于这种消耗估计不是精确的科学计算,因此可以用几种方法计算后相互验证。

首先可以用代码行定量估算方法,把开发软件中实现每一个功能所需要的源代码行数与成本联系起来。根据历史数据和经验,估计实现一个功能需要的源程序行数。当有了源程序的行数后,再根据软件的复杂度和当时的工资水平确定每行代码的平均成本。每行代码的平均成本与源程序的总行数的乘积就是总成本。如果以往开发过类似的项目或有历史数据参考,这种方法比较有效。

其次可以用任务分解技术估算成本。具体做法是将软件各子系统的开发各阶段相对独立,再分别估算各个阶段的成本。通常估算完成该任务所需要的人力(单位为人月),然后再根据当时开发人员的平均月薪,分别计算出各项任务的成本,最后计算出总成本。

例如,某个项目的开发工作量如表 3-1 所示。

表 3-1 某个项目的开发工作量

任　　务	工作量/人月
需求分析	2.5
设计	3.0
编码	1.5
测试	3.0
总计	10.0

若源代码共 29 000 行,其中 24 000 行交付使用,5000 行调试使用。那么生产率为 24 000/10=2400(行/人月)。

对类似的工作量数据进行统计,可以得到软件生产的平均生产率。如果遇到类似的项目,就可以比较有把握地进行估算。但是在软件工程中,受到人、问题、过程、生产、资源等因素的影响比较多,因此要得到准确的结果并不容易。

2. 货币的时间价值

成本估算的目的是了解对项目的投资。经过成本估算后,得到项目开发时需要的费用,该费用就是项目的投资。另外,项目开发后的经济效益、系统的经济效益是使用新系统增加的收入和节约的运行费用,而经济效益和运行费用在软件生命周期中都存在,这就是说经济效益与软件的生命周期的长度有关,所以应该合理地估计软件的寿命。在估计软件寿命时,估计使用的时间越长,系统被淘汰的可能性越大。一般估计生命周期的长度为 5 年。所以在进行成本-效益分析时,就要考虑货币的时间价值,通常是用利率表示货币的时间价值。

设现在存入年利率为 i 的货币 P 元,则 n 年后可得钱数为 F,若不计复利,则

$$F=P(1+i)^n$$

F 就是 P 元在 n 年后的价值。反之，若 n 年后能收入 F 元，那么这些钱现在的价值为

$$P=F/(1+i)^n$$

例如，库房管理系统，它每天能产生一份订货报告。假定开发该系统共需 50 000 元，系统建成后及时订货，消除物品短缺问题，估计每年能节约 25 000 元，5 年共节省 125 000 元。假定年利率为 5%，利用上面计算货币现在价值的公式，可以算出建立库房管理系统后，每年预计节省的费用的现在价值，如表 3-2 所示。

表 3-2　将来的收入折算成现在价值

年	将来价值/元	$(1+i)^n$	现在价值/元	累计的现在价值/元
1	25 000	1.050 000 00	23 809.523 81	23 809.523 81
2	25 000	1.102 500 00	22 675.736 96	46 485.260 77
3	25 000	1.157 625 00	21 595.939 96	68 081.200 73
4	25 000	1.215 506 25	20 567.561 87	88 648.762 60
5	25 000	1.276 281 563	19 588.154 16	108 236.916 80

3. 投资回收期

用投资回收期是衡量一个开发项目价值的常用方法。投资回收期就是累计收回的经济效益等同于最初投资费用所需的时间。收回投资以后的经济效益就是利润。很明显，投资回收期越短，获得利润就越快，则该项目就越值得开发。

例如，库房管理系统两年后可以节省 46 485 元，比最初的投资还少 3515 元。因此，投资回收期是两年多一点的时间。

投资回收期是可行性论证中的一项重要指标。但是，它不是唯一的经济指标。为了衡量一个开发项目的价值，还应考虑其他经济指标。

4. 纯收入

项目论证中，用户除了注意投资回收期外，另一个比较关注的问题是项目的纯收入，它也是衡量项目价值的另一个经济指标。所谓纯收入就是在整个生命周期之内的累计经济效益与投资之差。这相当于投资开发一个项目与把钱存入银行中进行比较，看这两种方案的优劣。若纯收入为零，则项目的预期效益和在银行存款一样。但是开发一个项目要冒风险，因此，从经济观点看这个项目，可能是不值得投资开发的。若纯收入小于零，那么这个项目显然不值得投资开发。

例如，对上述的库房管理系统，项目纯收入预计为

$$108\ 236.9168-50\ 000=58\ 236.9168(\text{元})$$

很明显，这个项目是值得开发的。

3.6　可行性研究的文档

软件需求的分析可以用许多不同的方法进行。分析技术可以是纸面的，也可以是基于计算机的；软件需求的规格说明可以是图形的，也可以是文字描述的。过去的经验告诉我

们,即使是有经验的工程师,在不完整、不一致的规格说明书的误导下也会受挫。其结果是造成软件在质量、时间和完整性上的损失。

不论用什么方式完成规格说明书,都可以视为一种过程的表示。为了使需求表示在意义上导致良好的软件实现,规格说明书要按照如下原则进行。

(1) 从实现中抽出功能度。

(2) 用面向过程的系统规格说明语言。

(3) 规格说明要围绕整个系统,软件是其组成部分。

(4) 规格说明书是一个可以认知的模型。

(5) 必须是局部化的和松散耦合的。

(6) 必须围绕系统的操作环境。

(7) 必须是可以操作的。

(8) 允许系统的规格说明书不完整和可扩充。

虽然有这些原则,但关键是适应这些活动的内容与结构的选择。规格说明书内的信息必须是局部化的。当信息修改时,只有一些局部的地方要修改。又由于采用了松散结构,这些局部的地方又可以方便地进行插入或删除以调整。

上述规格说明的原则固然好,但是原则必须变成现实。软件需求可以用不同的方式来定义。不论定义在何种介质上,其原则如下。

(1) 表达式的模式、内容要与问题关联。

(2) 表示符号在数目上要限制并且一致。

(3) 规格说明书内的信息应当被嵌套,允许表达式修改。

研究表明,符号及其安排对于理解是有影响的。一般系统分析员都有自己使用符号的习惯,这是规格说明书与人的相关因素,因此在制订表达式及其符号时要考虑各方面的因素。

系统分析员与用户在分析的基础上,将用户的需求按照形式化的方法表示出来。其目的是为软件开发提供总体要求,也作为系统分析员与用户交流的基础。可行性研究结束后要提交的文档是可行性研究报告。一个可行性研究报告的主要内容如下。

(1) 引言:说明编写本文档的目的,项目的名称、背景,本文档用到的专门术语和参考资料。

(2) 可行性研究前提:说明开发项目的功能、性能和基本要求,达到的目标,各种限制条件,可行性研究方法和决定可行性的主要因素。

(3) 对现行系统的分析:说明现行系统的处理流程和数据流程、工作负荷、各项费用支出、所需各类专业技术人员和数量、所需各种设备,现行系统存在什么问题。

(4) 所建议系统的技术可行性分析:对所建议系统的简要说明,处理流程和数据流程,与现行系统比较的优越性,采用所建议系统对用户的影响,对各种设备、现有软件、开发环境和运行环境的影响,对经费支出的影响,对技术可行性的评价。

(5) 所建议系统的经济可行性分析:说明所建议系统的各种支出、各种效益、收益/投资比、投资回收周期。

(6) 社会因素可行性分析:说明法律因素对合同责任、侵犯专利权和侵犯版权等问题的分析,说明用户使用可行性是否满足用户行政管理、工作制度和人员素质的要求。

(7) 其他可供选择方案：逐一说明其他可供选择的方案，并说明未被推荐的理由。

(8) 结论意见：说明项目是否能开发，还需什么条件才能开发，对项目目标有何变动等。

3.7 项目开发计划

3.7.1 方案选择

系统分析任务完成后，系统分析员开始研究问题求解方案。通常，系统分析员将一个大的复杂系统分解为若干子系统；精确地定义子系统的界面、功能和性能；给出各子系统之间的关系。这样可以降低解的复杂性，有利于人员的组织和分工，提高系统开发效率和工作质量。显然，系统分解和实现的方案都不是唯一的。每种方案对成本、时间、人员、技术、设备等都有一定的要求。不同方案开发出来的系统在系统功能和性能方面会有很大差异。由于系统开发成本又可划分为研究成本、设计成本、设备成本、程序编码成本、测试和评审成本、系统运行和维护成本、系统退役成本等，因此在开发系统所用总成本不变的情况下，由于系统开发各阶段所用成本分配方案的不同，也会对系统的功能和性能产生相当大的影响。

另外，系统功能和性能也是由多种因素组成的，某些因素是彼此关联和制约的。如系统有效使用的范围与精度的关系、系统输出精度与系统执行时间的关系、系统安全性、低成本与高可靠性的折中等。

利用折中手段选择系统开发方案时应充分论证，反复比较各种方案的成本-效益。折中过程也是系统论证和选择、确定系统开发方案的过程。值得注意的是，有些场合开发一个应用软件的费用比购买一个类似软件便宜，而另一些场合则相反。软件项目负责人常常面临是开发还是购买软件的选择。其实，即使是购买软件，也有各种各样的方式，如是买现货，或在买现货的基础上按照特定需求对软件进行维护，或购买部分软件然后在此基础上进行开发和集成，或按照客户提出的需求规格说明向软件开发公司定做软件等。在选购软件或软件包时，必须附软件功能和性能的规格说明；应该对软件成本和交货日期有一个预测和估算；在可能的情况下选择几个相似的产品以备挑选；选择软件产品时应建立功能比较矩阵，逐项比较并进行基准测试；应该考虑软件公司的信誉、维护力量、软件质量，征求并听取软件产品用户的使用意见。

3.7.2 制订项目开发计划

经过可行性研究后，就可得到一个项目是否值得开发的结论。如果可行，则接下来应制订项目开发计划。系统分析员应当进一步为推荐的系统编写一份开发计划。软件开发项目的计划涉及实施项目的各个环节，带有全局的性质。计划的合理性和准确性往往关系着项目的成败。计划应力求完备，要考虑一些未知因素和不确定因素，考虑可能的修改。计划应力求准确，尽可能提高所依据数据的可靠程度。软件项目开发计划是软件工程中的一种管理性文档，主要是对开发的软件项目的费用、时间、进度、人员组织、硬件设备的配置、软件开发环境和运行环境的配置等进行说明和规划，是项目管理人员对项目进行管理的依据，据此对项目的费用、进度和资源进行控制和管理。

项目开发计划是一个管理性文档,它的主要内容如下。

(1) 项目概述:说明项目的各项主要工作;说明软件的功能、性能;说明为完成项目应具备的条件;说明用户及合同承包者承担的工作、完成期限及其他条件限制;说明应交付的程序名称,所使用的语言及存储形式;说明应依附的文档。

(2) 实施计划:说明任务的划分、各项任务的责任人;说明项目开发进度、按阶段应完成的任务,用图表说明每项任务的开始时间和完成时间;说明项目的预算、各阶段的费用支出预算。

(3) 人员组织及分工:说明开发该项目所需人员的类型、组成结构和数量等。

(4) 交付期限:说明项目最后完工交付的日期。

最后给出下一阶段(需求分析)的详细进度和成本。

3.8 应用案例——成绩管理系统可行性研究

3.8.1 引言

编写目的、系统背景分析(略)。

定义:成绩管理系统。

参考资料、系统需要满足的要求:系统功能(见 2.6 节)、完成期限、系统目标、运行环境、进行可行性研究的方法、评价尺度(略)。

3.8.2 对现行系统的分析

国内外现状、工作负荷、费用开支、人员、设备、局限性分析(略)。

3.8.3 建议的新系统

改进之处、系统角色、运行环境、投资估算、研制机构实力、局限性(略)。

3.8.4 可行性研究

1. 研究要点

1) 研究成绩管理系统的系统模型

目前国内的高等学校按学科范围可分为综合类、理工类、师范类、农林类、政法类、医药类、财经类、民族类、语言类、艺术类、体育类、军事类、旅游类、职业类。

按办学层次可分为“双一流”院校,中央部属本科院校、省属本科院校、高职(高专)院校和民办院校。

由于学校的学科性质及其办学层次的不同,也导致各类学校自身的成绩管理模式及其评价体系的不同。对于这一现状,采用如图 3-5 所示的构造模型。

2) 成绩的评价体系研究、功能性研究、安全和保密、系统连接关系

(略)

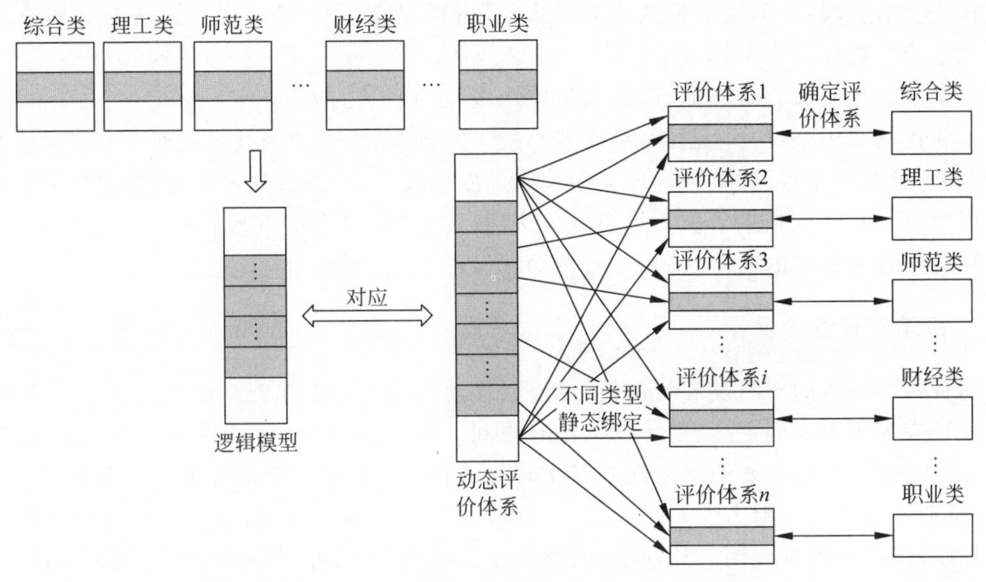

图 3-5　构造模型

2. 研究目标

(1) 减少人员及计算机设备等费用的支出消费,降低成本。

(2) 提高系统处理信息的速度,紧跟当代互联网的发展潮流及提高便携数据存储。

(3) 方便教师和学生能够随时随地进行成绩信息的查询、录入和修改等操作。

(4) 改进管理信息服务。将成绩管理系统不仅应用于计算机领域,也同样应用于手机领域,使成绩管理系统能够适用于不同领域,扩大使用范围。

(5) 改进人员利用率,使软件能够在规定周期内生产出来并展示它所需要具备的功能。

3.8.5 可行性分析

1. 项目研究可行性分析

为了更好地发挥高校管理工作的作用,结合时代的发展趋向,建立起智能化校园平台的模式,以移动端为主的项目对于优化高校成绩管理方向提供技术支持和理论支撑,为高校节省经济成本,改进人员的利用率,为师生操作提供巨大的便捷。根据对移动端软件行业的分析可知,国家特别重视移动端制造行业的发展及高校的教育发展。将两者进行有效结合,发挥市场主导作用,具有重要的意义。项目在研究中具有高产出、低成本、易实行的特点,对于高校工作管理具有切合实际的发展需要。

2. 社会可行性分析

本系统将大大改善数据处理速度,并且更加方便地对数据进行管理,同时可以减少人力资源的浪费以及工资支出。

在法律方面,本系统属于学校专用系统,不涉及侵犯他人专利权和侵犯版权,符合法律要求；在使用上，各类学院规模的不断扩大、课程的增多，迫切需要开发基于网络的学生成绩管理系统来提高管理工作效率。

从学院工作人员素质方面，已经满足使用该软件系统的需求。

本项目的实施坚持自主创新，注重核心技术的创新，不仅使新技术的研究与应用实现紧密结合，而且有利于促进、更新管理应用技术开发和发展，为改善教育管理，促进以移动端为主的应用水平和领域带来了极大的商机。该项目的应用将会促进教育管理技术的发展，扩大计算机在教育领域的社会认同水平，带动和促进IT技术应用全面进步。

3. 经济可行性分析

随着科学技术的不断发展与创新进步，以移动端为主的软件创新在当代显得日益重要，软件已经成为服务人们生产、生活及工作的便利工具，它所带来的经济效益对于企业，甚至是高校来说都是无比重要的。在互联网新时代，国家、企业和社会的发展都离不开软件；然而，它所消耗的人力和财力也是巨大的。因此，对于当今时代而言，不仅仅要在计算机方面有所发展，还应该将其应用于移动端，以此方便人们的生活，使互联网发挥更大的作用。

软件产业发展迅速，它已成为近几年国内增长最快的产业，具有高投入、低成本和低污染等特点的绿色发展产业。从目前国产系统现状看，基础软件产业体系正在逐步改善。在最近几年中，软件系统在软件行业各子行业中占较大的部分，2018年规模达到6.3万亿元，比前几年翻了一番。由此可见，它所带来的经济效益巨大，且所占的成本较低，对于高校来说也是如此。成绩管理系统是基于教务网数据库的一个管理系统，可以对已经使用的类似系统进行调查、分析和类比。基于Android的成绩管理系统所具有的特点：开发工作量小，经济成本低；系统开发过程中，所需要的团队的费用要比网站开发少，开发周期也明显缩短。据相关资料及实地调查，开发一款软件的成本在几万元左右，主要包括不同人员的工资费用及开发代码等所产生的费用，相比较开发计算机系统所需要的成本偏少，生产的周期也明显缩短。

1）投资分析

成绩管理系统的研制是一个全新的系统。所以初期需求的投资如下。

（1）建设投资：包括采购、房屋和设施、操作系统和应用的软件。

（2）其他一次性支出：包括研究、数据库的建立、培训费。

（3）非一次性支出：包括设备维护、数据通信、人员的工资、保密安全开支等。

2）收益分析

（1）一次性收益：包括开支缩减、存储和恢复技术的改进以及数据压缩技术、应用系统的提升引起的收益。

（2）非一次性收益：包括建立系统而导致的按月的、按年的能用人民币数目表示的收益、开支的减少。

（3）不可定量的收益：包括服务的改进、风险的减少等不可捉摸的收益。

3）投资回收周期

成本估计：教师耗费资金20 000元；货币的时间价值为Q，目前年利率为6.7%，则5年后得到的资金为：$P=20\,000(1+6.7\%)$。表3-3为将收入折算成现在的价值。

表 3-3 投资回收

年	将来价值/元	$1+i$	现在价值/元	累计的现在价值/元
1	10 000	1.0658	9342	9342
2	10 000	1.1316	8684	18 026
3	10 000	1.1974	8026	26 052
4	10 000	1.2632	7368	33 420
5	10 000	1.3290	6710	40 130

据统计，2 年后就可以回收 18 026 元，比初始投资少 974 元。第 3 年再回收 8026 元。因此，投资的回收期为 2 年多一点。即生命周期的收益远大于银行存款收益，是值得开发的。

市场前景：根据教育部《2020 年全国高等学校名单》，截至 2020 年 6 月 30 日，全国高等学校共计 3005 所。大学里移动通信有成绩管理这项工作，当系统应用在大学里时，对于各个学校成绩管理的工作效率、经济效率、数据的共享以及教学管理的数据分析起到极大的作用，所产生的社会效益和经济效益也是非常大的。

4. 技术可行性分析

在当前限制条件下，该系统的功能目标可以达到基本要求；利用现有的技术可实现该系统的功能需求；该系统所需要的开发人员的数量和技术的质量可以满足要求；在规定时间内可以完成该系统；可满足对该系统进行功能开发及性能改进等方面的要求，并提供相应的维护与后续的迭代更新操作。该系统主要运用团队掌握的框架技术、Android 版界面制作、数据库应用技术、Java 编程语言、软件工程分析和自动化研制技术。在开发中遇到未知的技术问题将通过进一步的团队讨论、学习与研究，设计成绩管理系统的功能点并完善和维护。在开发并交付给高校使用时，运维人员会同步对软件进行技术支持，指导高校的使用。客服人员也会对高校的使用情况进行实时记录并反馈，便于改进软件情况，为高校提供服务。

5. 安全可行、使用方面、运行方面、操作可行性分析

略。

3.8.6 系统工程性能分析

系统性能分析、系统适应性、条件假定和限制(略)。

3.8.7 风险分析

技术风险、管理风险、市场风险(略)。

3.8.8 可选择的其他系统方案

考虑过的每一种可选择的系统方案，除上述进行自行开发外，也可以从国内外直接购买。

(1) 按照本报告提出的新系统建议,开发新的成绩管理系统。

(2) 选择国内外购买成绩管理系统。

3.8.9 结论

根据上述对用户提出的需求,按照需求对现行系统的分析,结合本报告提出的新系统以及对新系统的可行性分析,可以给出结论:可以开始进行系统开发。

有关项目的阶段与进度可以按照项目计划完成。

小结

本章介绍了可行性研究任务与步骤。在系统分析中说明了系统分析员的任务、面临的问题域与系统分析中的通信技术。在分析原理中介绍了信息域、建立模型与分解方法。要掌握成本-效益分析方法,最后要学会编写项目开发计划。

综合练习3

一、填空题

1. 可行性研究需要从________可行性、________可行性、________可行性、________可行性四个方面分析研究每种解决方法的可行性。

2. 社会可行性所涉及的范围包括________、________、________、用户组织的管理模式及规范和其他一些技术人员常常不了解的陷阱等。

3. 典型的可行性研究有下列步骤:系统定义、________、________、设计方案、推荐可行的方案和编写可行性研究报告。

二、选择题

1. 技术可行性要解决(　　)。

A. 存在侵权否　　B. 成本-效益问题

C. 运行方式是否可行问题　　D. 技术风险问题

2. 在软件工程项目中,不随参与人数的增加而使软件的生产率增加的主要问题是(　　)。

A. 工作阶段间的等待时间　　B. 生产原型的复杂性

C. 参与人员所需的工作站数　　D. 参与人员之间的通信困难

3. 制订软件计划的目的在于尽早对欲开发的软件进行合理估价,软件计划的任务是(　　)。

A. 组织与管理　　B. 分析与估算　　C. 设计与测试　　D. 规划与调度

三、简答题

1. 可行性论证主要集中在哪些领域?

2. 如何进行软件的成本估算？
3. 可行性研究的任务是什么？
4. 简述可行性研究的步骤。
5. 在软件的系统分析之前，为什么要制定一个系统的标准？
6. 可行性研究报告的主要内容有哪些？
7. 你认为在成本估算中，货币的时间价值在可行性中的作用是什么？
8. 经过可行性研究后，一个项目如果值得开发，为什么还要制订项目开发计划？

第二部分

结构化方法

第4章 软件需求分析

软件生存周期由三个时期组成：软件定义、软件开发和软件维护。软件定义时期通常又可分为三个阶段，即需求分析与定义、可行性研究和需求分析阶段。其中，需求分析与定义处于整个软件正式开发的起始阶段，其成功与否直接关系到整个软件的开发与维护，有着举足轻重的作用。本章将介绍基于瀑布模型的软件需求分析的特点、原则、任务、内容和方法。这个阶段与瀑布模型的其他阶段不同，它针对的是应用领域的问题，而不是计算机领域的问题。

在传统的软件开发过程中，软件设计者们主要着重于软件系统的功能性设计。随着软件体系结构研究的不断深入发展，人们日益认识到体系结构设计在软件设计中的重要性，同时软件的体系结构模型将对软件系统开发的整个过程产生重要影响，是其他开发阶段的基础和参考。源于这样的认识，我们认为有必要对传统的软件开发过程模型进行修改，形成新的模型以适应新的开发方法。在需求分析之后、软件设计之前增加一个体系结构设计阶段，是人们普遍认为应该改动的部分。

4.1 需求分析

需求分析是软件定义时期的最后一个阶段，其基本任务是回答"系统必须做什么"这个问题。虽然在可行性研究阶段已经粗略了解了用户的要求，而且提出了可行的系统方案，但是，在可行性研究阶段的目的是在短时间内确定是否存在可行的系统方案。因此，会忽略许多细节。然而，最后的系统是不能忽略任何一个细节的。所以，可行性研究是不能代替需求分析的。实际上可行性研究并没有准确回答"系统必须做什么"这个问题。

需求分析不是确定系统怎样完成工作，而是确定系统必须完成哪些工作，对目标系统提出完整、准确的具体要求。在可行性研究阶段的文档是系统需求分析的出发点。在需求分析阶段，系统管理人员要仔细研究这些文档并将它们细化。

需求分析阶段结束时，要提交详细的数据流图、数据字典和算法描述。需求分析的结果是系统开发的基础，它关系到系统的质量和成败的关键。因此，必须用行之有效的方法进行严格的审查验证。

4.1.1 需求分析的特点

在进行可行性研究和项目开发计划以后，如果确认开发一个新的软件系统是必要的而且是可能的,那么就可进入需求分析阶段。

需求分析虽处于软件开发过程的开始阶段,但它对于整个软件开发过程以及软件产品质量是至关重要的。需求分析是指开发人员要进行细致的调查分析,准确理解用户的要求。将用户非形式的需求陈述转换为完整的需求定义,再由需求定义转换到相应的形式功能规约的过程。在计算机发展的早期,所求解的问题比较小,问题也容易理解,所以需求分析的重要性没有引起重视。当计算机应用领域的扩大和问题对象越来越复杂时,需求分析在软件开发中的重要性更加突出,从而需求分析也更加困难。到目前为止,还没有一个公认的形式化分析方法。它的难点主要体现在以下几方面。

1. 需求易变性

用户在开始时提出一些功能需求,当对系统有一定的理解后,会提出另一些需求。以后随着理解的深入而不断提出新的需求。用户需求的变动是一个极为普遍的问题,即使是部分变动,也往往会影响需求分析的全部,导致不一致性和不完备性。

2. 问题的复杂性

一方面是由用户需求所涉及的因素繁多引起的,如运行环境和系统功能等;另一方面是因为扩展的应用领域本身的复杂性。

3. 交流障碍

需求分析涉及人员较多,系统分析员要与软件系统用户、问题领域专家、需求工程师和项目管理员等进行交流。但是这些人具备不同的背景知识,处于不同的角度,扮演不同的角色,造成了相互之间交流的困难。

4. 不完备性和不一致性

由于各类人员对于系统的要求所处的角度不一样,所以对问题的陈述往往是不完备的,其各方面的需求还可能存在着矛盾。需求分析要消除其矛盾,形成完备及一致的定义。

为了克服需求分析的困难,人们展开的各种研究都是围绕着需求分析的方法、自动化工具(如CASE技术)及形式化需求分析等方面进行的。需求分析的方法在应用中已有丰富的经验。

4.1.2 需求分析的原则

为使需求分析科学化,在软件工程的分析阶段中提出了许多需求分析方法。在已提出许多软件需求分析与说明的方法中,每一种分析方法都有独特的观点和表示法,但都适用下面的基本原则。

(1) 可以把一个复杂问题按功能进行分解并可逐层细化。通常,如果软件要处理的问题涉及面太广,关系太复杂就很难理解。若划分成若干部分,并确定各部分间的接口,那么就可完成整体功能。在需求分析过程中,软件领域中的数据、功能和行为都可以划分。

(2) 必须能够表达和理解问题的数据域和功能域。数据域包括数据流、数据内容和数据结构。其中,数据流是数据通过一个系统时的变化方式;功能域则是反映数据流、数据内容和数据结构三方面的控制信息。

(3) 建立模型。所谓模型，就是所研究对象的一种表达形式。因此，模型可以帮助分析人员更好地理解软件系统的信息、功能和行为，这些模型也是软件设计的基础。

在软件工程中著名的结构化分析方法和面向对象分析方法都遵循以上原则。

4.1.3 需求分析的任务

需求分析的基本任务是要准确地理解旧系统，定义新系统的目标。为了满足用户需要，回答系统必须"做什么"的问题。在可行性研究和项目开发计划阶段，对这个问题的回答是概括的、粗略的。需求分析的任务还不是确定系统怎样完成它的工作，仅仅是确定系统要完成哪些工作，也就是对系统提出完整、准确、清晰、具体的要求。

这个时期的工作可以从可行性研究阶段的数据流图等文档出发，划分出系统必须完成的许多基本功能，研究这些功能并进一步具体化。要实现详细的数据流图、数据字典和算法描述。需求分析阶段的结果是开发的基础，关系到系统的成败和质量。要完成好下面的任务。

1. 问题明确定义

在可行性研究的基础上，双方通过交流，对问题都有进一步的认识，所以可确定对问题的综合需求。这些需求包括以下几种。

(1) 功能需求：指所开发的软件必须具备什么样的功能。

(2) 性能需求：要开发软件的技术性能指标，如访问时延、存储容量、运行时间等限制。

(3) 环境需求：软件运行时所需要的硬件的机型、外设；软件的操作系统、开发与维护工具和数据库管理系统等要求。

(4) 用户界面需求：用户操纵界面的形式、输入/输出数据格式、数据传递的载体等。

(5) 系统的可靠性、安全性、可移植性和可维护性等方面的需求。

双方在讨论上述这些需求内容时，有时可能比较难以达到一致。一般通过双方交流、调查研究来获取，并达到共同的理解。

2. 导出软件的逻辑模型

分析人员根据前面获取的需求资料，要进行一致性的分析检查，在分析、综合中逐步细化软件功能，划分成各个子功能。同时对数据域进行分解，并分配到各个子功能上，以确定系统的构成及主要成分。最后要用图文结合的形式，建立起新系统的逻辑模型。

3. 编写文档

通过分析确定了系统必须具有的功能和性能、定义了系统中的数据、描述了数据处理的主要算法之后，应该把分析的结果用正式的文件记录下来，作为最终软件的部分材料。编写文档的步骤如下。

(1) 编写"需求说明书"，把双方共同的理解与分析结果用规范的方式描述出来，作为今后各项工作的基础。主要描述系统的概貌、功能要求、性能要求、运行要求和将来可能提出的要求。用图形工具描述数据流图和系统的主要算法，要包括用户需求和系统功能之间的参照关系、设计约束等。要描述建立起来的数据字典、数据结构的层次，以及对于存储分析的结果。

(2) 编写初步用户使用手册,要从用户使用系统的角度来描述系统的用户要求。着重反映被开发软件的用户功能界面和用户使用的具体要求、使用系统的主要步骤与方法、系统用户的责任等。用户手册能强制分析人员从用户使用的角度考虑软件。

(3) 编写确认测试计划,作为今后确认和验收的依据。

(4) 修改完善项目开发计划。在需求分析阶段对开发的系统有了更进一步的了解,所以能更准确地估计开发成本、进度及资源的使用计划要求,因此对原计划要进行适当修正。

4.1.4 需求分析的方法

需求分析就是研究问题域,产生一个满足用户需求的系统模型。这个系统模型应能正确地描述问题域和系统责任,并使后续开发阶段的有关人员能根据这个模型继续进行工作。软件分析方法比较多,其中最有影响的是功能分解法、结构化分析法、信息建模法和面向对象的分析。前三种分析方法在历史上发挥过应有的作用,直到今天仍然被许多开发者所采用。

1. 功能分解法

功能分解=功能+子功能+功能接口

功能分解法(Function Decomposition)以系统需要提供的功能为中心来组织系统。首先定义各种功能,然后把功能分解为子功能,同时定义功能之间的接口。

功能分解法是将一个系统看成由若干功能构成的一个集合,每个功能又划分成若干加工(即子功能),一个加工又进一步分解成若干加工步骤(即子加工)。这样,功能分解法由功能、子功能和功能接口三个组成要素。它的关键策略是利用已有的经验,对一个新系统预先设定加工和加工步骤,着眼点放在这个新系统需要进行什么样的加工上。

2. 结构化分析法

结构化分析=数据流+数据处理(加工)+数据存储+端点+处理说明+数据字典

结构化分析法又称作数据流法(Data Flow Approach)。其基本策略是跟踪数据流,即研究问题域中数据如何流动以及在各个环节上进行何种处理,从而发现数据流和加工。问题域被映射为由数据流、加工以及文件、端点等成分构成的数据流图(DFD),并用处理说明和数据字典对数据流和加工进行详细说明。

结构化分析法是一种从问题空间到某种表示的映射方法,它由数据流图表示,是结构化方法中重要的、被普遍接受的表示系统,它由数据流图和数据词典构成。这种方法简单实用,适于数据处理领域问题。

3. 信息建模法

信息建模=实体(对象)+属性+关系+父类型/子类型+关联对象

信息建模法(Information Modeling)由 P. P. S. Chen 在 1976 年提出的实体-关系(Entity-Relationship,E-R)法发展而来。1981 年,M. Flavin 进行了改进并称之为信息建模法。1988 年,由 S. Shlaer 和 S. Mellor 发展为语义数据建模法并引入了许多面向对象的特点。

信息建模法的核心概念是实体和关系。该方法的基本工具是E-R图，其基本要素由实体、属性和关系构成。该方法的基本策略是从现实世界中找出实体，然后再用属性来描述这些实体。

4. 面向对象的分析

面向对象＝对象、类＋结构与连接＋继承＋封装＋消息通信

以上公式仅仅表示面向对象分析法中几项最重要的特征，全面的论述将在后面展开。简单来说，OOA的对象是对问题域中事物的完整映射，包括事物的数据特征（属性）和行为特征（服务）。

4.2 结构化分析

在结构化方法的发展历程上，它是随着结构化程序（Structured Programming，SP）设计方法的提出、结构化设计（Structured Design，SD）方法的出现直到结构化分析（Structured Analysis，SA）方法的提出才逐渐形成的。

结构化方法是分析、设计到实现都使用结构化思想的软件开发方法，实际上它由三部分组成：结构化分析、结构化设计和结构化程序设计。它也是一种实用的软件开发方法。它是根据某种原理使用一定的工具，按照特定步骤工作的软件开发方法。它遵循的原理是自顶向下、逐步求精，使用的工具有数据流图、数据字典、判定表、判定树和结构化语言等。

1. 基本思想

结构化方法总的指导思想是自顶向下、逐步求精，它的两个基本原则是抽象与分解。

2. 特点

结构化方法具有以下特点。

（1）它是使用最早的开发方法，使用时间也最长。

（2）它应用最广，特别适合于数据处理。

（3）相应的支持工具多，发展较为成熟。

3. 优点

结构化方法一经问世，就显示出了它的以下几大优点。

（1）简单、实用。

（2）适合于瀑布模型，易为开发者掌握。

（3）成功率较高，据美国1000家公司统计，该方法的成功率高达90.2%，名列第二，仅次于面向对象的方法。

（4）特别适合于数据处理领域中的应用，对其他领域的应用也基本适用。

4. 存在问题

结构化方法存在以下一些问题。

（1）对于规模大的项目、特别复杂的应用不太适应。

(2) 难以解决软件重用的问题。

(3) 难以适应需求的变化。

(4) 难以彻底解决维护问题。

4.2.1 自顶向下逐层分解

在面对一个复杂的问题进行分析时,如果既要考虑问题的各个方面,又要分析问题的每一个细小环节,那么越想搞清楚问题,就越搞不清楚。因此,一开始就不应考虑问题所有方面和问题的所有细节,而采取的策略往往是分解。把一个复杂的问题划分成若干小问题,然后再分别解决,将问题的复杂性降低到人可以掌握的程度。分解的方法可分层进行,方法原理是先考虑问题最本质的方面,忽略细节,形成问题的高层概念,然后再逐层添加细节。即在分层过程中采用不同程度的"抽象"级别,最高层的问题最抽象,而低层的较为具体。

图 4-1 所示是对一个问题的逐层分解。

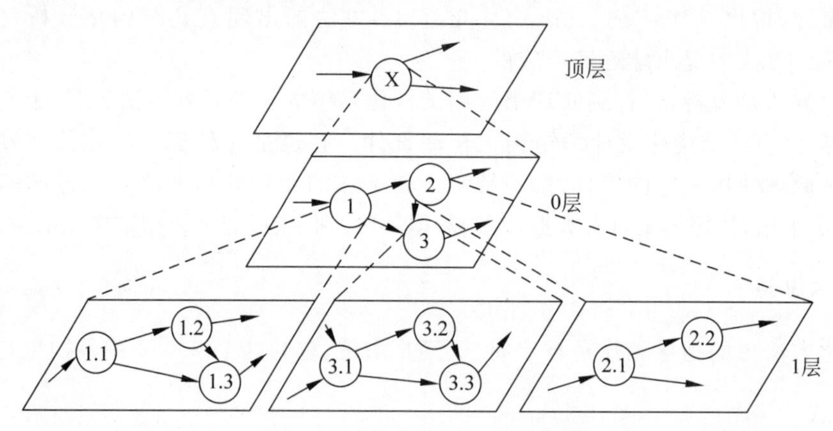

图 4-1 对一个问题的逐层分解

分解的方法并不复杂,能把握系统的功能和关联性就可以应用该方法。当顶层的系统X很复杂时,可以把它分解为 0 层的 1,2,3,…若干子系统。若 0 层的子系统仍很复杂,再分解为下一层的子系统 1.1,1.2,1.3,…和 3.1,3.2,3.3,…,直到子系统都能被清楚地理解为止。

当认为某一层比较复杂不知到底应该划分为多少个子系统时,针对不同系统的处理不同。划分的原则可以根据业务工作的范围、功能性质、被处理数据对象的特点。一般情况下,上面一些层的划分往往按照业务类型划分得比较多,下面一些层往往按照功能的划分比较多。

图 4-1 的顶层抽象地描述了整个系统,底层具体地画出了系统的每一个细节,而中间层则是从抽象到具体的逐步过渡。这种层次分解使分析人员分析问题时不至于一下子陷入细节,而是逐步地去了解更多的细节,如在顶层,只考虑系统外部的输入和输出,其他各层则反映系统内部情况。

依照这个策略,对于任何复杂的系统,分析工作都可以有计划、有步骤且有条不紊地进行。

4.2.2 结构化分析步骤

要对一个系统进行结构化分析，首先要明确这一阶段的任务是要搞清楚“做什么”。为此就要对现行系统有一定了解，在此基础上修改要变化的部分而形成新系统。具体步骤如下。

1. 建立现行系统的物理模型

所谓现行系统（也称当前系统）指目前正在运行的系统，也是需要改进的系统。现行系统可能是正在计算机上运行的软件系统，也可能是人工的处理系统。通过了解现行系统的工作过程，对现行系统进行详细调查、收集资料，将看到的、听到的、收集到的信息和情况用图形或文字描述出来。也就是用一个模型来反映自己对现行系统的理解，如画系统流程图（后面介绍），这一模型包含了许多具体因素，反映现实世界的实际情况。

2. 抽象出现行系统的逻辑模型

在系统分析中需要建立功能模型时，可以采用上述建立的物理模型，它反映了系统过去“怎么做”的具体实现。要构造新的逻辑模型，就要去掉物理模型中非本质的因素（如物理因素），抽取出本质的因素。所谓本质的因素，是指系统固有的、不依赖运行环境变化而变化的因素，任何实现均可这样做。非本质的因素不是固有的，随环境不同而不同，随实现不同而不同。运用抽象原则对物理模型进行认真的分析，区别本质因素和非本质因素，去掉非本质因素，形成现行系统的逻辑模型。这种逻辑模型反映了现行系统“做什么”的功能。

3. 建立目标系统的逻辑模型

目标系统是指待开发的新系统。有了现行系统的逻辑模型后，就将目标系统与现行系统逻辑进行分析，比较其差别，即在现行系统的基础上决定变化的范围，把那些要改变的部分找出来，将变化的部分抽象为一个加工，这个加工的外部环境及输入/输出就确定了。然后对“变化的部分”重新分解，分析人员根据自己的经验，采用自顶向下、逐步求精的分析策略，逐步确定变化部分的内部结构，从而建立目标系统的逻辑模型。

4. 进一步补充和优化

目标系统的逻辑模型只是一个主体，为了完整地描述目标系统，还要做一些补充。补充的内容包括它所处的应用环境及它与外界环境的相互联系；说明目标系统的人机界面；说明至今尚未详细考虑的环节。如出错处理、输入/输出格式、存储容量和响应时间等性能要求与环境限制。

4.3 系统流程图

在进行可行性研究时需要了解和分析现行系统，概括对现行系统的认识。进入设计阶段后要把新系统的逻辑模型转换为物理模型，需要描述未来新系统的概貌。那么如何描述该系统的概貌？系统流程图是描述的传统工具。其基本思想是用图形符号以黑盒方式描述系统的每个部件。系统流程图表达的是系统各部件间的流动情况,不是对信息进行加工处理的控制过程。

1. 系统流程图的作用

用系统流程图来描述物理系统。所谓物理系统,就是一个具体实现的系统,也就是描述一个单位、组织的信息处理的具体实现的系统。在可行性研究中,对于旧系统的理解和对于新系统的构想,可以通过画出系统流程图来表示要开发项目的大概处理流程、范围和功能等。系统流程图不仅能用于可行性研究,还能用于需求分析阶段。

系统流程图由一系列图形符号组成。这些符号在不同的文献中引用也不一样。但是都是用图形符号来表示系统中的各个元素。例如,输入和输出、人工处理、数据处理、数据库、文件和设备等。它表达了系统中各个元素之间的信息流动的情况。

系统研究初期,项目负责人要制定一个系统标准。标准中规定了各种符号所代表的含义。在画系统流程图时,首先要搞清业务处理过程以及处理中的各个元素,同时要理解系统流程图的各个符号的含义,选择相应的符号来代表系统中的各个元素。所画的系统流程图要反映出系统的处理流程。

在可行性研究过程中,现行系统的高层逻辑模型一般是用概括的形式描述,并通过概要的设计变成所建议系统的物理模型。概要设计和建议系统的物理模型都可以用系统流程图来描述。

2. 系统流程图的符号

项目小组开始工作时,制定的系统标准包括各种表示符号。系统流程图的符号一般使用如表 4-1 所示的内容。

表 4-1 系统流程图的符号

符　　号	名　　称	说　　明
	处理	能改变数据值或位置的加工。例如,程序模块、处理机等都是处理
	输入/输出	表示输入或输出,是一个广义的不指明具体设备的符号
	连接	指出转到图的另一部分或从图的另一部分转来,通常在同一页
	换页连接	指出转到另一页图上或由另一页图转来
	数据流	用来连接其他符号,指明数据流动方向
	文档	通常表示打印输出,也可表示用打印终端输入数据
	联机存储	表示任何种类的联机存储,包括磁盘和海量存储器件等
	磁盘	磁盘输入/输出,也可表示存储在磁盘上的文件或数据库
	显示	CRT 终端或类似的显示部件,可用于输入或输出,也可既输入又输出
	人工输入	人工输入数据的脱机处理。例如,填写表格
	人工操作	人工完成的处理。例如,会计在工资支票上签名
	辅助操作	使用设备进行的脱机操作
	通信链路	通过远程通信线路或链路传送数据

3. 系统流程图的示例

下面以某企业的库房管理为例，说明系统流程图的使用。

某企业有一个库房，存放该企业生产需要的物品，库房中的各种物品的数量及各种物品库存量临界值等数据记录在库存文件上，当库房中物品数量有变化时，应更新库存文件。若某种物品的库存量少于库存临界值，则报告采购部门以便其订货，每天向采购部门送一份采购报告。

库房可使用一台计算机处理更新库存文件和产生订货报告的任务。物品的发放和接收称为变更记录，由键盘录入到计算机中。系统中的库存管理模块对变更记录进行处理，更新存储在磁盘上的库存文件，并把订货信息记录到联机存储中。每天由报告生成模块读一次订货信息，并打印出订货报告。图 4-2 所示给出了库存管理系统的系统流程图。

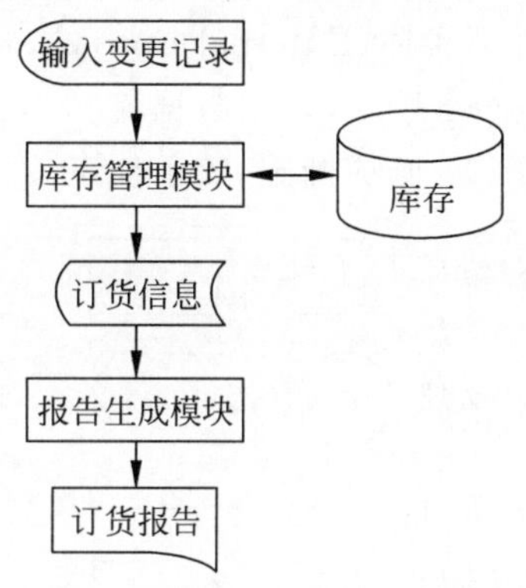

图 4-2　库存管理系统的系统流程图

4.4　数据流图

数据流图(Data Flow Diagram，DFD)是结构化分析的最基本的工具。数据流图描述系统的分解，即描述系统由哪几部分组成、各部分之间有什么联系等。数据流图描述的是系统的逻辑模型，图中没有任何具体的物理元素，只是描绘信息在系统中的流动和处理情况。因为数据流图是逻辑系统的图形表示，即使是非计算机专业的人员也能理解，所以是极好的通信工具。它以图形的方式描绘数据在系统中流动和处理的过程。由于它只反映系统必须完成的逻辑功能，所以它是一种功能模型。

图 4-3 所示是一个飞机机票预订系统的数据流图，其功能是为旅行社把预订机票的旅客信息(姓名、年龄、单位、身份证号码、旅行时间及目的地等)输入机票预订系统。系统为旅客安排航班，打印出取票通知单(附有应交的账款)。旅客在飞机起飞的前一天凭取票通知等交款取票，系统检验无误后，输出机票给旅客。

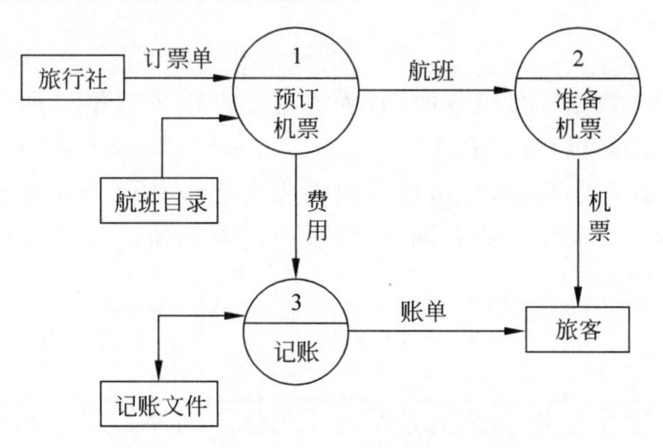

图 4-3　飞机机票预订系统的数据流图

4.4.1 基本图形符号

数据流图要应用一些符号，有些表示的意义相同但是符号不一样。归纳起来，数据流图只有四种基本元素：数据流(Data Flow)、数据处理(Data Process)、数据存储(Data Store)和外部实体(External Entity)。数据流图有以下四种基本图形符号。

→：箭头，表示数据流。

○：圆或椭圆，表示加工。

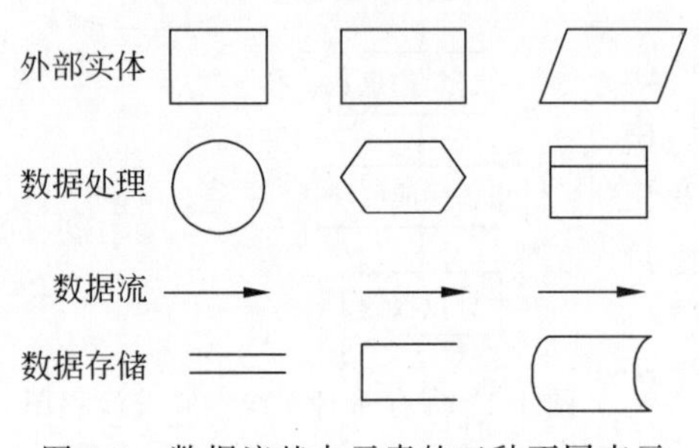

图 4-4 数据流基本元素的三种不同表示

=：双杠，表示数据存储。

□：方框，表示外部实体。

数据流图的同一种意义的表示方法有多种，图 4-4 给出了数据流基本元素的三种不同表示。在数据流图中，由于用圆圈表示数据处理，整幅图看起来就好像有许多水泡泡，所以也称泡泡图(Bubble Chart)。数据流图的特点是符号简单，使用方便，可以不考虑布局。

1. 数据流

用箭头表示数据流，箭头方向表示数据流向，数据流名标在数据流线上面。数据流由一组数据项组成，但在数据流图中只有其名称。所以，应尽量准确地给数据流命名。数据流是数据在系统内传播的路径，由一组成分固定的数据项组成。

如订票单由旅客姓名、年龄、单位、身份证号码、日期及目的地等数据项组成。由于数据流是流动中的数据，因此必须有流向，即在加工之间、加工与源点终点之间、加工与数据存储之间流动。除了与数据存储之间的数据流不用命名外，数据流应该用名词或名词短语命名。

2. 数据处理

数据处理也称为加工，或称为变换，是对数据进行处理的单元。数据处理名称写在方框内。它对数据流进行某些操作或变换。每个加工也要有名字，通常是动词短语，简明地描述完成什么加工。在分层的数据流图中，加工还应编号。

3. 数据存储

数据存储是由若干数据元素组成的，它为数据处理提供数据处理所需要的输入流或为数据处理的输出数据流提供存储“仓库”。

数据存储指暂时保存的数据，它可以是数据库文件或任何形式的数据组织。流向数据存储的数据流可理解为写入文件或查询文件，从数据存储流出的数据可理解为从文件读数据或得到查询结果。

4. 外部实体

任何一个系统的边界定义后，就有系统内外之分，一个系统总会与系统外部的实体有联系，这种联系的重要形式就是数据。数据源点和终点是软件系统外部环境中的实体(包括人员、组织或其他软件系统),统称外部实体。它们是为了帮助理解系统界面而引入的,一般只出现在数据流图的顶层图中,表示了系统中数据的来源和去处。

有时为了增加数据流图的清晰性,防止数据流的箭头线太长,在一张图上可重复画同名的源/终点(如某个外部实体既是源点也是终点的情况),在方框的右下角加斜线则表示是一个实体。有时数据存储也需重复标识。

4.4.2 画数据流图

用数据流图来表示系统中某一个层面的数据处理过程是很方便的。如果将一个复杂问题的全部用一幅数据流图来表示就困难了。为了表达较为复杂问题的数据处理过程,用一张数据流图是不够的。要按照问题的层次结构进行逐步分解,并以一套分层的数据流图反映这种结构关系。

1. 画系统的输入/输出

最初,把系统视为一个整体,看这个整体与外界的联系。分析有哪些内容是要通过外界获取的,就是系统的输入;有哪些是要向外界提供服务的,就是系统的输出。画系统的输入/输出即先画顶层数据流图。

顶层数据流图只包含一个加工,用以标识被开发的系统,然后考虑该系统有哪些输入数据,这些输入数据从哪里来;有哪些输出数据,输出到哪里去。这样就定义了系统的输入/输出数据流。顶层数据流图的作用在于表明被开发系统的范围以及它和周围环境的数据交换关系,顶层数据流图只有一张。图 4-5 所示为飞机机票预订系统顶层数据流图。机票预订系统的顶层数据流图描述了机票预订系统与外界的简单关系。

图 4-5 飞机机票预订系统顶层数据流图

2. 画系统内部

数据流图主要是用于描述系统内部的处理过程。有些内部处理过程比较简单,有些则相当复杂。描述系统内部即画下层数据流图。一般方法是将层号从 0 开始编号,采用自顶向下、由外向内的原则。画 0 层数据流图时,一般根据现行系统工作分组情况,并按新系统应有的外部功能,分解顶层流图的系统为若干子系统,确定每个子系统间的数据接口和活动关系。如机票预订系统按功能可分成两部分:一部分为旅行社预订机票;另一部分为旅客取票。两部分通过机票文件的数据存储联系起来。0 层数据流图如图 4-6 所示。画更下层数据流图时,则分解上层图中的加工,一般沿着输入流的方向,凡数据流的组成或值发生变化的地方就设置一个加工,这样一直进行到输出数据流(也可

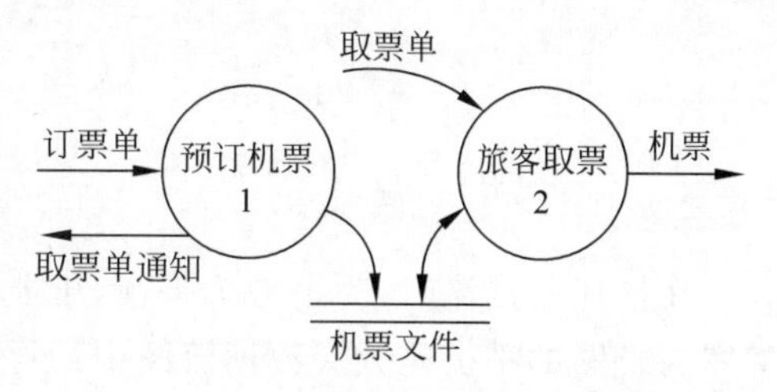

图 4-6 飞机机票预订系统 0 层数据流图

从输出流到输入流方向画)。如果加工的内部还有数据流,则对此加工在下层图中继续分解,直到每一个加工足够简单,不能再分解为止。不再分解的加工称为基本加工。

3. 注意事项

在软件的系统分析之前,系统的技术负责人要制定一个系统的标准。其内容之一就是画数据流图的规范。画数据流图要注意以下几点。

(1) 命名。在画数据流图过程中,不论是数据流、数据存储还是加工的命名均要合适,要易于理解其含义。数据流的名字代表整个数据流的内容,不仅仅是它的某些成分。命名时不能使用抽象含义的名字,例如"数据""信息"等。加工的命名也要反映其处理的功能,不能使用"处理""操作"这些笼统的词。

(2) 在画数据流图时要注意不是画控制流。数据流图反映的是系统"做什么",不反映"如何做"。因此,箭头上的数据流名称只能是名词类,整个图中不反映加工的执行顺序。

(3) 每个加工至少有一个输入数据流和一个输出数据流,反映出此加工数据的来源与加工的结果。

(4) 加工点的编号。如果一张数据流图中的某个加工点要分解成另一张数据流图,则上层图为父图,直接下层图为子图,父图与子图上的所有加工都应编号。子图的编号是父图中相应加工的编号的扩充,子图上加工的编号的方法是由父图号、小数点及子图的局部号组成的。图 4-7 所示为父图与子图的编号。

(5) 系统分析中要区别物流和数据流。数据流反映能用计算机处理的数据,并不是实物。因此在目标系统的数据流图上一般不要画物流,如机票预订系统中,人民币也在流动,但并未画出,因为交款是"人工"行为。

(6) 在数据流图表示系统的数据流向时,一般都要用到父图与子图来描述不同的层次。这时要注意父图与子图的平衡。子图的输入、输出数据流同父图相应加工的输入、输出数据流必须一致,即父图与子图的平衡。图 4-7(b)与图 4-7(a)相应加工 2.1 的输入、输出数据流的数目、名称完全相同,即一个输入流 a,两个输出流 b 和 c。再看图 4-8,好像父图与子图不平衡。因为父图加工 4 与子图 4 的输入/输出数据数目不相等。但是借助于数据字典中数据流的描述可知,父图的数据流"订货单"由"客户""账号"及"数量"三部分数据组成,即子图由父图中加工、数据流同时分解而来,因此这两张图也是平衡的。

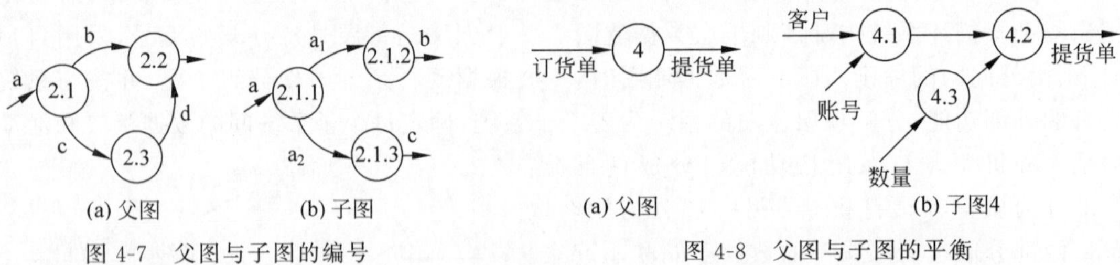

图 4-7　父图与子图的编号　　图 4-8　父图与子图的平衡

在描述数据流时,为了考虑平衡,可能要忽略一些枝节性的数据流(如出错处理)。因为父图与子图的平衡是分层数据流图中的重要性质,保证了数据流图的一致性。除了便于分析人员的阅读与理解外,在后面的变换与设计中也是非常重要的。

(7) 在分层处理的过程中,如果某层数据流图中的数据存储不是父图中相应加工的外部接口,而只是本图中某些加工之间的数据接口,则称这些数据存储为局部数据存储。如果是一个局部数据存储,则只有当它作为某些加工的数据接口或某个加工特定的输入或输出时,才把它画出来,这样有助于实现信息隐蔽。

(8) 数据流图作为以后设计和与用户交流的基础,其易理解性极为重要。因此在分层中要注意合理分解,要把一个加工分解成几个功能相对独立的子加工,这样可以减少加工之间输入、输出数据流的数目,增加数据流图的可理解性。分解时要注意子加工的独立性、均匀性,特别是画上层数据流图时,要注意将一个问题按照系统的相关性划分成几个大小接近的组成部分,这样做便于理解。不要在一张数据流图中出现某些加工已是基本加工而某些加工还要分解好几层的情况。

不同的系统分析员在数据流图中使用的元素符号也有差别,这里给出了描述数据流图的一套基本符号。

→:表示数据流,只能水平或垂直画。

⊖:表示加工。

编号:表示数据存储。

□:表示外部实体。

图 4-9 所示为利用这些基本符号画出的等价于图 4-3 的数据流图。

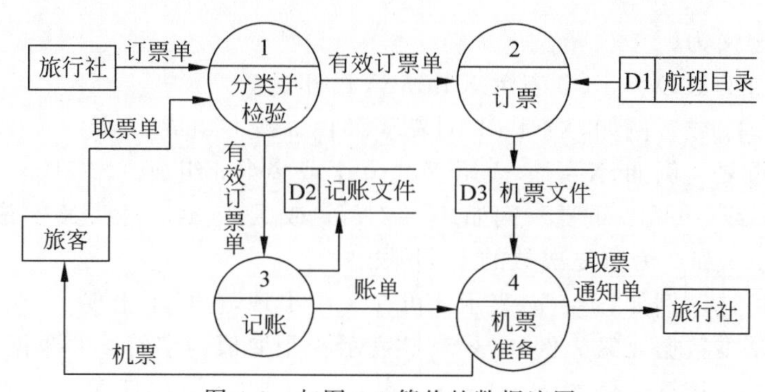

图 4-9 与图 4-3 等价的数据流图

数据流名称统一标识在流线的一侧,不要没有规则。否则,图形复杂的流线比较多时会产生阅读的困难。

4.5 数据字典

数据字典(Data Dictionary,DD)是关于数据的信息的集合,是对数据流图中包含的所有元素的定义的集合。它定义了数据流图中的数据的加工。它是数据流条目、数据存储条目、数据项条目和基本加工条目的汇集。在数据流图中只描述了系统的"分解"、系统由哪几部分组成、各部分之间的联系,并没有对各个数据流、加工及数据存储进行详细说明。如数据流、数据存储的名字并不能反映其中的数据成分、数据项目内容和数据特性,在加工中不能反映处理过程等。

分析人员仅靠"图"来完整地理解一个系统的逻辑功能是不可能的。数据字典就是用来定义数据流图中各个成分的具体含义的,它以一种准确的、无二义性的说明方式为系统的分析、设计及维护提供了有关元素一致的定义和详细的描述。它和数据流图共同构成了系统的逻辑模型,是“需求说明书”的主要组成部分。

4.5.1 内容及格式

数据字典是为分析人员查找数据流图中有关名字的详细定义而服务的,因此也像普通字典一样,要把所有条目按一定的次序排列起来,以便查阅。数据流和数据字典共同构成系统的逻辑模型。没有数据字典,数据流图就不严格。在数据流图中的源点、终点不在系统之内,故一般不在数据字典中说明。数据字典有以下四类条目:数据流、数据项、数据存储及基本加工。其中,数据项是组成数据流和数据存储的最小元素。在描述中数据元素的别名是该元素的其他等价的名字。如果同样的时间,不同的用户则使用不同的名字;如果一个系统中不同时期对于同样一个数据用不同的名字,或者是不同的分析员对于同样一个数据使用不同的名字,那么就使用别名。

1. 数据流条目

要定义 DFD 中的数据流,就要用数据流条目。定义方法通常列出该数据流的各组成数据项。在定义数据流或数据存储组成时,要用到一些符号。下面给出在数据字典的定义式中出现的符号。

(1) =:被定义为。

(2) +:与。例如,X=a+b 表示 X 由 a 与 b 组成。

(3) [… | …]:或。例如,X=[a | b]表示 X 由 a 或 b 组成。

(4) {…}:重复。例如,X={a}表示 X 由 0 个或多个 a 组成。

(5) m{…}n 或$\{\cdots\}_m^n$:重复。例如,X=2{a}5 或 X=$\{a\}_2^5$ 表示 X 中最少出现 2 次 a,最多出现 5 次 a。5 和 2 为重复次数的上、下限。

(6) (…):可选。例如,x=(a)表示 a 可在 x 中出现,也可不出现。

(7) “…”:基本数据元素。例如,x=“a”表示 x 是取值为字符 a 的数据元素。

(8) “· ·”:连接符。例如,x=1 · · 9 表示 x 可取 1~9 中任意一个值。

下面给出了几个使用上述符号来定义数据流组成及数据项的例子。

例如:机票=姓名+日期+航班号+始发地+目的地+费用。

姓名=$\{字母\}_2^{18}$。

航班号=“CZ9938” · · “CZ9948”。

目的地=[上海 | 北京 | 广州]。

数据流条目主要内容及举例如下。

数据流名称:订单。

别名:无。

简述:旅客订票时填写的项目。

来源:旅客。

去向:加工 1“检验订单”。

数据流量:2000 份/周。

组成:编号+订票日期+旅客编号+地址+电话+银行账号+预订日期+目的地+数量。

其中,数据流量指单位时间内(每小时、每天、每周或每月)的传输次数。

2．数据项条目

数据流的组成成员是数据项，数据项条目是不可再分解的数据单位，其定义格式及举例如下。

数据项名称：货物编号。

别名：W——No，W——num，GW——No。

简述：公司内部所有货物的编号。

类型：字符串。

长度：10。

取值范围及含义：第1位——进口/国产。
第2～4位——类别。
第5～7位——规格。
第8～10位——产品编号。

3．数据存储条目

与数据流条目一样，对存储数据的定义用数据存储条目，数据存储条目主要内容及举例如下。

数据存储名称：顾客记录。

别名：无。

简述：存放顾客的信息。

组成：姓名＋编号＋航班＋目的地＋身份证号码。

组织方式：索引文件，以姓名编号为关键字。

查询要求：要求能立即查询。

4．加工条目

在DFD中有许多基本加工的处理逻辑。这些加工处理逻辑的说明用于加工条目。在各层都有加工处理逻辑，但是由于下层的加工是由上层的基本加工分解而来的，因此，只要有了基本加工的说明，就可理解其他加工。加工条目的主要内容及举例如下。

加工名：能否提供机票。

编号：1.2。

激发条件：接收到合格订票单时。

优先级：普通。

输入：合格订单。

输出：能提供机票/不能提供机票。

加工逻辑：根据库存记录。

```
IF 订单项目的数量<该项目库存量的临界值>
    THEN 提供机票处理
    ELSE 此订单缺票，登录，待有票后再处理
ENDIF
```

数据字典中的加工逻辑主要描述该加工“做什么”，即实现加工的策略，而不是实现加工的细节，它描述如何把输入数据流变换为输出数据流的加工规则。为了使加工逻辑直观易读，

易被用户理解,常用的描述方法是结构化语言、判定表及判定树。这部分内容将在后面介绍。

4.5.2 数据字典的实现

数据字典除了概念和技术上的问题外,工作量是非常大的。由于是系统的一项基础工作,因此数据字典的实现因环境的不同而采用不同的实现方法。早期人们用手工建立数据字典,现在一般是利用计算机辅助建立并维护数据字典。步骤如下。

(1) 编写一个"字典生成与管理程序",可以按规定的格式输入各类条目,能对字典条目进行增、删、改,能打印出各类查询报告和清单,能进行完整性、一致性检查等。

(2) 利用已有的数据库开发工具,针对数据字典建立一个数据库文件,可将数据流、数据项、数据存储和加工分别以矩阵表的形式来描述各个表项的内容,如数据流的矩阵表为

编号	名称	来源	去向	流量	组成
…	…	…	…	…	…

然后使用开发工具建成数据文件,便于修改、查询,并可随时打印出来。另外,有的 DBMS 本身包含一个数据字典子系统,建库时能自动生成数据字典。

目前一些软件开发小组都习惯于用计算机中小的数据库软件作为数据字典的实现工具。最方便的可以用微软的 Access 和 Excel。计算机辅助开发数据字典比手工建立数据字典有更多的优点,能保证数据的一致性和完整性,使用也方便。

4.6 应用案例——成绩管理系统结构化需求分析

4.6.1 引言

编写目的、项目背景、阅读者建议、文档协定、项目范围、术语说明、参考资料(略)。

4.6.2 业务需求

1. 系统用户

1) 名字解释

略。

2) 系统用户结构

成绩管理系统的用户包括普通用户、普通管理员和超级管理员三个级别。普通用户有学生和教师,普通管理员有教务人员、教务处人员,超级管理员管理普通管理员和普通用户。系统用户结构如图 4-10 所示。

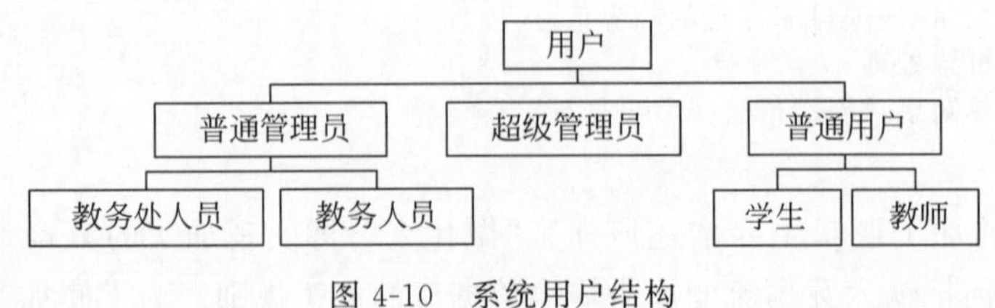

图 4-10 系统用户结构

2. 业务描述

业务描述围绕系统用户与目标系统开展相关的业务进行详细的说明，表达了系统用户对目标系统的业务需求。

1）超级管理员

超级管理员的基本业务包括用户类别管理、系统基本数据管理和系统设置。其中用户类别管理业务包括具体用户管理；系统基本数据管理包括数据库的初始化、权限设置、系统运行参数设置、更新与备份；系统设置业务包括系统运行平台的搭建和运行期间问题的处理。

2）普通管理员

普通管理员分为教务人员和教务处人员。普通管理员的工作内容包括：编制专业信息、年级信息、学年信息、课程信息、班级信息、学生信息、教师信息、学生课程表、教师的课表以及设计各种教学统计表、制定教学管理制度、编写专业建设和课程建设、学生学籍和成绩管理、教学工作考核、教学档案管理、考试管理等日常工作。这里对其进行如下归纳。

教务人员和教务处人员的公共业务有以下四方面。

（1）个人信息维护。

（2）学制管理。包括年级管理和学年管理。

（3）专业管理。包括班级管理、作业管理和课程管理。

（4）教学管理。包括教师管理、学生管理、编制教师课表、编制学生课表和编制各种教学统计表。

教务处人员的特别业务有：用户管理、角色管理、操作管理和通知管理。

3）普通用户

普通用户分为学生和教师。学生的基本业务包括个人信息维护、查询课程信息和查询成绩信息。教师的基本业务包括个人信息维护、录入课程成绩、查询课程信息、查询班级信息和查询学生信息。

3. 业务流程

针对系统用户的基本业务，采用流程图的形式描述如下。

超级管理员的基本业务流程如图 4-11 所示。普通管理员的基本业务流程如图 4-12 所示。

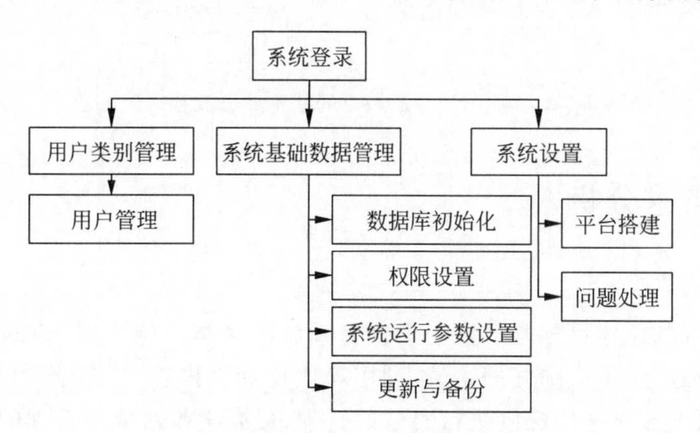

图 4-11 超级管理员的基本业务流程

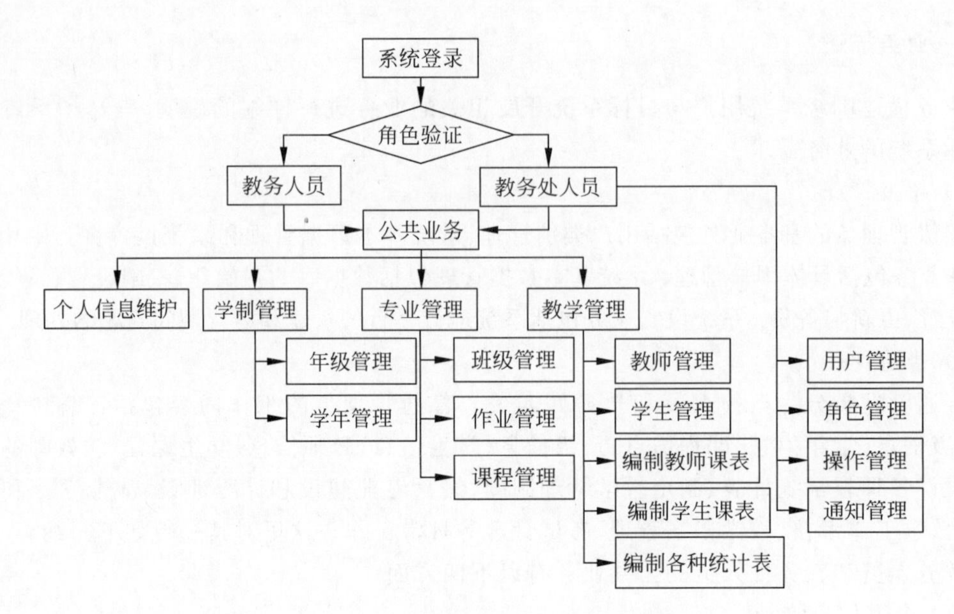

图 4-12 普通管理员的基本业务流程

普通用户的基本业务流程如图 4-13 所示。

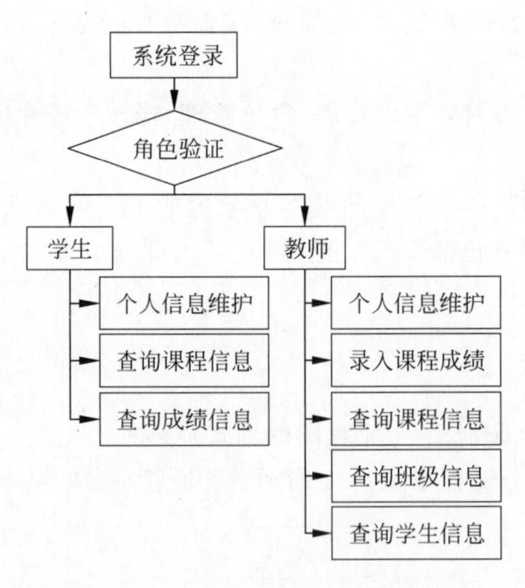

图 4-13 普通用户的基本业务流程

4.6.3 需求分析

1. 系统目标

成绩管理系统的总体目标是开发一个具有开放体系结构的、易扩充的、易维护的、具有良好人机交互界面的学生成绩管理系统，利用现代化计算机技术实现学生成绩事务管理的电子化办公，方便学校对学生成绩进行有效的管理，提高学校对成绩管理的效率。

2. 业务分析

1）系统外部实体

根据用户业务需求描述，得出系统的基本用户有学生、教师、教务员、教务处人员和超级管理员五类，这些用户构成了目标系统的外部实体。

2）系统输入与输出

(1) 系统输入。

超级管理员输入的数据有用户类别信息、部分用户信息、部分基础数据和系统参数数据。

教务员输入的数据有数据(个人、专业、年级、学年、课程、班级、学生、教师)、学生课表、授课表和统计参数。

教务处人员的输入数据有用户信息、角色信息、操作权限信息、通知信息。

学生输入的数据有个人信息、查询条件。

教师输入的数据有个人信息、成绩信息、查询条件(如课程信息)。

(2) 系统输出。

系统向超级管理员输出的数据有用户类别清单、用户清单和基础数据清单。

系统向教务员输出的数据有数据清单(个人、专业、年级、学年、课程、班级、学生、教师、学生课程表、教师的授课)和统计报表。

系统向教务处人员输出的数据有用户清单、角色清单、通知清单。

系统向学生输出的数据有个人数据清单、查询结果清单。

系统向教师输出的数据有个人数据清单、成绩清单、成绩分析报表和查询结果清单。

3. 分析结果

1）顶层数据流图

根据以上分析过程，可以得出目标系统的顶层数据流图，如图 4-14 所示。

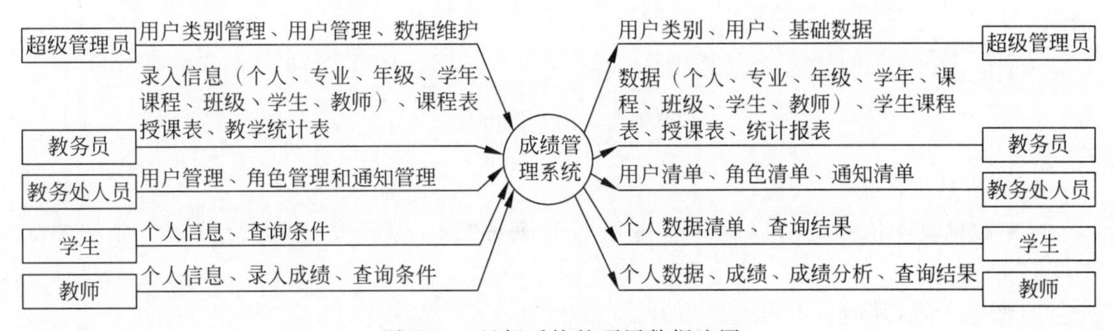

图 4-14 目标系统的顶层数据流图

2）0 层数据流图

为了对顶层数据流图进行分解，目标系统分解成三个加工：成绩登记、成绩查询统计和通知管理。目标系统的 0 层数据流图如图 4-15 所示。

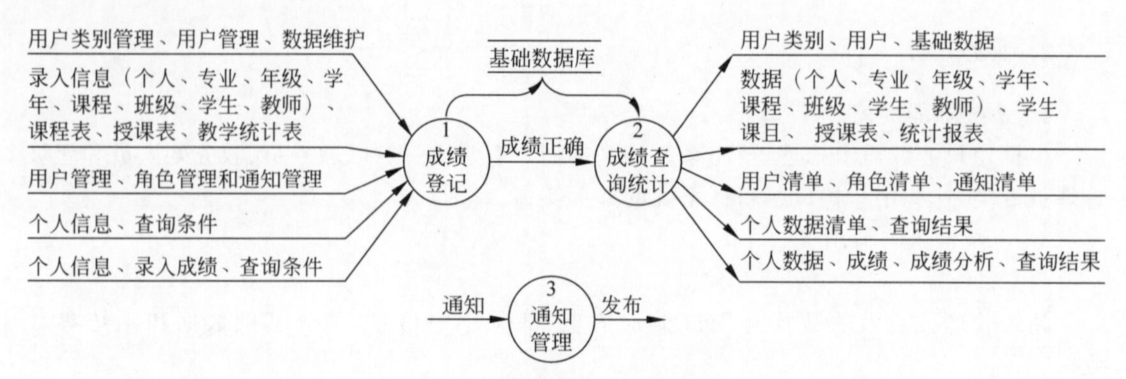

图 4-15　目标系统的 0 层数据流图

3）1 层数据流图

将 0 层数据流图中的加工点 1 号和 2 号加工点的主要数据流图细化分解再合并成 1 层数据流图，如图 4-16 所示。

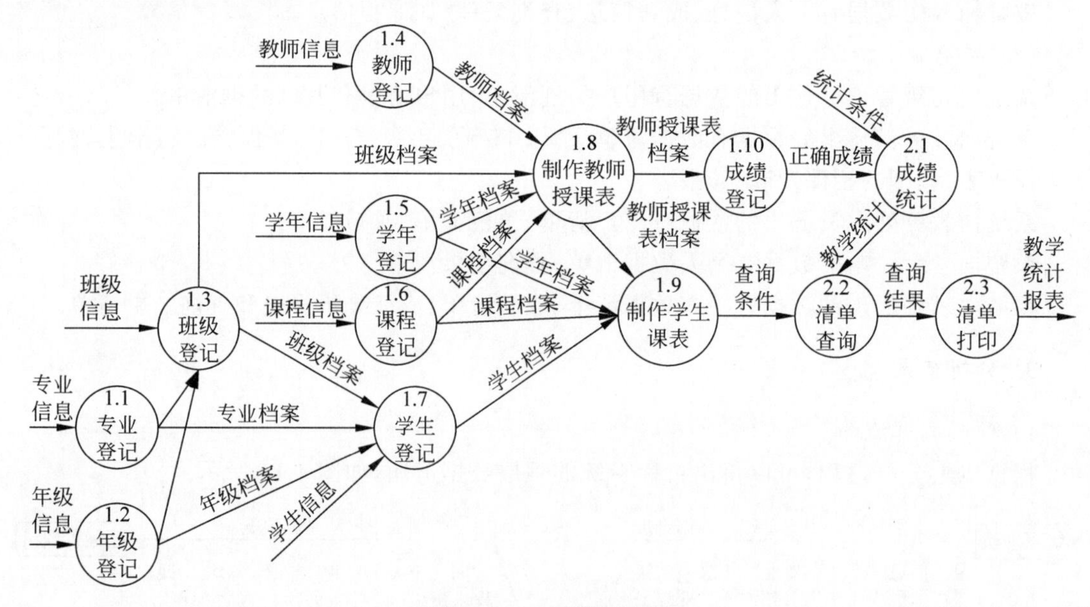

图 4-16　1 层数据流图

4）2 层数据流图

1 层数据流图依然是可以进一步分解。下面对“1.6 课程登记”进行分解。分解图如图 4-17 所示。

因篇幅所限，其他点不再一一展开。

5）数据字典

将图 4-17 中编号“1.4 教师登记”与“1.7 学生登记”抽象为用户登记。用户登记加工分解图中数据流有用户信息、学生档案、用户类别档案、教师档案、用户档案；加工有录入用户、修改用户和删除用户；数据存储有用户表。其中，学生档案和教师档案不在此列出。

（1）数据流条目。

① 数据流“用户信息”。

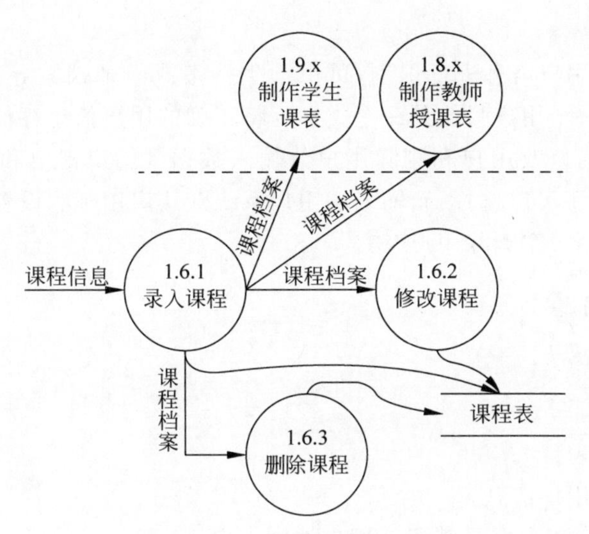

图 4-17　2 层部分数据流图

编号：DF13-00。

数据流：用户信息。

说明：系统用户输入的用户详细信息。

数据流来源：系统用户输入。

数据流去向：录入用户。

组成：{ 用户 ID＋用户登录密码＋用户类别 }。

流量：最小 1 条/次，最大 1 个班级的人数/次。

② 数据流“用户档案”：(略)。

(2) 数据项条目。

数据项“用户 ID”。

编号：D13-001。

数据项：用户 ID。

含义说明：唯一标识每个用户。

别名：用户编号。

类型：字符型。

长度：8(由学号的长度决定)。

取值范围：00 000 000～99 999 999(或学号的长度)。

取值含义：可用学号作为用户 ID，学号的每一段代表不同的含义。

其他数据项“用户登录密码”“用户类别”“启用标志”略。

(3) 加工条目。

加工“录入用户”。

编号：P13-01。

加工：录入用户。

说明：向目标系统录入用户信息，并将用户信息存储于用户表中。

输入：用户信息(或学生档案或教师档案)、用户类别档案。

输出：用户档案。

处理：对输入的用户信息进行识别，可由学生档案或教师档案导入；用户类别档案由用户类别表导入，每一个用户只能是一个类别。将正确的用户信息存储于用户表中，输出用户档案，用户档案作为修改用户和删除用户的输入数据。用户密码和用户类别不可为空，“被删除”类别输入时不可以选择，新输入的用户系统默认启用标志设置为“启用状态”。

其他加工“修改用户”“删除用户”略。

4. 数据存储条目

数据存储“用户表”。

编号：F13-01。

数据存储：用户表。

简述：存储系统用户信息。

组成：{用户 ID＋用户登录密码＋用户类别＋启用标志 }。

关键字：用户 ID。

相关联的加工：P13-01、P13-02、P13-03。

5. 系统功能与能力

根据分析的结果，目标系统应具备三大功能：成绩登记、成绩查询统计和通知管理。目标系统具备的能力包括数据能够录入、修改、删除、查询和打印；数据在目标系统中能够保持前后一致；系统体系结构能够合理设计；系统能够正常运行和维护。

6. 系统非功能性需求

(1) 安全、安全保密性需求：用户密码加密等级为普密级和服务器数据定期备份。

(2) 接口需求：目标系统能够从外部导入 Word、Excel 文档或导出 Word、Excel 文档。

(3) 性能需求：数据准确；运行稳定；系统能够支持高峰期 10 万个虚拟用户同时访问；系统兼容性和可扩展性较高，易移植。

(4) 运行与维护需求：硬件环境与软件环境。

(5) 设计约束和合格性需求：操作界面人性化设计与输入数据简化处理。

4.6.4 总结

略。

小结

本章主要介绍了需求分析的特点、原则、任务和方法。在需求分析方法中，说明了功能分解法、结构化分析法、信息建模法和面向对象的分析，以便于在实际系统分析中处理数据关系。

软件体系结构的设计是软件的关键。这里介绍的是从需求到软件体系结构的方法。大家有兴趣可以参考从需求到体结构 RTRSM(图形化建模语言)的转换步骤,它也说明了基于软件体系结构开发方法和软件体系结构求精方法。这样做的目的是在软件结构设计时利用用户需求分析可以求出体系结构。然而,这些方法目前还在进一步深入研究中。

综合练习 4

一、填空题

1. 数据流图有四个基本成分:________、________、________、________。

2. SA 方法利用图形等半形式化的描述方式表达需求,简明易懂,用它们形成需求说明书中的主要部分。这些描述工具是________、________、________、________、________。

3. 数据字典就是用来定义数据流图中的________的。它和数据流图共同构成了系统的________,是________的主要组成部分。

4. 整个系统只使用一种模板形式,模板的具体内容为___(1)___、___(2)___、___(3)___、___(4)___、___(5)___、___(6)___、___(7)___、___(8)___、___(9)___、___(10)___。

5. 用于描述系统组件的信息有:___(1)___、___(2)___、___(3)___、___(4)___、___(5)___、___(6)___、___(7)___、___(8)___、___(9)___、___(10)___。

6. 模板之间的相互关系主要有三种:________,________,________。

二、选择题

1. 进行需求分析可使用多种工具,但(　　)是不适用的。
   A. 数据流图　B. 判定表　C. PAD 图　D. 数据字典
2. 在数据流图中,有名字及方向的成分是(　　)。
   A. 控制流　B. 信息流　C. 数据流　D. 信号流
3. 在结构化分析法中,用以表达系统内部数据的运行情况的工具有(　　)。
   A. 数据流图　B. 数据字典
   C. 结构化英语　D. 判定树与判定表

三、判断题

1. 系统体系结构的最佳表示形式是一个可执行的软件原型。(　　)
2. 软件体系结构描述是不同项目相关人员之间进行沟通的使能器。(　　)
3. 良好的分层体系结构有利于系统的扩展与维护。(　　)
4. 消除两个包之间出现的循环依赖在技术上是不可行的。(　　)
5. 设计模式是从大量成功实践中总结出来且被广泛公认的实践和知识。(　　)

四、简答题

1. 需求分析的目的是什么?
2. 怎样建立目标系统的逻辑模型?要经过哪些步骤?
3. 什么是结构化分析?

4. 需求分析由哪些部分组成?

5. 需求分析为什么要研究问题域?

6. 为什么说从系统需求直观地获取系统的体系结构仍是一个难点?

7. 良好的软件体系结构设计有什么作用?

8. 消除包之间的循环依赖性有哪两种主要方法?

9. 选择一个系统(人事管理、财务管理、教学管理、成绩管理等),用结构化方法对它进行分析,画出数据流图、编出数据字典,并写出需求分析报告。

第5章 总体设计

总体设计的基本目标就是概要地回答系统应该如何实现。设计(Design)在任何工程产品或系统中是开发阶段的第一步。设计可以定义为应用各种技术和原理,对一个设备、一个过程或一个系统,做出足够详细的决策,使之有可能在物理上得以实现的过程。

系统的总体设计是在前面系统分析的基础上,为后期将要构造的系统实体建立一个模型(Model)或表达式(Representation)。与其他学科的工程设计方法一样,软件工程设计随着新理论、新方法的不断出现而继续发展。与其他技术领域比较,软件设计在它的发展中仍处于早期阶段。研究与分析软件设计问题才30年左右的时间。由此可见软件设计方法还缺少更为经典的工程设计学科所具有的深度、适应性(Flexibility)和定量性质。但是,已经有一些软件设计技术、设计质量准则及设计符号表示法。

5.1 软件设计的重要性

软件设计处于软件工程过程的技术核心地位。软件开发中不管应用什么样的开发模式(Development Paradigm),都要进行软件设计。当软件需求分析和定义完成后,就进入设计阶段。它是在对系统的信息、功能、行为和各种要求理解的基础上构想未来的系统。这种构想是否正确与完美,需要后面的编码阶段来构造,测试阶段来验证。软件设计、软件构造与验证这三项活动是必不可少的。每一项都是按一定形式变换信息,最终使之成为被确认的计算机软件。在软件工程过程中,这些技术阶段的信息流如图5-1所示。

由图5-1可以看出,在软件需求提供的信息(Information)、功能(Function)和行为(Behavior)模型上,设计阶段可以使用任何一种设计方法。设计阶段包括把分析阶段所建立的信息域模型变换为数据结构,这种数据结构是软件实现所需要的;也包括定义程序结构构件(Structural Components)之间相互关系的体系结构(Architecture)设计。另外还包括变换结构构件为软件的过程描述的过程(Procedure)设计。生成源代码并通过测试之后,进行软件的组装(Integrate)和确认(Validate)。

在设计中所做的决策将最终影响软件实现的成功与否,也影响软件维护的难易程度。所以,在软件设计过程中的这些决策是开发阶段非常关键的一步。

软件设计的重要性还反映在质量(Quality)上。在开发过程中,设计是对软件最本质的部分进行构造,构造的水平决定软件质量。同时,设计也提供了可以进行质量评价的软件表达式。只有通过设计,才能把用户的需求精确地转换为完美的软件系统。软件设计是整个软件工程和软件维护的基础,如图 5-2 所示。

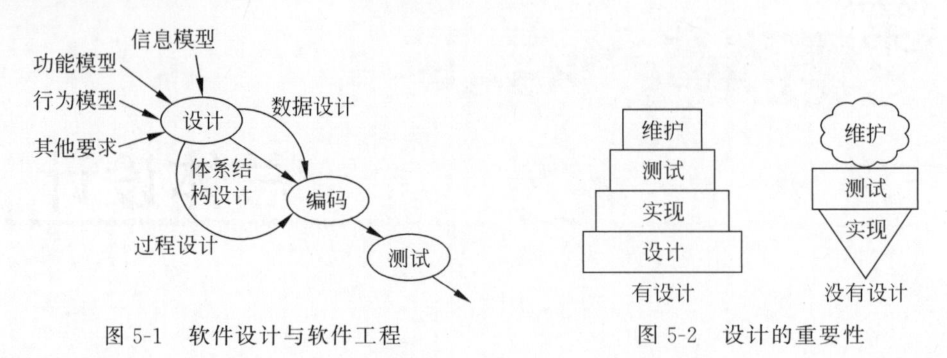

图 5-1　软件设计与软件工程　　　图 5-2　设计的重要性

对于一个软件系统,如果不进行设计而构造一个系统,可以肯定这个系统是不稳定的。这个系统即使发生很小的变动,都可能出现故障,而且很难测试,直到软件工程过程的最后,系统的质量仍无法评价。

5.2 设计过程

软件设计是一个把需求转换为软件表达式的过程。这个表达式过程一般情况下分为两步走。首先,这种表达式只是描绘一个软件的概貌。然后,将表达式细化为一个非常接近于源代码的设计表达式。从软件工程的角度讲,软件设计分为总体设计和详细设计。总体设计主要是把需求转换为数据结构和软件体系结构;而详细设计主要集中在体系结构表达式的细化上,从而产生详细的数据结构和软件的算法表达式。

在早期的设计工作中,软件设计着重在开发模块化程序模块所需要的准则,以及按照自顶向下(Top-Down)的方式逐步细化软件体系结构上。接着在设计定义的过程方面逐渐发展成为一种称为结构化编程(Structured Programming)的原则。之后,提出了把数据流和数据结构翻译成设计定义的方法。近年来,多采用 OO(Object-Oriented,面向对象)的设计方法。总结过去软件设计的发展,可以归纳为是一个持续发展的过程。

在比较小的软件设计中,可以把总体设计和详细设计作为一个过程阶段去完成。但是有一定规模的系统中,总体设计和详细设计是两个明确的阶段,所以它们中的许多设计活动是不同的。除了数据、体系结构和过程设计之外,在现代的许多应用中还包括界面设计活动。界面设计主要是建立人机之间界面的布局和交互的机制。

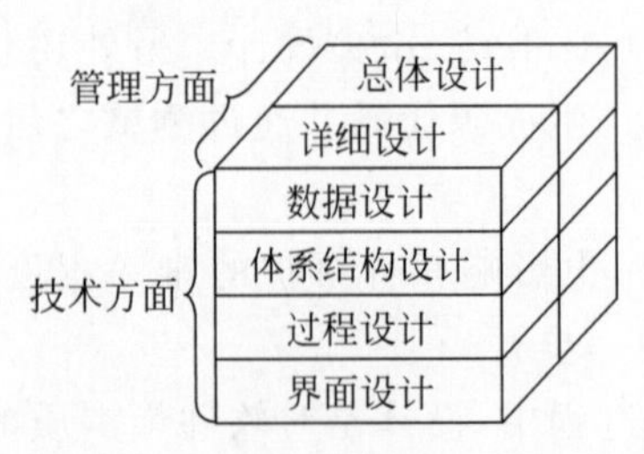

图 5-3　设计技术和管理方面之间的关系

总体设计和详细设计除了必须有先进的设计技术外,还要有同步的管理技术支持。用如图 5-3 所示的形式表明设计技术和管理方面之间的关系。

从图 5-3 可以看出,由技术支持的总体设计和详细设计都伴随着管理技术。

前面已经提到,软件设计的重要性之一就是软件的质量。在整个设计过程中,设计每一步的质量都要进行正式的技术评审(Formal Technical Reviews)。要按照设计准则对设计表达式的质量进行评价。这里给出软件设计原则如下。

(1) 设计应当模块化(Modularity)。也就是说,软件应被逻辑地划分为能完成特定功能和子功能的构件。

(2) 设计应形成具有独立功能特征的模块(如子程序或过程)。

(3) 设计应使模块之间与外部环境之间接口的复杂性尽量地降低。

(4) 设计应该有一个分层的组织结构,这样人们可对软件各个构件进行理性的控制。

(5) 设计应有性质不同的、可区分的数据和过程表达式。

(6) 设计应利用软件需求分析中得到的信息和可重复的方法。

人们都希望设计一个良好的系统。然而,任何一个良好的系统设计都不是能轻易得到的。它是需要通过基本设计原理、系统化的方法和评审的各项技术的应用共同促成的。

5.3 软件总体设计

需求分析阶段所形成的数据流图是软件总体设计的基础。要为可供选择的每一个方案准备一份系统流程图,列出系统组成的物理元素,进行效益分析,制定实现方案的进度。从合理的方案中选择一个最佳的方案向用户推荐。当用户接受方案后,就要为这个最佳的方案设计软件结构。一般情况下,这个软件结构要通过反复修改使之合理。同时还要进行必要的数据库设计,在分布式系统中还要进行网络设计。另外,还要制订测试计划和确定测试要求。在详细设计前一定要进行软件总体设计。

软件总体设计阶段的任务是概要地回答系统应该如何实现,因此要把握其与详细设计的区别。要完成如下任务。

1. 软件系统结构设计

按照结构化理论,实现一个系统目标需要程序和数据,所以必须设计出组成这个系统的所有程序结构和数据库(文件)。具体方法如下。

(1) 采用某种设计方法,将一个复杂的系统按功能划分成模块。

(2) 确定每个模块的功能。

(3) 确定模块之间的调用关系。

(4) 确定模块之间的接口,即模块之间传递的信息。

(5) 评价模块结构的质量。

基于结构化理论的软件结构设计是以模块为基础的。在需求分析阶段,通过某种分析方法已经把系统分解成层次结构。在设计阶段,以需求分析的结果为依据,从实现的角度将需求分析的结果映射为模块,并组成模块的层次结构。

软件总体设计的关键是软件结构的设计,它直接影响到详细设计与编码的工作。软件结构的设计中要决定软件系统的质量及一些整体特性,因此软件结构的设计应由经验丰富的软件人员担任,采用一定的设计方法,选取合理的设计方案。

2. 数据结构及数据库设计

在结构化理论下的软件系统中,数据结构与数据库设计是非常重要的。数据库技术是一项专门的技术,不是本书讨论的范围。但是作为软件开发人员要知道,在大型数据处理系统的功能分析与设计中,是要同时进行数据分析与数据设计的。

1)数据结构的设计

根据需求分析阶段对系统数据的组成、操作约束和数据之间的关系的描述,确定数据结构特性。总体设计阶段利用逐步细化的方法对数据结构进行深入的设计,但是也不是像详细设计那样规定具体的实现细节。在总体设计阶段比较适宜使用抽象的数据类型,这些抽象的数据类型到详细设计阶段再用具体的数据结构描述其实现。如“栈”是数据结构的概念模型,在详细设计中可用线性表和链表来实现“栈”。设计有效的数据结构,将大大简化软件模块处理过程的设计。

2)数据库的设计

一般的软件系统都有数据的存储,存储要借助数据库技术。数据库的设计是指数据存储文件的设计。设计包括以下三个方面。

(1)概念设计。在数据分析的基础上,从用户角度采用自底向上的方法进行视图设计。一般用E-R模型来表示数据模型,这是一个概念模型。E-R模型既是设计数据库的基础,也是设计数据结构的基础。IDEF1x技术也支持概念模型,用IDEF1x方法建立系统的信息模型,使模型具有一致性、可扩展性和可变性等特性。同样,该模型可作为数据库设计的主要依据。

(2)逻辑设计。E-R模型或IDEF1x模型是独立于数据库管理系统(DBMS)的,要结合具体的DBMS特征来建立数据库的逻辑结构。对于关系DBMS来说,将概念结构转换为数据模式、子模式并进行规范,要给出数据结构的定义,即定义所含的数据项、类型、长度及它们之间的层次或相互关系的表格等。

(3)物理设计。对于不同的DBMS,物理环境不同,提供的存储结构与存取方法也各不相同。物理设计就是设计数据模式的一些物理细节,如数据项存储要求、存取方式和索引的建立等。

3. 网络系统设计

如果采用的是网络环境,则要进行网络系统设计。要分析网络负荷与容量,遵照网络系统设计原则,确定网络系统的需求。要进行网络结构设计,选择好网络操作系统,确定网络系统配置,制定网络拓扑结构。

4. 软件总体设计文档

总体设计说明书是总体设计阶段结束时提交的技术文档。按《计算机软件文档编制规范》(GB/T 8567—2006)规定,软件设计文档可分为“总体设计说明书”“详细设计说明书”和“数据库设计说明书”。这些文档的内容与格式请参考有关资料。

5. 评审

在该阶段,对设计部分是否完整地实现了需求中规定的功能、性能等要求,设计方案的可行性、关键的处理及内外部接口定义正确性、有效性以及各部分之间的一致性等,都一一进行评审。

5.4 设计基本原理

软件设计要回答下列问题。

(1) 使用什么样的准则才能把软件划分成为各个单独的构件?

(2) 怎样把功能或数据结构的细节从软件概念表达式中分离出来?

(3) 定义软件设计的技术质量有统一的准则吗?

软件设计中最重要的一个问题就是软件质量问题,用什么标准对软件设计的技术质量进行衡量呢?现在介绍软件发展中应用并经过时间考验的软件设计的一些基本原理。

5.4.1 抽象

抽象是认识复杂现象过程中使用的思维工具,即抽出事物本质的共同特性而暂不考虑它的细节,不考虑其他因素。当考虑用模块化的方法解决问题时,可以提出不同层次的抽象(Levels of Abstraction)。在抽象的最高层,可以使用问题环境的语言,以概括的方式描述问题的解。在抽象的较低层,则采用更过程化的方法,在描述问题的解时,面向问题的术语与面向实现的术语结合使用。最终,在抽象的最底层,可以用直接实现的方式来说明。软件工程实施中的每一步都可以看作是对软件抽象层次的一次细化。

随着对抽象不同层次的展开,过程抽象(Procedural Abstraction)和数据抽象(Data Abstraction)就建立了。所谓过程抽象,是指一个命名的指令序列,它具有一个特定的和受限的功能。例如有一个进入某场合的词"入口",对这个词进行分析,会发现其隐含了走到门口、伸出手、握住门把、旋转门把和推门、走进门这一系列的过程序列。数据抽象则是一个命名的说明数据对象的数据集合,例如一个部门员工的"工资单"。这个数据对象实际上是许多不同信息——单位、姓名、工资总额、扣除房租、水电费、煤气费、电话费、电视费、实得金额等的集合。在说明这个数据抽象名时,指的是所有数据。控制抽象(Control Abstraction)是软件设计中的第三种抽象形式。像过程抽象和数据抽象一样,控制抽象隐含了程序控制机制,而不必说明它的内部细节。控制抽象的例子如操作系统中用于进程协调活动的同步信号标。

许多编程语言(如 Ada、MODULA、CLU)都给出了建立抽象数据类型的机制(Mechanisms)。例如,Ada 的包(Package)就是一种支持数据抽象和过程抽象的编程语言机制。这种最初的抽象数据类型可以用作模板(Template)或类属(Generic)数据结构,由此导出的其他数据结构可以是它们的实例。

5.4.2 细化

逐步细化是一种自顶向下的设计策略。程序的体系结构开发是由过程细节层次不断地细化而成的。分层的开发则是以逐步的方式由分解一个宏功能直到获得编程语言语句。

在细化的每一步,已给定的程序的一条或几条指令被分解为更多细节的指令。当所有指令按计算机或编程语言写成时,这样不断地分解或规格说明的细化也将终止。随着任务的细化,数据也要细化、分解或结构化。程序的细化和数据的说明一并进行,这是很自然的事。

每一步细化都隐含着一定的设计决策。重要的是程序员应当通晓一些最基本的准则和存在的可选方案。

细化实际上是一个详细描述(Elaboration)的过程。在高层抽象定义时,从功能说明或信息描述开始,就是说明功能或信息的概念,而不给出功能内部的工作细节或信息的内部结构。细化则是设计者在原始说明的基础上进行详细说明,随着不断的细化(详细说明)给出更多的细节。

5.4.3 模块化

在计算机软件中,几乎所有的软件体系结构都要体现模块化。也就是说,所有的软件结构设计技术都是以模块化为基础的。模块由单独命名和可编址的构件集成,以满足问题的需求。

模块化的概念在程序设计技术中就出现了。何为模块?模块在程序中是数据说明、可执行语句等程序对象的集合,或者是单独命名和编址的元素,如高级语言中的过程、函数和子程序等。在软件的体系结构中,模块是可组合、分解和更换的单元。模块具有以下几种基本属性。

(1) 接口:指模块的输入与输出。

(2) 功能:指模块实现什么有利的作用。

(3) 逻辑:描述内部如何实现要求的功能及所需的数据。

(4) 状态:指该模块的运行环境,即模块的调用与被调用关系。

功能、状态与接口反映模块的外部特性,逻辑反映它的内部特性。

模块化是指解决一个复杂问题时自顶向下逐层把软件系统划分成若干模块的过程。每个模块完成一个特定的子功能,所有的模块按某种方法组装起来,成为一个整体,完成整个系统所要求的功能。

在面向对象设计中,模块和模块化的概念将进一步扩充。模块化是软件解决复杂问题所具备的手段。模块化是软件的一个重要属性,它使得一个程序易于被人们所理解、设计、测试和维护。如果一个软件就是一个模块,是很难让人理解的。因为这么多的控制路径,这么广的涉及范围,这么大量的变量,人们对这样复杂的软件进行了解、处理和管理,几乎是不可能的。

为了说明这一点,可看下面的论据。

设问题 x,表示它的复杂性函数为 $C(x)$,解决它所需的工作量函数为 $E(x)$。对于问题 P_1 和 P_2,如果

$$C(P_1) > C(P_2)$$

即 P_1 比 P_2 复杂,那么

$$E(P_1) > E(P_2)$$

即问题越复杂,所需要的工作量越大。

根据解决一般问题的经验,规律为

$$C(P_1 + P_2) > C(P_1) + C(P_2)$$

即一个问题同另一个问题组合而成的复杂度大于分别考虑每个问题的复杂度之和。这样,可以推出

$$E(P_1+P_2)>E(P_1)+E(P_2)$$

所得结果对于模块化和软件具有重要的意义。那么,从上面所得的不等式是否可以得出下面的结论:如果把软件无限细分,那么最后开发软件所需要的工作量就小得可以忽略了。但是,事实上影响软件开发工作量的因素还有许多,例如模块接口费用等,所以上述结论不成立。因为随着模块数目的增加,模块之间接口的复杂程度和为接口所需的工作量也在随之增加。上述不等式只能说明:当模块总数增加时,单独开发各个子模块的工作量之和会有所减少。根据这两个因素之间的关系,可以画出模块数量与软件成本的关系,如图 5-4 所示。从曲线看,存在着一个工作量最小或开发成本最小的模块数目 M 区。

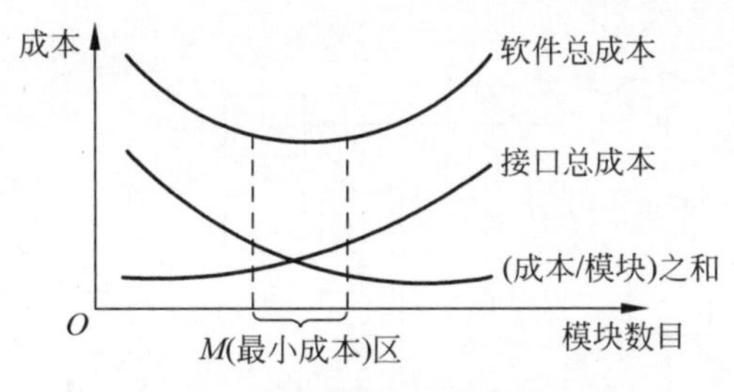

图 5-4 模块数量与软件成本

虽然现在还没有办法算出 M 的准确数值,但在考虑模块时,软件总成本曲线确实提供了非常有用的指导。这就是在模块化的过程中,还必须减小接口的复杂性。

应当指出,一个系统按模块化的概念来设计非常重要,即使它的实现必须是整体结构。有这样的情况(如实时软件/微处理器软件):由于子程序(如子例程、过程)的引入而使极低的速度和过大的内存开销变得不可接受。在这种情况下,也应当把软件的模块化设计作为最基本的准则。代码可以逐行编写,纵然程序的源代码初看起来不是模块,但模块化的准则应当保持,这样的程序将会有模块系统的所有好处。

从图 5-4 可以看出,随着模块数目的增加,模块开发成本之和减少了,但是模块接口成本之和却增加了,所以模块数目必须适中。图 5-4 中 M 区是一个使软件开发总工作量最小的曲线区。

事实上,图 5-4 中所谓的软件总成本也只考虑了模块接口成本和子模块开发成本。模块的划分、设计还需要遵循其他设计原则。下面介绍模块设计的基本方法和优化原则。

5.4.4 软件体系结构

软件总体设计的主要任务就是软件结构的设计。软件体系结构(Software Architecture)包含了计算机程序的两个重要特性。

(1) 过程构件(模块)的层次结构。

(2) 数据结构。

软件体系结构通过过程的划分来导出,而这个过程与需求分析时定义的真实世界问题各部分的软件解有关。软件结构和数据结构的演化(Evolution)从问题定义开始。当问题的各部分分别由一个或多个软件元素求解时,问题解也就有了。图 5-5 给出了结构化演化的表示,它表示了软件需求分析到设计的转换。

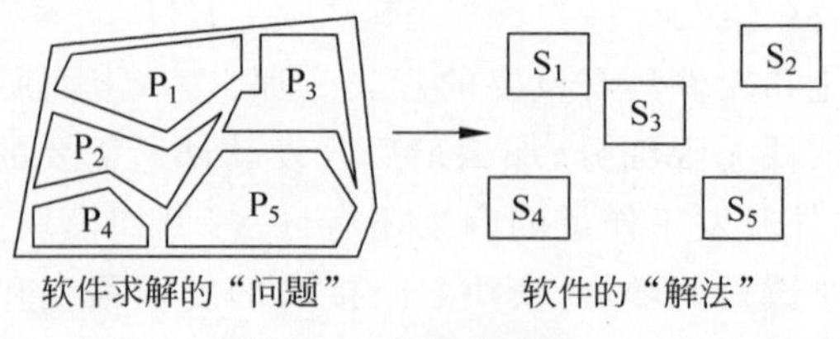

图 5-5　结构化演化

从图 5-6 所示的不同结构可以看出,一个问题可以有多种可供选择的结构,而选择某种结构又由软件设计方法来确定。

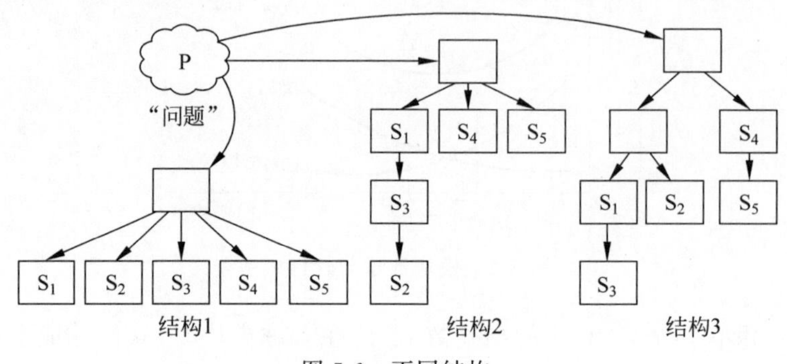

图 5-6　不同结构

由此可以看出,由于各种设计方法的原理不同,因此同一个软件需求也会导出不同的软件结构。那么,当一个问题的软件结构导出后,如何评价其不同结构的优劣?没有一个形式化的准则,因而很难回答。问题是目前还不能对它们做出准确的定量评价。但是,在稍后部分进行讨论体系结构设计的结构特征时,可以通过分析的方法来确定它们的整体质量。

5.4.5 程序结构

程序结构(Program Structure)给出了程序构件(模块)的组织(通常称为分层),这种组织包含了控制的层次。它们不给出软件的过程方面,如过程的序列、决策的出现或次序,以及操作的重复等。

程序结构可以用许多不同的符号来表示。最常用的是如图 5-7 所示的树状结构。其他符号(如具有相同作用的 Warnier 图和 Jackson 图)也可以使用。为了方便讨论结构,定义了一些简单的度量和术语,如图 5-7 所示。

从图 5-7 可见,深度(Depth)表示控制的层次,宽度(Width)表示同一层次上控制的最大数,扇出(Fan-out)是对一个模块直接控制其他模块数目的度量,扇入(Fan-in)则是对一个给定模块被多少个模块直接控制模块的度量。

模块之间的控制关系可用下面的方法表示:控制另一模块的模块称为上级模块(Superordinate Module);反过来,被另一模块控制的模块称为从属模块(Subordinate Module)。例如图 5-7 中,模块 m 是模块 n、o、p、q 的上级模块,模块 f、g 是模块 d 的从属模块,同时也是模块 M 的从属模块。宽度方向上的关系(如模块 d 与 e)虽然也可以表示,但实际没有需要用明确的专门名词来定义。

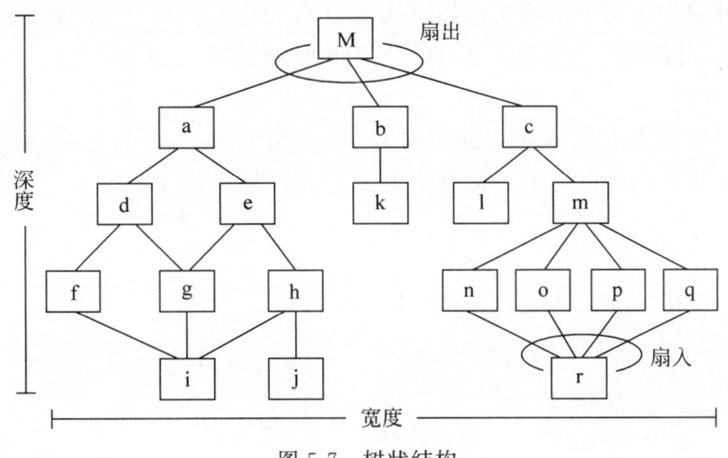

图 5-7 树状结构

根据图 5-7 所示的结构,可以给出软件体系结构特征:可见性(Visibility)和连接性(Connectivity)。所谓可见性,表明该程序构件集合可以引用或使用一个给定构件作为数据,即使是间接完成时;而连接性表明该构件集合直接引用或使用一个给定构件作为数据。两种特征是难以分辨的。

5.4.6 数据结构

在软件体系结构的表达式中,数据结构与程序结构同样重要。数据结构决定信息的组织、存取方法、结合的程度,以及可选的处理方法。这里只给出一些概念,因为它有助于更好地理解这些传统组织信息的方法,以及怎样从基层支持信息层次。这些概念都是重要的。对此不深入讨论,仅给出数据结构的定义,它是一种数据各元素之间逻辑关系的表达式。

一个数据结构的组织和复杂性只受设计者创造性的限制,但是典型的数据结构可以组成更复杂的结构模块。这些典型的数据结构如图 5-8 所示。

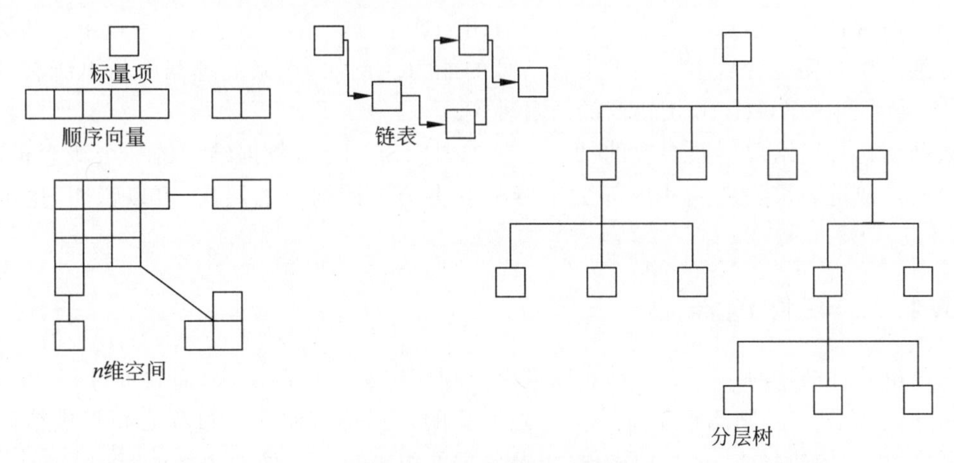

图 5-8 典型的数据结构

标量项(Scalar Item)表示一个用标识符标识的单元信息元素。就是说,在存储器中用一个确定的单一地址就可得到。一个标量项是所有数据结构中最简单的一种。标量项的规模和格式在一种编程语言中所确定的边界内可以有变化。例如,标量项可以是一个长度为1位的逻辑实体,或者是一个长度为8～64位的整型数或浮点数,甚至是一个长度为几百或几千字节的字符串。

当组织标量项作为一列或连接的组时,就形成一个顺序向量(Sequential Vector)。向量是数据结构中最常用的。可看下面这个C语言程序段的例子:

```
int aa[100];
…
procedure ps (int aa; int n; int sum)
{ int i;
{
    sum = 0;
    for (i = 1;i <=  n ;i++)
      sum = sum  + aa[i];
};
}
…
```

例子中定义aa为100个标量整数项的顺序向量。在过程ps中标引aa每个元素的存储,这样数据结构的每个元素都可按定义的顺序引用。

如果把顺序向量扩展为多维时,就构成了一个n维的空间(n-Dimensional Space)。在大多数编程语言中,把n维空间称为数组(Array)。标量、向量和空间可以用不同的格式组织。链表(Linked List)就是一种非邻接的标量的组织。向量或空间用一定的方式能使它们作为一个表来处理。每个节点具有适当的组织、一个或多个指针,这个指针表明表中下一个节点在节点存储器中的地址。在链表的结构中,为了适应新表入口的需要,可以在表中的任意点上增加重新定义的指针。

利用上述的基本数据结构可以构造出其他的数据结构。例如,使用包含标量项、向量和可能的n维空间的多链表可以实现层次型的数据结构(Hierarchical Data Structure)。层次型的结构通常在要求信息分类和组合性中应用。这里分类指的是包含了一组由一些类属组成的分类。组合性包含从不同的类组合信息的能力。例如,在微处理器中找出所有价格低于1000美元、主频1GHz和销售商的条目种类。

数据结构可以给出不同层次的抽象。例如,栈(Stack)是数据结构的一个概念模型,它可以由向量或链表来实现。栈内部工作情况取决于设计细节的层次,可以说明,也可以不说明。

5.4.7 软件过程

在讨论软件结构时不考虑处理和决策以及顺序定义的控制层次,而软件过程(Software Procedure)(见图5-9)则侧重于每一个单独模块的处理细节研究。过程必须提供精确的事件的顺序、确切的抉择点、重复的操作,以及数据的组织与结构处理规格说明。

当然,结构与过程是相互关联的。对每个模块所规定的处理都必须包括说明该模块的所有从属模块。软件过程的表示也是分层的,图5-10所示为过程的分层。

过程设计中要用到模块。规定和设计模块应当包含模块内过程和数据的信息,对于其他不需要这些信息的模块是不可访问的。有效的模块化可以通过定义一组独立的模块来达到。

独立的模块彼此之间仅仅交换那些为了完成系统功能所必需的信息,因为绝大多数数据和过程是软件其他部分不可访问的。这样规定和设计的模块会带来极大的好处。

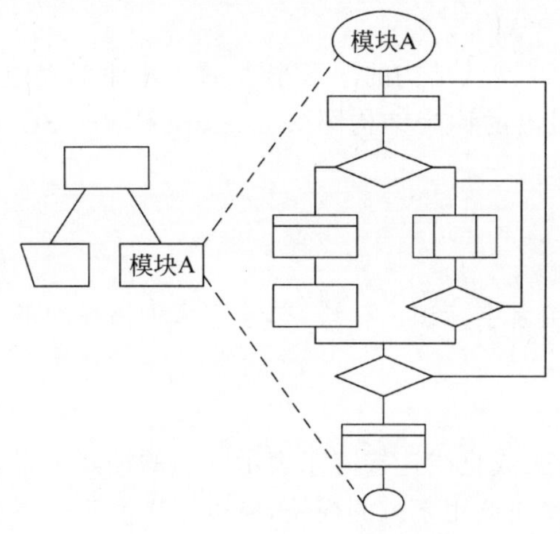

图 5-9　一个模块内的过程

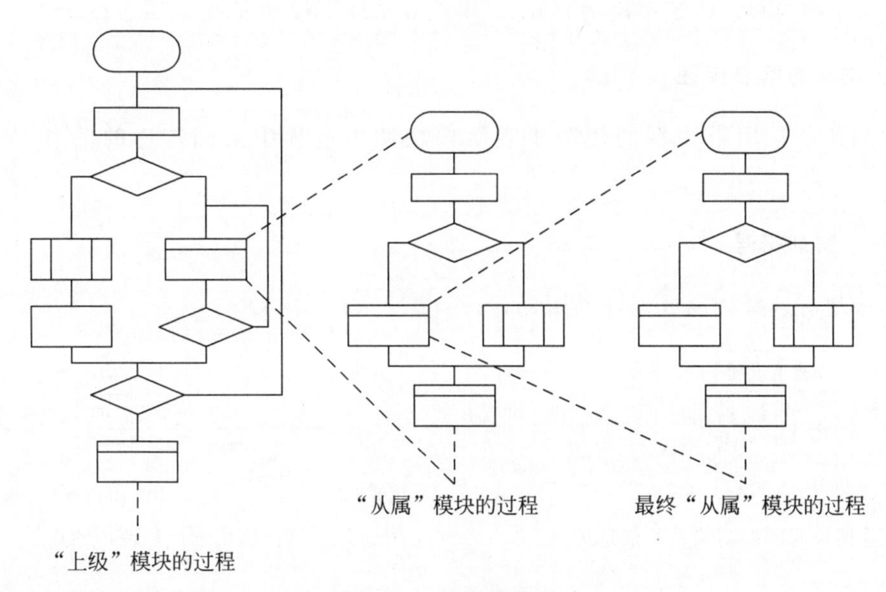

图 5-10　过程的分层

5.5　体系结构设计

软件体系结构设计(Architectural Design)的主要目标是设计一个模块化的程序结构。体系结构设计融合了程序结构和数据结构,接口定义能使数据流经程序。要给出各个模块之间的控制关系。

5.5.1 软件结构图

软件结构图是软件系统的模块层次结构,反映了整个系统的功能实现,即将来程序的控制层次体系。对于一个“问题”,可用不同的软件结构来解决,不同的设计方法、不同的划分和组织,可得出不同的软件结构。

软件结构往往用树状或网状结构的图形来表示。软件工程中,一般采用20世纪70年代中期美国Yourdon等提出的称为结构图(Structure Chart,SC)的工具来表示软件结构。结构图的主要内容如下。

1. 模块

模块用方框表示,并用名字标识该模块,名字应体现该模块的功能。

2. 模块的控制关系

两个模块间用单向箭头或直线连接起来表示它们的控制关系,如图5-11所示。按照惯例,总是图中位于上方的模块调用下方的模块,所以不用箭头也不会产生二义性。

调用模块和被调用模块的关系称为上属与下属的关系,或者称为“统率”与“从属”的关系。在图5-7中,模块M统率模块a、b、c;模块d从属于模块a,也从属于模块M。

3. 模块间的信息传递

模块间还经常用带注释的短箭头表示模块调用过程中来回传递的信息,如图5-11所示。

4. 两个附加符号

表示模块有选择调用或循环调用,如图5-12所示。

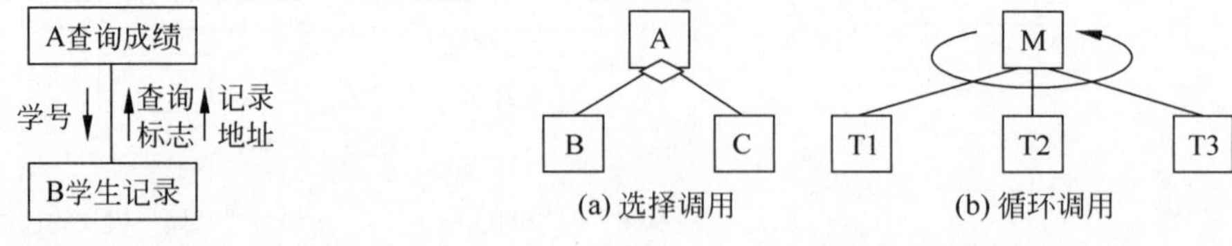

图5-11　模块间的控制关系及信息传递　　图5-12　选择调用和循环调用的表示

图5-12(a)所示为选择调用,A模块中下方有一个菱形符号,表示A中有判断处理功能,它有条件地调用B或C;图5-12(b)所示为循环调用,其中M模块下方有一个弧形箭头,表示M循环调用T1、T2和T3模块。

5. 结构图的形态特征

为了讨论结构图的特征,将如图5-7所示的树状结构图重画,如图5-13所示。

结构图的形态特征包括以下几个。

(1) 深度:指结构图控制的层次,即模块的层数。图5-13中,结构图的深度为5。

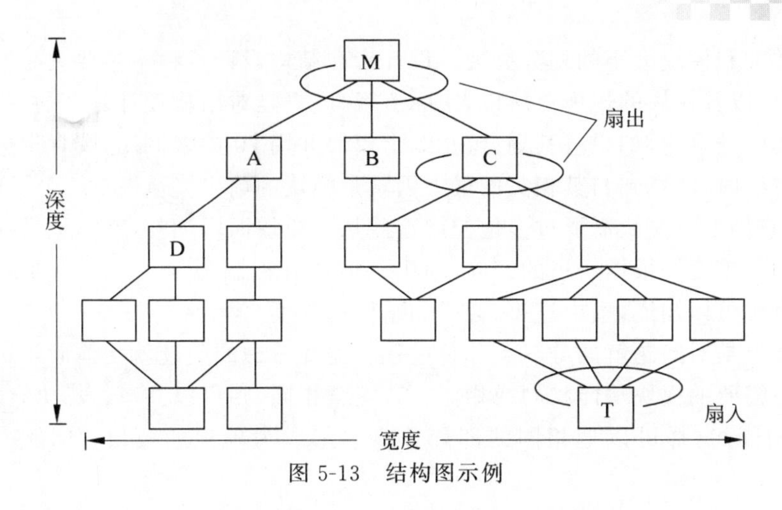

图 5-13 结构图示例

(2) 宽度：指一层中最大的模块个数。图 5-13 中，宽度为 8。

(3) 扇出：指一个模块直接下属模块的个数。图 5-13 中，模块 M 的扇出为 3。

(4) 扇入：指一个模块直接上属模块的个数。图 5-13 中，模块 T 的扇入为 4。

6. 画结构图应注意的事项

(1) 同一名字的模块在结构图中仅出现一次。

(2) 调用关系只能从上到下。

(3) 不严格表示模块的调用次序，习惯上从左到右。有时为了减少连线的交叉，适当地调整同一层模块的左右位置，以保持结构图的清晰性。

5.5.2 模块的大小

前面在讨论模块设计的原理时，已经知道一个系统应当由若干模块构成，其目的是降低系统的复杂度，但是并没有一个明确的准则说明模块应当多大才合适。有些教科书上说明一个模块最好只包含 50～60 条语句(即可打印在一页打印纸上)，这是考虑到开发人员能方便地对设计的模块进行阅读和研究。如果模块的规模增加为 100 条语句，甚至达到几百条语句，那么阅读和研究就比较困难了。目前，国内外关于模块大小的规定也不一样，最多允许一个模块含有 500 条语句。但是过小的模块也不一定好，因为调用子程序入口和出口需要做附加操作。如果接口复杂，这种附加操作可能比子程序本身的操作还要多，那么这样就不合适。

模块设计的准则不应该是语句的多少，而应该是模块是否是一个独立的功能。而且多个上级模块需要调用它，若不设计为单独模块，就要重复多交，这样不仅使程序增大，测试和维护也不方便。在这种情况下，防止影响运行速度的方法可以用类似于 C 语言的 include 语句或汇编语言中的宏功能来解决。

5.5.3 扇出和扇入与深度和宽度

由结构图的形态特征可以知道，一个系统的大小和系统的复杂程度在一定程度上可以用深度和宽度表示。因此可以推理，系统越大越复杂，其深度和宽度显然也越大。而深度与程序的语句效率和模块大小的划分有关。设计者在结构设计过程中主要关心的是模块的高聚合和低耦合,以及模块的规模。所以,实际上,深度只是对结构设计好坏的一种测度,例如一个程序有100条语句,如果将其划分为20个模块并用20层来调用,则肯定分解过多。

在讨论宽度时,注意到与其相关的最大因素是模块的扇出。从图5-7中了解到,如果扇出过大,则使它们上级模块需要过多地控制这些从属模块而增加复杂性,也增加了设计人员在设计过程中的难度。根据历史的经验,扇出一般最好控制为3～4个,不要超过7个。从讨论深度的过程可以知道,扇出过小,会增加结构的深度。

扇出实际上是对问题解的分解。分解过程中需要考虑的问题就是前面是否已经有一个模块与当前所需要的模块功能相同或相似。若完全相同,则可以共享;若功能类似,则应区分哪些部分相同,这样可以把相同的部分分离出来成为单独的模块,如图5-14～图5-16所示。

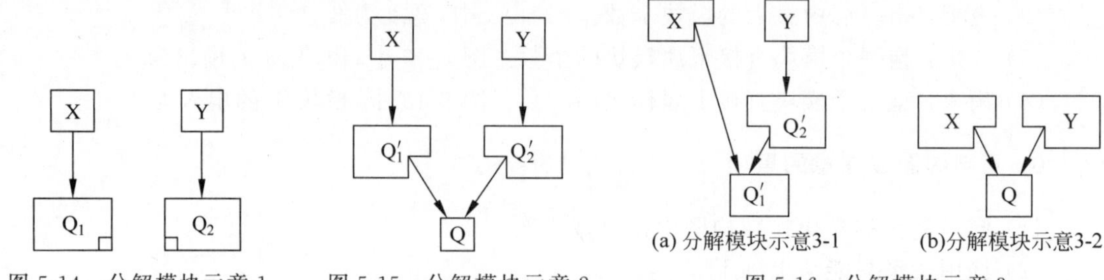

图5-14　分解模块示意1　　图5-15　分解模块示意2　　图5-16　分解模块示意3

如图5-14所示,Q_2中与已有的Q_1相似;图5-15把Q中相同的部分分离出来;图5-16(a)中如果Q很小,可并入X,Q_2';图5-16(b)中如果Q也很小,也可以并入Y,X。

大量的系统研究表明,高层模块应有较高的扇出,低层模块特别是底层模块应有较高的扇入。扇入越大,表示该模块被更多的上级模块共享。多个扇入入口相同,可以避免程序的重复,因此希望扇入高一点。但扇入模块过多又可能是把许多不相关的功能硬凑在一起,形成通用模块,这样的模块必然是低聚合的。

5.5.4 模块的耦合

耦合(Coupling)表示软件结构内不同模块彼此之间相互依赖(连接)的紧密程度,是衡量软件模块结构质量好坏的度量,是对模块独立性的直接衡量指标。软件设计应追求尽可能松散耦合,避免强耦合。模块的耦合越松散,模块间的联系就越小,模块的独立性也就越强。这样,对模块进行测试、维护就越容易,错误传播的可能性就越小。

耦合强弱取决于模块间接口的复杂程度、进入或访问一个模块的点,以及通过接口的数据。如果两个模块中每个模块都能独立地工作,而不需要另一个模块的存在,那么它们彼此之间完全独立,没有任何联系,也无所谓耦合。但是,在一个软件系统内不可能所有模块之间都没有任何连接。一般可以将模块的耦合分成四类:数据耦合、控制耦合、公共环境耦合和内容耦合。

1. 数据耦合

如果两个模块彼此间通过参数交换信息，而且交换的信息仅仅是数据，那么这种耦合称为数据耦合。

数据耦合是低耦合。系统中必须存在这种耦合，因为只有当某些模块的输出数据作为另一些模块的输入数据时，系统才能完成有价值的功能。

一般说来，一个系统内可以只包含数据耦合。图 5-17 说明了模块 B 与模块 C 的调用关系是数据耦合。

2. 控制耦合

如果传递的信息中有控制信息，则这种耦合称为控制耦合，如图 5-18 所示。控制耦合是中等程度的耦合，它增加了系统的复杂程度。

控制耦合往往是多余的，在把模块适当分解之后通常可以用数据耦合代替它。例如，图 5-18 中模块 B 的内部处理逻辑判断决定是执行 F_1、F_2 还是执行 F_n，这要取决于模块 A 传来的信息“标志”Flag。控制耦合是中等程度的耦合。

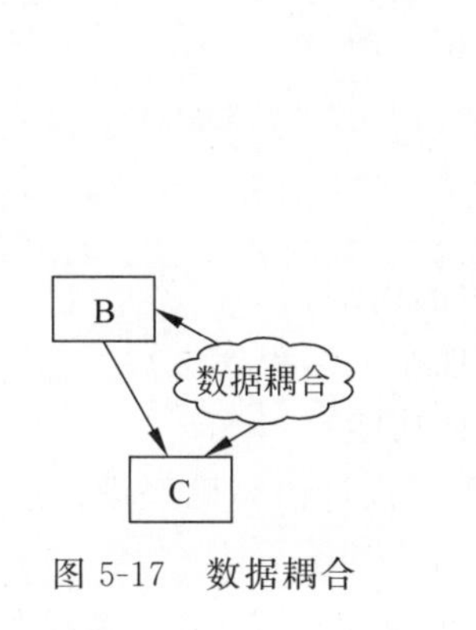

图 5-17　数据耦合

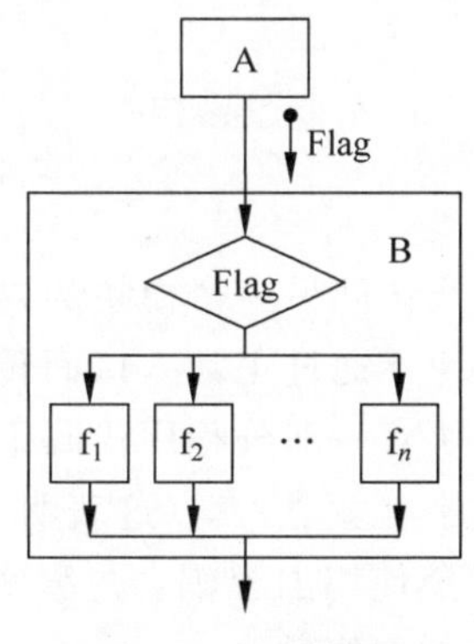

图 5-18　控制耦合

3. 公共环境耦合

当两个或多个模块通过一个公共数据环境相互作用时，它们之间的耦合称为公共环境耦合(即公用耦合)。公共环境可以是全局变量、共享的通信区、内存的公共覆盖区、任何存储介质上的文件、物理设备等。

公共环境耦合的复杂程度随耦合的模块个数而变化，当耦合的模块个数增加时，复杂程度显著增加。如果只有两个模块有公共环境，那么这种耦合有下述两种可能，如图 5-19 所示。

(1) 一个模块往公共环境送数据，另一个模块从公共环境取数据。这是数据耦合的一种形式，是比较松散的耦合。

(2) 两个模块都既向公共环境送数据又从里面取数据，这种耦合比较紧密，介于数据耦合和控制耦合之间。

如果两个模块共享的数据很多，都通过参数传递可能很不方便，这时可以利用公共环境耦合。

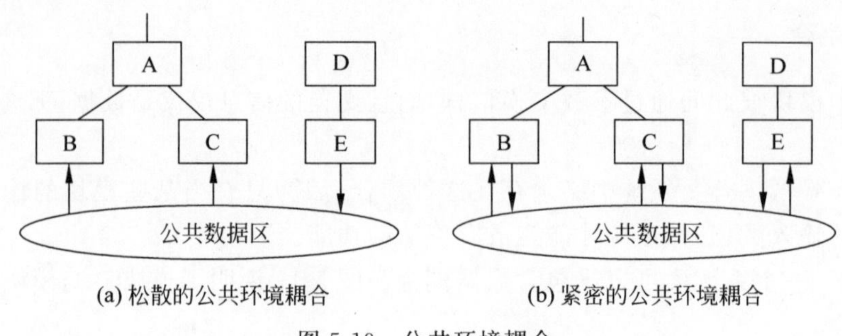

(a) 松散的公共环境耦合　　(b) 紧密的公共环境耦合

图 5-19　公共环境耦合

4. 内容耦合

最高程度的耦合是内容耦合。如图 5-20 所示,两个模块间就发生了内容耦合。

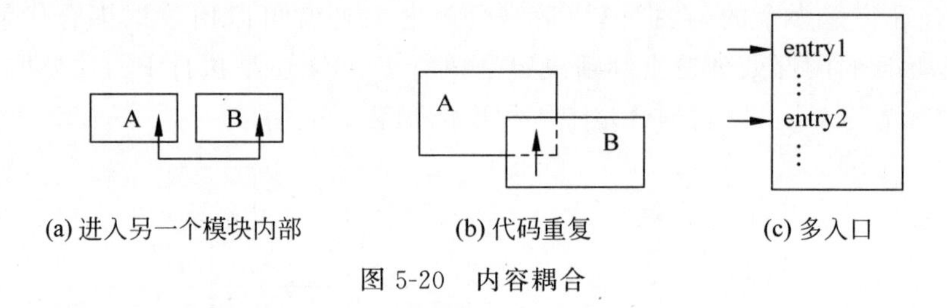

(a) 进入另一个模块内部　　(b) 代码重复　　(c) 多入口

图 5-20　内容耦合

(1) 一个模块访问另一个模块的内部数据;

(2) 一个模块不通过正常入口而转到另一个模块的内部;

(3) 两个模块有一部分程序代码重叠(只可能出现在汇编程序中);

(4) 一个模块有多个入口(这表明一个模块有几种功能)。

应该坚决避免使用内容耦合。事实上许多高级程序设计语言已经设计成不允许在程序中出现任何形式的内容耦合。

总之,耦合是影响模块结构和软件复杂程度的一个重要因素,应该遵循如下设计原则:尽量使用数据耦合,少用控制耦合,限制用公共环境耦合,完全不用内容耦合。

5.5.5　模块的内聚

内聚标志一个模块内各个元素彼此结合的紧密程度,它是信息隐蔽和局部化概念的自然扩展。简单地说,理想内聚的模块只做一件事情。

设计时应该力求做到高内聚,通常中等程度的内聚也是可以采用的,而且效果和高内聚相差不多,但是不要使用低内聚。

内聚和耦合是密切相关的,模块内的高内聚往往意味着模块间的耦合。内聚和耦合都是进行模块化设计的有力工具,但是实践表明内聚更重要,应该把更多注意力集中到提高模块的内聚程度上。

根据模块内部的构成情况,模块的内聚可以划分成高、中、低三大类。常见的内聚可分为功能内聚、信息内聚、通信内聚、过程内聚、时间内聚、逻辑内聚、偶然内聚七类。它们的内聚程度依次从高到低,一般认为功能内聚和信息内聚是高内聚,通信内聚、过程内聚是中内聚，时间内聚、逻辑内聚和偶然内聚是低内聚。

1. 功能内聚

如果模块内所有处理元素属于一个整体，完成一个单一的功能，则称为功能内聚。功能内聚是最高程度的内聚。

2. 信息内聚

信息内聚模块能完成多种功能，各个功能都在同一数据结构上操作，每一项功能有一个唯一的入口点，例如图5-21所示的信息内聚有四个功能，即这个模块将根据不同的要求，确定该执行哪一功能。但这个模块都基于同一数据结构，即符号表。

3. 通信内聚

如果一个模块中所有处理元素都使用同一个输入数据和(或)产生同一个输出数据，则称为通信内聚(Communicational Cohesion)。例如图5-22所示的模块A的处理单元是由同一数据文件的数据产生不同的表格。通信内聚有时也称数据内聚。

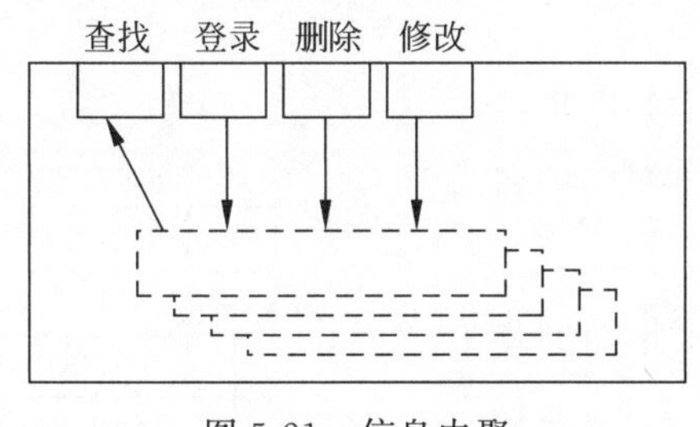

图5-21 信息内聚

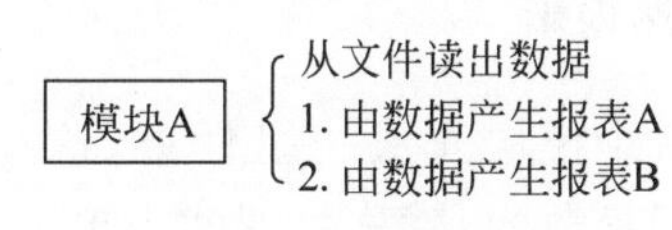

图5-22 通信内聚

4. 过程内聚

如果一个模块内部的处理元素是相关的，而且必须以特定次序执行，则称为过程内聚。使用程序流程图作为工具设计软件时，常常通过研究流程图确定模块的划分，这样得到的往往是过程内聚的模块。

5. 时间内聚

如果一个模块包含的任务必须在同一段时间内执行，就称为时间内聚。如图5-23所示，紧急故障处理模块中的关闭文件、报警、保护现场等任务都必须无中断地同时处理，这就是时间内聚。

在逻辑内聚的模块中，不同功能混在一起，合用部分程序代码，即使局部功能的修改有时也会影响全局。因此，这类模块的修改也比较困难。

紧急故障处理模块
1. 关闭文件
2. 报警
3. 保留现场

图5-23 时间内聚

时间关系在一定程度上反映了程序的某些实质，所以时间内聚比逻辑内聚好一些。

6. 逻辑内聚

如果一个模块完成的任务在逻辑上属于相同或相似的一类,则称为逻辑内聚(Logical Cohesion)。对逻辑内聚模块的调用,常常需要有一个功能开关,由上层调用模块向它发出一个控制信号,在多个关联性功能中选择执行某一个功能。这种内聚较差,增加了模块之间的联系,不易修改。将图5-24(a)中模块A、B合并成图5-24(b)中的模块AB,那么AB就是一个逻辑内聚模块。在此结构中必须增加一个开关量传递,使这些模块之间联系程度增加;此外增加修改难度,例如如果模块X需要修改AB中某共用段,而其他模块Y和Z却不希望修改。

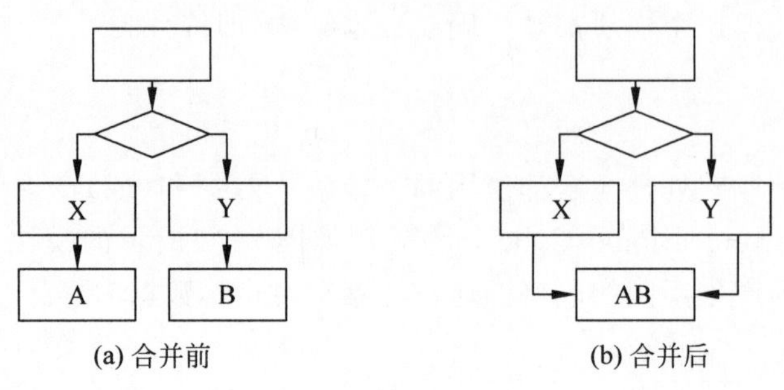

图5-24 逻辑内聚

7. 偶然内聚

如果一个模块完成一组任务,这些任务彼此间即使有关系,关系也是很松散的,就称为偶然内聚。

常犯这种错误的一种情况:有时在写完程序后,发现一组语句在多处出现,于是为了节省空间而将这些语句作为一个模块设计,这就出现了偶然内聚。例如,在图5-25中,模块A、B、C中出现公共代码段W,于是将W独立成一个模块,而W中这些语句并没有任何联系。如果在测试中发现模块A不需要做X=Y+Z,而应做X=Y*Z,那么此时对W的维护就很困难了。

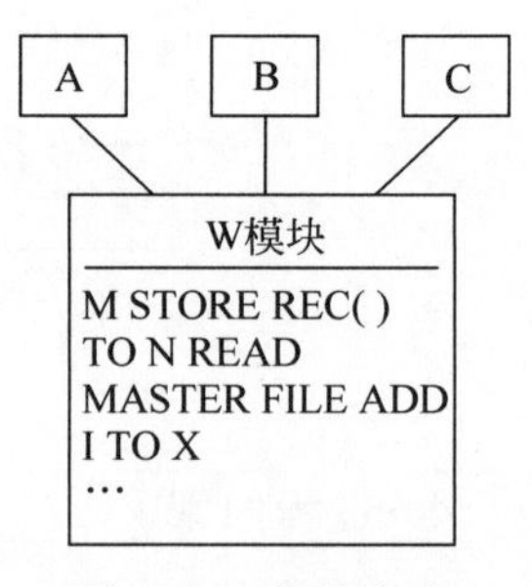

图5-25 偶然内聚

模块功能划分的粗细是相对的,所以模块的内聚程度也是相对概念。实际上,很难精确确定内聚的级别,重要的是在软件设计中应力求做到高内聚,尽量少用中内聚,不用低内聚。一般地,在系统较高层次上的模块功能较复杂,内聚要低一些;而较低层次上的模块内聚程度较高,达到功能内聚的可能性比较大。

5.5.6 结构设计的一般准则

前面的模块概念实际上已给出了模块设计的一些基本原则。在此基础上,这里介绍几条模块设计与优化准则。这些准则是以后软件结构、求精和复查的重要依据和方法。

1. 模块独立性准则

划分模块时,尽量做到高内聚、低耦合,保持模块相对独立性,并以此原则优化初始的软件结构。

(1) 如果若干模块之间耦合强度过高，每个模块内功能不复杂，则可将它们合并，以减少信息的传递和公共区的引用。

(2) 若有多个相关模块，应对它们的功能进行分析，消去重复功能。

评价软件的初始结构，通过模块的分解和合并，减少模块间的联系(耦合)，增加模块内的联系(内聚)。例如，多个模块共有一个子功能可以独立成一个模块。这些模块调用，有时可以通过分解或合并，以减少控制信息的传递及对全程数据的引用，并且降低接口的复杂程度。图 5-26 所示为模块的分解，图 5-27 所示为模块的合并。

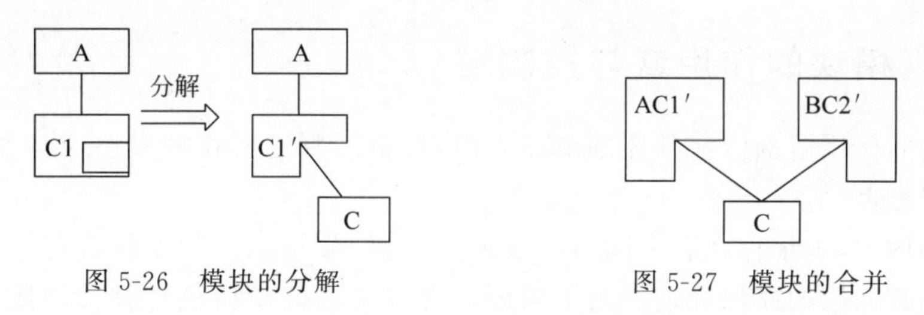

图 5-26　模块的分解　　　图 5-27　模块的合并

2. 软件结构的形态特征准则

软件结构的深度、宽度、扇入及扇出应适当。

深度是软件结构设计完成后观察到的情况，能粗略地反映系统的规模和复杂程度，宽度也能反映系统的复杂情况。宽度与模块的扇出有关，一个模块的扇出太多，说明本模块过分复杂，缺少中间层。

单一功能模块的扇入数大比较好，说明本模块为上层几个模块共享的公用模块，重用率高。但是不能把彼此无关的功能凑在一起形成一个通用的超级模块，虽然它扇入高，但却低内聚。因此非单一功能的模块扇入高时应重新分解，以消除控制耦合的情况。软件结构从形态上看，应是顶层扇出数较高一些，中间层扇出数较低一些，底层扇入数较高一些。

3. 模块的大小准则

在考虑模块独立性的同时，为了增加可理解性，模块的大小最好为 50～150 条语句，可以用 1～2 页打印纸打印，便于人们阅读与研究。

但是，在进行模块设计时，首先应按模块的独立性来选取模块的规模。例如，如果某个模块功能是一个独立的少于 50 行的程序段，则不要嫌小而去与其他内容拼凑成 50 行的模块；如果一个具有独立功能的程序段占用 1 页半，也不要嫌大而将它划分成两个模块。

应该注意的是，这种用代码行数来衡量模块大小的方法只适合于传统的程序，现代程序的概念已经有了较大的变化，特别是第四代语言(4GL)已不能再用代码的长度来说明一个模块的规模大小和复杂程度了。所以，模块的规模大小主要还是要根据其功能来判断。

4. 模块的接口准则

模块的接口要简单、清晰，含义明确，便于理解，易于实现、测试与维护。

模块接口的复杂性是软件发生错误的一个重要原因。因此，设计模块接口时，应尽量使传递的信息简单并与模块的功能一致。下面用一个简单例子说明接口复杂性问题。

下面是两个求一元二次方程根的程序模块的例子。

程序模块1：QUAD-ROOT(TBL,X)

这里使用数组TBL带入方程的系数：TBL(1)＝A,TBL(2)＝B,TBL(3)＝C,数组X返回方程的根。

程序模块2：QUAD-ROOT(A,B,C,ROOT1,ROOT2)

对模块1而言,接口TBL和X的意义不明确,而模块2的接口简单明了,又与模块功能一致。所以模块2比模块1的接口复杂程度要低。

5.5.7 模块的作用域与控制域

一个模块的作用范围应在其控制范畴之内,且条件判定所在的模块应与受影响的模块在层次上尽量靠近。

在软件结构中,由于存在着不同事务处理的需要,某一层上的模块会存在着判断处理,这样可能影响其他层的模块处理。为了保证含有判定功能模块软件设计的质量,引入了模块的作用范围(或称影响范围)与控制范围的概念。

图5-28～图5-30给出了三种模块结构图,图中阴影框表示判断影响的模块。它们的作用域都没有超出控制域。但是仅从作用域与判断点位置来看,图5-28的判断点在层次结构中位置太高,不太理想。判断点的作用范围超过了控制范围,这种结构最差。这种结构增加了数据的传递量和模块间的耦合,会影响不受它控制的其他模块,这样的结构不易理解与维护。

图5-29中的判断模块较适中。判断模块的作用范围在控制范围内,但是判断所在模块与受判定影响的模块位置太远,也存在着额外的数据传递,增加了接口的复杂性和耦合强度。这种结构虽符合设计原则,但不理想。

图5-30中的作用域是其直接下层模块,消除了额外的数据传递,是最理想的结构图。

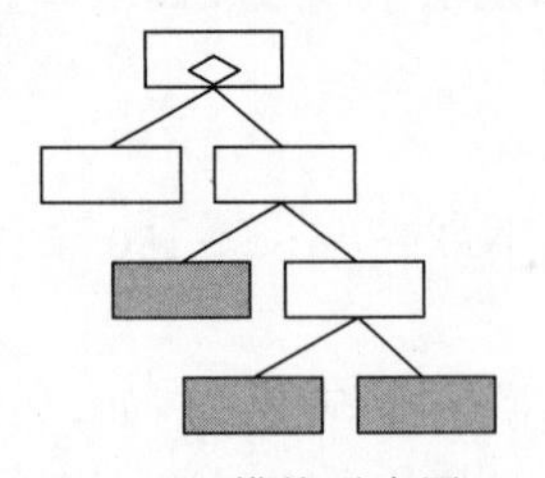

图5-28 模块示意图1

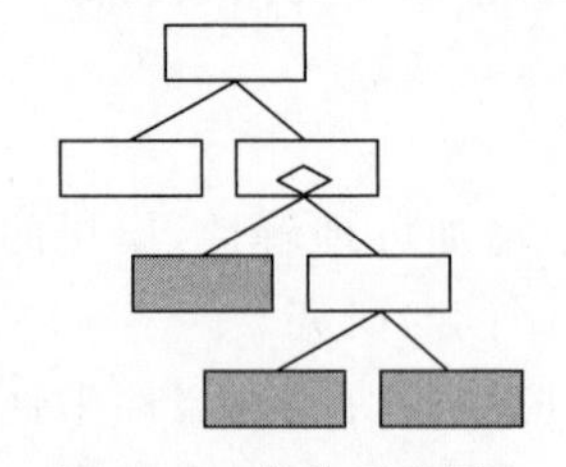

图5-29 模块示意图2

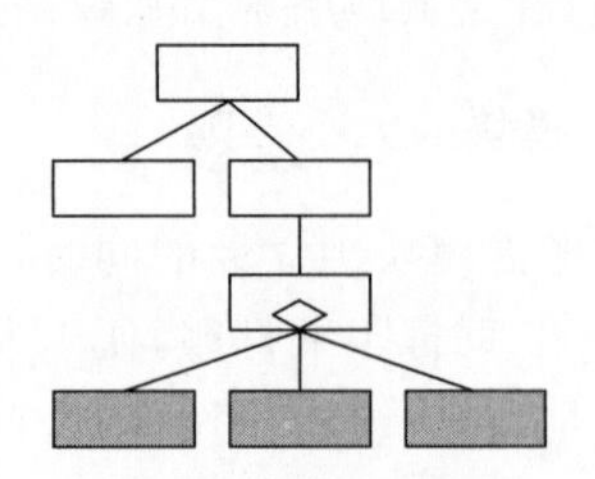

图5-30 模块示意图3

如果在设计过程中,发现模块作用范围不在其控制范围之内,可用以下方法加以改进。

(1) 上移判断点,使该判断的层次升高,以扩大它的控制范围。

(2) 下移受判断影响的模块。将受判断影响的模块下移到判断所在模块的控制范围内。

前面所讨论的原则与功能设计是有关系的。模块的功能应该能够预测,也要防止模块功能的过分局限。当一个模块输入的数据相同时就产生同样的输出,那么这个功能模块就是可以预测的。但是要注意,带有内存储的模块的功能可能是不可预测的,因为它的输出可能取决于内存储器的状态。由于内存储器对于上级模块而言是不可见的,因此这样的模块难以测试与维护。

当一个模块仅完成一项功能，则表现为高内聚。如果一个模块限制局部数据结构的大小，过度限制其在控制流中可以做出的选择或外部接口模式，那么，这种模块的功能就过于局限。

5.6 结构化设计

结构化设计是以结构化分析产生的数据流图为基础，将数据流图按一定的步骤映射成软件结构。L. Constantine 和 E. Yourdon 等人提出结构图是进行软件设计的有力工具。它与结构化分析衔接，构成了完整的结构化分析与设计技术，是目前使用最广泛的软件设计方法之一。

在需求分析阶段，信息流是考虑的关键问题。用数据流图来描述信息在系统中的流动情况。因为任何系统都可以用数据流图表示，所以结构化设计方法理论上可以设计任何软件结构。通常所说的结构化方法也就是基于数据流的设计方法。

5.6.1 数据流的类型

结构化设计的目的是要把数据流图映射成软件结构，而数据流图的类型又确定映射方法，因此必须研究数据流图的类型。在各种软件系统中，不论数据流图如何庞大与复杂，根据数据流的特性，一般都可分为变换型数据流图和事务型数据流图两类。下面分别介绍。

1. 变换型数据流图

根据信息系统的模型，信息一般是以外部形式进入系统，通过系统处理后离开系统的。从其过程可以得出，变换流的数据流图是一个线性结构。变换型的数据流由逻辑输入、变换中心（或称处理）和逻辑输出三部分组成，如图 5-31 所示（虚线为标出的流界）。

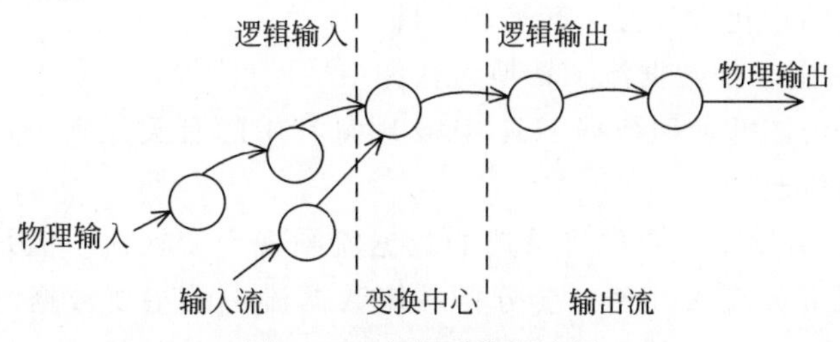

图 5-31　变换型数据流图

变换型数据处理的工作过程一般分为取得数据、变换数据和给出数据。这三步体现了变换型数据流图的基本思想。变换是系统的主加工，是系统的变换中心。变换输入端的数据流为系统的逻辑输入，输出端为逻辑输出。而直接从外部设备输入的数据称为物理输入，反之称为物理输出。外部的输入数据一般要经过输入正确性和合理性检查、编辑及格式转换等预处理，这部分工作都由逻辑输入部分完成，它将外部形式的数据变成内部形式，送给变换中心。同理，逻辑输出部分把变换中心产生的数据的内部形式转换为外部形式然后物理输出。当数据流图具有这些特征时,这种信息流就称为变换流。

2. 事务型数据流图

基本系统模型意味着变换流,因此原则上可以认为所有的信息流都可以归结为这一类。然而,若某个加工将它的输入流分离成许多发散的数据流,形成许多平行的加工路径,并根据输入的值选择其中一个路径来执行,这种特征的数据流图则称为事务型数据流图。这个加工称为事务处理中心,图5-32所示为事务型数据流图。

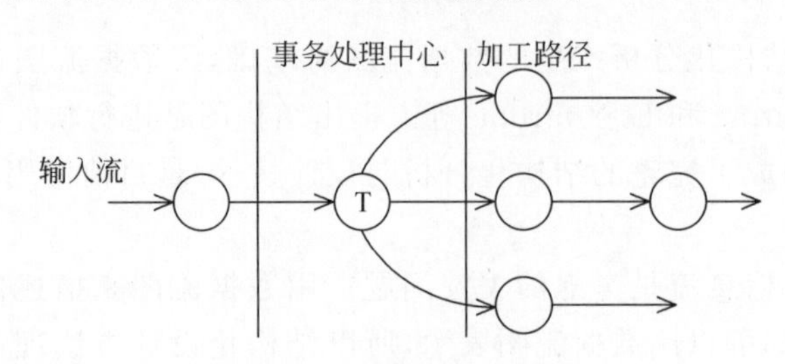

图5-32 事务型数据流图

图5-32中的处理T称为事务中心,它完成下述任务。

(1) 接收输入数据。

(2) 分析每个事务,确定其类型。

(3) 根据事务选择一条活动通路。

这两种类型并不是说一个数据流图就是属于其中某种数据流图。一个大型软件系统的数据流图,可能既具有变换型的特征,又具有事务型的特征。例如,事务型数据流图中的某个加工路径可能是变换型。

5.6.2 过程步骤

对于需求分析阶段的结果进行分析的目的是从数据流图到程序结构图的转换方便。在转换前,先介绍有关结构化设计方法转换的步骤。

(1) 分析数据流图。把数据流图转换为软件结构图前,设计人员要参照规范说明书,仔细地研究、分析数据流图并参照数据字典,认真理解其中的有关元素,检查有无遗漏或不合理之处,进行必要的修改。

(2) 确定数据流图类型。通常将系统的数据流图视为变换流。但是,当系统有明显的事务流时,就要按照事务流来处理。要分析系统数据流中的主要数据流,以此来确定其类型。如果是变换型,则确定变换中心和逻辑输入、逻辑输出的界线,映射为变换结构的顶层和第一层;如果是事务型,则确定事务中心和加工路径,映射为事务结构的顶层和第一层。另外,当一个类型系统的数据流中有另外类型的数据流时,可以将其分离出去,作为子系统来处理。

(3) 找出变换中心。输入流是一条路径,经过这条路径数据从外部形式转换为内部形式。输出流则相反,从内部形式转换为外部形式。但是输入/输出流的边界并不明确,因此不同的设计人员可能会选择不同的边界点,那么不同的边界点就得到不同的结构。尽管如此,对于数据流图中一个处理点的变动对软件的结构也不会产生很大的影响。

如果是事务流，则这一步是确定事务中心和每条处理路径的特征。事务中心的位置在数据流图中是容易看出的。

(4) 第一层分解。如果是变换流，则要把数据流图映射为一种输入、变换、输出的特殊结构。在它的顶层是一个主控制器，下面是输入控制器、变换控制器、输出控制器。主控制器协调下属控制功能；输入控制器协调输入数据的接收；变换控制器规范所有内部形式的数据操作；输出控制器协调输出数据的生成。

如果是事务流，则要把数据流图映射为事务处理的程序结构。这种结构包含一个接收分支和一个发送分支。发送分支的结构包括一个模块，它管理所有下属的模块。

(5) 第二层分解。这一步的任务是把数据流图中的各个变换映射成相应的模块。从变换中心的边界起，沿输入路径向前移动，将处理映射成一个一个模块；然后，从变换中心的边界起，再沿输出路径向前移动，将处理映射成一个一个模块。把变换映射成下一层的结构。在映射中，可以将一个处理映射成几个模块，也可将几个处理映射成一个模块。

如果是事务流图，就表示把各个变换映射成程序结构的模块，而将事务处理结构的分支进行分解和细化。

(6) 根据优化准则对软件结构求精。

(7) 描述模块功能、接口及全局数据结构。

(8) 复查，如果有错，转步骤(2)修改完善，否则进入详细设计。

5.6.3 变换分析设计

变换流的设计是将数据流图转换为程序结构图。当数据流图具有较明显的变换特征时，按照下列步骤设计。

1. 确定数据流图中的变换中心、逻辑输入和逻辑输出

如果设计人员经验丰富，则容易确定系统的变换中心，即主加工。如除了几个数据流的汇合外，往往是系统的主加工。若暂且不能确定，则要从物理输入端开始，一步一步沿着数据流方向向系统中心寻找，直到有这样的数据流，它不能再被看作是系统的输入，则它的前一个数据流就是系统的逻辑输入。位于逻辑输入与逻辑输出之间的就是变换中心。同理，从物理输出端开始，逆数据流方向向中间移动，可以确定系统的逻辑输出。介于逻辑输入和逻辑输出之间的加工就是变换中心，用虚线划分出边界，数据流图的三部分就确定了。

2. 设计软件结构的顶层和第一层

变换中心确定以后，就相当于确定了主模块的位置，这就是软件结构的顶层，图 5-33 所示为变换分析设计实例。其功能主要是完成所有模块的控制，它的名称是系统名称，以体现完成整个系统的功能。主模块确定之后，设计软件结构的第一层。第一层至少要有输入、输出和变换三种功能的模块，它们可能是多个的。即为每个逻辑输入设计一个输入模块，其功能为顶层模块提供信息，如图 5-33 中的 f3。为每个逻辑输出设计一个输出模块，其功能为顶层模块提供相应的数据，如图 5-33 中的 f7、f8。同时，也为变换中心设计一个变换模块，其功能是将逻辑输入进行变换加工，然后逻辑输出，如图 5-33 中，将 f3 变换成 f7 和 f8。这些模块之间的数据传送应该与数据流图相对应，这样就得到了软件结构的顶层模块。这里

的主模块是总的控制模块，主模块中的控制逻辑决定着对其他模块的调用。

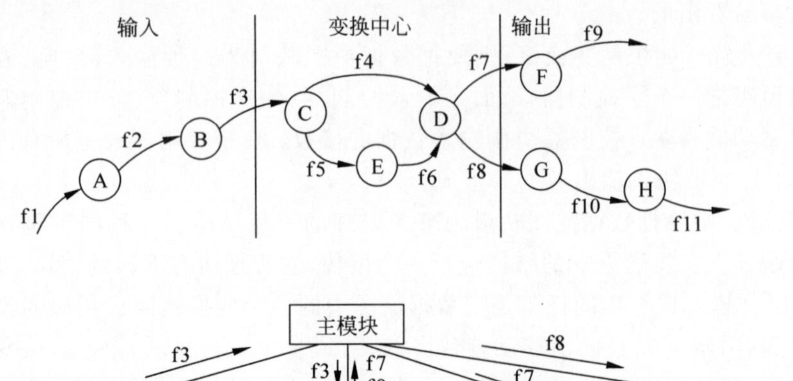

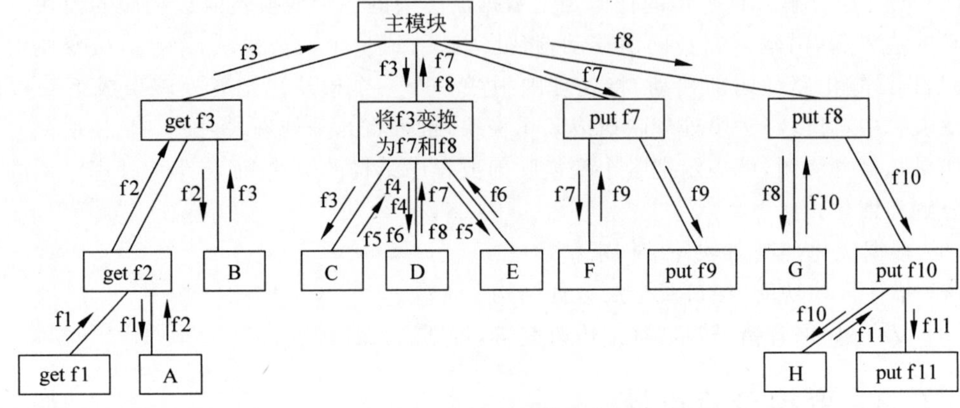

图 5-33 变换分析设计实例

3. 设计中、下层模块

对第一层的输入、变换及输出模块自顶向下，逐层分解，为各类模块设计出其下属模块。

1) 输入模块的下属模块的设计

一般情况下，输入/输出下属模块的输入模块的功能是向调用它的模块提供数据，所以必须要有数据来源。这样输入模块应由接收输入数据和将数据转换为调用模块所需的信息两部分组成。

因此，每个输入模块可以设计成两个下属模块：一个接收，另一个转换。用类似的方法一直分解下去，直到物理输入端，如图 5-33 中模块 get f3 和 get f2 的分解。模块 get f1 为物理输入模块。

2) 输出模块的下属模块的设计

输出模块的功能是将它的调用模块产生的结果送出，它由将数据转换为下属模块所需的形式和发送数据两部分组成。

这样每个输出模块可以设计成两个下属模块：一个转换，另一个发送，一直到物理输出端。如图 5-33 中，模块 put f7、put f8 和 put f10 的分解。模块 put f9 和 put f11 为物理输出模块。

3) 变换模块的下属模块的设计

设计完输入/输出后，就要为变换模块设计其下属模块。变换模块的下属模块的时间要根据数据流图中变换中心的组成情况，研究数据流图的变换情况，按照模块独立性的原则来组织其结构，一般对数据流图中每个基本加工建立一个功能模块，如图 5-33 中模块 C、D 和 E。

4. 设计的优化

以上步骤设计出的软件结构仅仅是初始结构，还必须根据设计准则对初始结构进行求精和改进，以下为提供的求精办法。

(1) 输入部分的求精。在上述初步结构中，对每个物理输入模块输入，以体现系统的外部接口。结构图中的其他输入模块并非真正输入，当它与转换数据的模块都很简单时，可将它们合并成一个模块；当转换模块较复杂时，可以作为单独的接口模块处理。

(2) 输出部分的求精。与输入部分相似，为每个物理输出设置专门模块，同时注意把相同或类似的物理输出模块合并在一起，以降低耦合度。

(3) 变换部分的求精。根据设计准则，对模块进行合并或调整。

总之，软件结构的求精带有很大的经验性。往往形成数据流图中的加工与 SC 中的模块之间是一对一的映射关系，然后再修改。但对于一个实际问题，可能把数据流图中的两个甚至多个加工组成一个模块，也可能把数据流图中的一个加工扩展为两个或更多个模块，根据具体情况要灵活掌握设计方法，以求设计出由高内聚和低耦合的模块所组成的、具有良好特性的软件结构。

5.6.4 事务分析设计

事务流的设计是从事务数据流图到程序结构的变换。对于具有事务型特征的数据流图，则采用事务分析的设计方法。设计的方法也是自顶向下，逐步精化。先设计主模块，再为每一种类型的事务设计事务处理模块，然后为每个事务处理模块设计其下属的事务处理细节。事务处理模块可以被调用它的模块公用。与变换处理不同的是，其事务中心容易确定。下面结合图 5-34 所示的事务分析设计实例说明该方法的设计过程。

(1) 确定数据流图中的事务中心和加工路径。

当数据流图中的某个加工具有明显的将一个输入数据流分解成多个发散的输出数据流时，该加工就是事务中心。从事务中心辐射出去的数据流为各个加工路径。

(2) 设计软件结构的顶层和第一层。

事务处理中心和事务处理路径确定后，就可以确定它们的软件结构，其结构一般为一个接收分支和一个发送分支。从事务处理中心的边界开始向前移动，一个个地将变换点转换为模块。发送分支也有一个模块，它管理所有的下属处理模块。每一个事务处理的路径设计为相应的结构。最后将其转换设计一个顶层模块，它是一个主模块，有两个功能：一是接收数据；二是根据事务类型调度相应的处理模块。事务型软件结构应包括接收分支和发送分支两个部分。

接收分支：负责接收数据，它的设计与变换型数据流图的输入部分设计方法相同。

发送分支：通常包含一个调度模块，它控制管理所有下层的事务处理模块。当事务类型不多时，调度模块可与主模块合并。

(3) 进行事务结构中、下层模块的设计、优化等工作。

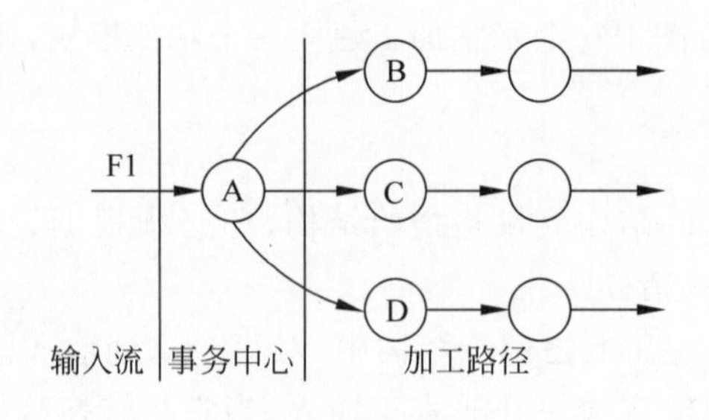

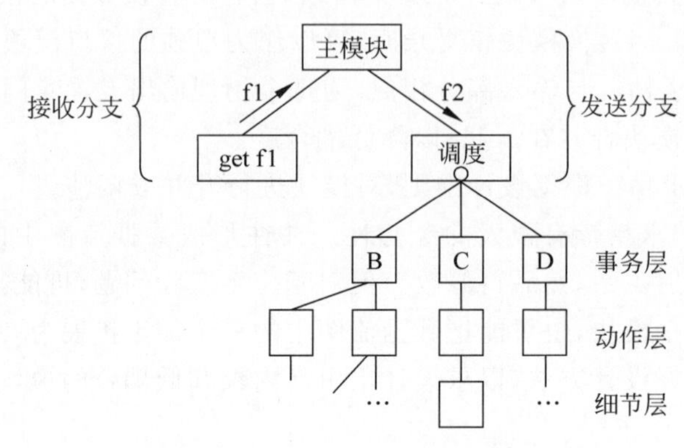

图 5-34　事务分析设计实例

5.6.5　混合流设计

1. 混合数据流图的映射

一般中型以上系统的数据流图中,都会既有变换流,又有事务流。这就是所谓的混合数据流图。其软件结构设计一般采用以变换流为主,事务流为辅的方法。具体步骤如下。

(1) 确定数据流图整体上的类型。事务型通常用于对高层数据流图的变换,其优点是把一个大而复杂的系统分解成若干较小的简单的子系统。变换型通常用于对较低层数据流图的转换。变换型具有顺序处理的特点,而事务型具有平行分别处理的特点,所以两种类型的数据流图导出的软件结构有所不同。只要从数据流图整体的、主要的功能处理分析其特点,就可区分出该数据流图整体的类型。

(2) 标出局部的数据流图范围,确定其类型。

(3) 按整体和局部的数据流图特征,设计出软件结构。

2. 分层数据流图的映射

前面在系统分析时曾经讲过分层数据流图的方法。因此,一个复杂问题的数据流图结果往往是分层的,那么对于分层的数据流图映射成的软件结构图也应该是分层的。这样既便于设计,也便于修改。由于数据流图的顶层图反映的是系统与外部环境的界面,因此系统的物理输入与物理输出都在交换中心的顶层。相应地,软件结构图的物理输入与输出部分应放在主图中,便于同数据流图的顶层图对照检查。分层数据流图的映射方法如下。

(1) 主图是变换型,子图是事务型,如图 5-35 所示。

(2) 主图是事务型,子图是变换型,如图 5-36 所示。

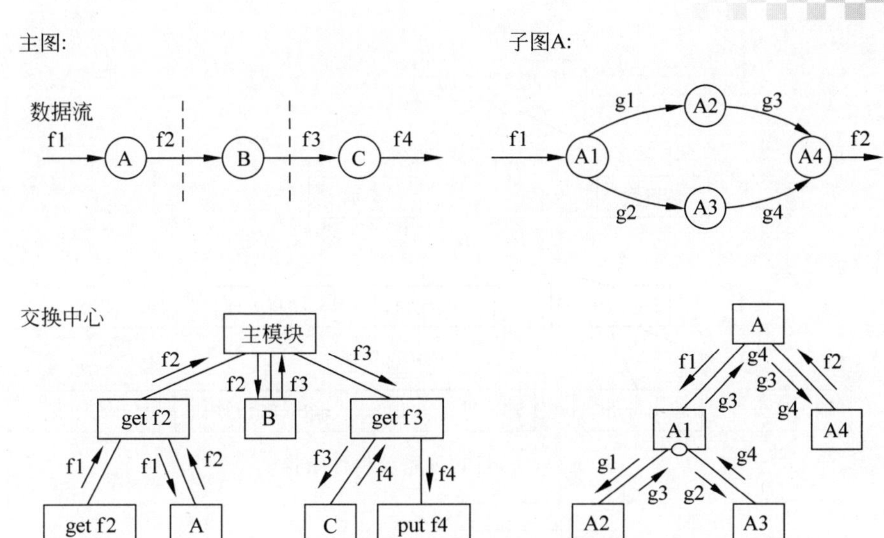

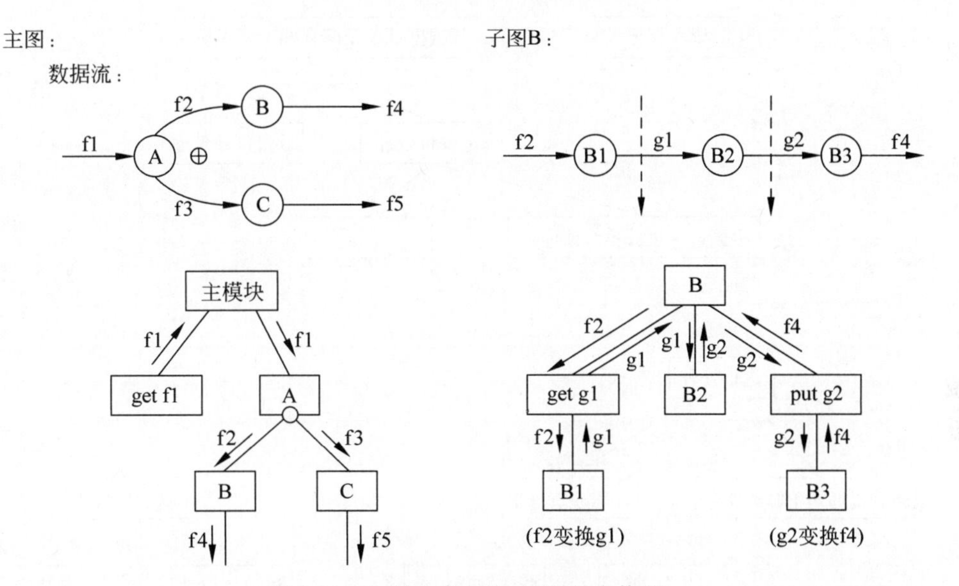

图 5-35　主图是变换型,子图是事务型

主图:

数据流:

子图B:

(f2变换g1)

(g2变换f4)

图 5-36　主图是事务型,子图是变换型

5.6.6　结构化设计方法应用示例

将销售管理系统的数据流图转换为软件结构图。分析该系统的 0 层图,它有 4 个主要功能,即订货处理、进货处理、缺货处理和销售统计。其中,订货处理包括订单处理和供货处理两部分。这 4 个处理可平行工作,因此从整体上分析可按事务型数据流图来设计,根据功能键来选择 4 个处理中的一个。

设计出的软件结构如图 5-37 所示。

销售管理系统软件结构子图 1 如图 5-38 所示。

销售管理系统软件结构子图 2 如图 5-39 所示。销售管理系统软件结构子图 3 如图 5-40 所示。

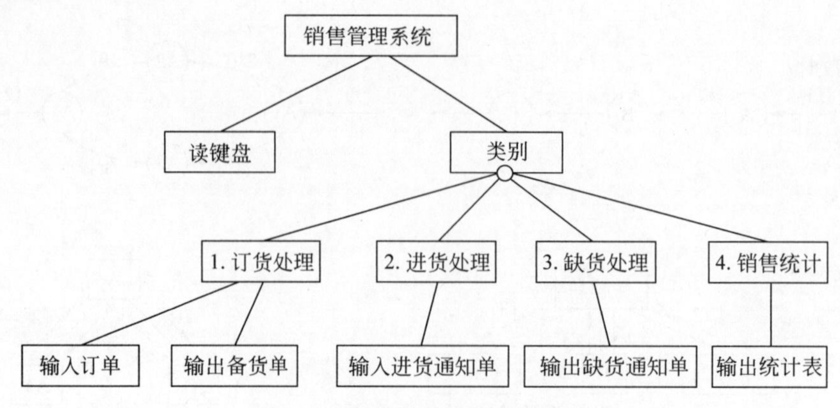

图 5-37 销售管理系统软件结构

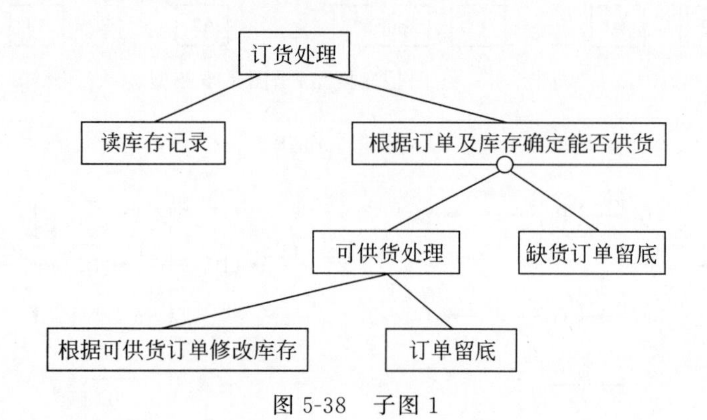

图 5-38 子图 1

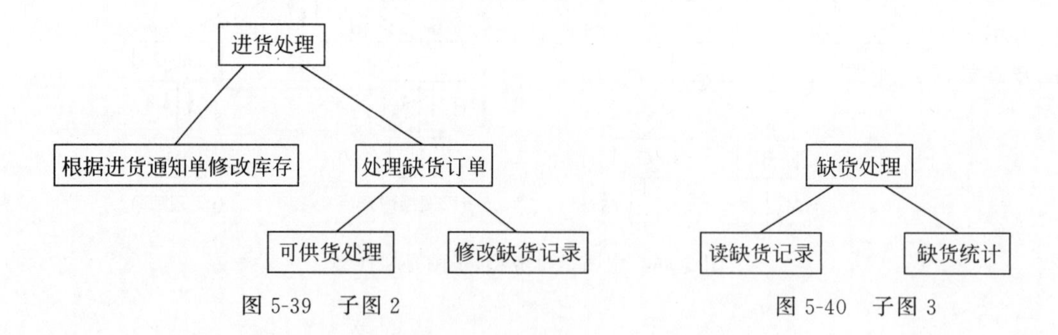

图 5-39 子图 2

图 5-40 子图 3

销售管理系统软件结构子图 4 如图 5-41 所示。

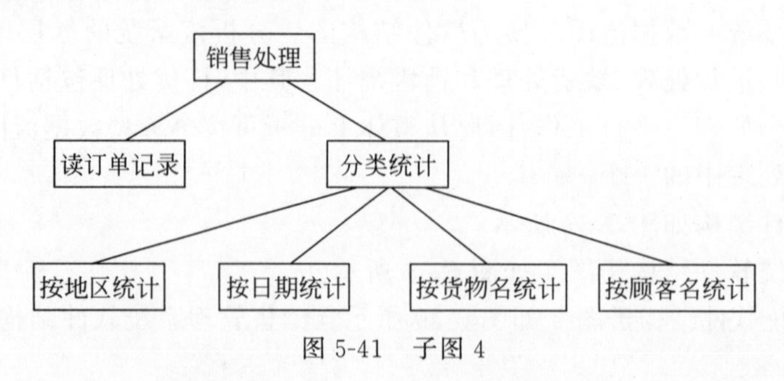

图 5-41 子图 4

5.6.7 设计的后期处理

由设计的工作流程可知，经过变换分析或事务分析设计，形成软件结构。对于这个结构，除了设计文档作为系统设计的补充外，还要对结构进行优化和改进。因此，要做以下工作。

(1) 为每个模块提供一份接口说明。包括通过参数表传递的数据、外部的输入/输出和访问全局数据区的信息等，并指出它的下属模块与上属模块。

为清晰易读，对以上说明可用设计阶段常采用的图形工具——IPO 图来表示。

(2) 为每个模块写一份处理说明。从设计的角度描述模块的主要处理任务、条件抉择等，以需求分析阶段产生的加工逻辑的描述为参考。这里的说明应该是清晰、无二义性的。

(3) 给出设计约束或限制。如数据类型和格式的限制、内存容量的限制、时间的限制、数据的边界值、个别模块的特殊要求等。

(4) 给出数据结构说明。软件结构确定之后，必须定义全局的和局部的数据结构，因为它对每个模块的过程细节有着深远的影响。数据结构的描述可用伪码(如 PDL 语言、类 Pascal 语言)或 Warnier 图、Jackson 图等形式表达。

(5) 进行设计评审。软件设计阶段，不可避免地会引入人为的错误，如果不及时纠正，就会传播到开发的后续阶段中去，并在后续阶段引入更多的错误。因此一旦设计文档完成以后，就可进行评审，有效的评审可以显著地降低后续开发阶段和维护阶段的费用。在评审中应着重评审软件需求是否得到满足，即软件结构的质量、接口说明、数据结构说明、实现和测试的可行性以及可维护性等。

(6) 进行设计优化。设计优化应贯穿整个设计的过程。设计的开始就可以给出几种可选方案，进行比较与修改，找出最好的一种。设计中的每一步都要考虑软件结构的简明、合理及高效等性能，以及尽量简单的数据结构。

5.7 应用案例——成绩管理系统总体设计

引言和任务概述略。

5.7.1 总体设计

1. 需求规定

1) 对功能的规定

通过成绩管理系统实现对每个学生基本情况的添加、修改、删除、查询等操作，同时实现对学生学籍异动情况进行更新。

(1) 超级管理员完成用户类别、基础数据管理和系统基础设置等。

(2) 普通管理员为教务处工作人员和教务人员，主要完成教师基本信息、学生基础信息、课程信息、课程表信息、专业信息等管理。

(3) 学生基本信息主要包含学号、姓名、性别、籍贯、民族、政治面貌、入学时间、所学专业、所在班级等。

(4) 教师基本信息主要包含教师工号、姓名、籍贯、性别、民族、政治面貌、所在院、职称等。

(5) 专业基本信息主要包括专业编号、专业名称、所属院、系等。

(6) 课程基本信息主要包含课程编号、课程名称、学分、课程学时、课程性质等。

(7) 班级基本信息主要包括班级编号、班级名称、专业编号、班级所在院系。

(8) 课程表信息主要包括课程编号、课程名称、课程类型、任课班级、任课学年、授课教师等。

(9) 登录管理：要求使用者提供合法的用户名、密码和根据相关权限进行登录操作。

(10) 成绩录入：由教师或管理员录入成绩，录入信息包括前面的学生信息、课程信息等。

(11) 成绩基本信息主要包括课程成绩评价体系设置、课程成绩等，可以实现对学生成绩的添加、修改、删除、查询、统计等操作。若学生学籍或成绩有异动，可以实现对学生成绩进行迁移或更新。学生成绩表主要包括如下信息：学号、姓名、课程编号、课程名称、学分、成绩、平均成绩等。

(12) 统计汇总功能：超级管理员、管理员可以对成绩进行分类汇总，比较各班级、各院系成绩，为各种教学评优或制定教学管理计划提供数据依据。

2) 对性能的规定

(1) 精度：说明对软件的输入、输出数据精度的要求。

(2) 时间特性要求：查询服务部分，用户查询返回结果不超过5s；数据管理部分，提交某一数据录入到结果返回不超过5s。

(3) 故障处理要求，磁盘碎片过多、数据库存储空间不够，引起数据库访问变慢等问题需要对磁盘进行扩展和维护；执行程序非正常退出，响应缺失，修改源代码前应备份。

3) 其他专门要求

在程序开发过程中，应遵循结构化的程序设计原则，设立运行日志，加强系统的可维护性；注重系统的界面友好性、各程序模块界面的统一。

2. 运行环境

(1) 硬件环境：台式机或笔记本电脑，所需内存至少为256MB；移动终端(手机等)。

(2) 软件环境：Windows 2000 Professional/XP或更高版本，SQL Server 2008或更高版本；移动端操作系统iOS、Android等。

3. 基本设计概念和处理流程

该系统为B/S三层结构，采用面向过程软件工程方法，它的运行环境分客户端、应用服务器端和数据库服务器端三部分。总体设计用例图见需求分析说明书。

4. 结构

1) 系统体系结构

成绩管理系统采用B/S结构，用户界面通过Web浏览器来实现，主要的逻辑在Web服务器和应用服务器端实现，数据存储在数据库服务器中，形成常见的 Web 应用三层结构：表示层、业务逻辑层和数据层，如图 5-42 所示。

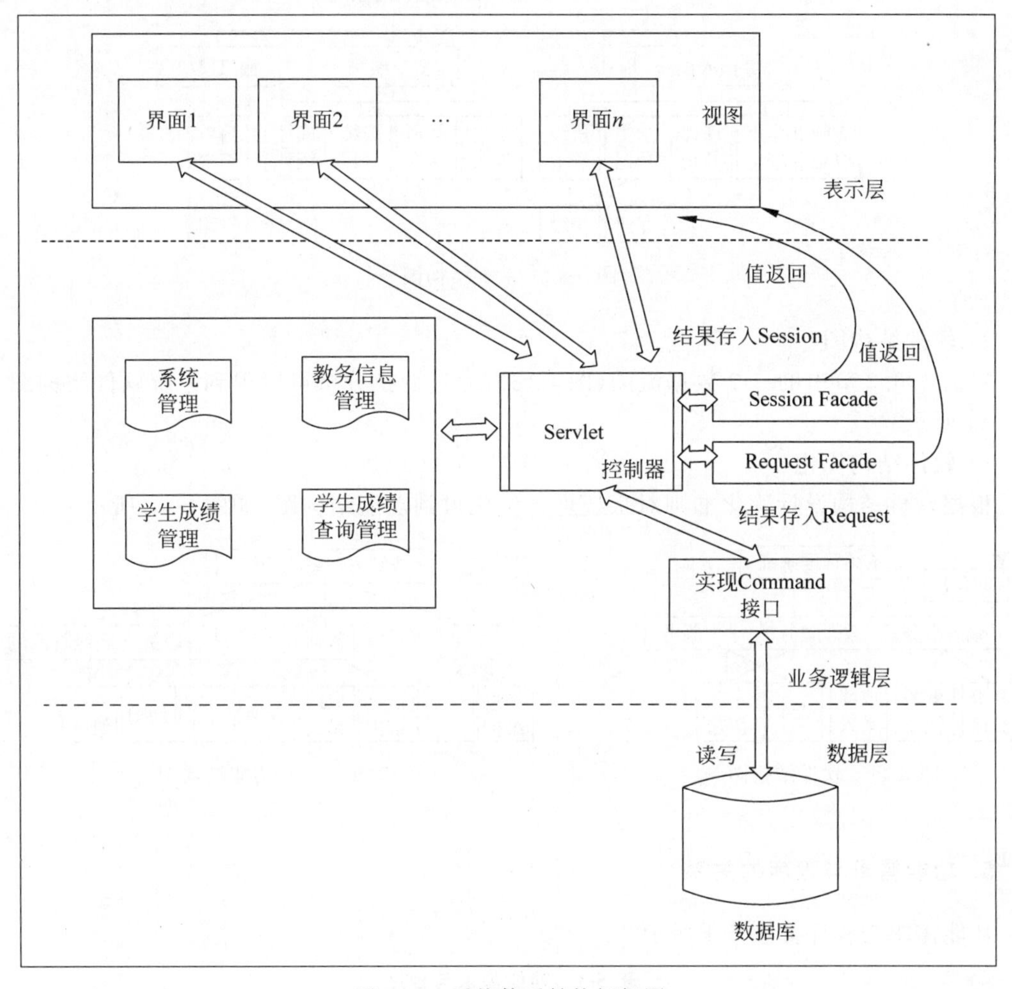

图 5-42 系统体系结构框架图

表示层用来与用户进行交互。提交用户请求给业务层处理和向用户显示从业务层返回用户请求数据的结果。用户直接通过该层来访问系统，实现与系统的交互，从而完成需要实现的工作。

业务逻辑层处理来自表示层传送的请求。这层实现系统的所有核心业务逻辑，例如数据的有效性校验、数据的安全性校验以及业务的流程控制和处理。该层还会根据请求的内容，将执行的结果提交给数据层做统一的处理，并且将用户请求处理的结果返回表示层显示。成绩管理系统的功能模块层主要包括系统管理、教务信息管理、学生成绩管理与学生成绩查询管理等。

数据层数据层主要处理和数据资源相关的逻辑，例如存储从业务层传送来的结果数据或从数据库中读取数据传送给业务层处理。这些组件和服务在功能上和中间层相互独立。系统数据主要由基础信息、学生信息、教务人员、管理员以及成绩组成。

变换分析设计是数据流图到程序结构图的转换，根据总体数据流图与采用变换分析方法得到的系统结构图,如图 5-43 所示。

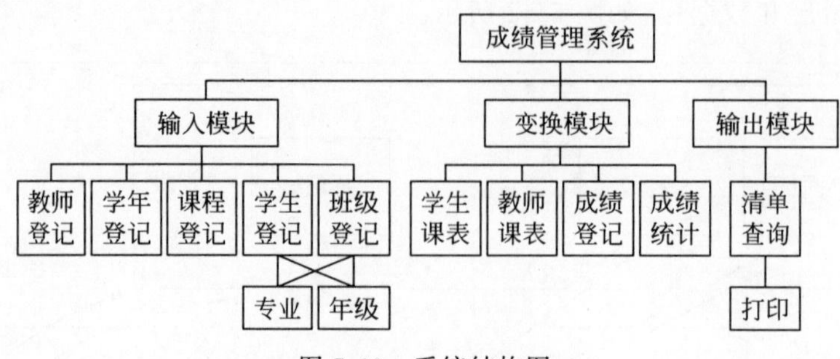

图 5-43 系统结构图

2) 软件结构图

根据 4.6.3 节中的一个数据流图(图 4-16),通过变换分析可以得到系统软件结构图,如图 5-44 所示。

3) 软件结构优化

根据软件结构设计优化准则对系统进行优化得到功能结构图,如图 5-45 所示。

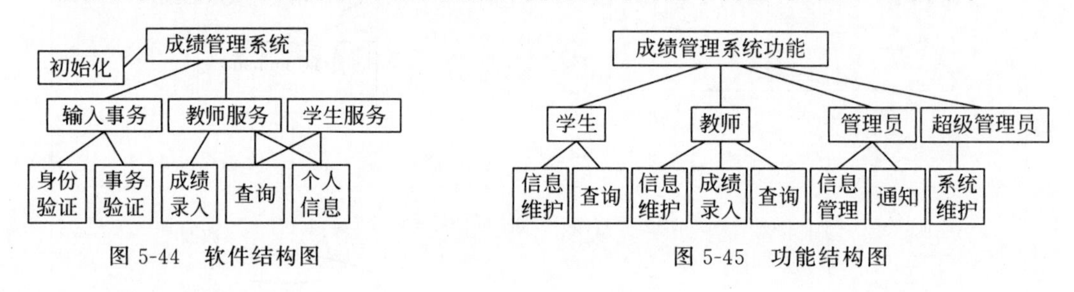

图 5-44 软件结构图　　图 5-45 功能结构图

5. 功能需求与程序的关系

功能需求与程序如表 5-1 所示。

表 5-1 功能需求与程序

	程序 1	程序 2	程序 3	程序 4
录入功能	√			
查询功能		√		
修改功能			√	
删除功能				√

6. 人工处理过程

各基础数据需人工录入或导入数据库。

5.7.2 接口设计

1. 用户接口

采用可视化的操作方式作为人机接口,如使用窗口、菜单等,借助鼠标、键盘进行各种操作。身份验证：对登录的用户进行验证，验证通过才能进入系统。查询学生的基本信息：对学生的基本信息进行查询。查询教师的基本信息：对教师的基本信息进行查询。查询学生的成绩：对学生的成绩进行查询。查询课程的基本信息：对学生课程的基本信息进行查询。课程成绩的构成：根据学生成绩的构成，如平时成绩、期末成绩、实训成绩进行查询。修改功能：对学生的基础信息和成绩信息进行修改。帮助功能：为用户提供使用帮助。

2. 外部接口

硬件接口：P4 1.8GHz 以上，内存 256MB 以上，能运行 IE 6.0 及以上版本。

软件接口：Windows 2000 Professional/XP 或更新版本，SQL Server 2008 或更新版本。系统能够从外部导入 Word、Excel 文档或导出 Word、Excel 文档。

3. 内部接口

查询模块：有相应消息驱动，完成对信息进行查看的功能。

增加模块：具有此权限的人员完成对信息进行增加的功能。

删除模块：具有此权限的人员完成对信息进行删除的功能。

打印模块：完成打印功能。

退出模块：实现退出功能。

5.7.3 运行设计

(1) 运行模块组合：具有软件的运行组合为程序多窗口的运行环境，各个模块在软件运行过程中能较好地交换信息，处理数据，如图 5-46 所示。

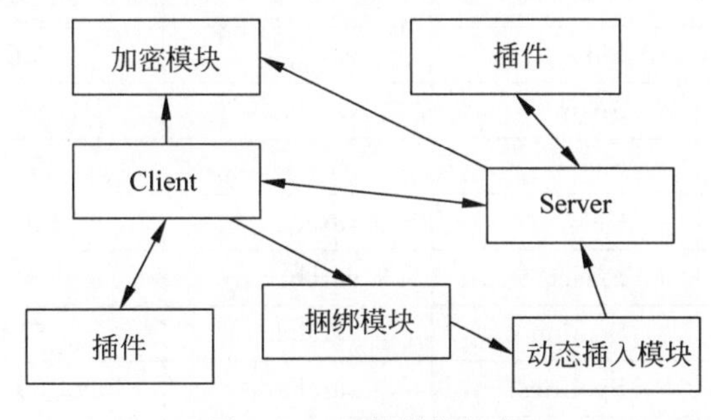

图 5-46　运行模块组合

(2) 运行控制：软件运行时有较友好的界面，基本能够实现用户的数据处理要求。

(3) 运行时间：一般页面的响应时间小于 5s，统计页面响应时间小于 10s。

5.7.4 系统论结构设计

1. 逻辑结构设计要点

概念设计用来反映现实世界中的实体、属性和它们之间的关系等的原始数据形式，建立数据库的每一幅用户视图。成绩管理系统分为八个实体，分别包括各属性。

学生 E-R 图如图 5-47 所示。学生-课程 E-R 图如图 5-48 所示。

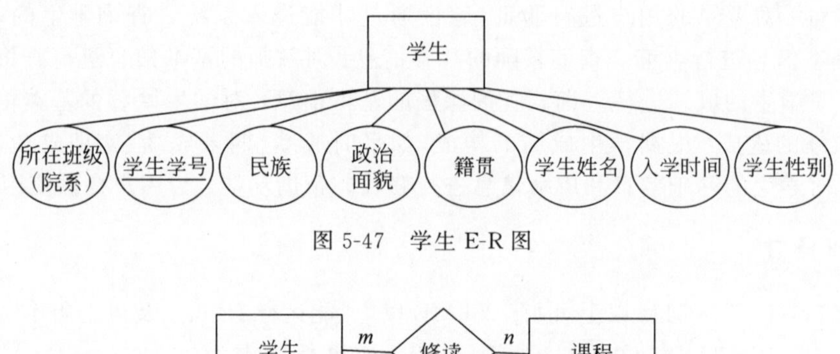

图 5-47 学生 E-R 图

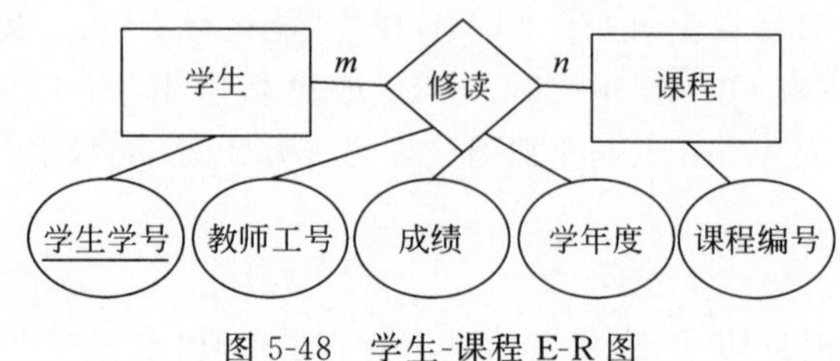

图 5-48 学生-课程 E-R 图

其他 E-R 图略。

2. 物理结构设计要点

数据库的逻辑设计是将各局部 E-R 图进行分解、合并后重新组织起来形成的数据库的全局逻辑结构,包括所确定的关键字和属性、重新确定的记录结构、所建立的各个数据之间的相互关系。本系统的数据库表如表 5-2 所示。

表 5-2 学生信息表

名　　称	字段名称	类型	长度	允许空
学生学号	Sid	varchar	50	no
学生姓名	Sname	varchar	50	yes
学生性别	Ssex	char	2	yes
所在班级	Cid	varchar	50	yes
籍贯	Splace	varchar	50	yes
民族	Snation	varchar	50	yes
政治面貌	Spolitical	varchar	50	yes
入学时间	Stime	varchar	50	yes

其他用户、教师、专业、班级、课程、学生-课程、教师-课程信息表略。

5.7.5 故障检测与处理机制

(1) 系统采用镜像备份数据库,以便在系统出现故障时,能够及时恢复。

(2) 系统发生故障可以使用多种检测机制,如自动向上层汇报、由上层定时检测、将故障写入错误文件等。

(3) 对软件及运行环境进行日常维护。

(4) 对软件开发中出现的问题进行修改和补充。

小结

本章主要介绍了总体设计的基本原理和方法。总体设计阶段是用比较抽象的方式确定系统的预定任务，应该确定系统的物理配置方案，然后确定组成系统的结构。因此，要重视软件设计的重要性及设计与软件质量问题。从数据流图出发，设想系统的功能和几种物理方案，对于初步方案要进行仔细的比较与分析。特别是要与用户进行沟通，选择最佳的方案，然后才能进行软件设计，确定软件的组成以及模块间的关系。设计中，层次图和结构图是描述软件结构的常用工具。

在进行软件结构设计时，要合理地控制程序结构，给出程序构件的组织，同时定义最佳的数据结构，确定信息的组织、存取方法、结合的程度。要遵循模块的独立性，在结构化设计中，对于数据流的类型要进行仔细的分析与区别。特别是在混合数据流图中，只有确定了数据流图的类型，才能运用好变换分析设计和事务分析设计的方法。当基本设计完成后，要进行模块的处理说明、模块的接口说明、约束与限制说明、数据结构说明。然后按照模块独立性准则、控制与作用范围之间的准则、结构特征准则和模块的接口准则对结构进行优化。

综合练习5

一、填空题

1. 软件结构的设计是以________为基础的，以需求分析的结果为依据，从实现的角度经进一步划分为________，并组成模块的________。

2. 软件设计是一个把________转换为________的过程，包括________和________。

3. 变换型DFD由________、________和________三部分组成。

二、选择题

1. 软件设计一般分为总体设计和详细设计，它们之间的关系是(　　)。
   A. 全局和局部　　B. 抽象和具体　　C. 总体和层次　　D. 功能和结构

2. 将几个逻辑上相似的成分放在一个模块中，该模块的内聚度是(　　)的。
   A. 逻辑性　　B. 瞬时性　　C. 功能性　　D. 通信性

3. 在对数据流的分析中，主要是找到变换中心，这是从(　　)导出结构图的关键。
   A. 数据结构　　B. 实体关系　　C. 数据流图　　D. E-R图

三、简答题

1. 结构化设计方法的基本思想是什么？它是怎样与结构化分析衔接的？

2. 简述软件总体设计阶段的基本任务。

3. 举例说明各种类型的模块耦合。

4. 简述模块、模块化及模块化设计的概念。

5. 什么是模块的独立性？设计中为什么模块要独立？对于独立性怎样度量？

6. 试论“一个模块,一个功能”的优点。

7. 简述变换流的设计步骤。

8. 简述事务流的设计步骤。

9. 试论述软件设计与软件质量的关系。

10. 什么是模块的影响范围?什么是模块的控制范围?它们之间应该建立什么样的关系?

11. 什么是软件结构?简述软件结构设计的优化准则。

第6章 软件详细设计

在软件的总体设计中,已完成了数据和系统结构,将系统划分为多个模块,并将它们按照一定的原则组装起来,也确定了每个模块的功能及模块与模块之间的外部接口。在理想的情况下,详细设计是软件设计的第二阶段。在这个阶段,由于开发系统内外的人员理论上都使用一种自然语言,因此设计说明最好使用自然语言。显然,这个阶段必须定义过程的细节。

如果用自然语言定义,很容易产生二义性,因此要求对于细节的表达式须十分小心严谨。

6.1 详细设计的任务与方法

在软件的分析与设计中,如果系统很小,一般做法是将总体设计与详细设计合并进行。当系统有一定规模时,这两者是分开进行的。详细设计应完成所有设计细节。

6.1.1 详细设计的基本任务

1. 数据结构设计

前面的需求分析、总体设计阶段,确定的概念性数据类型要进行确切的定义。这一部分的设计内容一般比较多,所以大多数采用小型数据库辅助方法。

2. 物理设计

对数据库进行物理设计,即确定数据库的物理结构。物理结构主要指数据库的存储记录格式、存储记录安排和存储方法,这些都依赖于具体使用的数据库系统。

3. 算法设计

在总体设计的结构完成后,结构各个环节的实现是多解的。这就需要用系统设计与分析的技术描述。可以用某种图形、表格、语言等工具将每个模块处理过程的详细算法描述出来。

4. 界面设计

用户界面的设计显得比较重要,可以采用字符用户界面设计、图形用户界面设计和多媒体人机界面设计。这就需要结合具体的系统处理。

5. 其他设计

根据软件系统的类型,还可能需要进行以下设计。

(1) 代码设计。为了提高数据的输入、分类、存储及检索等操作的效率,以及节约内存空间,对数据库中的某些数据项的值要进行代码设计。

(2) 输入/输出格式设计。

(3) 人机对话设计。对于一个实时系统,用户与计算机频繁对话,因此要进行对话方式、内容及格式的具体设计。

(4) 网络拓扑结构设计。如果设计的软件是一个分布式系统,那么还需要进行网络拓扑结构设计。

6. 编写设计说明书

详细设计说明书有下列主要内容。

(1) 引言。包括编写目的、背景、定义、参考资料。

(2) 程序系统的组织结构。

(3) 程序1(标识符)设计说明。包括功能、性能、输入、输出、算法、流程逻辑、接口。

(4) 程序2(标识符)设计说明。

(5) 程序 N(标识符)设计说明。

7. 评审

对处理过程的算法和数据库的物理结构都要进行评审。

6.1.2 详细设计方法

处理详细设计中采用的典型方法是结构化程序设计(SP)方法,最早是由 E. W. Dijkstra 在20世纪60年代中期提出的。详细设计并不是具体地编写程序,而是将总体设计结构细化成很容易从中产生程序的图纸。这就说明详细设计的结果基本决定了最终程序的质量。要提高软件的质量,减少软件的故障,延长软件的生存期,要保障软件的可测试性、可维护性,而软件的可测试性、可维护性又与程序的易读性有很大关系。因此,详细设计的目标不仅要在逻辑上正确地实现每个模块的功能,还应使设计出的处理过程清晰易读。要实现上述要求,采用的关键技术之一就是结构化程序设计。结构化程序设计方法有以下基本要点。

1. 采用自顶向下、逐步求精的程序设计方法

在需求分析、总体设计中,都采用了自顶向下、逐层细化的方法。分析中使用"抽象"这个手段,上层对问题抽象、对模块抽象和对数据抽象,而下层则进一步分解,进入另一个抽象层次。在详细设计中,虽然处于"具体"设计阶段,但在设计某个复杂的模块内部处理过程时,仍可以采用逐步求精的方法。可以将其分解为若干模块来实现,降低处理细节的复杂度。

2. 使用三种基本控制结构构造程序

任何程序都可由顺序、选择及循环三种基本控制结构构造。这三种基本结构的共同点是单入口、单出口。它不但能有效地限制使用 GOTO 语句，还创立了一种新的程序设计思想、方法和风格，同时为自顶向下、逐步求精的设计方法提供了具体的实施手段。在设计时，如果对一个模块处理过程细化中开始是模糊的，则可以用下面三种方式对模糊过程进行分解。

(1) 用顺序方式对过程分解，确定各部分的执行顺序。

(2) 用选择方式对过程分解，确定某个部分的执行条件。

(3) 用循环方式对过程分解，确定某个部分进行重复的开始和结束的条件。

对处理过程仍然模糊的部分反复使用以上分解方法，最终可将所有细节确定下来。

3. 组织形式

在详细设计阶段，当参加设计的人员比较多时，有可能因为设计员的技术水平、设计风格不同而影响到系统的质量。因此，要组织以一个负责全部技术活动的三人为核心小组。小组中有负责全部技术的主程序员，协调、支持主程序员的后备程序和负责事务性工作的程序管理员，再加上其他技术人员。这样做的目的是使设计责任集中在少数人身上，利于提高软件质量，并且有效提高软件生产率。这种组织形式在 IBM 公司和其他软件公司被纷纷采用，效果很好。

6.2 设计表示法

详细描述处理过程常用三种工具：图形、表格和语言。本节主要介绍可作为详细设计中描述的结构化语言、判定表、判定树。

描述加工逻辑的结构化语言、判定表及判定树详细描述数据流图中不能被再分解的每一个基本加工的处理逻辑，加工逻辑也有对加工点的说明。

6.2.1 结构化语言

结构化语言是介于自然语言和形式化语言之间的一种类自然语言。结构化语言语法结构包括内外两层。内部语法则比较灵活，可以使用数据字典中定义过的词汇，易于理解的一些名词、运算符和关系符；外层语法具有较固定的格式，设定一组符号如 if、then、else、do while…endwhile、do case…endcase 等，用于描述顺序、选择和循环的控制结构。用结构化语言描述的处理功能结构清晰，简明易懂。下面是一个行李托运收费功能描述的例子。

例 6-1 用户要求的自然语言(中文)含义为：如果行李不超过 30kg，可以免费托运；如果行李超过 30kg，对头等舱乘客超重部分每千克收费 4 元，对普通舱乘客超重部分每千克收费 6 元；如果乘客是残疾人，收费减半。

上述需求用结构化语言表示如下：

```
IF 行李重量 W≤30kg
   免交托运费
ELSE
    IF  是头等舱乘客
        IF 是残疾乘客
           托运费 = (W - 30) * 2
        ELSE                                       /* 否则是正常乘客 */
           托运费 = (W - 30) * 4
        ENDIF
    ELSE                                           /* 是普通舱乘客 */
        IF 是残疾乘客
           托运费 = (W - 30) * 3
        ELSE                                       /* 否则是正常乘客 */
           托运费 = (W - 30) * 6
        ENDIF
   ENDIF
ENDIF
```

6.2.2 判定表

判定表也是在设计中常用的技术。在有些情况下，数据流图中某个加工的一组动作依赖于多个逻辑条件的取值。

这时，用自然语言或结构化语言都不易清楚地描述出来，而用判定表就能够清楚地表示复杂的条件组合与应做动作之间的对应关系。

条件定义	条件组合
动作定义	条件组合下的动作

图 6-1　判定表的结构

判定表(Decision Table)是判定树的表格形式，包括四部分：条件定义、条件组合、动作定义和条件组合下的动作。判定表的结构如图 6-1 所示。

表 6-1 是行李托运费处理判定表。

表 6-1　行李托运费处理判定表

条件组合		1	2	3	4	5	6	7	8
条件	W>30kg	√	√	√	√				
	头等舱乘客	√	√			√	√		
	残疾乘客	√		√		√		√	
行动	(W−30)×2	√							
	(W−30)×4		√						
	(W−30)×3			√					
	(W−30)×6				√				
	免费					√	√	√	√

判定表比判定树更严格，更具有逻辑性。判定表的条件严格按二进制取值，不会遗漏任何一种组合。条件组合个数等于 2^n。但是，原始判定表比较机械，可能会含有一些多余的重复的信息，如表 6-1 中条件组合 5、6、7、8 的行动都是一样的。所以，应对判定表做适当的逻辑优化。表 6-2 是表 6-1 优化后的判定表。表中“—”表示该条件满足或不满足均可。

表 6-2　行李托运费处理优化判定

	条件组合	1	2	3	4	5/6/7/8
条件	$W>30$kg	√	√	√	√	
	头等舱乘客	√	√			—
	残疾乘客	√		√		—
行动	$(W-30)\times2$	√				
	$(W-30)\times4$		√			
	$(W-30)\times3$			√		
	$(W-30)\times6$				√	
	免费					√

判定表能够把在什么条件下系统应做什么动作准确无误地表示出来，但不能描述循环的处理特性，循环处理还需结构化语言。

6.2.3　判定树

判定树是判定表的变形，一般情况下它比判定表更直观，且易于理解和使用。图 6-2 所示为与表 6-1 功能等价的判定树。当处理逻辑中含太多判定条件及其组合时，用判定表和判定树描述会比较方便、直观。

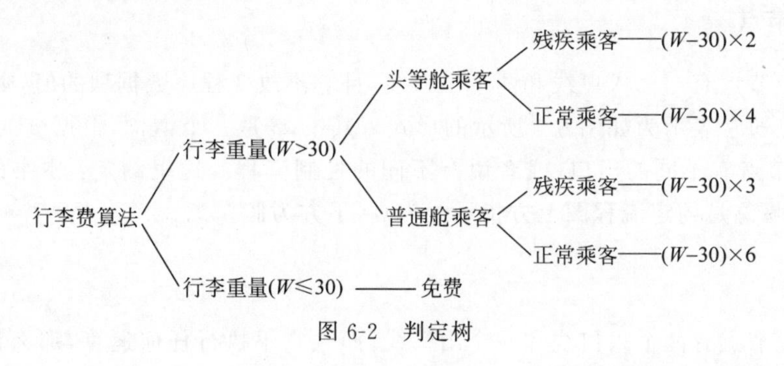

图 6-2　判定树

以上三种逻辑表达工具各有所长和不足，归纳起来可以得出下列结论：对于顺序执行和循环执行的动作，用结构化语言描述；对于存在多个条件复杂组合的判断问题，用判定表和判定树。判定树较判定表直观易读，判定表进行逻辑验证较严格，能把所有的可能性全部都考虑到。因此可将两种工具结合起来，先用判定表作为底稿，在此基础上产生判定树。

6.3　结构化程序设计

结构化程序设计是一种程序设计技术，它采用自顶向下、逐步求精的设计方法和单入口单出口的控制结构。结构化程序设计技术的优越性如下。

(1) 自顶向下、逐步求精的方法符合人类解决复杂问题的普遍规律，因此可以显著提高软件开发工程的成功率和生产率。

(2) 用先全局后局部、先整体后细节、先抽象后具体的逐步求精过程开发出的程序有清晰的层次结构，因此容易阅读和理解。

(3) 不使用GOTO语句,仅使用单入口单出口的控制结构,使得程序的静态结构和它的动态执行情况比较一致,易于阅读和理解。

(4) 控制结构有确定的逻辑模式,编写程序代码只限于很少几种直截了当的方式,因此源程序清晰流畅。

(5) 程序清晰和模块化使得在修改和重新设计一个软件时可以重用的代码量最大。

(6) 程序的逻辑结构清晰,有利于程序正确性证明。

6.3.1 程序流程图

在软件工程中,一个程序可以用流程图的形式表示出来,用流程图描述客观存在的事物特性。流程图是一个描述程序结构控制的流程和指令执行情况的有向图。它是程序的一个比较直观的表达形式。一个程序流程图的基本元素是函数节点、谓词节点和汇点。

1. 函数节点

如果一个节点有一个入口线和一个出口线,则称为函数节点。函数节点通常表示为如图6-3所示的形式。其中,f是函数节点的名字。由于函数节点一般和赋值语句相对应,因此,f也表示了这一个节点对应的函数关系。

2. 谓词节点

如果一个节点有一个入口线和两个出口线,且它不改变程序数据项的值,则称为谓词节点。谓词节点通常表示为如图6-4所示的形式。其中,p是一个谓词,根据p的逻辑值的真假(T或F),节点有不同的出口,或者说有不同的控制流程。这里约定:本书的讨论中,若没有特别说明,总是约定流程图上方指示线为真,下方为假。

3. 汇点

如果一个节点有两个入口线和一个出口线,而且它不执行任何运算,那么称为汇点,通常表示为如图6-5(a)所示。由多个入口线汇集到一点的情形可以用多个汇点的联结表示,如图6-5(b)所示。

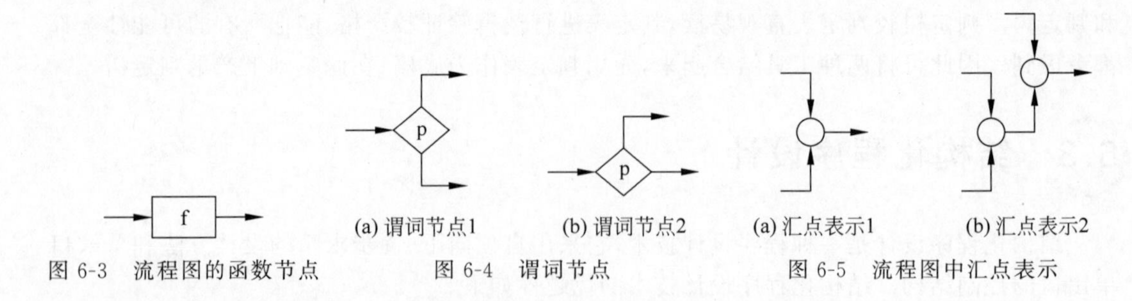

图6-3 流程图的函数节点　　图6-4 谓词节点　　图6-5 流程图中汇点表示

6.3.2 三种基本控制结构

程序流程图是历史最悠久、使用最广泛的一种描述程序逻辑结构的工具,图6-6所示为用流程图表示的程序的三种基本控制结构。

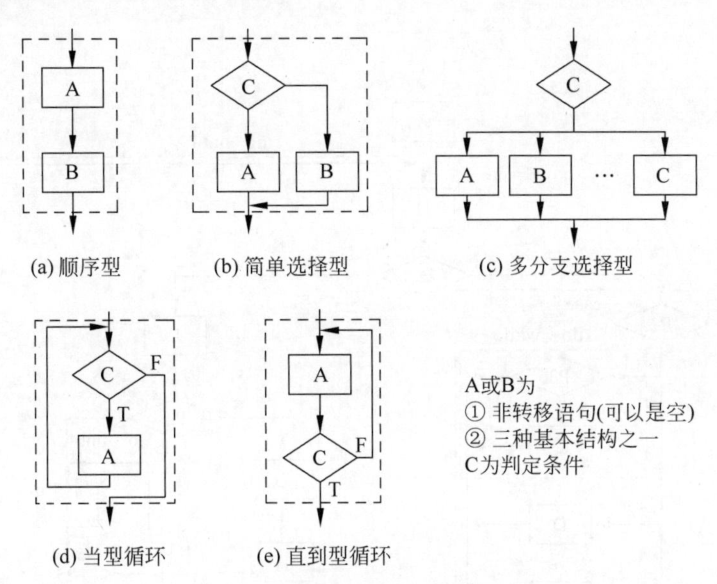

图 6-6 程序的三种基本控制结构

(1) 顺序型。如图 6-6(a)所示,由几个连续的执行步骤依次排列构成。

(2) 选择型。常见的选择结构有简单选择与多分支结构。由某个逻辑判断式的取值决定选择两个加工中的一个。这种结构是简单选择型,如图 6-6(b)所示。多分支选择型(如图 6-6(c)所示)列举多种执行情况,根据控制变量取值执行其一。此外,还有一种是多分支嵌套的结构。

(3) 循环结构。循环结构一般有先判断(while)当型循环和后判断(until)直到型循环。先判断(while)当型循环如图 6-6(d)所示,在循环控制条件成立时,重复执行特定的循环;后判断(until)直到型循环如图 6-6(e)所示,重复执行特定的循环,直到控制条件成立。

任何复杂的程序流程图都应由这三种基本控制结构组合嵌套而成。为了说明上述三种基本控制结构的相互组合和嵌套的可用性,给出了如图 6-7 所示的嵌套构成的流程图实例。

在图 6-7 中加的虚线框是为了方便读者理解控制结构的嵌套关系。从图 6-7 可以看出,这个图是结构化的流程图。

6.3.3 常用符号

在一个软件的开发初期,一般都要写一个系统标准的说明。其中,需要对流程图所用的符号做出确切的规定。在流程图中,除了使用规定的符号外,其他符号不允许出现在流程图中。

下面给出国际标准化组织提出的并由中国国家技术监督局批准的在流程图中的部分标准符号,如图 6-8 所示。

对于图 6-8,有如下几点需要说明。

(1) 循环的上下界设有一对特殊的符号。循环开始符号是两个上角为圆角的矩形,循环结束符号是两个下角为圆角的矩形。其中,要注明循环名和进入循环的条件或循环终止的条件。一般情况下,这对符号要在同一条纵线上,上下对应,循环体在中间,如图6-9所示。

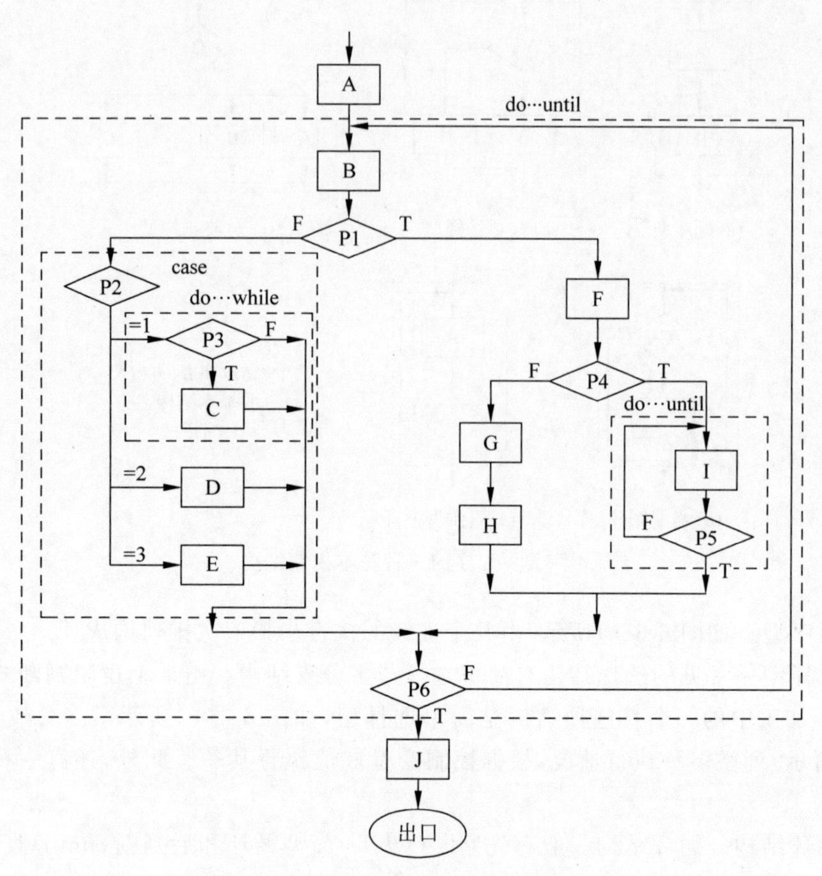

图6-7 嵌套构成的流程图实例

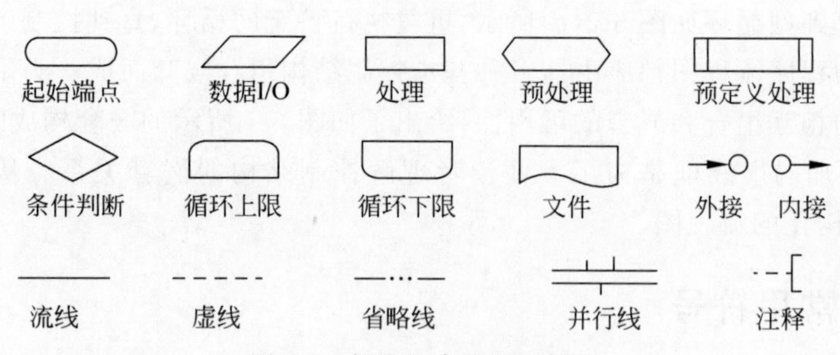

图6-8 标准程序流程图符号

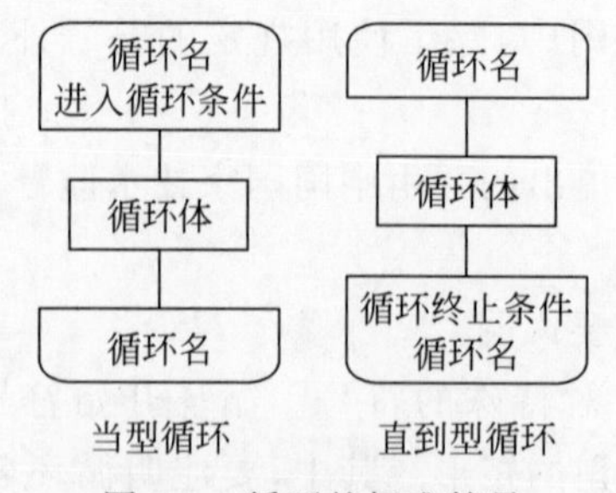

图6-9 循环的标准符号

(2) 流线表示控制的流向。如果是自上而下、自左向右的自然形式，则流线可以不加箭头，否则必须在流线上加箭头。

(3) 注释符号可以用来标识注释的内容，虚线连接在相关符号上。

(4) 判断有一个入口，但是可以有多个可选的出口。在判断条件取值后，有且仅有一个出口被激活。多出口的判断即为CASE结构。图6-10给出了多出口判断的表示。图6-10(a)、图6-10(b)和图6-10(c)分别表示具有3个、5个和4个出口判断。

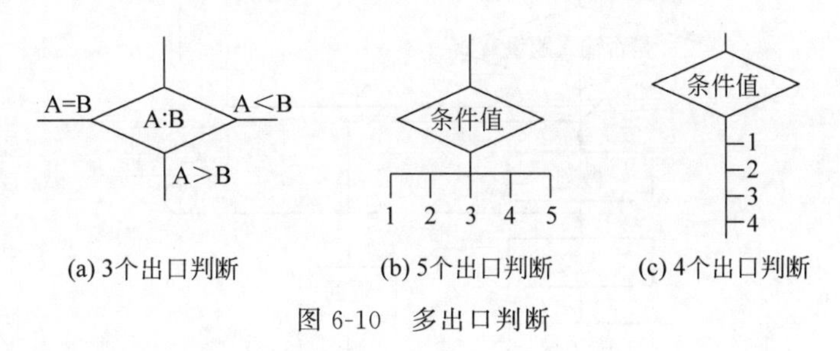

图6-10 多出口判断

(5) 虚线表示两个或多个条件间的选择关系。

(6) 外接符号与内接符号表示流线在另外一个地方连接，或者表示转向外部或从外部转入。

流程图在描述程序控制结构时的优点是直观清晰，易于使用。开发人员都采用这种工具来抽象描述程序的控制过程。但是，流程图有如下严重缺点。

(1) 存在的第一个问题是由于用流程图本身没有限制，因此可以随心所欲地画控制流程线的流向。所以也容易造成非结构化的程序结构，编码时势必要使用GOTO语句实现，导致基本控制块多入口多出口的结果。这样会使软件质量受到影响，与软件设计的原则相违背。

(2) 由于使用如图6-6所示流程图的基本结构构造流程图，当遇到多层嵌套的循环，而且每层仅容许一个出口时，退出效率就会很差。

(3) 高层的宏观控制流程图与低层的微观控制流程的区分问题。

(4) 不易表示数据结构。

为了克服流程图的缺陷，要求流程图都应由三种基本控制结构顺序组合和完整嵌套而成，不能有相互交叉的情况，这样的流程图是结构化的流程图。

6.3.4 常见错误

某些教材中给出了将任意正规程序转换为结构化程序的转换算法，其目的是使设计出的流程符合结构化理论。对一个具体程序来说，这种方法并不是唯一的方法，所得到的结构化程序也不一定是最好的。

下面用几个实例说明结构化程序图中常见的错误。

(1) 在流程图中，漏画流程方向，如图6-11中圆圈的地方所示。

图6-11中还有其他的问题，请读者分析。

(2) 在流程图中，没有进行抽象与归纳，如图6-12所示。

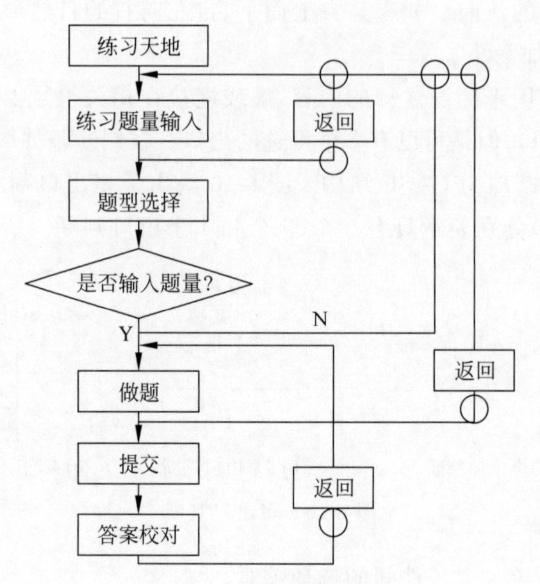

图 6-11 漏画流程方向

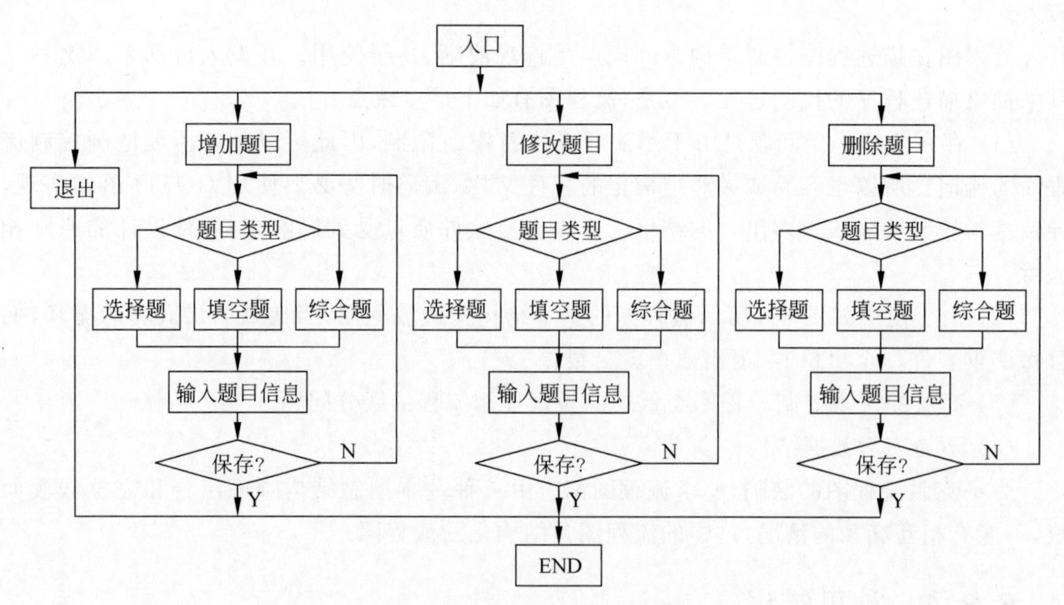

图 6-12 没有进行抽象与归纳

(3) 在流程图中,随意用一些图形符号,如图 6-13 中用椭圆代替表示用菱形表示的判断节点。

(4) 在流程图中没有出口,如图 6-14 所示的流程图中就没有出口。

(5) 在流程图中,随意使用图形符号和流向箭头。如图 6-15 所示圆圈的地方,可以看出随意使用符号。类似这样的例子还有,因此在设计中一定要注意。

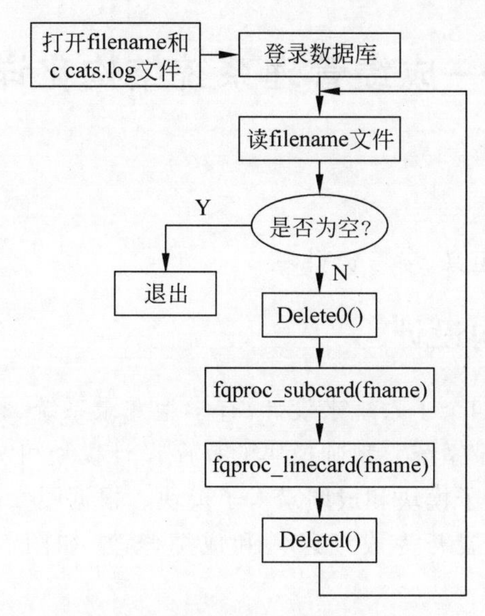

图 6-13 随意使用一些图形符号

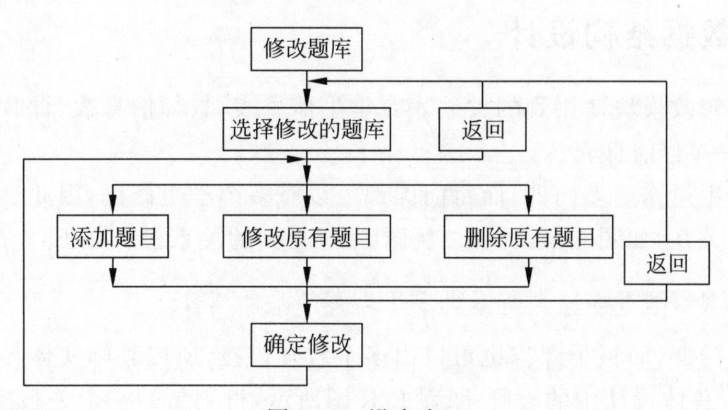

图 6-14 没有出口

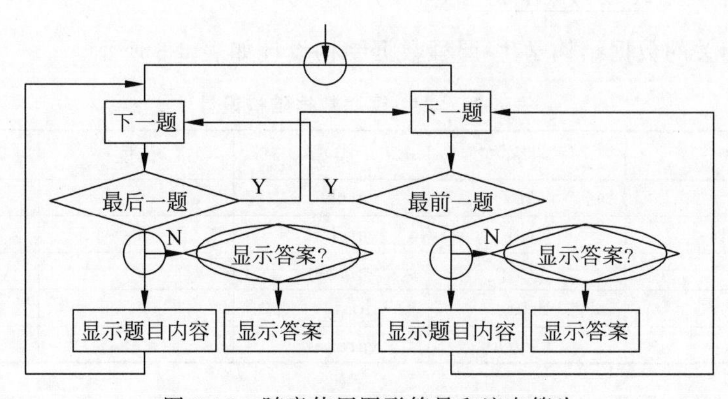

图 6-15 随意使用图形符号和流向箭头

6.4 应用案例——成绩管理系统结构化详细设计

6.4.1 引言

编写目的、项目背景、定义、参考资料(略)。

6.4.2 模块结构设计

成绩管理系统主要分四个子系统来设计,有学生登录系统、教师登录系统、普通管理员登录系统和超级管理员登录系统。教师模块的程序设计模块可分为三大部分,分别是个人信息管理子模块、查询管理子模块和成绩录入子模块。根据图 5-45,成绩录入子模块又进一步展开为成绩录入和成绩修改,如图 6-16 所示。

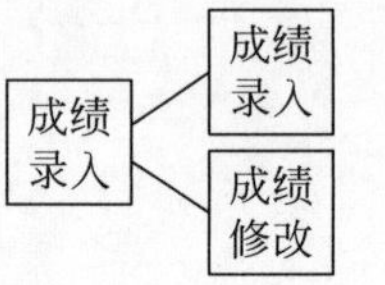

成绩录入
成绩录入
成绩修改

图 6-16 成绩录入模块结构

下面是成绩的录入与修改所需要的数据结构和算法设计。

6.4.3 数据结构设计

成绩录入与修改模块使用到的关系表有学生信息表、教师信息表、课程信息表、学生-课程信息表和教师-课程信息表。

由于每个学生可修读多门课,而每门课都可以有多个学生修读,因此学生与课程之间的关系是多对多的关系,如图 5-48 所示。从图 5-48 得到的关系模式如下:

学生 - 课程信息表(学生编号,课程编号,学年度,教师工号,成绩)

教师讲授多门课,而每个课程也可以由多个教师讲授,所以教师实体与课程之间的关系是 $m:n$ 的关系,总体设计中的教师-课程 E-R 图所示,得到新的一个关系模式:

教师 - 课程信息表(教工号,课程编号,学年度)

录入成绩相关的数据结构学生-课程数据结构设计如表 6-3 所示。

表 6-3 学生-课程数据结构设计

名　　称	字段名称	类型	长度	允许空
学生学号	Sid	varchar	50	no
课程编号	Crid	varchar	50	no
教师工号	Tid	varchar	50	no
学生成绩	Score	float		yes
学年度	Cryear	varchar	50	yes

与录入成绩相关的学生-课程有多个结构,这里就不一一列出。上述结构可以用语言创建学生信息表。

```
CREATETABLE  S_Score
(  Sid  varchar(50) NOT NULL,
```

```
    Crid  varchar(50) NOT NULL,
    Score float,
    Cryear varchar(50),
   Tid  varchar(50)  foreign key references Teacher(Tid),
    PRIMARY KEY(Sid,Crid),
    FOREIGN KEY(Sid) REFERENCESStudent(Sid),
    FOREIGN KEY(Crid) REFERENCES Course(Crid)
);
```

其他也可以类似创建。

6.4.4 算法设计

录入成绩流程图如图 6-17 所示。

```
Insert intoS_Score(Sid,Crid,Tid,Score,Cryear)
Values(@xh,@kch,@jgh,@cj,@xn)
//说明：xh,kch,jgh,cj,xn 等分别是学生学号、课程编号、教师工号、学生成绩和学年度的变量
```

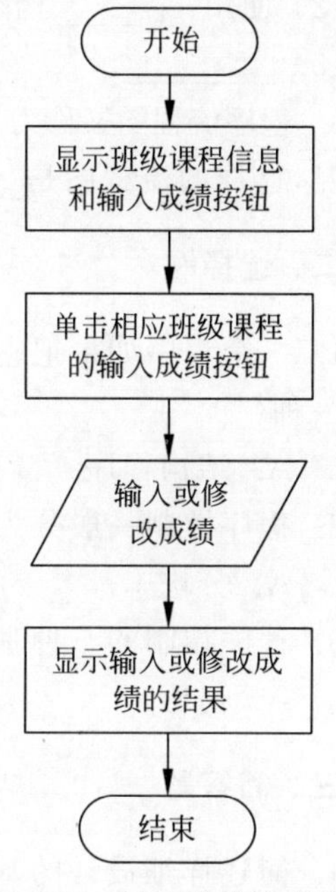

图 6-17 录入成绩流程图

关于录入成绩界面、数据库连接、数据存储结构、数据库连接的设计，这里就不一一列出。

小结

本章介绍了详细设计的基本原理和方法。详细设计的任务是确定怎样具体实现所要求的目标系统，就是要设计出系统的程序蓝图。除了保证程序的可靠外，写出来的程序还要可读性好，易于理解，容易修改和维护。

在详细设计中，一般都要涉及问题域中的具体过程，发现和表达问题域中的过程可以用结构化语言、判定表、判定树。用流程图描述问题域的过程时，在结构化方法的详细设计中，结构程序设计要用到流程图程序、程序的三种基本控制结构这些结构化程序的基本概念。如果发现非结构化程序，就要将其转换为结构化程序。

面向数据结构的设计是详细设计中常用的方法之一。面向数据流的设计和面向数据结构的设计的共同点都是为数据信息驱动的，都试图将数据表示转换为软件表示。不同之处在于面向数据结构的设计不利用数据流图，而根据数据结构的表示设计。有关面向数据结构的设计方法现在比较少用，所以这里没有详细介绍。

综合练习 6

一、填空题

1. 过程设计语言的重复结构有________结构、________结构和________结构三种。

2. 结构化程序设计方法的基本要点是：

(1) 采用________和________的程序设计方法。

(2) 使用________构造程序。

(3) ________。

3. 程序流程图又称为________,应由________顺序组合和完整嵌套而成,不能有________的情况,这样的流程图是________的流程图。

二、选择题

1. 一个程序如果把它作为一个整体,它也是只有一个入口、一个出口的单个顺序结构,这是一种(　　)。

A. 结构程序　　B. 组合的过程　　C. 自顶向下设计　　D. 分解过程

2. 程序控制一般分为(　　)、分支、循环三种基本结构。

A. 分块　　B. 顺序　　C. 循环　　D. 分支

3. 程序控制的三种基本结构中,(　　)结构可提供程序重复控制。

A. 遍历　　B. 排序　　C. 循环　　D. 分支

三、简答题

1. 简述详细设计的基本原则与主要任务。

2. 任意选择一种排序算法,分别用流程图和 PDL 描述其详细过程。

3. 假设只有 sequence 和 do…while 两种结构,如何用它们完成 if…then…else 的操作?

4. 概要设计与详细设计有什么区别?

5. 获得以下模块的内联形式,指出它们的内联强度。

(1) 打开文件,打印表头。

(2) 修改文件中的记录,并读下一个记录。

(3) 编制各种报表：日报表、周报表、月报表、年报表。

(4) 检索一个文件并读出这个记录。

(5) 读出 A 后,把 A 写入 C,把 A 加到 B 中并验证 B。

6. 货运公司乘运货物收费标准为 20 元/吨。为了优惠顾客,对于客户按业务量进行优惠收费标准：20 吨以下收 100%；大于 20 吨不超过 30 吨收 95%；大于 30 吨不超过 40 吨收 90%；大于 40 吨不超过 50 吨收 85%；大于 50 吨不超过 60 吨收 80%；大于 60 吨不超过 70 吨收 75%；大于 70 吨不超过 80 吨收 70%；大于 80 吨不超过 90 吨收 65%；大于 90 吨不超过 100 吨收 60%；100 吨以上收 55%。试用判定表给出全部集合,然后用判定树和结构化语言表示。

第三部分 面向对象方法与实现

第7章 面向对象分析

面向对象方法的基本思想是从现实世界中客观存在的事物出发来构造软件系统，并在系统构造中尽可能地运用人类的自然思维方式。本章介绍面向对象方法的主要概念，包括对象、类、属性、方法、封装、对象和类之间的联系；研究问题域及用户要求，认识系统中的对象及其关系；分析和识别事物的内部特征来定义对象的属性和服务。

概括地说，面向对象方法的基本思想是从现实世界中客观存在的事物（即对象）出发构造软件系统，并在系统构造中尽可能地运用人类的自然思维方式。

具体地讲，面向对象方法有以下一些主要特点。

(1) 从问题域中客观存在的事物出发构造软件系统，用对象构成系统的基本单位。

(2) 用对象的属性表示事物的静态特征，用服务表示对象的动态特征。

(3) 对象的属性与服务结合为一体，成为一个独立的实体，对外屏蔽其内部细节。

(4) 对事物进行分类。

(5) 通过在不同程度上运用抽象的原则，可以得到较一般的类和较特殊的类。

(6) 复杂的对象可以用简单的对象作为其构成部分（称为聚合）。

(7) 对象之间通过消息进行通信，以实现对象之间的动态联系。

(8) 通过关联表达对象之间的静态关系。

由此可对“面向对象方法”做如下定义。

定义 7-1 面向对象方法是一种运用对象、类、继承、封装、聚合、消息传送、多态性等概念构造系统的软件开发方法。

7.1 面向对象的相关概念

由于面向对象方法强调在软件开发过程中面向客观世界中的事物，采用人类在认识世界的过程中普遍运用的思维方法，所以在介绍它的基本概念时力求与客观世界和人的自然思维方式联系起来。

7.1.1 对象

从一般意义上讲，对象是现实世界中一个实际存在的事物，它可以是有形的，也可以是无形的。对象是构成世界的一个独立单位，它具有自己的静态特征和动态特征。静态特征即可以用某种数据描述的特征，动态特征即对象所表现的行为或对象所具有的功能。根据以上说明,可以给出如下定义。

定义 7-2 对象是系统中用来描述客观事物的一个实体,它是构成系统的一个基本单位。一个对象由一组属性和对这组属性进行操作的一组服务构成。

特例:

(1) 有属性,没有服务。例如,信息系统中的人员信息、物质信息。

(2) 有服务,没有属性。例如,操作系统中的屏幕中断:disable();控制结束检查:getclork()。

7.1.2 类

人类在认识客观世界时经常采用的思维方法,就是把众多的事物归纳、划分成一些类。人类习惯于将相似特征的事物归为类,分类是人类认识客观世界的基本方法。

在面向对象方法中,类的定义如下。

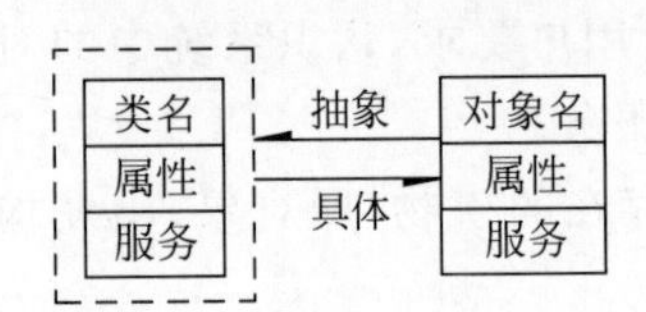

图 7-1 类与对象的关系

定义 7-3 类是具有相同属性和服务的一组对象的集合,它为属于该类的全部对象提供了统一的抽象描述,其内部包括属性和服务两个主要部分。

类与对象的关系如同一个模具与用这个模具铸造出来的铸件之间的关系。它们的关系可以用图 7-1 表示。

7.1.3 属性

属性是一个类中对象所具有的数据值。

属性定义:用来描述对象静态特征的一个数据项。

7.1.4 服务(操作或方法)

服务是一种功能或一种转换,它应用于类中的对象或被类中对象使用。

服务定义:用来描述对象动态特征(行为)的一个操作序列。

7.1.5 封装

封装是面向对象方法的一个重要原则。其含义:第一是把对象的全部属性和服务结合在一起,形成一个不可分割的独立单位(即对象);第二是尽可能隐蔽对象的内部细节。封装的定义如下。

定义 7-4 封装就是把对象的属性、服务结合成为一个独立的系统单位,并尽可能隐蔽对象的内部细节。

封装是一种机制,封装的信息隐蔽作用反映了事物的相对独立性。封装的原则在软件上的反映:要求使对象以外的部分不能随意存取对象的内部数据(属性),从而有效地避免了外部错误对它的"交叉感染",使软件错误能够局部化。

7.1.6 继承

继承是 OO 技术可提高软件开发效率的重要原因之一,其定义如下。

定义 7-5 特殊类的对象拥有其一般类的全部属性与服务，称作特殊类对一般类的继承。

继承意味着“自动地拥有”或“隐含地复制”，自动地、隐含地拥有其一般类的所有属性与服务。

对象的继承性可以从一般类和特殊类的定义中看到，后者对前者的继承在逻辑上是必然的。继承的实现则是通过OO系统的继承机制保证的。下面给出用C++语言写的在日期表示形式上的类继承。

```
Class DATE {                        //用于表示亚洲日期的类
  DATE (int yy = 0;
       int mm = 0;
       int dd = 0 ;)
  voide set_date (intyy, int mm, intdd);
  void get_date (int &yy, int&mm, int&dd);
  void printed ();
  protected:
  int year ,
  month, day;
}
class E - DATE : public DATE {    //用于表示欧洲日期的类,继承了用于表示亚洲日期的类
      void printed - de ();
}
```

一个特殊类既有自己新定义的属性和服务，又有从它的一般类中继承下来的属性与服务。继承具有重要的实际意义，它简化了人们对事物的认识和描述。

一个类可以是多个一般类的特殊类，这种继承模式称为多继承。多继承模式在现实中是很常见的，但与多继承相关的一个问题是“命名冲突”问题。所谓命名冲突是指当一个特殊类继承了多个一般类时，如果这些一般类中的属性或服务有彼此同名的现象，则当特殊类中引用这样的属性名或者服务名时，系统无法判定它的语义到底是指哪个一般类中的属性和服务。

1. 变量命名冲突

例如：

```
Class BASE1 {
        :
        Public:
        Int a,b;
        }
Class BASE2:public BASE1{
                        :
                        Public:
                        Int b,c ;
                        }
Void f(){...
        BASE2 d;
        d.a = 1;
```

```
        d.b = 2;            //此处这样写就会导致错误。如果改成"d.BASE1::b = 2;"就可以
        d.b = 3;
        d.c = 4;
        BASE1 * dp = &d;    // 此处这样写也会导致错误
        }
```

这样写的类在编译和连接时都不会出现错误。希望单元的结果如图 7-2 所示,但实际单元的结果如图 7-3 所示。

a	b	b	c
1	2	3	4

图 7-2 希望单元的结果

a	b	b	c
1		3	4

图 7-3 实际单元的结果

第二个单元 b 中是个不确定的数。关于"BASE1 * dp=&d;"这个语句请读者分析。

2. 函数名冲突

例如:

```
class BASE 1{
        Public:
        Void show()
            {
            Cout << i <<"\n";}
        Protected:
        Int I;
        }
class BASE 2{
        Public:
        Void show()
            {
            Cout << j <<"\n";}
        Protected:
        Int j;
        }

Class BASE:public BASE1,public BASE2{
        Void set(int x,int y)
                {i = x;j = y;}
        }
Main()
    { BASE obj;
    Obj.set(5,7);
    Obj.show();                 // 此处这样写就会有二义性
    Obj.BASE1::show();
    Obj.BASE2::show();
    Return;
    }
```

解决的办法有两种。

(1) 不允许多继承结构中的各个一般类的属性及服务取相同的名字,这会为开发者带来一些不便。

(2) 由 OOPL 提供一种更名机制,使程序可以在特殊类中更换从各个一般类继承来的属性或服务的名字。

7.1.7 消息

对象通过它对外提供的服务在系统中发挥自己的作用。当系统中的其他对象(或其他系统成分)请求这个对象执行某个服务时,OO 方法中把向对象发出的服务请求称作消息。通过消息进行对象之间的通信。OO 方法中对消息的定义如下。

定义 7-6 消息就是向对象发出的服务请求。它应该含有下述信息:提供服务的对象标识、服务标识、输入信息和回答信息。

内容:提供服务的对象标识、服务标识、输入信息和回答信息。

消息的接收者是提供服务的对象。在设计时,它对外提供的每个服务应规定消息的格式,这种规定称作消息协议。

采用"消息"这个术语有以下好处。

(1) 更接近人们日常思维所采用的术语。

(2) 其含义更具有一般性,而不限制采用何种实现技术。

在分布式技术和客户/服务器技术快速发展的今天,对象可以在不同的网络节点上实现并相互提供服务。在这种背景下可以看到,"消息"这个术语确实有更强的适应性。

7.1.8 结构与连接

为了使系统能够有效地映射问题域,系统开发者须认识并描述对象之间的以下几种关系。

(1) 对象的分类关系。

(2) 对象之间的组成关系。

(3) 对象属性之间的静态联系。

(4) 对象行为之间的动态联系。

OO 方法运用一般-特殊结构、整体-部分结构、实例连接和消息连接描述对象之间的以上四种关系。以下分别加以介绍。

1. 一般-特殊结构

一般-特殊结构又称作分类结构(Classification Structure),它是由一组具有一般-特殊关系(继承关系)的类所组成的结构。它是一个以类为节点,以继承关系为边的连通有向图,如图 7-4(a)所示;由一些存在多继承关系的类形成的结构又称作网格结构,如图 7-4(b)所示,它是一个半序的连通有向图。

2. 整体-部分结构

整体-部分结构又称作组装结构(Composition Structure),它描述对象之间的组成关系,即一个(或一些)对象是另一个对象的组成部分。客观世界中存在许多这样的现象,例如,发动机是汽车的一个组成部分。一个整体-部分结构由一组彼此之间存在着这种组成关系的对象构成,如图 7-5 所示。

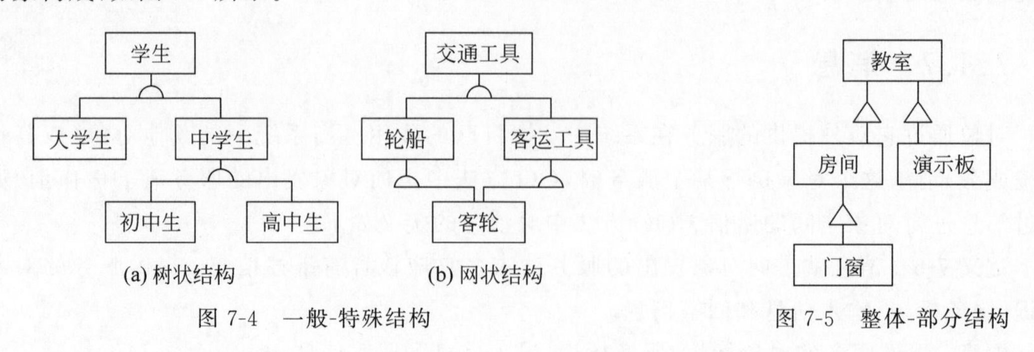

(a) 树状结构　(b) 网状结构

图 7-4　一般-特殊结构

图 7-5　整体-部分结构

整体-部分结构可以用部分对象的类作为一种广义的数据类型来定义整体对象的一个属性,构成一个嵌套对象实现。也可以独立地定义和创建整体对象和部分对象,并在整体对象中设置一个属性,它的值是部分对象的对象标识,或者是一个指向部分对象的指针实现。

3. 实例连接

实例连接反映对象与对象之间的静态联系,例如教师和学生之间的任课关系、单位的公用汽车和驾驶员之间的使用关系等。这种双边关系在实现中可以通过对象(实例)的属性表达出来(例如,驾驶员对象的属性表明他可以驾驶哪些汽车)。

这种关系称作实例连接。实例连接与整体-部分结构很相似,但是它没有那种明显的整体与部分语义。例如,既不能说汽车是驾驶员的一部分,也不能说驾驶员是汽车的一部分。

4. 消息连接

消息连接描述对象之间的动态联系,即若一个对象在执行自己的服务时,需要(通过消息)请求另一个对象为它完成某个服务,则说明第一个对象与第二个对象之间存在着消息连接。消息连接是有向的,从消息发送者指向消息接收者。

一般-特殊结构、整体-部分结构、实例连接和消息连接都是 OOA 与 OOD 阶段必须考虑的重要概念,只有在分析、设计阶段认清问题域中的这些结构与连接,编程时才能准确而有效地反映问题域。

7.2 UML 的基本图标

UML 是一种标准的软件建模语言,是用图形符号来表达面向对象设计。它是一种用于对一个软件系统的制品进行可视化描述、详细描述、构造及文档化的语言。

UML 包括一些可以相互组合图表的图形元素,而这些图正是进行系统分析时要用到的。它提供这些图的目的是用多个视图展示一个系统。

1. 类图

UML 规定用一个矩形方框代表类的图标,它被分成三个区域。最上面的区域是类名,中间区域是类的属性，最下面区域是类的操作。图 7-6 就是一个类图。

2. 对象图

对象是一个类的实例，是具有属性值和行为的一个具体事物。对象图展示类的实例和实例之间的关系。对象图标也是一个矩形，对象名下面要带下画线。具体实例的名字位于冒号的左边，而该实例所属的类名位于冒号的右边。例如，我家的一台 LG 洗衣机，型号为“转桶式”，机器编码为 XQB50-88S，一次最多可洗 5kg 的衣服。表示“我的洗衣机”的 UML 对象图如图 7-7 所示。

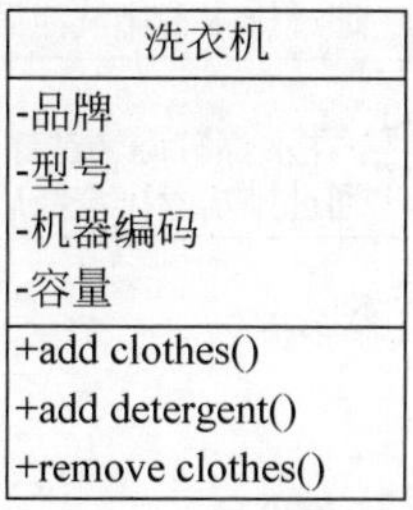

洗衣机
-品牌
-型号
-机器编码
-容量
+add clothes()
+add detergent()
+remove clothes()

图 7-6　UML 类图

我的洗衣机：洗衣机

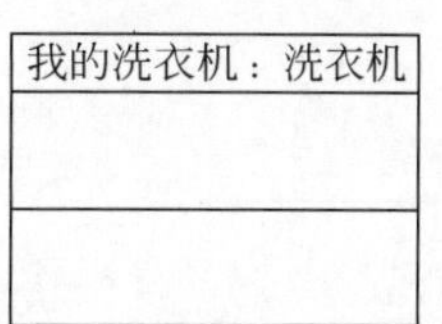

图 7-7　UML 对象图

3. 用例图

用例是从用户的观点对系统行为的一个描述。对于系统开发人员来说，用例是一个有价值的工具，它是用来从用户的观察角度收集系统需求的靠得住的一项技术。用例图图标是用一个直立小人表示用户，也就是参与者（Actor），椭圆形代表用例。图 7-8 说明了用 UML 用例图描述一个用户使用洗衣机这个需求。

4. 状态图

任何一个对象在任何一个时刻都是处于某一种特定的状态的。状态图就是用来说明行为的状态和响应的。用状态来描述一段时间内对象所处的状态和状态变化。状态图标是以实圆点表示起始状态，一个圆包住一实圆点的符号表示终止状态，一个圆角矩形表示对象处于某种状态，有向连线来表示状态之间的转移。例如，一台洗衣机可以处于浸泡（Soak）、洗涤（Washing）、漂洗（Rinse）、脱水（Spin）或者关机（Off）状态，如图 7-9 所示。

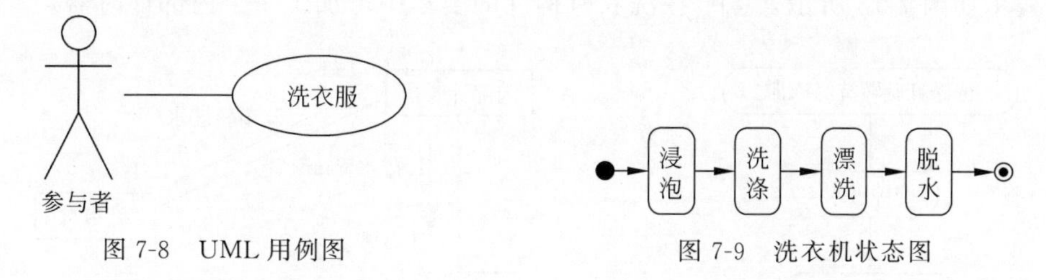

洗衣服
参与者

图 7-8　UML 用例图

浸泡
洗涤
漂洗
脱水

图 7-9　洗衣机状态图

5. 顺序图

顺序图表示对象之间基于时间的动态交互，它可视化地表示对象之间如何随时间发生交互。对象图标排列在顺序图的顶部,用带箭头的实线表示消息,用垂直虚线表示时间。顺序图的消息图符及洗衣机工作顺序图分别如图 7-10 和图 7-11 所示。

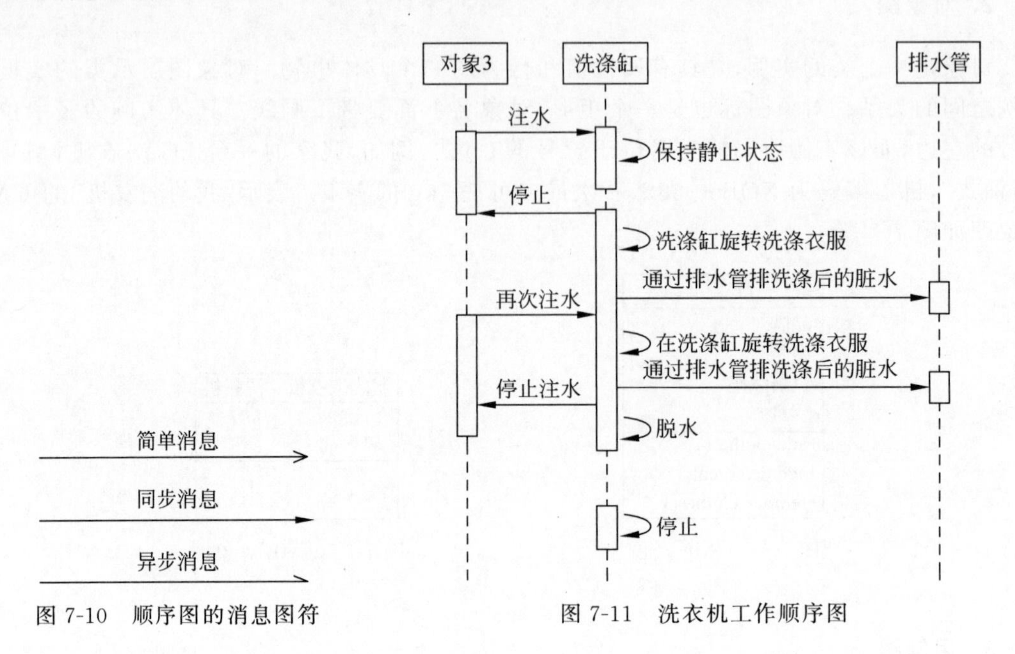

图 7-10 顺序图的消息图符

图 7-11 洗衣机工作顺序图

6. 活动图

活动图可将系统中活动与活动间的执行流程表现出来,可以说活动图就是 UML 中的流程图,也可将其视为一种特殊的状态图,用来指出一个执行动作的类中的活动和行为。例如上面洗涤缸从开始旋转洗涤衣服到排掉脏水再到重新注水的状态图表示为图 7-12。

7. 协作图

协作图也是一种交互图形,主要强调收发消息的对象间的结构组织,通过强调对象间的数据流、控制流程与消息的传递活动来表现。利用协作图可以分析出各个对象间的关系,了解整个系统的控制流程。例如,洗涤缸在洗涤完后排水 5min 再重新注水的过程,用 UML 协作图表示如图 7-13 所示,其中,在洗衣机构件的类集中增加了一个内部计时器。

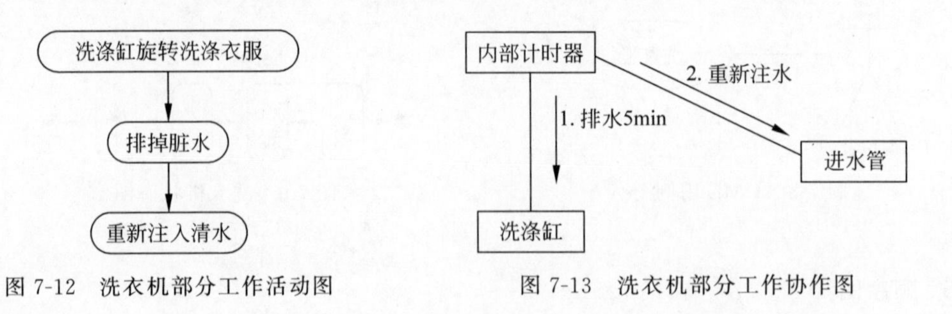

图 7-12 洗衣机部分工作活动图

图 7-13 洗衣机部分工作协作图

8. 构件图

构件图主要用在规划系统整合开发结构时，定义出系统的实现视图以及描述系统在实际开发构件间的组织结构和依赖关系。一般地，构件会对应一个或多个类、界面或合作，所以构件图与类图间具有相当密切的关系。在 UML 中，构件的表示是一个长方形加上两个小标签，长方形内用来记录构件的名称，也可以写在构件正下方，如图 7-14 所示。

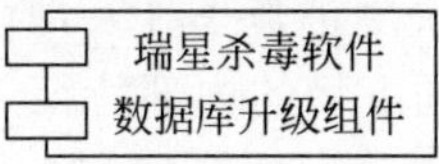

图 7-14 UML 构件图表示法

9. 部署图

部署图强调系统结构的静态视图。利用部署图可以将系统在运行时的节点设置和存在于该节点上的所有相关组件表现出来，说明系统中各个分布式的组件和找出组件间无法显示出的问题所在，可以描述计算机和设备，展示其连接关系，以及驻留在每台机器的软件等。在 UML 中，用一个立方体表示节点，如图 7-15 所示。

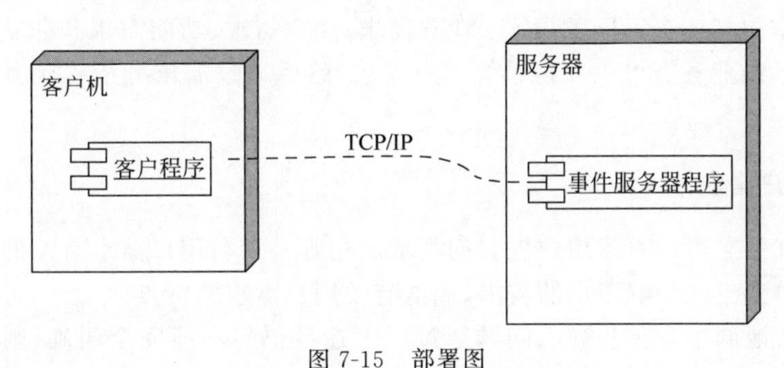

图 7-15 部署图

10. 其他特征图

(1) 包。当需要将图中的组织元素分组，或者在图中说明一些类或构件是某个特定子系统的一部分时，可以将这些元素组织成包。包的表示法如图 7-16 所示。

(2) 注释。可以作为图中某部分的解释，其图标是一个带折角的矩形，矩形框中是解释性文字，如图 7-17 所示。

(3) 构造型。构造型可以让用户使用现有的 UML 元素定制新的元素。构造型用双尖括号括起来的一个名称表示，如图 7-18 所示。

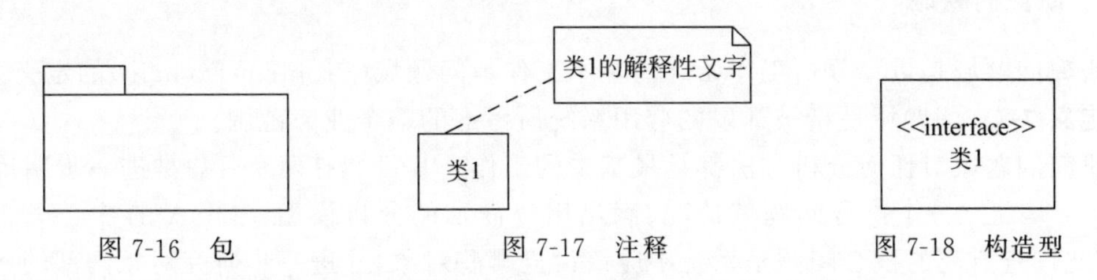

图 7-16 包　　图 7-17 注释　　图 7-18 构造型

上面三种图都可以用来组织和扩展模型图的特征。

7.3 对象分析

OOA 的核心工作是分析和研究问题域及用户要求,并认识其中的对象,从而确定系统中应该设立哪些对象,所以首先从发现对象开始介绍 OOA 的过程,然后说明如何通过分析和识别事物的内部特征定义对象的属性和服务,并建立类图的特征层。

7.3.1 用户需求与研究问题域

OOA 的基本出发点是问题域和用户要求。分析员的主要工作就是通过不断地研究问题域,建立一个能满足用户需求的系统模型。通常,面向对象分析过程从分析陈述用户需求的文件开始。需求陈述通常是不完整、不准确的,而且往往是非正式的。通过分析,可以发现和改正原始陈述中的二义性和不一致性,补充遗漏的内容,从而使需求陈述更完整、更准确。

系统的需求包括四个不同的层次:业务需求、用户需求、功能需求和非功能需求。需求获取就是根据系统业务需求去获得系统用户需求,然后通过需求分析得到系统的功能需求和非功能需求。

1. 研究用户需求

(1) 阅读有关文档。阅读用户提交的需求文档等一切与用户需求有关的书面材料。

(2) 与用户交流。了解用户的需求,搞清有关用户需求的疑点。

(3) 进行实地调查。有些需求问题通过以上途径仍然不能完全明确,则需要到现场进行适当的调查,因为以上资料可能表述得不够准确、清晰。

(4) 记录所得认识。随时记录通过阅读、交流和调查所得到的认识,更要记录所存在的疑点。

(5) 整理相关资料。纠正初始需求文档中不符合的内容,整理出一份确切表达系统责任的需求文档。

系统分析员研究用户需求始终要带着一个问题,即系统中要设立哪些对象来满足用户需求。需要反复回顾通过研究用户需求而认识的系统责任,结合对问题域的分析研究确定系统中所有对象的类,以及它们的内部构成与外部关系。

2. 研究问题域

研究问题域是贯穿分析工作始终的基本工作。问题域(Problem Domain)的定义如下。

定义 7-7 问题域是指被开发的应用系统所考虑的整个业务范围。

研究问题域对任何分析方法都是最基本的工作。其目的有两个:一是进一步明确用户需求;二是建立一个符合问题域情况、满足用户需求的分析模型。OOA 的核心概念是对象,因此调查研究的核心问题是系统中应该设立哪些对象,并进一步研究对象内部的属性与服务,以及对象外部的结构与连接。研究问题域包括如下工作要点:

(1) 认真听取问题域专家的见解;

(2) 亲临现场;

(3) 阅读领域相关资料;

(4) 借鉴他人经验;

(5) 确定系统边界。

认识系统边界的目的是明确系统的范围以及与外部世界的接口。系统边界以内的事物由系统中的对象表达;边界以外的活动者通过它们和系统的接口与系统交互;边界以外不与系统交互的事物则不必考虑。系统边界的另一个作用是在定义用例时充当观察活动者与系统交互的着眼点。

7.3.2 发现对象方法

在面向对象分析中发现对象的过程如图 7-19 所示。

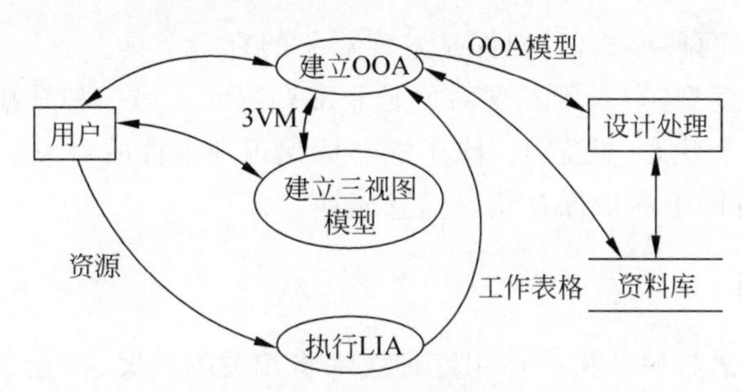

图 7-19　发现对象的过程

图 7-19 说明了如何将 3VM 和 LIA 应用于发现对象的过程。这里要指出,3VM 和 LIA 是有别且独立于面向对象分析的活动。另外,从图 7-19 可以看出,这些技术的应用是一个不断反复的过程。应用这个方案的目的是在实际应用中降低对象标识的主观性。

1. 三视图模型(3VM)

关于实体-关系图、数据流图和状态-变迁图在软件分析中的使用已非常普遍。一个系统的不同三视图模型的构造对于发现对象是非常有用的。

1) 实体-关系模型

众所周知,数据流图是面向对象分析的一个有力前哨。实体一般都有可能成为对象,而那些实体的属性则表示成最终要由对象存储的数据。实体间的关系有可能建立关联对象,而所谓关系的基数和条件性则有可能成为维持这些关系的服务。

2) 数据流模型

数据流模型有两种,都是发现对象的有力工具。

一种是上下文图。用它可以确定系统的边界,系统边界从系统分析的角度讲是非常重要的。图 7-20 所示为一个软件系统的上下文图。上下文图所标识的外部实体表示数据流的源头和目的地。

另一种就是结构化方法中的数据流图。在系统具有一定规模的情况下,还会产生分层数据流图集合。模型表明,将待开发的系统功能分解为一些基本单元。这些基本单元又可以视为是一些详细说明或基本处理说明。而这些基本处理说明最后必须对应于对象的方法和服务。

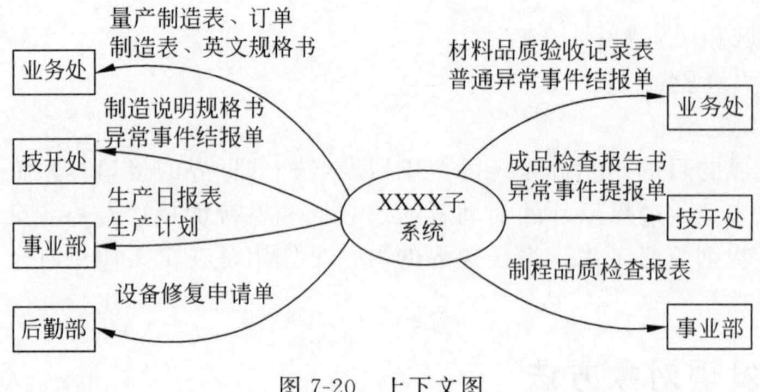

图 7-20 上下文图

3）状态-变迁模型

状态-变迁模型有两种形式，它们都是发现对象的有力工具。

一种是事件响应模型，它对于发现对象是非常有用的。另一种是在一些特别情况下，为系统建立一个或若干个状态-变迁图。除了能够标识识别事件的对象和发生事件的对象外，这种状态-变迁图还有助于标识保存状态信息属性。

2. 语言信息分析

这里主要介绍短语频率分析。使用这种技术将相关的档案、模型、软件、人员、规格说明书、相关系统的用户手册、打印格式、日志用于语言信息分析技术。短语频率分析的工作方式是对选定的资源文本进行搜索，将可以表示问题域概念的术语标识出来，然后用一个二维表列出对这个问题域进行描述的短语。当对描述短语进行频率分析时，得出描述问题的所有短语结果清单。这种清单的建立基本上是一个客观的过程，但是在审查清单时会发现，许多概念与所处理问题域的目的是无关的。可以对这些与目的无关的描述短语进行处理。将短语频率分析清单转换到面向对象分析或者面向对象设计，其工作表是非常有用的。表 7-1 显示了面向对象分析/设计工作表格。

表 7-1 面向对象分析/设计工作表格

条目	(0)	(1)	(2)	(3)	(4)	(5)	(6)	(7)	(8)	注释

说明：表中(0)～(8)栏的意义如下。

(0) 不合适，可能无关；

(1) 可能的对象——类；

(2) 可能是子/超类；

(3) 可能描述对象——类的属性/关系；

(4) 可能描述对象的服务；

(5) 与实现无关；

(6) 可能属于人机交互；

(7) 可能属于任务管理；

(8) 可能属于数据管理。

面向对象分析/设计工作表提供了一种系统的方法，它可以用于评审相当长的短语频率分析清单，并标出其面向对象分析的成分初始集合。

7.3.3 定义属性

为了发现对象的属性，首先考虑借鉴以往的OOA结果，尽可能复用其中同类对象的属性定义。然后，针对本系统应该设置的每一类对象，按照问题的实际情况，以系统责任为目标进行正确的抽象，从而找出每一类对象应有的属性。

对于在上一阶段初步发现的属性，要进行审查和筛选。为此对每个属性提以下问题：

(1) 该属性是否体现了以系统责任为目标的抽象？

(2) 该属性是不是描述这个对象本身的特征？

(3) 该属性是否破坏了对象特征的“原子性”？

(4) 该属性是否可以通过继承得到？

(5) 该属性是否可以从其他属性直接导出？

(6) 属性类型是什么(说明：以下表格格式有改)？

属性类型分为如下几种。

1. 单值

例 7-1 表 7-2 所示为单值属性类型表。

表 7-2 单值属性类型表

姓名	学号	身高/m
张三	3275432456	1.75

2. 互斥

例 7-2 表 7-3 所示为互斥属性类型表。

表 7-3 互斥属性类型表

姓名	职位	月工资/元	计件工资/元
张三	科长	1050	/
李四	工人	/	790

3. 多值

例 7-3 表 7-4 所示为多值属性类型表。

表 7-4 多值属性类型表

项目负责人	项 目 名	来 源	经费/万元
a1	b1	c1	3.5
a1	b2	c2	4.3
a2	c	d4	7.5

续表

项目负责人	项 目 名	来 源	经费/万元
a3	d1	f1	4.5
a3	d2	f2	7.7
a3	d3	f3	8.5

不同属性类型的解决方法如下。

(1) 互斥属性的解决方法如图 7-21 所示。

(2) 多值的解决方法如图 7-22 所示。

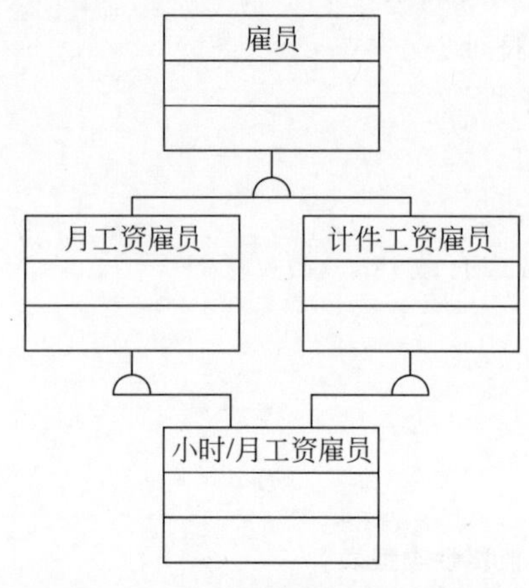

图 7-21 互斥属性的解决方法

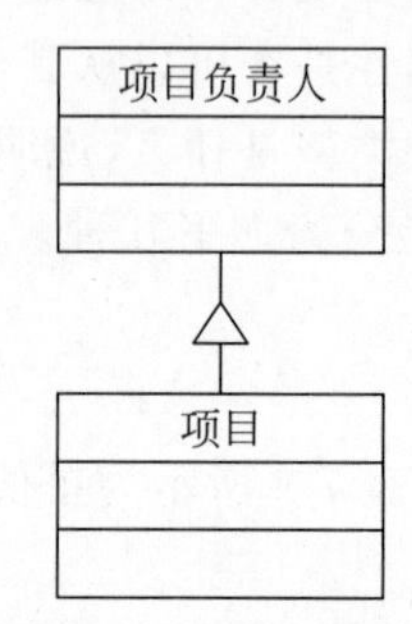

图 7-22 多值的解决方法

7.3.4 定义服务

系统分析员通过分析对象的行为发现和定义对象的每个服务,但对象的行为规则往往和对象所处的状态有关。

1. 对象状态

目前在关于 OOA 技术的各种文献中,对"对象状态"这个术语的理解和用法不一致,主要有以下两种定义。

定义 7-8a 对象状态指对象或者类的所有属性的当前值。

定义 7-8b 对象状态指对象或者类的整体行为(例如响应消息)的某些规则所能适应的(对象或类的)状况、形态、条件、形式或生命周期阶段。

按定义 7-8a,对象的每个属性的不同取值所构成的组合都可看作对象的一种新的状态。这样,对象的状态数量是巨大的,甚至是无穷的,这对系统开发人员是一个巨大的考验。所以这里按定义 7-8b 解释和使用"对象状态"的概念。

按定义 7-8b,虽然在大部分情况下对象的不同状态也是通过不同的属性值来体现的,但是认识和区别对象的状态只着眼于它对对象行为规则的不同影响,即仅当对象的行为规则有所不同时,才称对象处于不同状态。所以按这种定义,需要认识和辨别的状态数目并不是很多，可以画出一个状态转换图，以帮助分析对象的行为。以下通过几个例子说明应如何认识对象的状态。

例 7-4　“栈”对象。

假如它的属性是 100 个存储单元和一个栈顶指针；服务是“压入”和“弹出”。那么它有多少状态呢？经分析，只需认识三种状态，即空（指针值＝0）、满（指针值＝100）、半满（0＜指针值＜100）。由这三种状态决定的对象的行为规则如表 7-5 所示（说明：表格格式有改）。

表 7-5　对象的行为规则

状　态	空	半　满	满
压入	可执行	可执行	不可执行
弹出	不可执行	可执行	可执行

在例 7-4 中，对象的状态是对象现有属性的某些特殊值，没有专门定义一些描述对象状态的属性。

2. 状态转换图

由于对象在不同状态下呈现不同的行为，因此要正确地认识对象的行为并据此定义它的服务，必须要分析对象的状态。对行为规则比较复杂的对象都需要做以下工作。

(1) 找出对象的各种状态。

(2) 分析在不同的状态下，对象的行为规则有何不同；在发现它们没有区别时，可以将一些状态合并。

(3) 分析从一种状态可以转换为哪几种其他状态，以及该对象的什么行为会引起这种转换。

通过上述的分析工作，可以得到一个对象的状态转换图，它是一个以对象状态为节点，以状态之间的直接转换关系为有向边的有向图。图 7-23 所示为“栈”对象的状态转换。

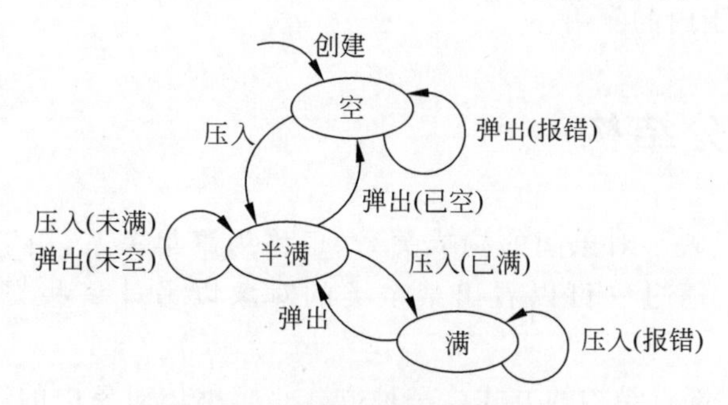

图 7-23　“栈”对象的状态转换

状态转换图是对整个对象的状态/行为关系的图示，它附属于该对象的类描述模板。由于它只是描述了单个对象的状态转换及其与服务的关系，并未提供超越对象范围的系统级信息，因此只把它作为类描述模板中的一项内容，不强调对每一个类都要画出一个状态转换图，有些情况很简单的对象类，其状态转换图可以省略。

画出状态转换图的目的是更准确地认识对象的行为，从而定义对象的服务。通过了解对象的状态以及状态之间如何转换,启发自己去发现服务。

7.4 一般-特殊结构

一般-特殊结构是由一组具有一般-特殊关系(继承关系)的类所组成的结构。特殊类之所以称其“特殊”,是因为它具有独特的属性与服务。一般类的某些对象不符合这些条件,使特殊类成为一个较为特殊的概念;而一般类之所以“一般”,是因为它的属性与服务具有一般性,这个类及其所有特殊类的对象都应该具有这些属性与服务,所有这些对象都属于一般类。一般类是一个较为广泛的概念。一般类的特征集合则是特殊类特征集合的真子集;而特殊类的对象实例集合是一般类对象实例集合的真子集,如图 7-24 所示。

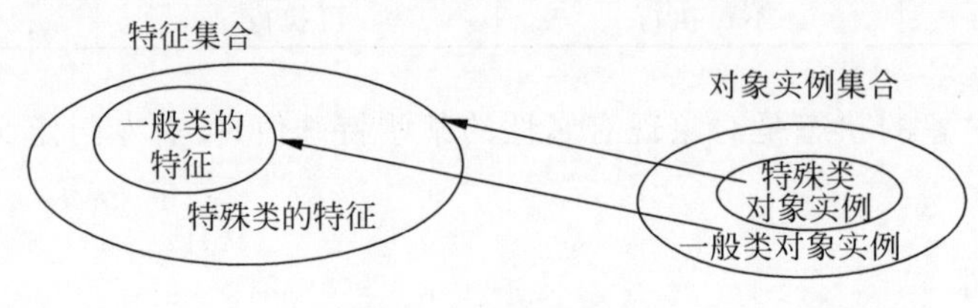

图 7-24 对象关系

一般-特殊结构是把一组有一般-特殊关系的类组织在一起而得到的结构。它是一个以类为节点,以一般-特殊关系为边的连通有向图。

如何发现一般-特殊结构图?从不同的角度努力发现可能有用的一般-特殊结构。为了发现一般-特殊结构,有以下可供采用的策略:

(1) 按常识考虑事物的分类;

(2) 学习问题域的分类学知识;

(3) 按照一般-特殊结构的定义分析;

(4) 考察类的属性与服务;

(5) 考虑领域范围内的复用。

7.5 整体-部分结构

整体-部分关系反映了对象间的构成关系,也称为聚集关系,用于描述系统中各类对象之间的组成关系。通过它可以看出某个类的对象以另外一些类的对象作为其组成部分。

有两种实现整体-部分结构的方式。一种方式是把整体对象中的这个属性变量定义成指向部分对象的指针,或定义成部分对象的对象标识,运行时动态创建部分对象,并使整体对象中的指针或对象标识指向它,如图 7-25 所示。另一种方式是用部分对象的类作为数据类型,静态地声明整体对象中这个代表部分对象的属性变量,这样,部分对象就被嵌入整体对象的属性空间中,形成嵌套对,如图 7-26 所示。

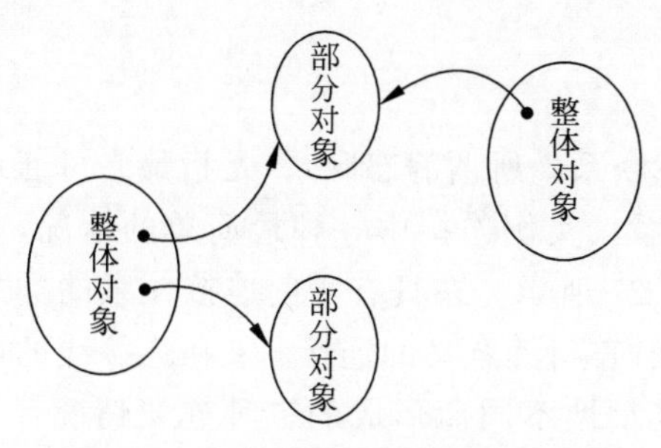

图 7-25 整体-部分结构的指针方式

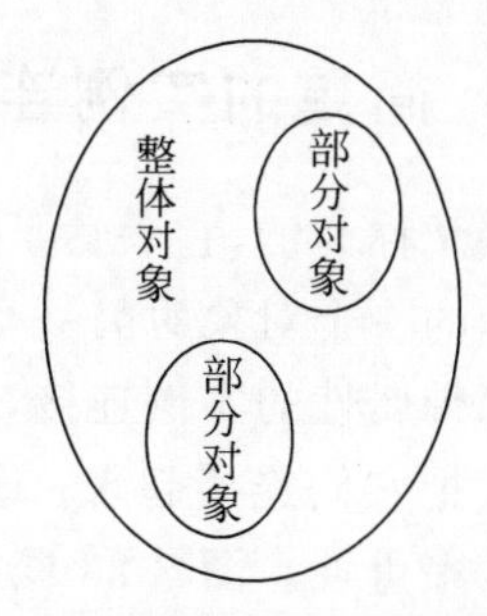

图 7-26 整体-部分结构的对象嵌套方式

下面是 C++语言中用整体-部分结构方式实现这种定义的方法：

```
class A
    {
      public:
        class B                    //定义在类 A 中的类 B
            {
            public:
            …
            private:
            …
        }
    void f();
    private :
    int a;

}
```

这两种实现方式都能表达对象之间的整体-部分关系，但效果有所不同。两种结构在概念上的差别是很明显的，一个体现了 is-a-kind-of 关系，另一个体现了 has-a 关系。

如何发现整体-部分结构？整体-部分结构可以清晰地表达问题域中事物之间的组成关系，同时它又是一种用途更为广泛的系统构造手段。这里讨论如何从问题域发现整体-部分结构。

(1) 组织机构和它的下级组织及部分；
(2) 物理上的整体事物和它的组织部分；
(3) 组织与成员；
(4) 抽象事物的整体与部分；
(5) 一种事物在空间上包容其他事物；
(6) 具体事物和它的某个抽象方面。

7.6 实例连接

对象之间有另一种关系——实例连接。首先介绍实例连接的基本概念、用途及表示法，然后分别讨论几种比较复杂的情况。

7.6.1 简单的实例连接

实例连接又称为链,它表达了对象之间的静态联系。所谓静态联系,是指最终可通过对象属性来表示的一个对象对另一个对象的依赖关系。实例连接中一种最简单的情况,即两类对象之间不带属性的实例连接,其表示法如图 7-27 所示。在具有实例连接关系的类之间画一条连接线把它们连接起来;连接线的旁边给出表明其意义的连接名;在连接线的两端用数字标明其多重性。图 7-28 概括了因两端的多重性不同而形成的三种连接情况:一对一连接、一对多连接和多对多连接。

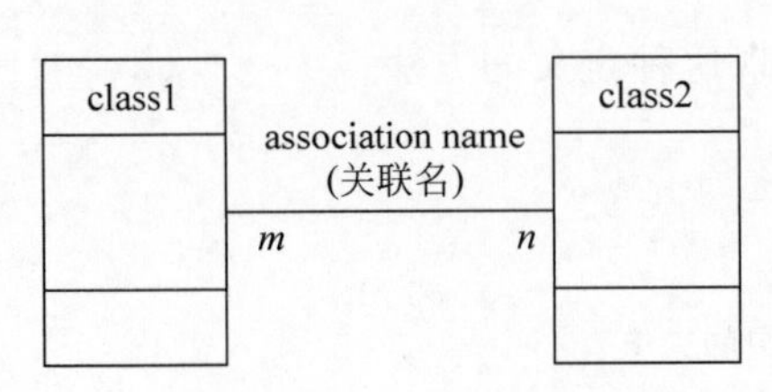

图 7-27 两类对象之间不带属性的实例连接

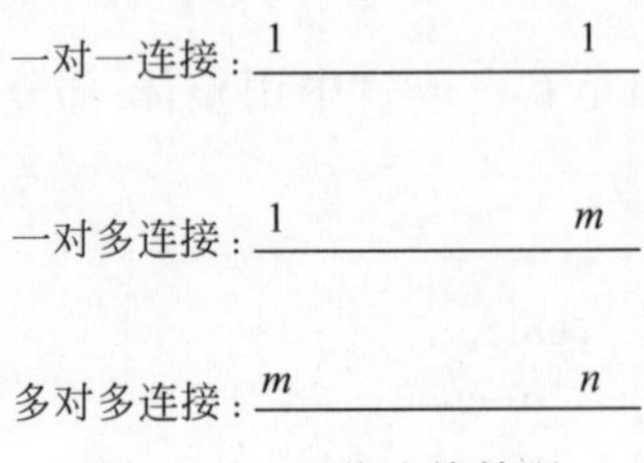

图 7-28 三种连接情况

7.6.2 复杂的实例连接及其表示

对象之间的静态联系不能那么简单。在某些情况下,仅仅指出两类对象的实例之间有或者没有某种联系是不够的,应用系统可能要求给出更多的信息。一个关联可能要记录一些信息,可以引入一个关联类记录。关联类通过一根虚线与关联连接,其表示法如图 7-29 所示。

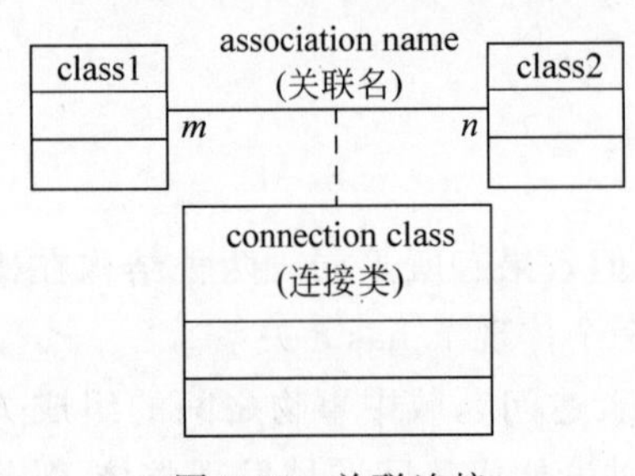

图 7-29 关联连接

图 7-29 中的关联既含有属性,又含有操作,和普通的对象类构成颇为接近,所以在 OMT 中把它作为一种对象类看待,称为“作为类的关系”(Association as Class),并把实例连接看作它的对象实例。

7.7 消息连接

分析对象之间在行为上的依赖关系,并通过消息连接来表示这种关系,从而使 OOA 模型最终成为一个有机的整体。为此给出消息的定义:消息是面向对象发出的服务请求。消息连接描述对象之间的动态联系,即当一个对象在执行自己的服务时,需要请求另一个对象为它完成某个服务。

1. 顺序系统中的消息

顺序系统中的一切操作都是顺序执行的。如图 7-30 所示,系统从其他的主动对象 A 的主动服务 a 开始运行,当它需要其他对象(被动对象)的某个服务为它完成某项工作时,就向该服务发一个消息，控制点转移到接收消息的对象服务，使该服务开始执行。接收消息的服务根据消息所表达的要求完成相应的工作后，控制点返回到发送消息的对象服务，并(在必要时)带回消息的处理结果。如图 7-30 所示，向被动对象 B 发消息，使 B 的服务 b 执行；b 在执行时先后向 C、D 两个被动对象发消息，其中 D 的服务 d1 在执行时又向 D 的另一个服务 d2 发消息。

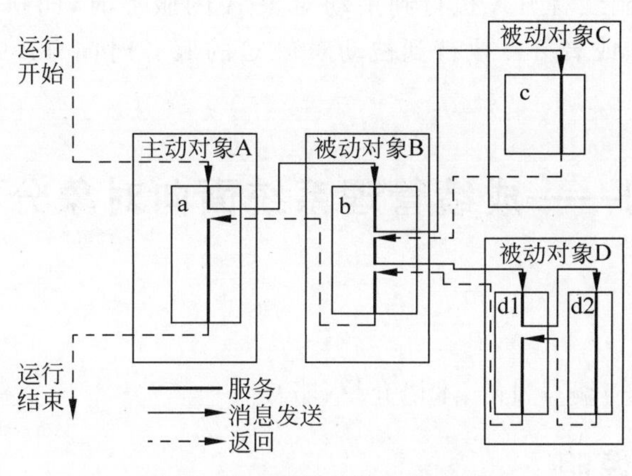

图 7-30　顺序系统中的消息

2. 并发系统中的消息

并发系统是有多个任务并发执行的系统，它的 OOA 模型含有多个主动对象和被动对象，系统实现之后，这些主动服务将对应一些并发执行的处理机调度单位，这里采用“控制线程”(Thread of Control)这个术语。在并发系统中，将有多个控制线程并发执行，每个控制线程是由一系列顺序执行的操作所构成的活动序列。图 7-31 所示为一个并发系统中的消息。

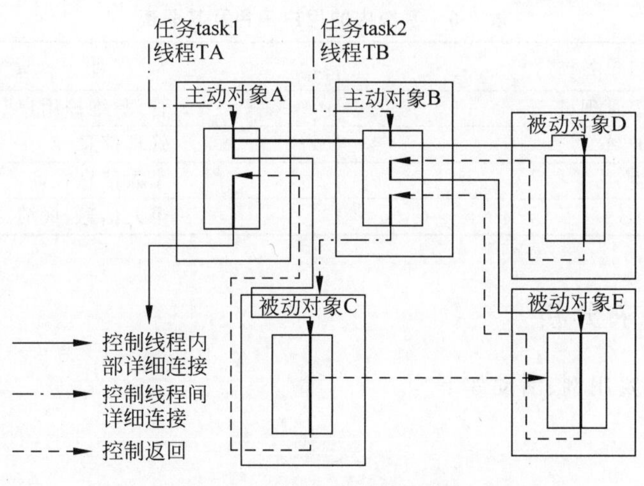

图 7-31　并发系统中的消息

假设系统中有两个需要并发执行的任务 task1 和 task2，分别用主动对象 A 和 B 描述这两个任务。其中A在执行时将顺序地使用被动对象C提供的服务；B在执行时顺序地使用被动对象D和E提供的服务。系统运行时，将有两个控制线程TA和TB并发地执行。但在TA中，对象A和C的服务是顺序执行的，在TB中对象B，D和E的服务也是顺序执行的。可以看出，并发系统中的消息分为两种情况：一种情况是发生在一个控制线程内部的消息，这种消息和顺序系统中的消息是完全相同的；另一种情况是两个或多个控制线程之间的消息，例如，当控制线程TA执行到主动对象A的服务时，向执行控制线程TB的主动对象B发出的消息，或者TA执行到被动对象C的服务时向TB中的被动对象E发出的消息。

7.8 应用案例——成绩管理系统面向对象分析

7.8.1 引言

文档编写说明、文档编写目的、术语介绍(略)。

7.8.2 系统说明

1. 系统介绍

学生成绩管理系统是针对学校教务处、学校教务人员以及教师处理学生成绩工作而开发的管理软件，主要用于对在校学生的成绩进行有效管理。本系统可以方便、快速地对学生成绩进行输入、输出、查询等管理，也可以作为学校教学管理系统的一个功能模块。

2. 系统中的用户角色

系统中的用户角色及其职责如表7-6所示。

表7-6 系统中的用户角色及其职责

角色名称	职 责
超级管理员	管理、维护用户
教务员	管理信息
学生	个人信息查询
教师	个人信息、成绩录入

7.8.3 需求分析

分析系统的主要用例、活动如下。

1. 用例

系统分析所得用例图有“超级管理员”用例图、“教务员”用例图、“学生”用例图和“教师”用例图。这里仅给出“学生”用例图，如图7-32所示。

用例是用户希望系统具备的动作，也就是系统具备的用户可操作的功能。学生成绩管

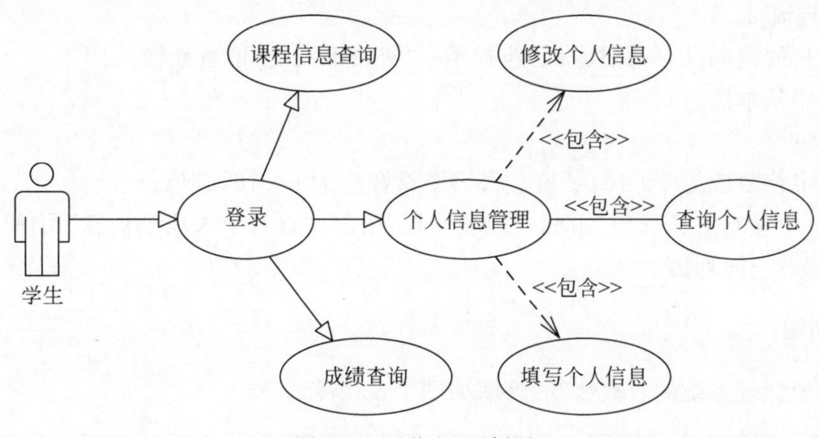

图 7-32　“学生”用例图

理系统的用例可以细分为很多项，这里对“用户登录”用例进行详细描述，其他包括“学生基本信息管理”用例、“成绩管理”用例、“查看个人成绩信息”用例、“个人信息管理”用例就不列出。

2. “用户登录”用例

用例编号：01

用例名称：用户登录

用例描述：本用例功能是向服务器发送连接请求，并向服务器提供验证所需的用户名和登录密码。

参与者：所有用户。

前置条件：在学生成绩管理系统有合法的身份。

后置条件：用户成功登录后，进入自己的个人信息页面。

3. 事件流

1）基本流

（1）用户输入用户名、密码。

（2）用户单击“登录”按钮，请求登录。

（3）客户端检查用户填写用户名内容是否合法，若合法则进入基本流（4）；不合法，转向备选流（1）。

（4）查密码是否正确，若密码正确则进入基本流（5）；若不正确，则进入备选流（2）。

（5）成功登录，进入系统个人信息界面。

2）备选流

（1）备选流 1。

如果用户的用户名没有通过验证（验证要求请参照 3）所列要求），比如没有该用户时，应提示：“该用户不存在，请重新输入！”。

用户返回基本流（1）。

(2) 备选流 2。

如果用户的密码没有通过验证,应提示:"密码不正确,请重新输入!"。

用户返回基本流(1)。

3) 要求

用户名字符数应为 8～10,必填。密码字符数应为 8～16,必填。

还有"学生基本信息管理"用例、"成绩管理"用例、"查看个人成绩信息"用例、"个人信息管理"用例就不一一列出。

4. 活动图

学生成绩管理系统的"教师"活动图如图 7-33 所示。

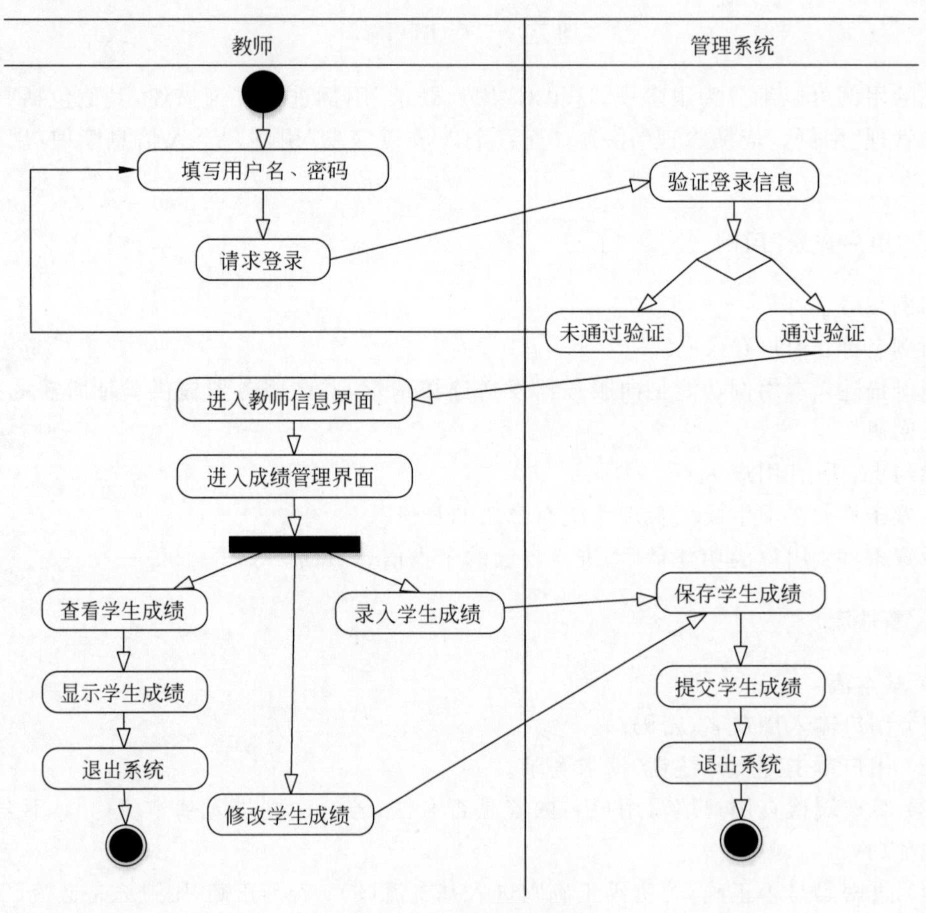

图 7-33 "教师"活动图

还有"用户登录"流程活动图、"学生信息管理"活动图就不一一列出。

5. 类与对象

系统有人员对象(超级管理员、教务员、教务处人员、学生、教师)、专业信息对象、年级信息对象、课程信息对象、班级信息对象、成绩信息对象、课程表对象、授课表对象等。

1）人员对象

系统中人员对象可以表示为一般-特殊结构，如图 7-34 所示。

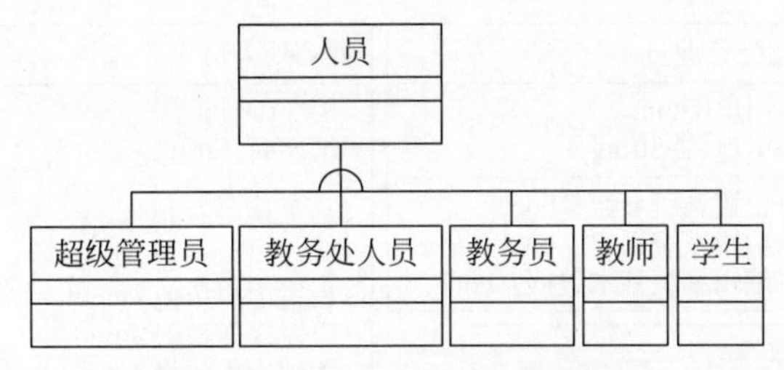

图 7-34　人员对象的一般-特殊结构

2）教务处人员对象

教务处人员的管理权限仅次于超级管理员，能够管理教务员的所有业务，除管理教务员个人信息外，还管理用户的基本信息，设置教务员、教师角色（即角色管理），设置系统操作权限，发布通知信息（即通知管理）。教务处人员的权限可以用整体-部分结构来表示，如图 7-35 所示。

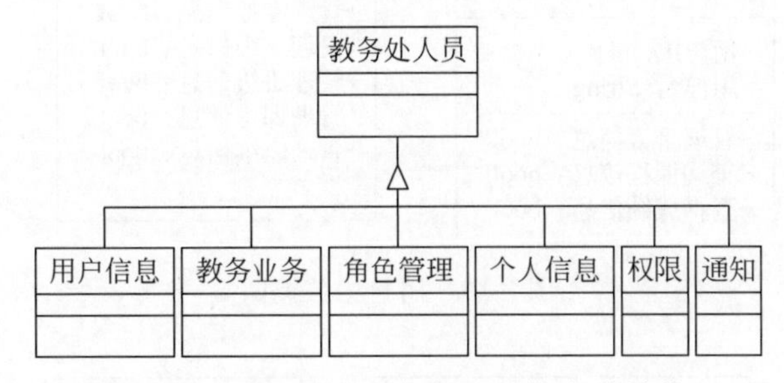

图 7-35　教务处人员权限的整体-部分结构

教务员对象、教师对象、学生对象的图示不一一列出。

6. 类

把具有相同属性和服务的对象归为一类，再根据系统功能需求，采用用例驱动方法，找出所有的候选类，基本候选类有超级管理员、教务员、教务处人员、教师、学生、用户个人信息、专业信息、年级信息、课程信息、班级信息、学生课程表、教师授课表、教学统计表、成绩信息等等，具体如表 7-7 所示。

表 7-7　需求到候选类分析

编号	需　求	候　选　类
1	超级管理员：设置系统	超级管理员、个人信息、权限、参数、教务员
2	教务员、教务处人员：教务信息、课程表、统计	教务员、教务处人员、个人信息、专业、课程、班级、学生、教师、课程表、通知类
3	学生：个人信息查询等	学生、个人信息、课程类、成绩类
4	教师：信息录入、查询等	教师、个人信息、课程信息、成绩、学生类

上面所列候选类较多，有些重复的地方，有些可以合并，经过筛选、归并后分为两大类：

一个是用户相关类,另一个是操作相关类。这些类的基本属性和服务描述如图 7-36 和图 7-37 所示。

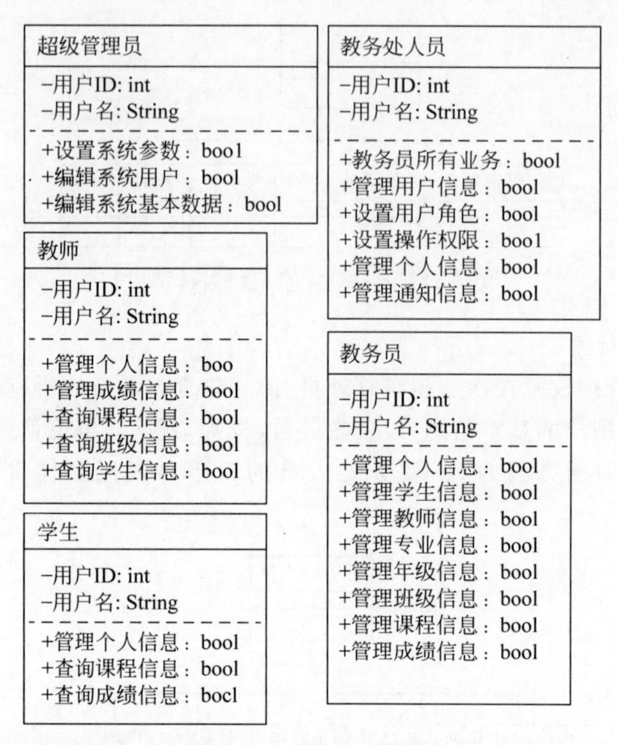

图 7-36 用户相关类图

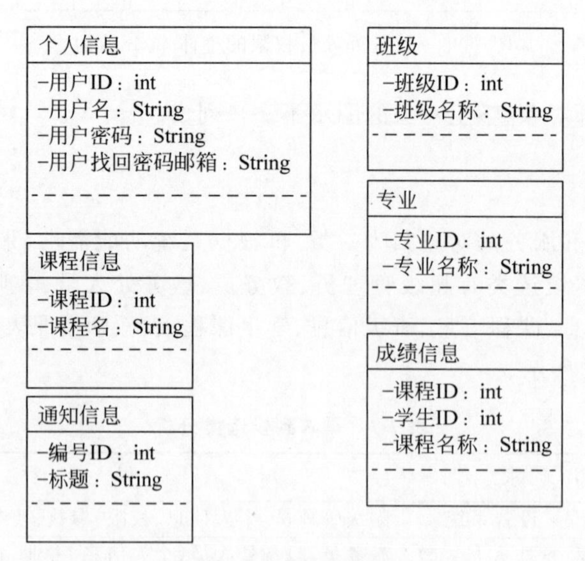

图 7-37 操作相关类图

7. 类关系

类的关系有关联、泛化、聚合、依赖等,对象之间的消息一般是沿着关联关系发送的,确定类的关系方法有很多种，可以采用不同的方式确定类之间的关联关系。

方法一：根据用例分析五种不同角色用户之间的关联关系，如图 7-38 所示。

方法二：按用户的操作需求功能来分析类之间的关系，如图 7-38 所示。

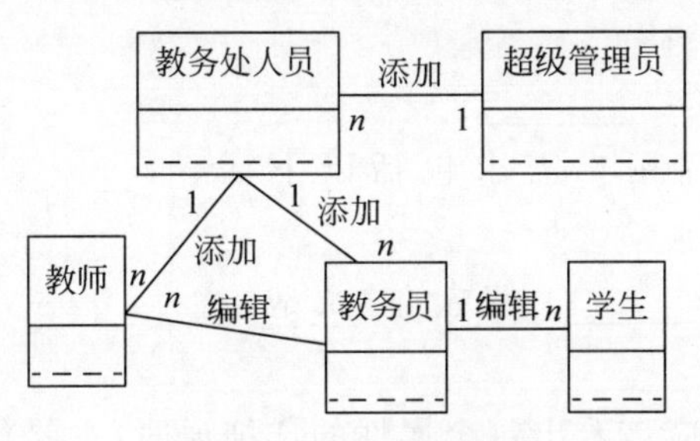

图 7-38 用户类关联关系

系统中的类之间还有的关系有教务员类及其关联关系、教务处人员类及其关联关系、教师类及其关联关系、学生类及其关联关系就不一一列出。

小结

本章主要介绍了面向对象中的四种结构与连接，包括一般-特殊结构、整体-部分结构、实例连接及消息连接。

综合练习 7

一、填空题

1. 面向对象方法至少应当包含四个方面：________、________、________、________。

2. “面向对象”是把一组对象中的数据结构和行为________结合在一起组织系统的一种策略，传统的思想是将数据结构和行为________连接在一起。

3. ________是一个对象可识别的特性。

4. ________是用来描述对象动态特征(行为)的一个操作序列。

5. ________就是把对象的属性服务结合成为一个独立的系统单位，并尽可能隐蔽对象的内部细节。

6. ________就是向对象发出的服务请求，它应该含有下述信息：提供服务的________、服务标识、________和回答信息。

7. ________是系统一个特定执行期间所发生的事件序列。

8. 构造状态机制的方式与构造对象的方式类似________和________。

9. 当对象划分成多个属性和链接的子集时，每个子集有它自己的子状态图，就出现了单个对象状态内部的________。

10. 功能模型由多个________组成，每个________说明了操作和结束的含义。

11. ________是数据流图中用来存取和存储的被动对象。

12. ________表示两个对象在相同时间的关系,或者表示同样对象在不同时间的不同值的关系。

13. 对象的概念是:________。类的概念是:________。

14. 类与对象的关系是:________。

15. 主动对象的定义是:________。

16. 系统分析员研究用户需求包括以下活动:________,________,________,________。

17. 属性的定义是:________。服务的定义是:________。

18. 类属性的定义是:________。

19. 在类描述模板中,应该给出每个属性的详细说明,主要包括下述信息:________、________、________、________。

20. 对象类与外部的关系包括________、________、________、________。

21. 一般类的定义是:________。

二、选择题

1. (多项选择题)以下(　　)功能是面向对象软件开发环境应具有的。
   A. 有一个支持复用和共享的类库及其浏览、维护界面
   B. 有一个存储并管理永久对象的对象管理系统(OMS)
   C. 有一个或多个基于类库和 OMS 的面向对象的编程语言
   D. 提供一套覆盖软件生命周期各阶段的面向对象的开发工具

2. 下面(　　)不是对象具有的特性。
   A. 标识　　B. 继承　　C. 顺序　　D. 多态性

3. 下面(　　)不是方法学的设计阶段。
   A. 分析　　B. 系统设计　　C. 物理设计　　D. 对象设计

4. 构成对象的两个主要因素是(　　)。
   A. 属性　　B. 封装　　C. 服务　　D. 继承

5. 描述对象之间的静态联系用(　　)方法。
   A. 一般-特殊结构　　B. 整体-部分结构
   C. 实例连接　　D. 消息连接

6. (　　)描述两个或多个实例之间的关系,而(　　)描述单一实例的不同的特性。
   A. 关联　　B. 整合　　C. 连接　　D. 概括

7. 一个(　　)能用不同的方法表示它的特征。
   A. 事件　　B. 抽象　　C. 状态　　D. 脚本

8. 下面(　　)不属于状态框中的保留字。
   A. entry　　B. back　　C. exit　　D. do

9. 以下(　　)不是 ONN 的优点。
   A. 把功能模型和对象模型紧紧联系在一起
   B. 提高软件的集成

C. 便于检查

D. 促进面向对象的思维能力

10. 系统外部的活动者不包括(　　)。

A. 人

B. 设备

C. 外部系统

D. 由系统的信息或模拟其行为的人和物

11. 在问题域方面,可以启发系统分析员发现对象的因素不包括(　　)。

A. 人员　　B. 组织　　C. 外部交互系统　　D. 物品

12. 对主动服务,在服务名前加一个(　　)。

A. @　　B. &　　C. ^　　D. *

13. 以下(　　)活动不能推迟到 OOD 阶段做。

A. 对象标识问题　　B. 规范化问题　　C. 性能问题　　D. 定义属性

14. 对象之间的动态联系用(　　)表示。

A. 一般-特殊结构　　B. 整体-部分结构

C. 实例连接　　D. 消息连接

三、简答题

1. 什么是面向对象?
2. 面向对象的发展经历了哪几个阶段?
3. 面向对象方法有什么特点?
4. 传统的软件工程和面向对象软件工程有何异同点?
5. 什么是继承?
6. 什么是消息?
7. 什么是多态性?
8. 什么是状态?
9. 什么是事件?
10. 简述构成动态模型的几个要素。
11. 怎样用状态图描述事件?
12. 简述事件如何触发操作。
13. 试述动态模型的并发性。
14. 用例子说明并发活动是如何同步的。
15. 用图示表示对象类及主动对象类的表示法。
16. 研究问题域应包括哪些工作要点?
17. 发现对象有哪些原则?
18. 试说明主动服务与被动服务的区别。
19. 对系统中的对象进行哪些步骤以发现对象的属性?
20. 画出“栈”对象的状态转换图。

21. 什么叫整体-部分关系?
22. 用图示表示整体-部分结构。
23. 列举几种情况下运用整体-部分结构而实现或支持复用。
24. 画出一般类和特殊类的关系图。
25. 画图说明一般-特殊结构的表示法。

第8章 面向对象设计

分析阶段决定要实现什么，系统设计阶段决定着手实现的计划，从 OOA 到 OOD 模型中的问题域部分存在着映射关系。设计是对 OOA 的结果进行改进和精化。具体要处理的有属性、服务、类及对象、结构及对象行为。本章从系统总体方案、软件体系结构及系统的并发性这几方面探讨这些问题。

8.1 系统总体方案

要开发一个较大的计算机应用系统，首先要制定一个系统总体方案。系统总体方案的内容如下：

(1) 项目的背景、目标与意义；

(2) 系统的应用范围；

(3) 对需求的简要描述，采用的主要技术；

(4) 使用的硬件设备、网络设施和商品软件；

(5) 选择的软件体系结构风格；

(6) 规划中的网络拓扑结构；

(7) 子系统划分；

(8) 系统分布方案；

(9) 经费预算、工期估计、风险分析；

(10) 售后服务措施，对用户的培训计划。

要形成一个系统总体方案，除了软件专家需要发挥核心作用外，还需要硬件专家、网络专家、领域专家、管理者、市场人员等多方面人员的通力合作。所以系统总体方案的制定不纯粹是软件问题，但是直接反映最终用户需求的还是软件，而硬件、网络等方面的决策主要是根据软件的要求做出的。

对于 OOD 模型中，总体方案中所决定的下述问题是它的基本实现条件：

(1) 计算机硬件；

(2) 操作系统；

(3) 软件体系结构；

(4) 网络方案；

(5) 编程语言；

(6) 其他商品软件。

8.2 软件体系结构

软件体系结构是对系统的组成与组织结构较为宏观的描述,它按照功能部件和部件之间的联系与约束定义系统。软件体系结构设计包括系统结构的总体设计、各计算单元功能分配和各单元间的高层交互等。

用什么成分构成软件系统,以及这些成分之间如何相互连接、相互作用,在这些问题上的不同选择决定了不同的软件体系结构风格。以下是典型的软件体系结构风格:

(1) 管道与过滤器风格(Pipe and Filter Style);

(2) 客户-服务器风格(Client-Server Style);

(3) 面向对象风格(Object-Oriented Style);

(4) 隐式调用风格(Implicit Invocation Style);

(5) 仓库风格(Repository Style);

(6) 进程控制风格(Process Control Style);

(7) 解释器模型(Interpreter Model);

(8) 黑板风格(Blackboard Style);

(9) 层次风格(Layered Style);

(10) 数据抽象风格(Data Abstraction Style)。

上述体系结构风格是从不同的视角总结提炼的,因此各种体系结构风格之间有一定的正交性。其中,面向对象风格和大多数其他风格都是不冲突的。例如一个系统体系结构既可以是面向对象风格,又可以是客户-服务器风格。

1. 体系结构的标记法

现在普遍使用的一种体系结构表示法是图形标记法,它是用特定的符号表示系统的各种不同模块。体系结构图标记法示例如图 8-1 所示。

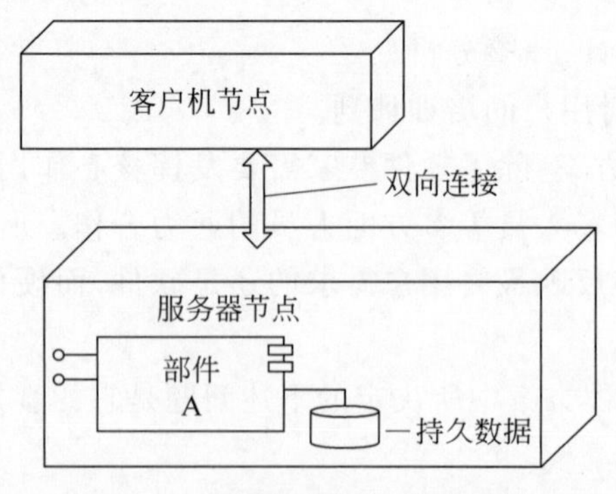

图 8-1 体系结构图标记法示例

图形标记法也存在很大的缺陷:体系结构图要被多种不同背景的人使用,他们的侧重点不同,因而倾向用不同的符号和图案来表述系统的组织和性质,而且许多图形和标记都是为特定的系统而设，不能通用。

2. 流程处理系统

图 8-2 所示为流程处理系统的处理过程。从图 8-2 中可以看出它以程序算法和数据结构为中心，每一个处理过程中，先接收输入数据，对它们进行处理，最后产生输出数据。

以流程处理系统为基础的软件体系结构常见于数据和图像的处理、计算机模拟数值解题等。流程处理系统示例如图 8-3 所示。

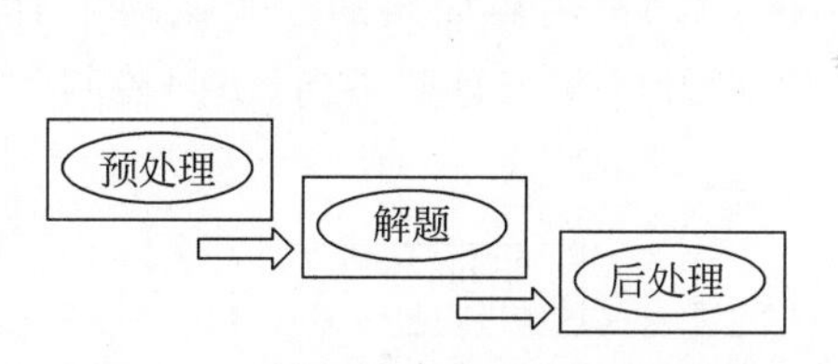

图 8-2　流程处理系统的处理过程

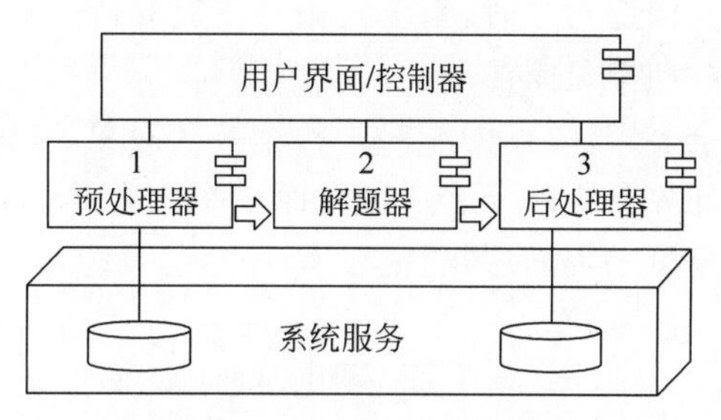

图 8-3　流程处理系统示例

3. 客户机/服务器系统

1）客户机/服务器系统介绍

在客户机/服务器系统结构中，客户机负责用户输入和展示；服务器则处理低层的功能，它通常含有一组服务器对象，能同时为多个客户机服务。在客户机/服务器系统中，客户机和服务器之间通过约定的协议来交谈，常见的协议有超文本传输协议（HTTP）、CORBA 的网际对象经纪之间协议（CORBA/IIOP）等。

2）基于 MVC 的网上应用系统

模型视图控制器（MVC）构架是建立网上应用行之有效的方案。虽然细节各异，其宗旨都是数据与展示分离。服务器主对象收到用户的要求以后，便构造一个数据集对象，该对象是以数据库的数据来建立的。应用的视图则由模块对象中的网页样本提供。服务器主对象把样本中的变量换成数据，再把带有数据的网页直接送到客户机一端，由后者显示。使用模型视图控制器架构的网上应用示例如图 8-4 所示。

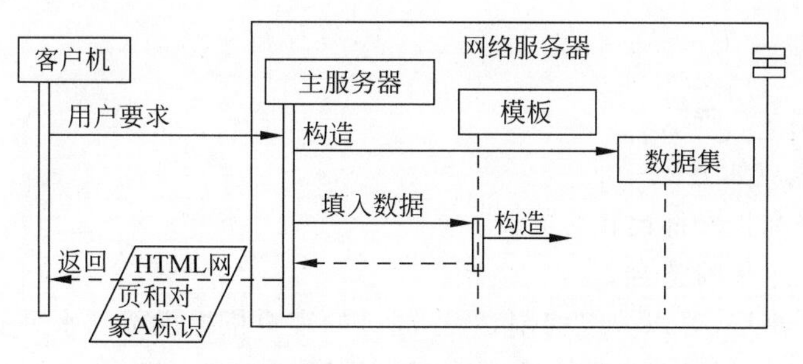

图 8-4　模型视图控制器架构的网上应用示例

4. 层状系统

所谓层，就是一个部件或节点中的一组对象或函数。层状系统则是带有这些分组或层的软件系统，层状的体系结构常见于应用服务器(Application Server)、数据库系统、层状的通信协议(如 CORBA/IIOP)和计算机的操作系统。但是层状系统体系结构中层的个数多时，系统性能就会下降，而且标准化的层界面可能变得臃肿，降低函数调用的性能。

以服务对象分层把持久对象作为界面对象的服务类。这个结构有两层：界面层和持久层。在构造对象时，系统先构造或提取持久对象，然后再构造界面层的对象。具体又分为全显露法和单显露法。

全显露法(见图 8-5)中每个持久对象(＜persistent＞)都由界面层的一个或多个对象显露给外界。它赋予客户机全面控制持久对象的能力，设计的实施直截了当，访问控制和保安措施也可在界面层执行。

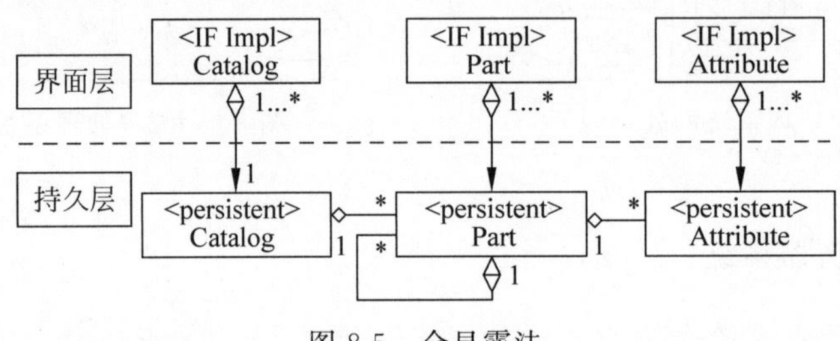

图 8-5 全显露法

单显露法(见图 8-6)只用一个界面层对象来操纵持久层的运算。若目录只需要一组粗略的运算操作，则这种方法很有效。

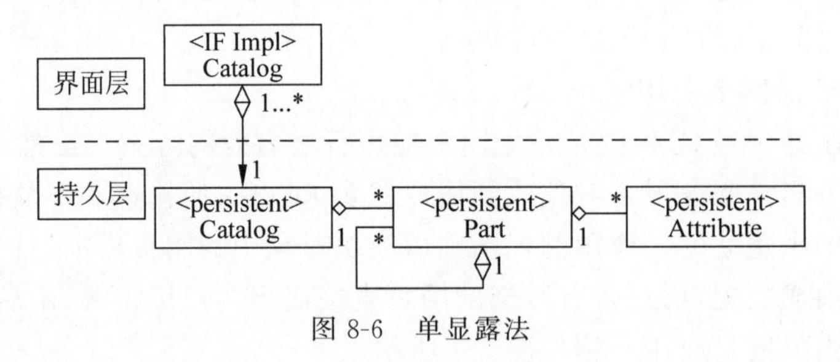

图 8-6 单显露法

5. 多级系统

多级系统如图 8-7 所示。

多级系统的优点如下。

(1) 系统维修和扩展都比较容易。

(2) 方便企业水平的整合。

(3) 从底层到高层，可以分级控制，对不同级的客户机提供不同水平的服务。

(4) 多级系统可以扩充，以服务大量同时使用系统的客户机。

多级系统的缺点如下。

(1) 各对客户机/服务器之间可能有多种不同的通信协议。

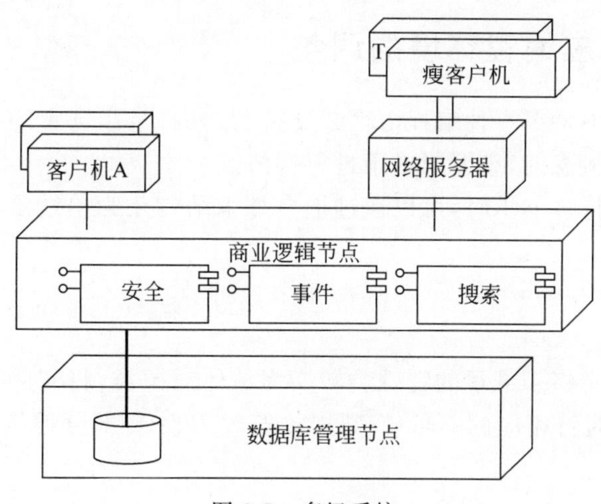

图 8-7 多级系统

(2) 调试系统的整体性能很不容易。

6. 代理

代理其实就是服务器,它启动以后,就静候客户机的请求。收到请求以后,就进行处理,然后返回结果,接着再等候下一个请求。代理可以模拟企业工作流程中的行动者。代理体系结构如图 8-8 所示。

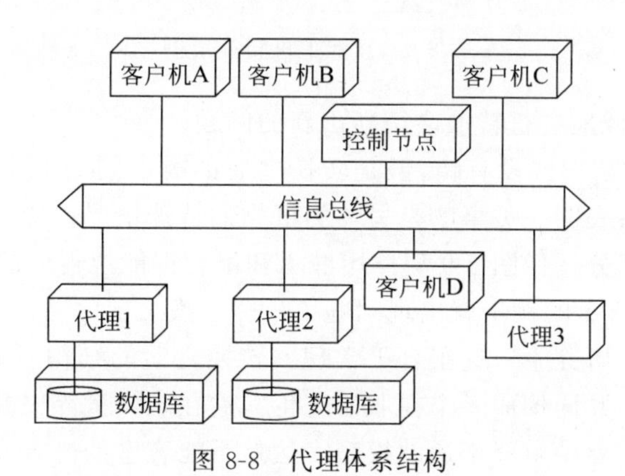

图 8-8 代理体系结构

8.3 环境设计

在 OOA 阶段有些问题可以留在 OOD 阶段考虑。设计阶段必须考虑各种实现条件。对设计影响最大的是用于实现的编程语言,其中包括两方面的问题:首先是选定的编程语言可能不支持某些面向对象的概念与原则;其次是某些与编程语言有关的对象细节可能从 OOA 阶段推迟到 OOD 阶段定义。一旦编程语言确定之后,这些问题都要给出完善的解决。

8.3.1 为适应编程环境的调整

面向对象的概念不是每一种编程语言都支持的。因此,当选定的编程语言不能支持模型中用到的某些 OO 概念时,就要对继承进行调整。

当编程语言不支持多继承时,可以通过把多继承结构化为单继承或无继承解决。有以下几种方法。

1. 简单转换

机械的转换方法是将多继承的特殊类转换为整体对象类,将它的一个或多个一般类转换为部分对象类;同时将相应的一般-特殊连接符改为整体-部分连接符。图 8-9 所示为智能手机转换示例。

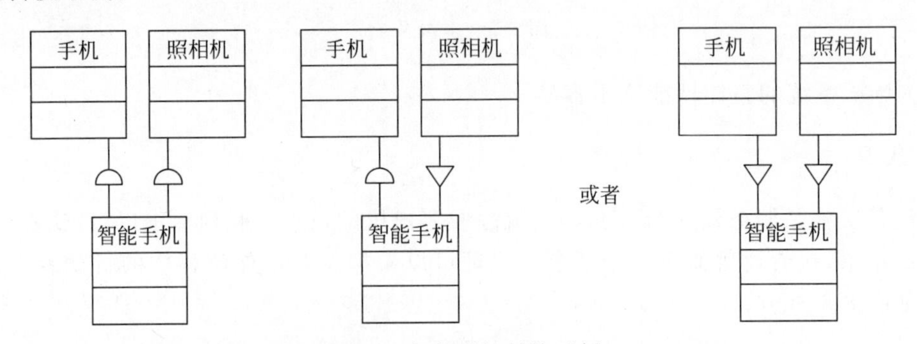

图 8-9 智能手机转换示例

然而这样简单、机械地进行转换会衍新出新的问题。

第一个问题:转换后形式没有错,但是转换之后的类之间的关系语义可能有悖于客观世界的常理。继承关系表明一类事物是另一类事物的特殊情况;聚合关系表明一类事物以另一类事物作为组成部分。像图 8-9 那样用继承和聚合都能说得通的例子在现实中并不普遍。换一个如图 8-10 所示的例子就出现问题了——转换之前的结构表明"在职研究生既是一个大学教师又是一个研究生",这很合乎常理。转换之后的结构所表达的语义则是"一个大学教师和一个研究生共同构成一个在职研究生",这在现实世界中并不符合人们日常思维和表达。这种在现实世界中解释不通的模型表达是不能容忍的。

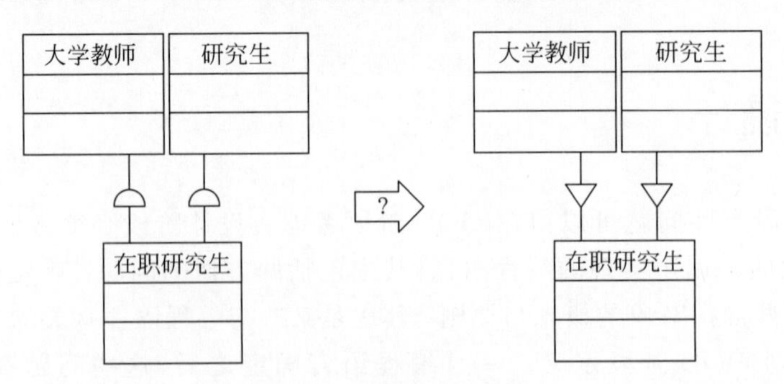

图 8-10 转换问题示例

第二个问题：一般-特殊结构中如果特殊类和一般类之间有多条继承路径相连，按这种机械化的转换方法所得出的特殊类会出现信息重复现象，容易造成数据紊乱。如图 8-11 所示，在左侧的结构中，类“在职研究生”继承类“大学教师”和类“研究生”(多继承)，而“大学教师”和“研究生”又都继承更高层的一般类人员。由于继承关系是传递的，因此人员的属性和服务在被“大学教师”和“研究生”继承之后，又通过它们传递给“在职研究生”，即“在职研究生”通过“大学教师”和“研究生”间接地继承人员的属性和服务。尽管在这种菱形的多继承模式中，“在职研究生”可以通过“大学教师”和“研究生”两条不同的路径间接地继承人员，表面上看，“在职研究生”会出现信息重复，但是它实际上只有一份来自人员的信息。这是因为任何一种支持多继承的 OOPL 都有继承机制保证，当特殊类和一般类之间有多条继承路径相连时，特殊类只能继承单独一份来自同一个一般类的信息。这项基本的要求在图 8-11 右侧(转换之后)的结构中却失去了保障。“在职研究生”通过“大学教师”间接地继承了一份来自“人员”的信息；同时，“在职研究生”又通过聚合拥有另一份来自“人员”的信息。这是由于“研究生”继承了“人员”，而“在职研究生”把“研究生”作为自己的一部分，所以导致信息重复。显然，在现实中这种重复出现的信息不仅会造成空间浪费，而且会引起程序的错误和混乱。

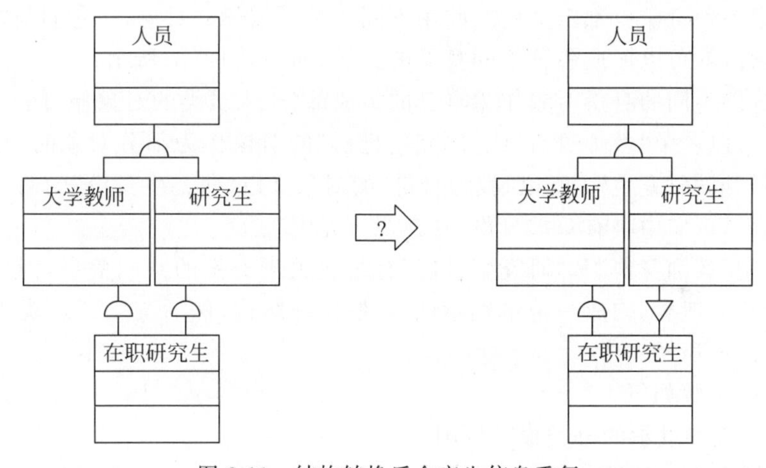

图 8-11　结构转换后会产生信息重复

2. 重新定义对象类

上述简单机械化方法存在明显不足。新思路是重新审视原先用多继承结构表达的实际事物以及它们之间的关系。尝试用多继承概念之外的其他 OO 概念对它们进行新的解释和表达，必要时可以重新定义对象类，如图 8-12 所示。

以图 8-12 (a)所示的菱形多继承结构为例介绍这种方法的思路。首先，完全按继承的观点来解释“人员”“大学教师”“研究生”和“在职研究生”这几个类之间的关系。这样，“大学教师”和“研究生”继承了“人员”的属性和服务，同时又具有各自特有的属性和服务。而“在职研究生”分别继承了“大学教师”和“研究生”的属性与服务，也间接地继承了“人员”的属性与服务，这就形成了多继承结构。现在，从另一个角度看问题：形成这种分类的原因是什么？是因为在“人员”这个大的集合中，不同的对象实例具有不同的身份——有些具有教师

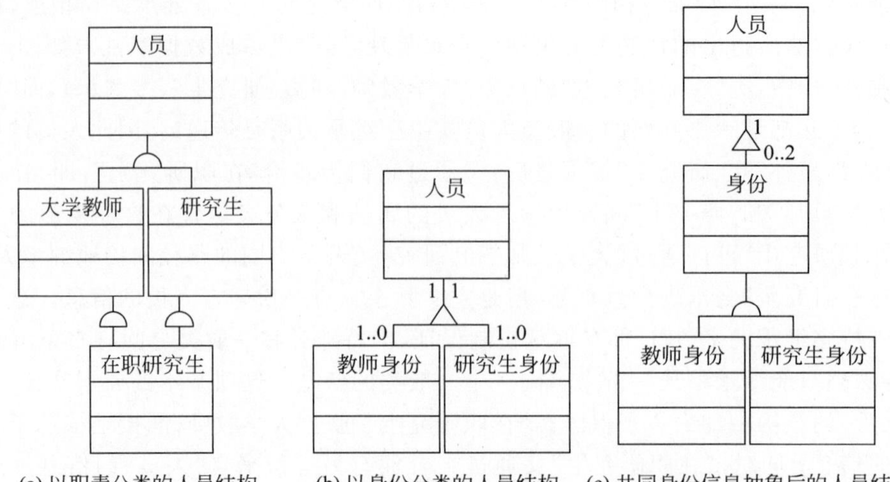

图 8-12 重新定义对象类

身份,有些具有研究生身份。“在职研究生”既是“大学教师”又是“研究生”,所以就有了双重身份。那么,把各种身份也都定义成一些用不同的类来描述的对象,将它们与“人员”类的对象实例进行聚合,就可以形成各种不同身份的人员,如图 8-12(b)所示。

这样,通过以不同的身份对象作为自己的组成部分,人员类的对象便可表示现实世界中不同的人员——以一个“教师身份”或“研究生身份”的对象作为部分对象时,分别表示现实中的“大学教师”或“研究生”;既以“教师身份”的对象又以“研究生身份”的对象作为部分对象时,就可以表示现实中具有双重身份的“在职研究生”。

如果系统中“教师身份”和“研究生身份”有某些关于身份的共同信息,则可在它们之上增加一个“身份”一般类,构成一个单继承的一般-特殊结构,然后与“人员”类组成整体部分结构,如图 8-12(c)所示。

方法的一般步骤如下:

(1) 分析形成多继承的分类根本原因;

(2) 把特殊类中的特性分离出来,新定义成为部分对象类,给以简单清晰的命名;

(3) 以原先的一般类作为整体对象类,以新定义的类作为它的部分对象类。

3. 保持分类,剥离多继承信息

这种方法一方面保持原先多继承结构中的每个类,另一方面从有关的类中剥离出形成多继承的每一组特殊信息。将其定义为部分对象类,再通过聚合使各个特殊类都能够拥有这些信息,如图 8-13 所示。

对于如图 8-13 所示的例子,将“大学教师”类中定义的关于教师的信息分离出来组织到“教师信息”类中。再将“研究生”类中定义的关于研究生的信息分离出来组织到“研究生信息”类中。这样,“在职研究生”类可以通过聚合同时获得关于大学教师和关于研究生的两方面的信息,不必再从“大学教师”类和“研究生”类中去继承。它可以上升到和这两个类相同的层次。结果是,“大学教师”“研究生”和“在职研究生”这三个类都是直接地继承“人员”类中定义的一般人员信息,同时又聚合不同的特殊信息,形成不同的人员分类。三个类的特殊性只是体现在其实例各有(一个或两个)不同的部分对象,它们的设计和实现只需各自定义指向(或嵌入)不同部分对象的属性。

这种方法克服了前两种方法的缺点：与第一种方法相比,它不会产生违背常理的关系语义,也不会产生重复信息；与第二种方法相比,它显式地保持了问题域实际事物的分类,从而便于分别组织数据存储。但是,这种方法的缺点是增加了类的数量。

上面详细讨论了多继承的化解方法,主要是为了让读者能够更加深入理解继承和聚合的概念。充分地掌握和灵活地运用这些概念和方法,可以有效解决实际遇到的各种不同的棘手的问题。以上各个方法都有它的优缺点和适用情况,其共同点是：都没有增加实现时的编程工作量。结构调整之前,特殊类通过继承获得一般类中定义的属性与服务,因此不需要重复地编写这些代码。进行结构调整不能轻易地放弃原先由继承带来的这种好处。假若允许忽视这一点,则可构造出很多其他各式各样的方法对原有结构进行调整。例如,把图 8-12 所示的结构改造成像图 8-14 那样,使"在职研究生"类不再从"大学教师"和"研究生"类继承任何信息,只是直接地继承"人员"类中定义的一般信息。按这种办法,多继承虽然化解了,但是"大学教师"和"研究生"类中定义的关于大学教师和研究生的属性和服务都要在"在职研究生"类中重新书写一遍,这意味着实现时将增加程序代码。

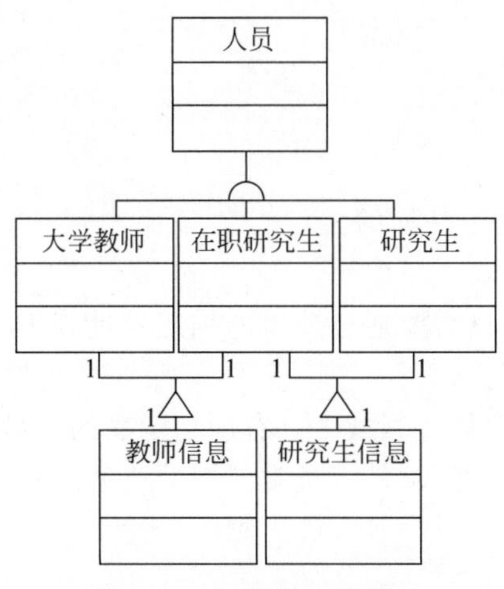

图 8-13　剥离多继承信息

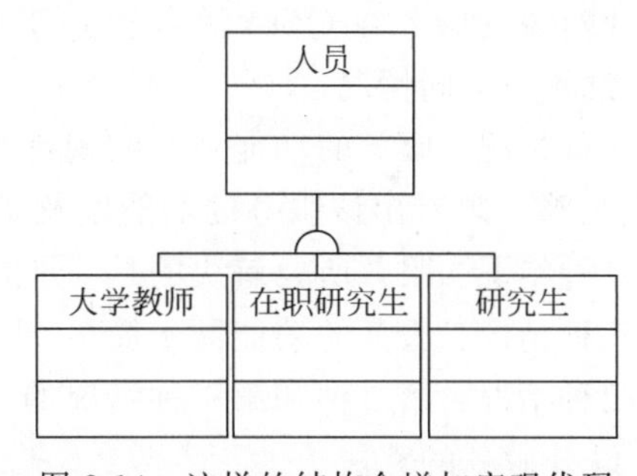

图 8-14　这样的结构会增加实现代码

8.3.2 对象设计的步骤

在对象设计期间,设计必须遵循以下步骤：

(1) 组合三种模型以获取类上的操作；

(2) 实现操作的设计算法；

(3) 优化数据的访问路径；

(4) 实现外部交互式的控制；

(5) 调整类结构提高继承性；

(6) 设计关联；

(7) 确定对象表示；

(8) 把类和关联封装成模块。

面向对象设计是一个反复迭代的过程。当对象设计在一个抽象层次已经完成时,就要考虑在更深层次上增加细节和更满意的设计。这时可能会发现新的操作和属性必须加到对象模型的类之中,或者可能新类将被标识,新类也可能要修改对象之间的关系。

8.4 完善对象的细节

关于对象细节的定义主要包括以下工作。

1. 弥补 OOA 模型的不足

(1) 针对问题域部分的每个对象类,检查它是否已经具备了表达问题域和系统责任所需的所有属性和服务;对于缺少的属性和服务均必须在 OOD 中做出补充和完备。

(2) 针对类的每一个属性和每一个服务,检查它们是否均具有完整的定义。

2. 解决 OOA 阶段推迟考虑的问题

(1) 因封装原则而设立的对象服务。

(2) 与 OOD 模型其他部分有关的属性与服务。

3. 设计对象的服务

设计对象的服务在 OOA 阶段和 OOD 阶段是不一样的。

1) 服务的不同情况

第一种情况:服务的功能及其实现都很简单,只需要通过简单的描述就能说明,甚至可以见名知意,一眼看出该服务的功能以及实现手段。

第二种情况:服务所要解决的是一些在相关学科或领域中已有确切定义的典型问题。

第三种情况:服务的功能既不简单,也不是一般的软件人员都熟知的典型问题。

第四种情况:第二种和第三种情况的结合。

2) 设计服务的算法

选择或设计算法所考虑的主要因素有以下几点。

(1) 正确性:算法能够准确无误地完成指定的功能,这是对算法最基本的要求。

(2) 计算复杂性:又称计算复杂度。

(3) 简明性:算法简单明了、结构清晰是很可贵的。

(4) 适应性:算法对被解决的问题有较大的适应范围。

3) 用流程图表示服务

流程图可以清晰、直观地表达一个操作过程。建议不要求画出十分详细的服务流程图。流程图可以适当的概括和简略。但是应注意以下几点。

(1) 服务流程图的根本目标是向程序员表明应该如何实现这个服务。流程图应详略得当,以不产生误解为度。

(2) 决定服务功能和性能的关键设计决策,体现于服务的主要控制流程以及与此有关的条件判断、分支及循环。这些是要在流程图中表达的重点内容,都要清楚地表示出来,不宜简略。

(3) 服务执行时发出的每一条消息是对象之间行为依赖关系的体现,都要在流程图中出现。

(4) 一些允许程序员自主决定的实现细节可以简略地表示。

4) 设计算法所需的数据结构

解决问题的方法多种多样,立足于不同的角度,面对同样一个问题,可能所采取的方法也不一样,这就要求有与之相适应的数据结构作为支撑。

服务的算法也可能需要一些只在服务被执行时才有效的临时性数据。这样的数据应该像面向过程语言的函数或过程那样,作为局部变量来处理,而不是定义为对象的属性。

4. 设计表示关联的属性

1) 一对一的关联

设连接符两端的类分别为 A 和 B,如图 8-15(a)所示。如果类 B 对象的属性经常通过类 A 的对象实例被系统调用,执行查找或引用等功能,则应把一个指向类 B 的对象的指针或对象标识放到类 A 中作为其中一个属性。

2) 一对多的关联

图 8-15(b)所示的一对多关联表明,类 A 的一个对象实例最多与一个类 B 的对象实例发生关联,而类 B 的一个对象实例可能与多个类 A 的对象实例发生关联。

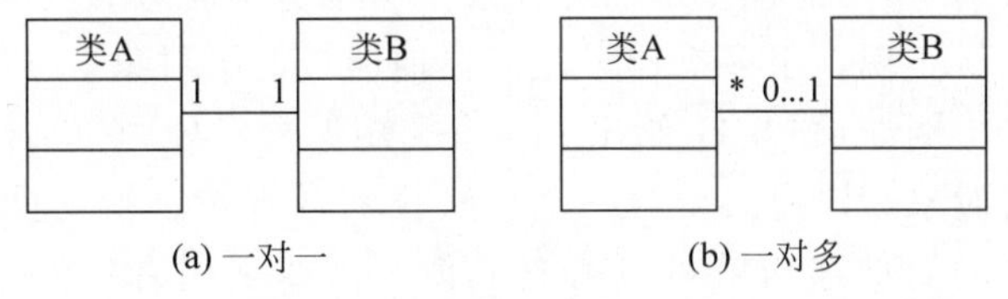

图 8-15 设计时考虑的关联

5. 设计表示整体-部分关系的属性

整体-部分关系可分为紧密、固定的和松散、灵活的两种情况。紧密、固定方式的整体-部分关系是通过在整体对象中定义一个作为部分对象的属性来实现的。例如在图 8-16(a)中,A 是整体对象的类,B 是其部分对象的类。设计时可在 A 中定义一个数据类型为 B 的属性。这样,类 B 的对象实例随着类 A 静态声明或动态创建一个对象实例而作为其部分对象出现在类 A 的对象实例中,这种实现方式称为嵌套对象。

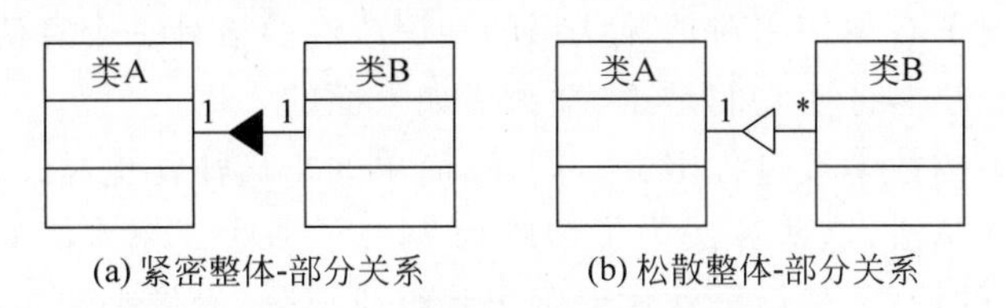

图 8-16 不同的整体部分关系

松散、灵活方式的整体-部分关系的实现方式与关联类似。但不同点是松散、灵活方式可以在整体对象和部分对象之间双向定义对方的属性。也就是说,既可以在整体对象中定义指向部分对象的属性,也可以在部分对象中定义指向整体对象的属性。和关联的实现一样,属性的数据类型也因编程语言而异。在一对多的关系中,为了实现的方便,一般应从标记着“*”的类指向标记着“1”的类。例如在图8-16(b)中,A是整体对象的类,B是其部分对象的类,通常应在B中设立一个指向A的对象的属性。

8.5 算法设计

每个在功能模型中确定的操作必须构成一个算法。分析详细说明从它的客户观点告诉操作要做些什么,但算法则说明如何完成操作。一个算法可以分成简单操作的调用,继续递归分解下去,直到最底层操作为止,简单到可以直接实现,而不需进一步改进。

算法的设计者必须做到以下几点。

(1) 选择实现操作花费最小的算法。

(2) 给算法选择合适的数据结构。

(3) 必要时定义新的内部类和操作。

(4) 给合适的类指定操作响应。

8.5.1 选择算法

许多算法已足够简单,功能模型中已经详细说明构造了满意的算法,因为关于做什么的描述同时也表示了如何实现。很多操作只是简单地通过遍历对象——链接网络中的路径检索或改变属性或链接。例如,图8-17给出了一个类矩形框对象,它包含一个操作表,其中依次包含一组操作条目对象。没有必要写一个算法找到含有一个给定操作条目的类矩形框,因为通过唯一的链接的简单遍历就可以查到其值。需要采用有价值的算法主要有两个原因:实现没有给出过程说明的功能和优化一个定义简单但效率较低的算法。

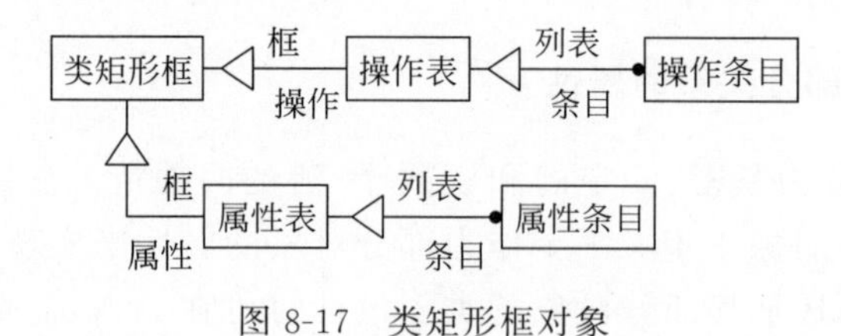

图8-17 类矩形框对象

某些功能被作为说明性约束确定,而无过程定义。例如,“三点确定一个圆”的圆的非过程说明。在这种情况下必须使用对情况认识的知识或经验设计一个算法。多数几何问题的本质是寻找合适的算法并证明它们是正确的,诸如上面的实例。

多数功能有简单的数学或过程定义。同样,简单的定义往往也是计算功能的最好算法,或者接近于另外一些算法,这些算法为了清晰而失去了一些效率。例如,图8-17中的类矩形框,首先要画出框的轮廓,然后再迭代地画出其组成部分、操作表和属性表。

在另一些情况中,操作的简单定义会非常低效并且需要用一个更有效的算法来实现。例如,在一个有 n 个元素的集合中,通过扫描查找一个值,平均需要 $n/2$ 次操作,而二分法查找只需 $\log n$ 次操作,散列(Hash)查找不管集合大小,平均只需不多于2次操作。

算法的抽象层次不应低于对象模型的最小层次。例如，在给图 8-17 的类矩形框构造递归算法中，担心画出矩形框图符的低层调用是没有必要的，也不必为对象内部的普通操作写琐碎的算法，诸如属性值的设置或访问。

在选取算法中需要考虑以下问题。

（1）计算复杂度。主要是要考虑算法的复杂度，即执行时间（或内存）是如何随着输入值个数的增加而增加的（恒定时间、线性关系、平方关系或指数关系），以及处理每一个输入值的花费。

（2）易于实现性和可理解性。如果采用简单的算法能快速实现，那么一些非关键操作上的某些性能值得放弃。

（3）灵活性。大多数程序迟早总会被扩充。高度优化的算法往往是以牺牲可读性和易于修改为代价的。

（4）精细协调对象模型。图 8-18 表示 OMTool 中的图元素和窗口之间映射的两种设计。在最初的上层设计中，每个图元素含有一系列窗口，在窗口中图元素是可见的，这是低效的，因为每个窗口都要分别对元素集合操作。在低层设计中，每个元素属于一个页面，它可以出现在任意数目的窗口中，页面上的图像可以计算一次，然后以位映像操作复制到每个窗口。使用间接的额外层次对于减少重复操作是值得的。

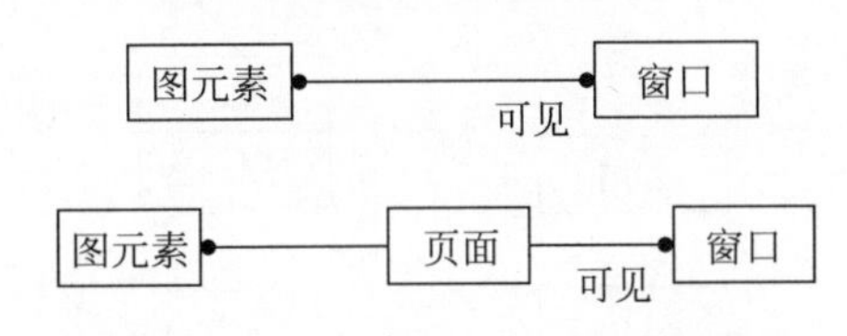

图 8-18 图元素和窗口之间映射的两种设计

8.5.2 选择数据结构

选择算法包含选择它们使用的数据结构。分析阶段的工作只集中于系统中的信息逻辑结构，而在对象设计阶段，必须选择满足高效算法的数据结构的形式。数据结构不向分析模型中添加信息，但按一定形式组织数据结构，可以方便算法使用。数据结构包含数组、表、队列、堆栈、集合、包、字典、关联、树和很多这些数据结构的变种，例如优先队列和二叉树。

8.6 关联设计

关联是对象模型的纽带，提供对象之间的访问路径。关联是用于建模和分析的有用的概念实体。在对象设计阶段，必须系统地阐述对象模型中关联的实现策略。用户既可选择实现所有关联的整体策略，也可为每一个关联选择一个特殊技术，考虑它在应用中的实际使用。为了设计好关联，先要分析它们的使用方法。

8.6.1 单向关联

如果一个关联是单向遍历的，那么它可以用指针来实现，指针是一个包含对象引用的属性。如果重数是1,如图8-19所示,那么它是一个简单指针;如果重数是“多”,那么它是指针集合。如果“多”结尾被排序,那么表可以用一个集合替代。具有重数1的资格关联可以作为字典对象实现(字典是一对值的集合,它将鉴别器值映像成目标值,在大多数面向对象语言中用散列技术实现字典)。具有重数“多”的资格关联是极少的,但可以作为对象集的字典来实现。

8.6.2 双向关联

许多关联是双向遍历的,其实现有三种方法。

(1) 作为单向属性实现,当需要反向遍历时仅执行搜索。这种方法仅用于两个方向的访问次数有很大悬殊的情况,而且减少存储花费和更新的花费是很重要的。稀疏的反向遍历代价是极昂贵的。

(2) 作为双向属性实现,使用的技术如图8-20所示。这种方法允许快速访问,但如果更新其中某属性,那么其他属性也要更新以保持其链接的一致性。当访问次数超过更新次数时,这种方法很有效。

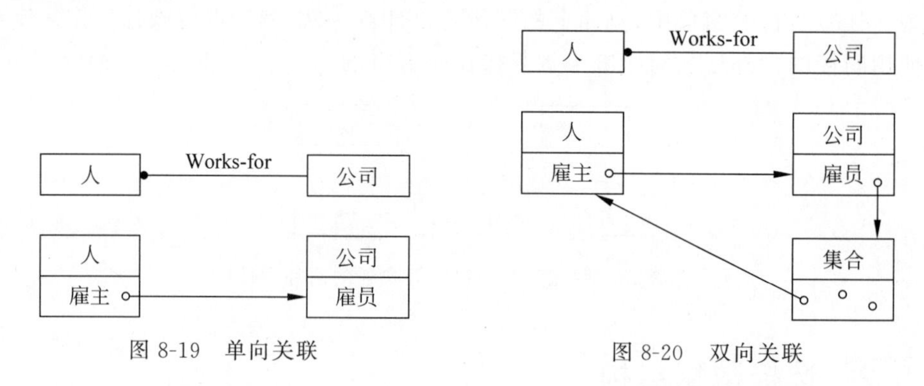

图8-19 单向关联　　图8-20 双向关联

(3) 作为独立的关联对象实现,与其他类无关。一个关联对象是存储在单边的大小可变的对象中的一对关联对象的集合。从效率上考虑,关联对象可用双向对象来实现,一个向前,另一个向后。它的访问速度比属性指针方法稍慢,但如果使用散列技术访问仍然是常数。

8.7 设计优化

判断一个系统的好坏,除了功能上的强大与否之外,就是看系统的性能高低。不同的客户对系统性能有着不一样的要求,但无论如何,性能对于一个系统而言确实是一个硬指标,系统的功能再好、再强大,一旦没有良好的性能作为支撑,便失去了其存在的意义。对于实时系统,性能更是至关重要的指标。由于性能问题与选用的硬件、网络、数据管理系统、图形用户界面、编程语言等实现条件密切相关,所以将此问题放到OOD阶段考虑。

基本设计模型把分析模型作为实现的框架。分析模型获取有关系统的逻辑信息,而设计模型必须增加细节以支持有效的信息存取。低效而语义上正确的分析模型可以通过优化而提高实现效率,但此优化系统会比较含糊而且在别的情况下的可用性会降低。设计者必须努力在效率和清晰性上加以合适的权衡。

在优化设计阶段，设计者必须注意以下三点。

(1) 要减少访问花费和增强简便性，应添加冗余的关联。

(2) 要获得更高的效率就应重新安排计算。

(3) 要避免复杂表达式的重复计算，应保存导出属性。

影响系统性能的因素很多。为了改进其性能，设计人员和高层决策者会有不同方面的考虑。设计人员优先考虑的是软件设计范围内对系统性能的改进技术，通过改造OOD模型使系统总体性能得到提升。高层决策者考虑的范围更广一些，如是否利用客户的现有设施等。有经验的决策者一般可根据用户的基本需求和本人及其单位以往的经验，通过一定的调查研究，在正规的分析与设计工作开始之前就提出一个总体方案。总体方案一般要提出计算机、网络和DBMS等软硬件配置。提出这些配置时，在性能方面一般都留有一定的余地。

OOD是在项目合同签订之后对总体方案中提出的计算机、网络和DBMS的选择，一般不需要在OOD阶段做太大修改。下面介绍各项提高性能的设计策略。

1. 添加冗余关联获取有效访问

在分析阶段，关联网中是不希望有冗余的，但是在设计阶段要评估实现的对象模型结构。有优化完整系统的关键网络的具体安排吗？网络需要通过添加新关联来重构吗？已存的关联能够省略吗？在分析阶段中有用的关联，在考虑到不同类型访问的模式和相对频率时，可能形成最有效的网络。

2. 调整对象分布

此策略适用于分布式处理机(图8-21中虚线的左边部分)之间数据传输成为主要瓶颈的情况。对分布式处理机进行合理的整合，调整各个对象在处理机上的分布方案，可使得这种情况得到极大的改善。在此过程中，必须遵守调整的目标：一是减少不同处理机之间的数据传输量；二是缩短数据传输路径。

如图8-21(a)所示，在Slave1处理机上类B的对象接收到类A的对象一个消息后，类B的对象的响应是要向Slave2处理机上类C的对象发送数据请求，以查阅相关的属性数据并对其进行运算，然后把结果返回给类A的对象。对于这样一个过程，假若类B的对象每次为类A的对象提供服务都要查询类C的对象的数据，则意味着Slave1、Slave2两台处理机之间存在频繁的数据传送。

对上述问题的第一种调整策略是把类B和它的对象移到Slave2处理机，如图8-17(b)所示。

衡量A、B之间与B、C之间信息传递的密切性，可以明显看出B、C之间信息交换的需求比起A、B之间的信息传递需求要大得多，因此，把B移至Slave2处理机能避免B、C间的大量信息流通过网络传输，B要访问C的对象实例所含的属性数据只需要通过控制流内部的消息即可。而类A和类B之间的消息变成了不同处理机之间(当然也是不同控制流之间)的消息。在本例的前提条件下，A、B间的数据传送量非常少，其时延影响不大，故可以忽略。

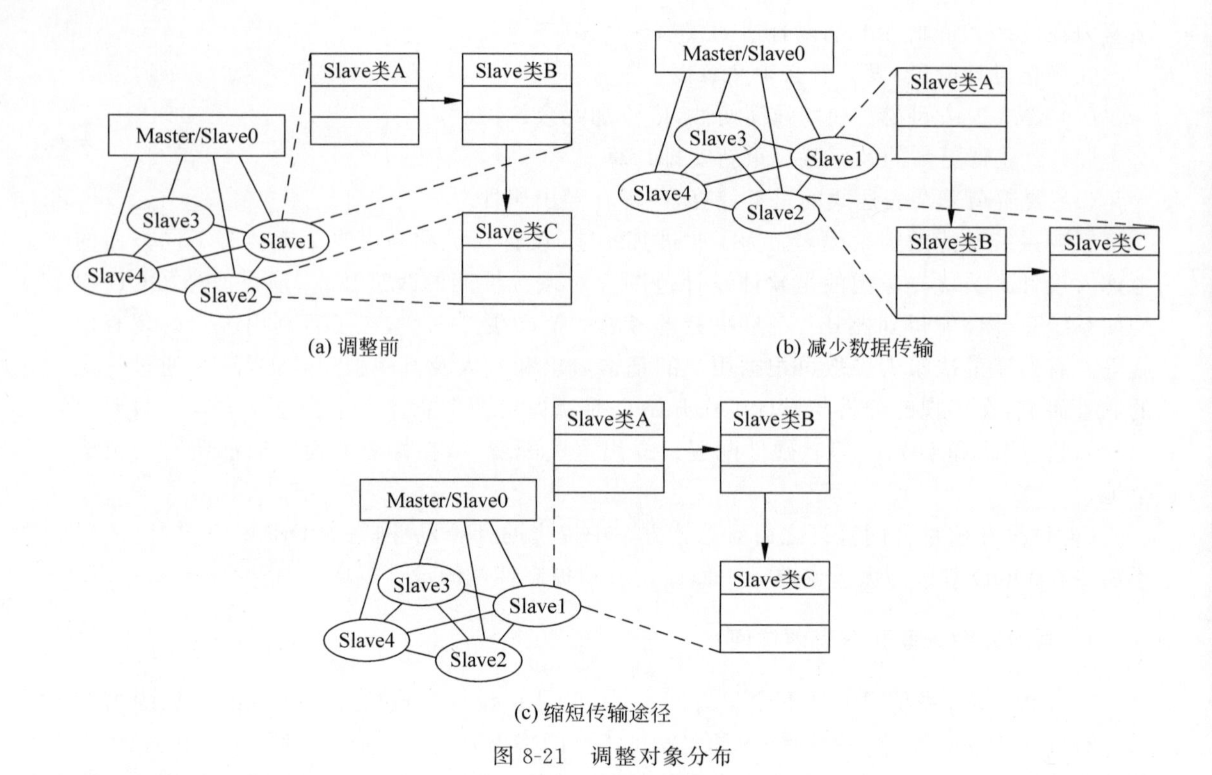

图 8-21 调整对象分布

第二种调整策略是在不引起其他问题的前提下，将类 C 的对象移到大量访问其属性数据的传送路径(在这个例子中已被缩短为零)，但是这种策略未必在任何情况下都可行。例如，类 C 的对象要被 Slave2 处理机或其他处理机上的另一些对象访问，若把 C 移到 Slave1 处理机，就加长了它与 Slave2 处理机上或其他处理机上对象间的通信路径。因此，应区别对待以下几种不同情况。

(1) 类 C 的所有对象实例都只供 Slave1 处理机的对象访问。在这种情况下一般应把类 C 及其所有的对象移到 Slave1 处理机，除非 Slave1 处理机没有合适的数据管理系统或没有足够的存储空间。

(2) 类 C 的不同对象实例分别供不同处理机上其他类的对象访问，但没有供多台处理机共享的对象。此时可以在不同处理机上分别创建并保存各自专用的类 C 的对象实例。表示策略是在每个需要它的地方为 C 的类符号建立副本。

(3) 类 C 的对象实例供多台处理机共享。这种情况较为复杂，一般需要衡量比较各台处理机对类 C 的对象实例的需求，尽量减少总体的数据传输开销，或是尽量降低对关键功能的影响，在平衡各方面需求的基础之上寻求性能最大化的方案。

3. 缩短对象存取时间

对于一些大型系统，其需要处理的海量数据不可能长期进驻内存，系统对数据的调用一般借助于数据管理系统对存储在外存空间数据进行读写。众所周知，内外存的速度存在很大差别，但由于一般系统处理数据较少，数据调度并不频繁，所引起的时延不至于让用户感到有明显差别。但在大型系统中，如果系统在执行某项功能时，需要频繁或大量地访问存储在外存空间的对象实例，则数据管理系统的响应时间可能成为性能的瓶颈。

近几年，由于计算机存储器的容量不断扩大，使得在内存中建立一定规模的数据库成为可能，所以出现了“内存数据库”设计技术。其原理是以外存数据库作为后援，在内存中建立一个对应的内存子库，使其数据模型、逻辑模式、存取方式等各方面都与外存数据库相一致。内存数据库并不适合作为长期存放数据的地方，它的作用只是通过与作为后援的外存数据库配合使用，进而显著地提高了数据存取速度。设计内存数据库的主要技术问题之一，就是数据在内存和外存的一致性问题。

8.8 应用案例——成绩管理系统面向对象设计

根据前面用面向对象方法对成绩管理系统进行的分析，明确了系统的功能是为教学管理工作提供支持服务，主要为教务处、教务以及教师处理学生成绩、统计成绩并提供学生成绩查询服务的管理软件。下面将依据前期对系统的功能、用户、对象、类、环境的分析结果进行系统的设计。

8.8.1 系统结构设计

根据前面对成绩管理系统的分析可知，该系统主要为高等学校提供一定的管理功能。目前，高等学校一般都具有网络环境，也具有一定的网络设备条件。因此，这里设计了基于网络环境的 B/S 架构。包括四个资源节点：客户端浏览器、HTTP 服务器、数据库服务器及打印机，其部署图如图 8-22 所示。

根据前面的面向对象分析，在本系统中，应包含系统管理员类、学生类、教师类、信息管理类及成绩统计类。将这些类及其关系进行进一步的分类，构造出相应的构件。另外，还构造了相关的系统服务的构件提供分析应用系统的实际关系。构造了系统构件图，如图 8-23 所示。

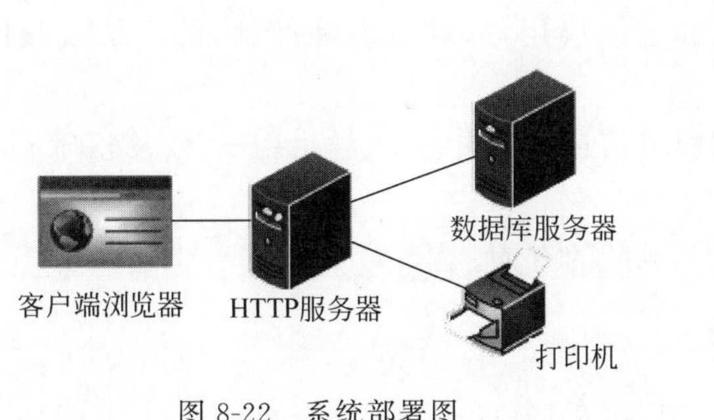

图 8-22 系统部署图

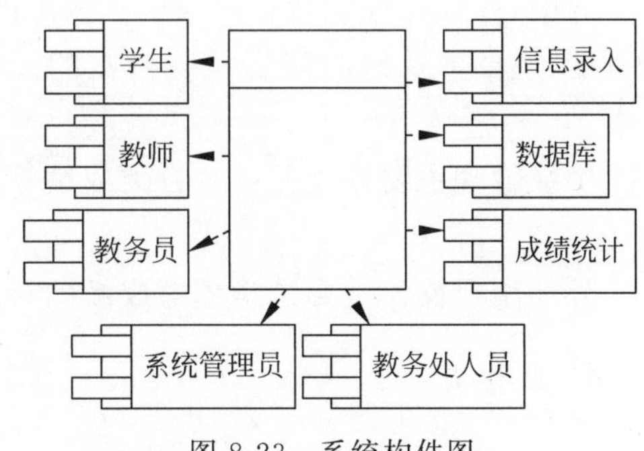

图 8-23 系统构件图

8.8.2 对象设计

根据对面向对象分析阶段得出的对象模型、用例模型、类等进一步分析，对用例进行了适当的补充，对对象、类进行了补充和归类，并对对象属性进行了补充和调整。现行系统中的类、对象及其它们间的关系与基于网络环境的计算机系统实现的应用系统的对象、类及其之间的关系是有所不同的。另外,由于这类系统所应用的环境变化并不是很大,所以首先采用系统实现的静态模型,然后使用UML提供的类图来描述对象模型,模拟客观世界实体的对象以及对象之间彼此的关系,即描述系统的静态结构。

针对OOA阶段分析得到的用户的需求、系统的类、对象等,为系统软件实现,进一步具体分析系统各类与对象的属性、操作,并深入寻找有利于提高模块独立性、软件重用性的泛化、依赖等关系。

1. 划分主题

在分析阶段,依据用户的需求给出了用户对象、类,操作对象、类,系统需求对象、类;系统管理需求的对象、类以及这些对象、类的关系。但是目标系统的需求与现行系统的实际问题描述是不同的。因此需要根据对系统的进一步的理解,对已经获得的资源进行系统划分。按照划分主题的思想,对系统按照用户、操作、环境需求、管理需求进行不同的分类与归纳。这样有助于进一步理解系统,也可以在划分主题后再依次进行针对性分析。对系统用户的分类、归纳后,可以用图8-24来描述它们间的关系。

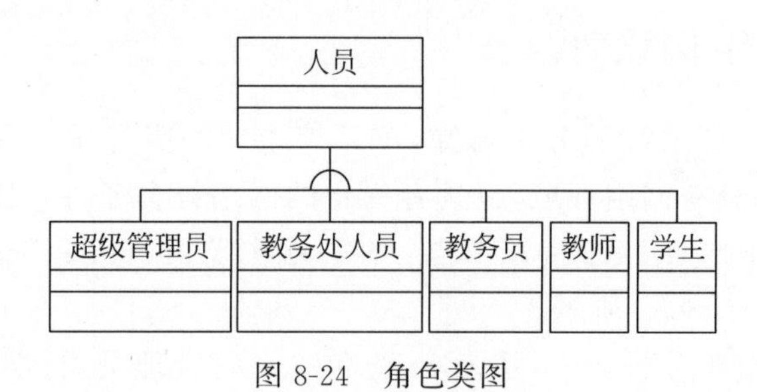

图 8-24 角色类图

根据对本系统需求的分析,可将系统划分为高级管理、中级管理、外部用户操作三大主题。

其中,高级管理包括有一级操作权限的系统管理员和二级操作权限的教务处人员完成的功能,主要涉及的内容是系统参数的设置和下一层用户(教务员和教师)的添加及权限设置。

中级管理主要是教务员对各类成绩管理相关信息的编辑、录入学生用户,以及教师录入成绩。

外部用户操作主要是学生对成绩的录入和成绩的查询。

2. 调整类

在系统设计的时候要考虑到环境的问题,以及用户对目标系统的功能需求,一般不能直接使用从问题域中客观存在的实体抽象得到的对象、类及其关系。必须要在最终保留下来的类及其属性和服务外,进一步分析已有的各类的功能和特点以及目标系统的环境和功能需求。

根据这样的要求,在经过对现行系统用户对象、类,操作对象、类,系统需求对象、类,系统管理需求的对象、类以及这些对象、类的关系分析,对需求分析所得的对象、类及其关系进行了优化、补充和调整。

其中，使用本系统的实体角色有系统管理员、教务处人员、教务员、教师和学生，这些角色使用系统的权限、能完成的功能和使用的频率都有不同，但是各种角色都要有其自身的登录 ID、登录密码、登录权限、并可以不同程度地对这些个人信息进行编辑，因此可以从这些实体类中泛化得到一个一般类——个人信息类。

下面是对本系统中一些较重要的类进行调整后的描述。

1）个人信息类(PInfo)

角色实体类的一般类：个人信息类中包括登录 ID(PId)，登录密码(PPwd)，个人姓名(PName)及权限标记(PLevel)这些属性信息，并可对各种信息进行编辑和查询。要注意的是，个人权限标记是在对象创建时指定的，后续使用过程中不能修改，只能查询。此类的描述图 8-25 所示。

2）教务员类(JnAdmin)

教务员的操作权限低于教务处人员，主要负责录入和编制与成绩管理相关的管理信息，如编辑专业信息(EdtMajor())、编辑学年信息(EdtGrade())、编制学期信息(EdtSemester())、编制课程信息(EdtCourse())、编制班级信息(EdtClass())、编辑学生信息(EdtStudent())、编辑教师信息(EdtTeacher())、编辑开课列表(EdtClSchedule())、编辑授课列表(EdtTcSchedule())、编辑成绩统计表(EdtStatistics())。

除了教师用户的添加和删除是由上级教务处人员负责外，教务员对其他信息的编辑动作实际都包括添加、删除和编辑操作。由于教务员需要编制几乎所有与成绩管理相关的基础信息，为了便于模块划分，这里将对各信息的编辑合为一个对外接口，并通过接口传入的标志位参数(int 型数据)确定当前要完成是添加、编辑还是删除操作。教务员类的描述如图 8-26 所示。

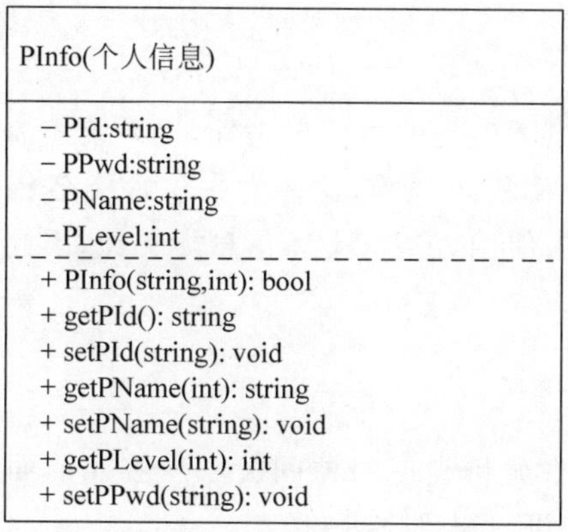

PInfo(个人信息)
- PId:string - PPwd:string - PName:string - PLevel:int
+ PInfo(string,int): bool + getPId(): string + setPId(string): void + getPName(int): string + setPName(string): void + getPLevel(int): int + setPPwd(string): void

图 8-25 个人信息类

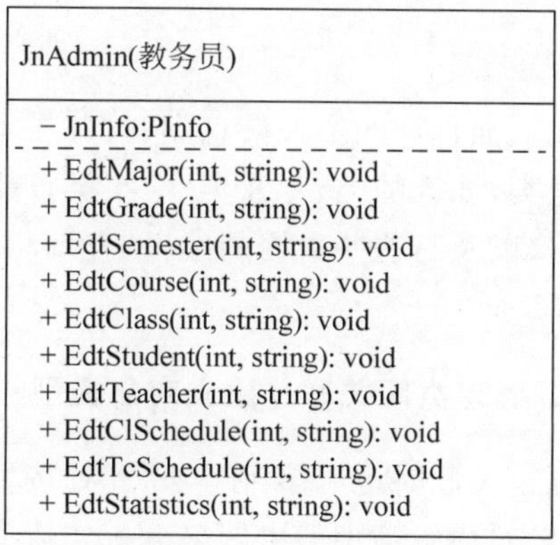

JnAdmin(教务员)
- JnInfo:PInfo
+ EdtMajor(int, string): void + EdtGrade(int, string): void + EdtSemester(int, string): void + EdtCourse(int, string): void + EdtClass(int, string): void + EdtStudent(int, string): void + EdtTeacher(int, string): void + EdtClSchedule(int, string): void + EdtTcSchedule(int, string): void + EdtStatistics(int, string): void

图 8-26 教务员类

3）班级类(Class)

班级类包括班级 ID(CId)、中文全称(CName)、年级(CGrade)、专业 ID(CMId)、班级开课表(LstClSchd)、班级学生表(LstStu)。

其中，班级开课表包括学期编号(Term)、课程 ID(CSId)和教师 ID(TCId)，可通过班级 ID 查询授课列表获得。

班级对象的操作包括对班级学生的编辑接口(AddStudent()、EdtStudent()、DelStudent()),以及查询班级信息(InqClassInfo())、查询班级开课列表(InqClSchedule())、查询学生信息(InqStudentInfo())、编辑班级全称(setCName())等,如图8-27所示。

4) 学生类(Student)

学生类的成员包括个人信息、班级ID(CLId)和标明学生状态的标志(Status),其中学生状态主要包括休学、参军、复学、毕业、肄业等。

学生类对象提供的服务有查询开课列表(InqClSchedule())、查询个人信息(InqPersonInfo())、查询成绩(InqScore())、修改班级信息(SetCLId())、查询班级信息(GetCLId())、修改状态信息(SetStatus())、查询状态信息(GetStatus())等,如图8-28所示。

Class(班级)
– CId: string – CName: string – CGrade: int – CMId: int – LstClSchd: ListSchd – LstStu: List<Student>
+ AddStudent(): void + EdtStudent(string): void + DelStudent(string): void + InqClassInfo(string): void + InqClSchedule(string): void + InqStudentInfo(string): void + setCName(string): void ……

图8-27 班级类

Student(学生)
– StInfo: PInfo – CLId: string – Status: int
+ InqClSchedule(string): void + InqPersonInfo(string): void + InqScore(string): void + SetCLId(string): void + GetCLId(): string + SetStatus(int): void + GetStatus(): int ……

图8-28 学生类

除上面设计的个人信息类、教务员类、班级类、学生类的类信息之外,本系统还需要其他的信息类,如教师类、专业类、学年类、课程类及操作权限类等,这些类中包含类名相关的静态数据,以及与这些数据的编辑、查询相关的操作,使用方法与上述信息类类似,因此不再一一列举。

3. 确定类间关联并建立对象模型

确定关联时也有多种方法,此处按主题划分来分析类或对象间关联。按照前面的主题划分,针对中级管理的主题来分析实体类间关系,可以得到图8-29。

图8-29中表达了以教务员和教师为中心的中级管理主题中较主要的类及类间关系,从图中能看出主要实体类和一般类之间的继承关系、教务员的各项操作涉及的各信息类及其之间的联系。

其中,虚线表示依赖关系,箭头指向被依赖的类;直线表示普通关联类;空心菱形表示聚合关系;实心菱形表示紧密的组合关系。

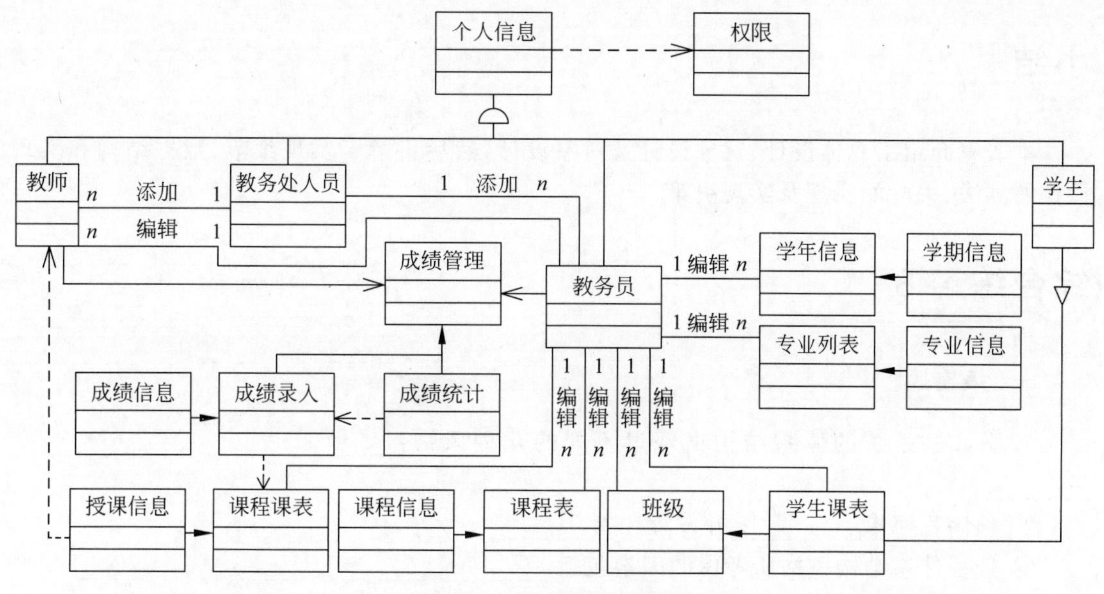

图 8-29 中级管理问题域类

4. 建立动态模型

静态模型确立后，即可根据功能需求给出动态模型，可灵活运用顺序图详细描述每个服务内部的执行流程，或用协作图描述相互作用的对象间的协作流程。

成绩编辑的执行流程为教师在成绩编辑界面进行录入、修改、删除、保存、导出等操作，编辑界面将接受的命令及数据输入操作数据库数据，在数据库数据更新后，更新界面显示，并提示相应的操作结果。

成绩编辑过程中涉及的对象及对象之间传递的消息可以用顺序图描述，如图 8-30 所示。

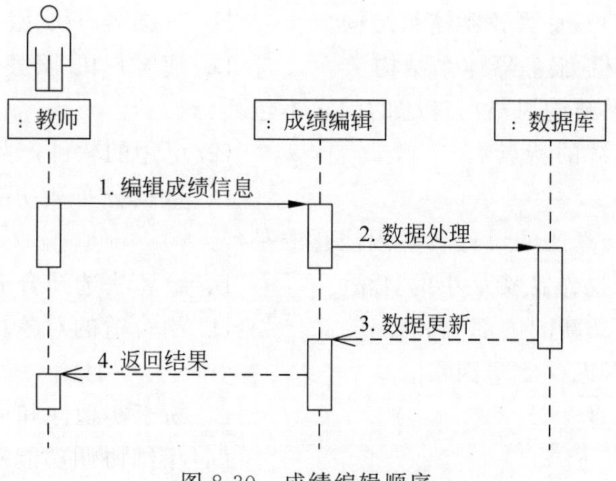

图 8-30 成绩编辑顺序

静态模型和动态模型建立好后，就可以进入软件实现工作了。

篇幅所限，关于协作、消息连接、状态图等其他设计就不一一列出。

小结

本节先介绍了总体设计、对象设计及对象设计,然后讲解了实现细节、数据结构和实现操作的算法、关联的实现及实现决策。

综合练习8

一、填空题

1. 分布式系统的体系结构出现过不同的几种风格:________、________、________、________。

2. 顺序程序指________;并发程序指________。

3. 选择体系结构风格所考虑的因素包括________、________、________、________。

4. 识别控制流的策略有________、________、________、________、________、________、________、________。

5. ________是决定在实现过程中使用的类和关联的全部定义,以及用于实现操作的各种方法的算法和接口。

6. 程序内的控制流必须既可以用________(通过内部调度机制,该调度程序识别事件并把事件映射成操作调用),也可以用________(通过选择算法,该算法按照动态模型确定的顺序执行操作)实现。

7. 高度优化的算法往往是以________和________为代价的。

二、选择题

1. 早期最典型的客户机-服务器体系结构是(　　)。
   A. 对等式客户机-服务器体系结构　　B. 三层客户机-服务器体系结构
   C. 两层客户机-服务器体系结构　　D. 瘦客户机-服务器体系结构

2. 选择这些体系结构风格所考虑的因素不包括(　　)。
   A. 被开发系统的特点　　B. 可用的软件产品
   C. 网络协议　　D. 数据分布和功能分布

3. (多项选择题)算法的设计者必须注意的是(　　)。
   A. 选择实现操作花费最小的算法　　B. 给算法选择合适的数据结构
   C. 必要时定义新的内部类和操作　　D. 给合适的对象指定操作响应

4. 选取算法要考虑(　　)因素。
   A. 计算复杂度　　B. 易于实现性和可理解性
   C. 响应时间　　D. 精细协调功能模型

5. 优化设计阶段,设计者如果(　　)。
   A. 要减少访问花费和增加简便性,应添加冗余的关联
   B. 要获得更高的效率就应重新安排关联

C. 添加冗余关联

D. 要避免复杂表达式的重复计算，应保存导出属性

三、简答题

1. 系统总体方案的内容包括哪些方面？
2. 列举出几种典型的软件体系结构风格。
3. 列举用主动对象表示控制流时应遵循的应用规划。
4. 对象设计必须遵循的步骤有哪些？
5. 对象模型与动态模型和功能模型之间的关系如何？
6. 如何确定在操作中起主导作用的对象？
7. 实现动态模型有哪几种方法？
8. 怎样安排类以增加继承的机会？
9. 比较关联遍历的三种方法。
10. 简述限制操作范围的设计原则。

用户界面设计

本章介绍用户界面设计。在使用计算机的过程中，人和计算机是以人机界面为媒介传递信息的。用户通过接口向计算机提供各种数据和命令，来让计算机完成指定的任务。同时计算机将处理结果、出错信息通过接口反馈给用户。可见，人机交互活动大量地存在于计算机运行的整个过程当中。目前的应用软件都采用图形界面用以交互，图形界面的研究也成为了许多软件开发机构的课题，目的是高速、方便地生成图形界面元素。

Windows 操作系统提供了多达 600 个图形函数，以 API 形式供设计者调用。由于 API 的参数复杂，开发难度较大，于是许多厂商推出了另外一些图形函数库，例如，Borland C++的 Object Windows、VC++的 MFC，基于这些类库开发可以大大降低图形界面的开发难度。

界面是否亲切、友好、美观舒适，是用户看待计算机软件的第一印象。作为软件系统的门面，人机界面是计算机系统的重要组成部分。用户界面的设计发展可分为三个阶段：字符用户界面设计、图形用户界面设计和多媒体人机界面设计。图 9-1 所示为 Windows 用户界面。

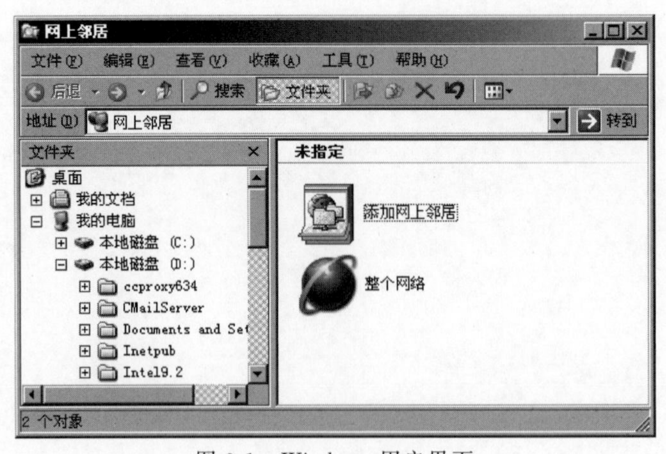

图 9-1　Windows 用户界面

9.1　界面设计风格

图形用户界面设计(GUI)具备直观生动的优点，且对用户极其方便，目前已被大多数软件系统所采用。其主要特征如下。

(1) 使用窗口、图符、菜单、鼠标与屏幕等设计方式和工具与用户进行交互。

(2) 采用 Desktop 模式，用户共享直观的界面框架，对图符容易理解，如文件夹、邮箱、时钟、记事本和画笔之类的图符早已为人所共知。

(3) 直接对对象进行操作，设计直观，可视化界面，无须记忆。

9.1.1 菜单的选择

由系统将那些在一定环境下所使用的操作命令(菜单命令)全部或部分地显示在屏幕上，供用户挑选，无须用户通过键盘输入。

菜单设计人员的第一件事是根据任务要求建立一个实用的、易于理解的、便于记忆的任务单。实践证明，按任务分类比按存储单元组织效果好。

菜单系统的结构可分为五种：单一菜单、线状菜单、树状菜单、非循环菜单和循环菜单，如图 9-2 所示。

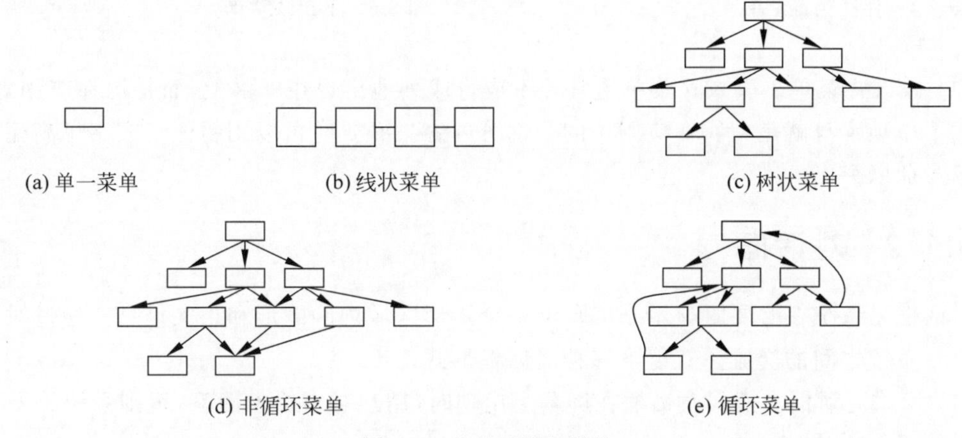

图 9-2 菜单系统的结构

在设计时，应注意菜单的标题文字形象化，易于记忆；布局方面应注意长宽适度，标记美观。

下面为大家介绍几种不同类型的菜单。

(1) 固定位置菜单。固定位置菜单(见图 9-3)每次总是在屏幕的相对固定的位置出现，例如，在屏幕的中央或者一侧。通常软件系统的功能划分多为树状结构，即从系统的顶层开始，一层一层地按功能分解的原则展开，这要求系统的控制功能也应当是树状结构。

图 9-3 固定位置菜单

(2) 浮动位置菜单。浮动位置菜单如图 9-4 所示，也称为弹出式菜单。其主要特点是仅当系统需要时，它才被瞬时显示出来供用户选用，完成使命后它立即从屏幕上消失。它的显示位置可以根据用户的操作决定，也可以根据当时的操作环境来决定。

(3) 下拉式菜单。下拉式菜单如图9-5所示,是将固定位置菜单与浮动位置菜单结合在一起的产物。它吸收了上述两类菜单的优点。下拉式菜单的结构通常分为两层:第一层是各个父菜单项的子菜单项,它们分别隶属于所对应的父菜单项。子菜单项平时是“藏”在屏幕后面的,仅仅当其父菜单项被选上时,才紧挨在其父菜单项的下方立即显示出来,以供用户进一步选用。选完之后它们又立即消失。

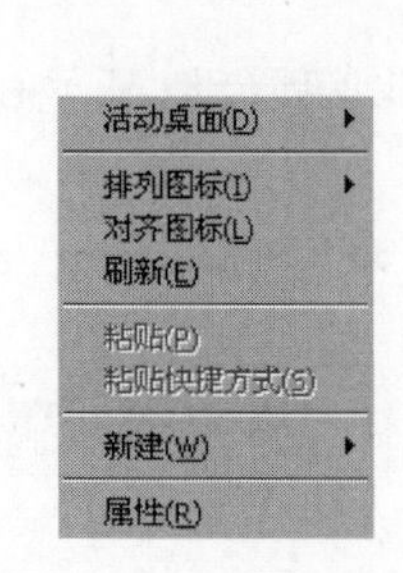

图9-4 浮动位置菜单

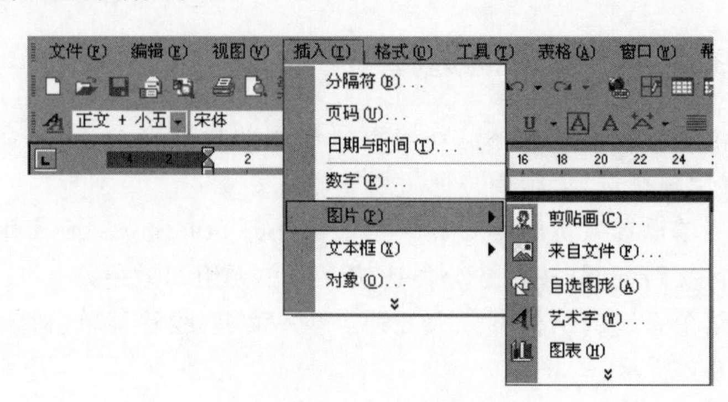

图9-5 下拉式菜单

(4) 嵌入式菜单。嵌入式菜单通常并不成行成列地出现在屏幕上,而是混在应用之中。嵌入式菜单项本身就是它所在应用中的一部分内容。必要时可以用粗体字或字母高亮度显示等方式加以突出。

9.1.2 对话框

对话框是系统在必要时显示于屏幕上一个矩形区域内的图形和正文信息。通过对话实现用户和系统之间的交流。有以下三种对话框形式。

(1) 模式对话框。模式对话框在屏幕上出现时,用户必须给予回答,否则系统将不再做任何其他工作,如图9-6所示。

图9-6 模式对话框

（2）非模式对话框。这类对话框在屏幕上出现，仅仅是为了告诉用户一些参考信息，不需要用户回答。因此，用户可以不理睬它，继续做原来的工作。

（3）警告式对话框。这类对话框主要用于系统报错或者警告。它们在屏幕上出现时常用醒目的图案来装饰，有的还伴有警铃声。警告式对话框根据警告的内容，可以是模式对话框，也可以是非模式对话框，同时给出一些必要的警告信息，如图 9-7 所示。

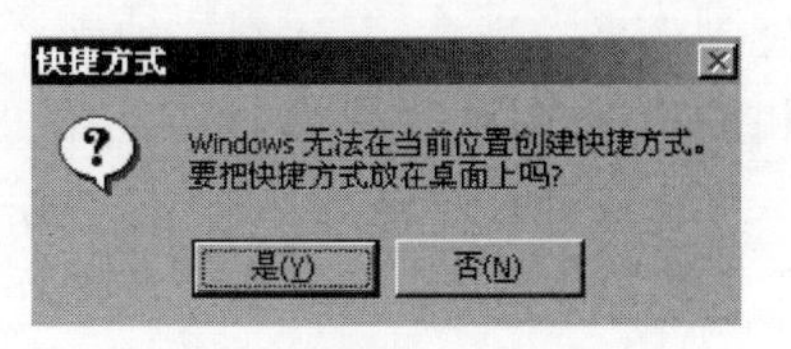

图 9-7　警告式对话框

9.1.3　窗口

窗口是指屏幕上的一个矩形区域，在图形学上称为视图区。

用户可以通过窗口显示观察其工作领域内的全部或一部分内容，并使对所显示的内容只占用户空间的一部分。就像在照相机的取景框中看到的只是整个风景区的一个局部一样。在用户界面可以通过屏幕滚动看到整个用户空间的全貌，事实上，窗口本身并不属于用户空间，它仅仅是用于观察、组织用户空间的内容，并对其进行操作的用户接口工具，如图 9-8 所示。

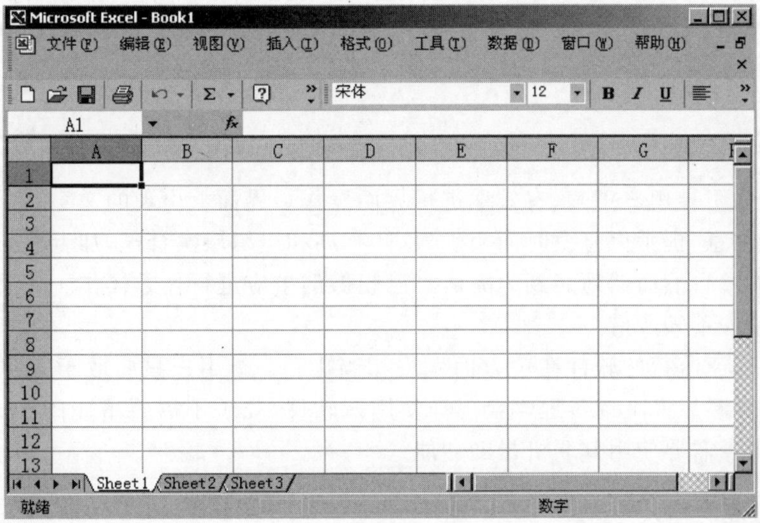

图 9-8　窗口

相对于被称为物理屏幕的显示器屏幕，习惯上把窗口视为虚拟屏幕。采用滚动技术通过窗口能够看到的用户空间，比物理屏幕显示的内容要多得多；另外，在同一物理屏幕上又可以设置多个窗口，各个窗口可以由不同的系统或系统成分分别使用。

9.2　人机界面的设计准则

一个软件系统是否成功，最终的检验标准是它能否使用户感到满意。由于人机界面是系统与用户直接接触的部分，它给予用户的影响和感受最为明显，因此人机界面质量的优劣对于一个软件系统是否能获得成功具有至关重要的作用。

软件质量包括许多因素，如正确性、可靠性、安全性等。然而现今一个好的软件，不只是满足各项功能与非功能需求，也不只是运行时不出错或者很少出错，而且要让用户在使用时感到由衷的满意，而达到这种满意的关键在于人机界面。如果一个软件的人机界面设计很粗陋，交互过程很费力，即使软件的内在质量再好，也难以使用户满意。

人机界面质量的好坏，很难用一些量化的指标来衡量。但是人们对人机界面的长期研究与实践，也形成了一些公认的评价准则。

1. 一致性

界面的各个部分及各个层次，在术语、风格、交互方式、操作步骤等方面尽可能保持一致。此外，要使自己设计的界面与当前的潮流一致，过于陈旧或过分的标新立异都会给人以不合时宜之感。风格上的一致使人感到协调和自然；术语、交互方式和操作步骤的一致具有更实质性的意义——使人能够举一反三、触类旁通地掌握对界面的操作。

2. 使用简便

人通过界面完成一次与系统的交互，所进行的操作应尽可能少，包括把敲击键盘的次数和单击鼠标的次数减到最少，甚至要减少拖动光标的距离。另外，界面上供用户选择的信息(如菜单的选项、图标等)也要数量适当、排列合理、意义明确，使用户容易找到正确的选择。

3. 启发性

能够启发和引导用户正确、有效地进行界面操作。界面上出现的文字、符号和图形具有准确的含义或寓意，提示信息及时而明确，总体布局和组织层次合理，加上色彩、亮度的巧妙运用，使用户能够自然而然地想到为完成自己想做的事应进行什么操作。相反，则可能给人以误导，或者使人不知所措。

现在一些广泛流行的软件在这方面做得相当出色：新用户只要敢于大胆尝试，就可以在其界面的引导和启发下逐步地学会怎样使用该软件，几乎不需要事先阅读或临时查阅用户手册，甚至很少需要使用其联机帮助功能。

4. 减少重复的输入

记录用户曾经输入过的信息，特别是那些较长的字符串，当另一时间和场合需要用户提供同样的信息时，能够自动地或者通过简单的操作复用以往的输入信息，而不必人工重新输入。

5. 减少人脑记忆的负担

使人在与系统交互时不必记忆大量的操作规则和对话信息。

6. 容错性

对用户的误操作有容忍能力或补救措施，包括对可能引起不良后果的操作(例如删除某些不易恢复的内容，未保存工作结果而退出)给出警告信息或请求再次确认；提供撤销

(Undo)和恢复(Redo)功能,使系统方便地回到以往的某个状态,或重新进入较新的状态。对无意义的操作(例如未选中任何目标而单击鼠标)最好是不予理睬,这比指出用户的错误并让他们确认效果更好。

7. 及时反馈

对那些需要较长的系统执行时间才能完成的用户命令,不要等系统执行完毕时才给出反馈信息,因为在这段时间内用户会感到寂寞,还可能心生疑虑,怀疑自己的操作是否生效,不知是该耐心等待还是该重新操作。系统应该及时地给出反馈信息,说明工作正在进展(例如显示一个沙漏)。当需要的时间更长时,要说明工作进行了多少(例如显示已完成部分的百分比)。

还有一些其他的评价准则,如艺术性、视感、风格等,这些评价准则也正是在人机界面设计中应努力追求的目标。

9.3 人机界面设计过程

人机界面的设计一般是以一种选定的界面支持系统为基础,利用它所支持的界面构造成分,设计一个可满足人机交互需求、适合使用者的人机界面设计模型。在 OOD 中要以面向对象的概念和表示法来表示界面的构造成分以及它们之间的关系。

9.3.1 用户界面模型

界面开发工具的一个主要特征是显式或隐式地利用了一个用户界面模型。这个模型不仅决定了界面的控制和通信,而且对工具本身的结构和对交互式软件设计的支持程度有影响。

Green 的 Seeheim 模型是最早出现的用户界面模型,如图 9-9 所示。该模型由表示部分、对话控制和应用界面模型组成。其中表示部分包括界面的外部表示、交互技术和界面布局,界面的其他部分禁止与外部直接通信;对话控制部分决定用户和系统之间的对话结构;应用界面模型负责建立与应用语义之间的通信联系,对界面可访问的数据结构和例程进行描述和调用。这三个部分分别对应于词法、语法和语义三个层次。

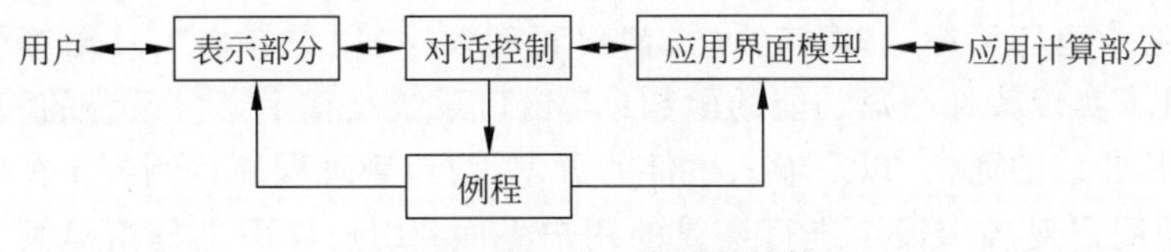

图 9-9 Seeheim 模型的结构

其中,对话控制部分是 Seeheim 模型强调的重点。在直接交互中,用户是与个别应用语义对象的图形表示相交互,而不是与整个应用系统对话。这要求语法应极小化,将个别对象相关的语法包含在各个图形表示对象之中,而不是作为一个统一的独立部分。另外,语义反馈对增加用户的参与感极为重要,甚至词法层次的操作也需要语义反馈,如拖动一个对象的表示是一个词法操作,若反馈其语义效果会极大地增加用户的参与感,这就要求语义更加贴近于表示部分。显然，Seeheim 模型本身并不支持直接操作的语法与语义要求，因而不适用于直接操作界面。

如需直接操作界面，则建议使用面向对象的方法和技术。应用系统被视为一组对象，不通过系统将其属性和行为直接反映给用户，消息传递成为不同对象间的通信方式，所以对表示多线式对话是有效的。

面向对象的 Multi-agent 模型如图 9-10 所示。其中 Seeheim 模型的各个部分均被对象封装起来。每个对象(即 Agent)包含自己状态和可视属性的表示及输入操作定义。这样的 Agent 可表示菜单、按钮或其他应用对象。面向对象范型的缺点在于难以表示对话过程中的时序关系，特别是语法层次上的对话控制逻辑。再者，系统庞大、复杂、难懂。所以，只适合于工具的开发者，如程序员，而不是工具的使用者，难以对整个界面开发生存周期提供支持。

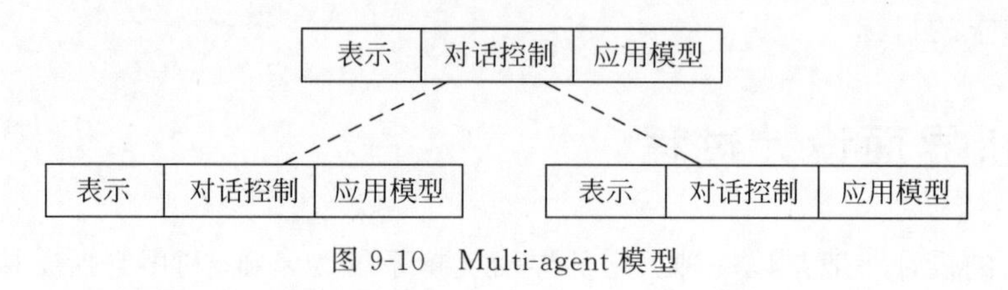

图 9-10 Multi-agent 模型

9.3.2 界面支持系统

人机界面的开发效率与支持系统功能的强弱有密切的关系，仅在操作系统和编程语言的支持下进行图形方式的人机界面开发，工作量是很大的。利用通用的图形软件包可以使开发效率有所提高，但工作量仍相当大。现今应用系统的人机界面设计大多依赖窗口系统、图形用户界面或可视化编程环境等更有效的界面支持系统。

1. 窗口系统

窗口系统是控制位映像显示器与输入设备的系统软件，它所管理的资源有屏幕、窗口、像素映像、色彩表、字体、图形资源及输入设备。

窗口系统中，屏幕上可显示重叠的多个窗口，用弹出式或下拉式菜单、对话框、滚动框、图符等交互机制供用户直接操作，采用鼠标器确定光标位置和各种操作。

窗口系统通常有图形库、基窗口系统、窗口管理程序、用户界面工具箱等组成层次。其中，图形库提供了实现各种图形功能的函数；基窗口系统是整个窗口系统的核心，负责资源分配、同步、与其他层的通信，以及输入事件的分发，窗口管理程序控制各个窗口的位置和状态，提供了帮助用户对各个窗口进行操纵的用户界面；用户界面工具箱提供了支持应用程序图形用户界面开发的高层工具，对开发者屏蔽了窗口系统的底层细节，使开发者能利用它所提供的工具大大简化应用系统的用户界面开发。

窗口系统既是一种开发平台，又是一种运行平台。对开发者而言，它提供了支持应用系统(特别是系统的图形用户界面部分)开发的支撑机制、库函数、应用程序接口、工具箱和供开发者使用的人机交互界面；对应用系统的用户而言，它提供了支持系统运行的环境，包括对应用系统用户界面的显示和操作的支持。

2. 图形用户界面

现在一般把一种在窗口系统之上提供层次更高的界面支持功能，具有特定的视感和风格，支持应用系统用户界面开发的系统称作图形用户界面，即GUI。

典型的窗口系统(如XWindow)一般不为用户界面规定某种特定的视感及风格，而在它之上开发的GUI则通常要规定各自的界面视感与风格，并为应用系统的界面开发提供比一般窗口系统层次更高、功能更强的支持。

窗口系统和图形用户界面这两个要领迄今尚未形成统一、严格的定义，原因之一是各个厂商都有自己的一套术语，并对这些术语各有自己的定义，所以有时很难从根本上区分哪些系统是窗口系统，哪些系统是GUI。

3. 可视化编程环境

目前在人机界面的开发中最受欢迎的支持是将窗口系统、GUI、可视化开发工具、编程语言和类库结合为一体的可视化编程环境。

可视化编程使编程的传统含义——书写程序的源代码这一思想发生了很大变化，程序员可以在图形用户界面上通过对一些形象、直观的图形元素进行操作来构造自己的程序，而不是直接使用形式化的编程语言。这种编程方式更符合人的思维方式，因为大多数人比较擅长形象思维而不擅长抽象的形式思维。图形用户界面的可视编程具有更显著的积极意义。形式化的语言在描述界面时，要定义各个组成部分的形状、大小、位置、颜色等时，不是那么直接，也难以在编写一般程序的同时看到它在执行时将产生的界面会具有何种实际效果。

可视化的编程则是让程序员用一些图形元素直接地在屏幕上拼凑，绘制自己所需的界面，并根据观察到的实际效果直接地进行调整。工具将把以这种方式定义的界面转化为源程序。将来程序执行时所产生的界面，就是现在绘制的界面。可视化编程环境大大提高了人机界面的开发效率，很受开发人员欢迎。

9.3.3 界面元素

人机界面的开发是用选定的界面支持系统所能支持的界面元素来构造系统的人机界面的。在设计阶段，要根据人机交互的需求分析，选择可满足交互需求的界面元素，并策划如何用这些元素构成人机界面。下面列举了当前流行的窗口系统和GUI中常见的界面元素。

1. 窗口

屏幕上得以独立显示、操作的区域称为窗口。这些区域可由系统或不同应用程序使用。窗口可以打开、关闭、移动或改变大小等。

2. 对话框

对话框是用来收集用户的输入信息或向用户提供反馈的区域。输入信息包括由用户选择yes或no的选择钮、输入文件名的文本框或其他设置各种参数的输入框。输出包括各种提示、可选项及错误消息等。

3. 菜单

菜单是显示一组操作或命令的清单,每一菜单项可以是文字或图符。菜单可用移动光标或鼠标键来选取。它分为固定或活动(如弹出型或下拉型)菜单。

4. 滚动条

滚动条是用以移动窗口区域中显示位置的指示条。

5. 图形

它是系统或用户定义的对象的符号图形表示,例如文件、文件夹、光驱等。此外,包括各种控制板(Panel)、剪切板(Clipboard)、光标按钮等元素。但是各种窗口系统、GUI和可视化编程环境所支持的界面元素并不完全相同。对应界面元素的具体功能也有或多或少的差异。

9.3.4 设计的形式

1. 问答式

问答式是一种简单的人机对话方式,比较适合用户对界面的学习和使用。

2. 菜单

菜单是由系统预先设置好的、显示在屏幕上的一组或几组供用户选用的命令,如图 9-11 所示。

图 9-11 菜单

3. 图符

图符利用一组代表不同物体或命令的图像,更形象地为用户提供可视化信息。图符技术因其直观及受欢迎程度,使其有可能成为超越语言障碍的国际性人机对话语言。但其缺点在于图符的二义性和个体差异,若配以适当文字说明效果更佳,如图 9-12 所示。

图 9-12 图符

4. 表格

表格的优点在于其视觉布局用户较为熟悉,且屏幕上可显示出全部信息,只要表格设计得好,操作步骤非常简便。此外,在输入数据的过程中,辅以数据校验功能和即时修改功能,因此这是一种对于用户来讲十分方便的界面,如图 9-13 所示。

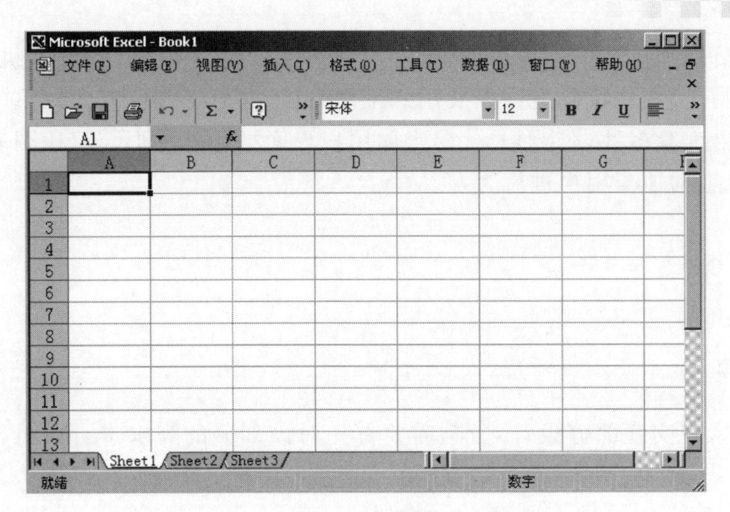

图 9-13 表格

5. 命令语言

作为潜在的最强有力的控制界面，其主要优点如下。

(1) 节省屏幕空间。

(2) 可通过名字对目标和功能直接使用(从而不必提供存取层次)。

(3) 命令组合可以使系统功能更灵活。

所有的命令语言都有一个词典和一个语法。用户需要花时间学习命令及记忆词典，有时还需要一个简单的编译器，初学者较难掌握。图 9-14 所示为命令窗口。

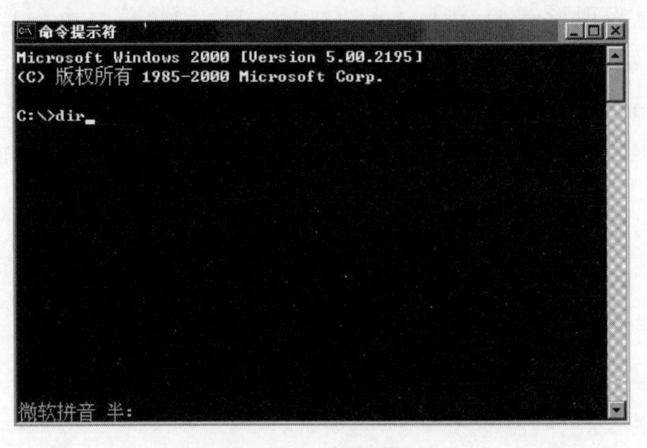

图 9-14 命令窗口

本章主要介绍了用户界面设计。人机交互活动大量存在于计算机运行的整个过程当中。界面是否亲切友好、美观舒适是用户看待计算机软件的第一印象。目前的应用软件都采用图形界面用以交互。界面开发的成果必须具备可使用性、灵活性、复杂性和可靠性，这

就需要设计人员必须从用户角度出发,了解用户的需求和习惯。在设计人机交互界面时,要进行用户类型测定、用户特性度量以及用户工作分析,并可采用问答式、菜单、图符、表格、命令语言和自然语言等多种设计形式。多媒体用户界面结合了图形、窗口、图表、声音、色彩和文字,能够形象生动地与用户进行交互。

综合练习 9

一、填空题

1. 在进行人机交互部分设计之前,需要首先对该部分的需求进行分析,包括________,________。

2. 对使用系统的人进行分析,需要进行以下工作:________,________,________,________,________。

3. 人机交互过程中的输出信息可根据其作用分为三种类型:________、________、________。

4. 人机界面的设计准则为________、________、________、________、________、________、________。

二、选择题

1. 人机交互的细化中输入的细化不包括(　　)。

   A. 输入设备的选择　　B. 输入步骤的细化

   C. 输入信息表现形式的选择　　D. 输出信息表现形式的选择

2. 人机交互的细化中输出的细化包括(　　)。

   A. 输出设备的选择　　B. 输入步骤的细化

   C. 输入信息表现形式的选择　　D. 输入设备的选择

三、简答题

1. 窗口系统的定义是什么?它所管理的资源有哪些?
2. 从命令输入到命令处理所发生的消息有哪四种情况?
3. 设计人机交互子系统要对用户进行哪几种分析?
4. 设计人机交互子系统的形式有哪些?
5. 虚拟现实与多媒体技术有什么区别?
6. 如果要直接操作界面,应该采用哪一种模型?试描述一下。
7. 什么是多通道技术?
8. 新一代界面的主要特征是什么?

第10章 数据库及其接口设计

数据管理系统包括文件系统和数据库管理系统(Database Management System,DBMS)两大类。采用关系模型的数据库称作关系数据库(Relational Database)。关系模型有严格的数学理论基础,关系模型用二维表来表示各类数据。基于关系模型的数据库管理系统称为关系数据库管理系统(Relational Database Management System,RDBMS)。与层次和网状的DBMS相比,RDBMS所采用的数据模型以二维表的形式而不是人为地设置指针(或导航链)来实现实体数据之间的联系,从而使用户可以直接从数据库中获取表示事物之间联系的信息,不必借助软件专家的帮助。RDBMS的另一个特点是提供具有关系处理能力的数据语言。RDBMS在理论和技术上都比较成熟,也比较先进。RDBMS的缺点是需要更多的计算机资源,处理速度比基于早期数据模型的系统慢得多,所以直到20世纪80年代才随着计算机硬件性能的提高和价值的下降而真正得到普及。数据库管理在应用上扮演了集中的角色。它使大量持续性集合的数据被组织和维持,并且由以计算机为基础的数据系统来支持,数据库应用在许多不同的领域已经被开发应用,它是以“数据关联和程序分开”概念为基础的。

10.1 数据管理系统及其选择

有效地实现数据在永久性存储空间的存储与管理需要特定的软件系统支持。这些实现数据存储、检索、管理、维护的系统称作数据管理系统,包括文件系统和数据库管理系统两大类。本节从应用的角度讨论它们的特点,并讨论在对应用系统进行面向对象的设计时如何选择合适的数据管理系统。

1. 文件系统

文件系统(File System)通常被作为操作系统的一部分。它采用统一、标准的方法对辅助存储器上的用户文件和系统文件的数据进行管理,提供存储、检索、更新、共享和保护等功能。在文件系统的支持下,应用程序不必直接使用辅助存储器的物理地址和操作指令来实现数据的存取,而是把需要永久存储的数据定义为文件,利用文件系统提供的操作命令实现上述各种功能。

文件的数据在存储空间的存放方法和组织关系称为文件物理结构;呈现给用户的文件结构,即用户概念中的文件数据排列方式和组织关系称为文件逻辑结构。物理结构是文件系统的开发者考虑的问题,用户(应用系统开发者)一般只需关心逻辑结构。常见的文件逻辑结构有:①流式结构——整个文件由顺序排列的字节构成,除此之外文件内部再无其他结构关系;②记录式结构——文件由若干顺序排列的记录构成,每个记录是一个具有内部逻辑结构、按用户的应用逻辑定义的、具有独立含义的信息单位和文件操作单位,一个文件的所有记录都采用同样的内部逻辑结构。还有其他形式的文件逻辑结构,例如树状结构,将文件的所有记录组织成一树状,按关键字排序,以加快检索速度,还可支持不定长记录。文件系统对它所管理的所有文件建立文件目录,以实现对文件的按名存取。文件目录也有不同的结构,较常见的是树状目录结构。

文件系统一方面向用户提供要在人机界面上进行操作的系统命令,另一方面向程序员提供在程序中使用的广义指令,如创建、删除、打开、关闭、读、写、控制等。在此基础上,编程语言可以提供更便于程序员使用的文件定义方式和使用方式。例如,在 DOS 和 UNIX 上实现的 Pascal 语言可以将文件定义为记录式的逻辑结构,并支持以记录为单位对文件进行读、写和指针游动等操作。

与数据库管理系统相比,文件系统的特点是廉价(一般不必专门购买,是由操作系统提供的),容易学习和掌握,对被存储的数据没有特别的类型限制。但它提供的数据存取与管理功能远不如数据库管理系统丰富。例如,它只适合存储各种类型的数据而不容易体现数据之间的关系;只能按地址或者按记录进行数据读写,不能直接按属性(记录的域)进行数据检索与更新;缺少数据完整性支持,数据共享支持也比较弱。它有如下局限性。

(1) 各个文件中的数据是相互分离和独立的,不易直接体现数据之间的关系。

(2) 容易产生数据冗余,并因此给数据完整性的维护带来很大困难。

(3) 应用程序依赖于文件结构,当文件结构发生变化时,应用程序也必须变化。

(4) 不同的编程语言(或其他软件产品)产生的文件格式互异,互不兼容。

(5) 难以按用户视图表示数据。当用户需要表现数据之间的关系时,难以把来自不同文件的数据结合成可自然表现它们之间关系的表格,并且难以保持数据完整性。

2. 数据库管理系统

针对文件系统的上述局限性,20 世纪 60 年代末期开始出现了数据库技术。经过不断的改进和发展,如今成为计算机科学技术领域的一个重要分支。数据库(Database)是长期存储在计算机内,有组织、可共享的数据集合。数据库中的数据按一定的数据模型组织、描述和存储,具有较小的冗余、较高的数据独立性和易扩展性,并可为各种用户共享。数据库的建立、运行和维护是在数据库管理系统的统一管理和控制下进行的,数据库用户可以方便地定义数据和操纵数据,并保证数据的安全性、完整性、并发使用及发生故障后的数据恢复。数据库管理系统是用于建立、使用、维护数据库的软件。它对数据库进行统一的管理和控制,以保证数据库的安全性和完整性。

数据库中的数据有逻辑和物理两个方面。对数据逻辑结构的描述称为逻辑模式,逻辑模式分为描述全局逻辑结构的全局模式(简称模式)和描述某些应用的局部逻辑结构的子模式(外模式)。对数据物理结构的描述称为存储模式(内模式)。数据库提供了子模式与模式之间、模式与存储模式之间的映射,从而保证了数据库中的数据具有较高的物理独立性和一定的逻辑独立性。

数据库中的数据包括数据本身、数据描述(即对数据模式的描述)、数据之间的联系和数据的存取路径。数据库中的数据是整体结构化的。数据不再面向某一程序,从而大大减小了数据冗余度和数据之间的不一致性。同时,对数据库的应用可以建立在整体数据的不同子集上,使系统易于扩充。

数据库的建立、使用和维护必须有DBMS的支持,DBMS提供的功能如下。

(1) 模式翻译。提供数据定义语言(DDL)。用它书写的数据库模式被翻译为内部表示。数据库的逻辑结构、完整性约束和物理存储结构保存在内部的数据字典中。数据库的各种数据操作(如查找、修改、插入和删除等)和数据库的维护管理都是以数据库模式为依据的。

(2) 应用程序的编译。把含有访问数据库语句的应用程序编译成在DBMS支持下可运行的目标程序。

(3) 交互式查询。提供易使用的交互式查询语言,如SQL。DBMS负责执行查询命令,并将查询结果显示在屏幕上。

(4) 数据的组织与存取。提供数据在外围存储设备上的物理组织与存取方法。这涉及以下三个方面。

① 提供与操作系统,特别是与文件系统的接口,包括数据文件的物理存储组织及内、外存数据交换方式等。

② 提供数据库的存取路径及更新维护的功能。

③ 提供与数据库描述语言和数据库操纵语言的接口,包括对数据字典的管理等。

(5) 事物运行管理。提供事务运行管理及运行日志、事务运行的安全性监控和数据完整性检查、事务的并发控制及系统恢复等功能。

(6) 数据库的维护。为数据库管理员提供软件支持,包括数据安全控制、完整性保障、数据库备份、数据库重组以及性能监控等维护工具。

数据库管理系统克服了文件系统的许多局限性,它使数据库中的数据具有如下特点。

① 数据是集成的,数据库不但保存各种数据,也保存它们之间的关系,并由DBMS提供方便、高效的检索功能。

② 数据冗余度较小,并由DBMS保证数据的完整性。

③ 程序与数据相互独立。所有的数据模式都存储在数据库中,不是由应用程序直接访问,而是通过DBMS访问并实现格式的转换。

④ 易于按用户视图表示数据。

数据库按照一定的数据模型组织其中的数据。自20世纪60年代中期以来,先后出现过层次数据模型、网状数据模型、关系数据模型和面向对象数据模型。根据数据模型的不同,数据库分为层次数据库、网状数据库、关系数据库和面向对象数据库。相应地,DBMS也分别称为层次、网状、关系和面向对象的DBMS。层次和网状的DBMS属于早期的产品;关系DBMS是迄今在理论和技术上最完善、应用最广泛的DBMS;面向对象的DBMS是当前的新型产品。以下仅对后两种DBMS进行一些讨论。

3. 关系数据库和关系数据库管理系统

采用关系模型的数据库称作关系数据库。

关系模型用二维表来表示各类数据,二维表中有行、列。每一列(栏)称作一个属性(Attribute),每一行称作一个元组(Tuple),整个表称作一个关系,这样的一个二维表既可用来存放描述实体自身特征的数据,也可用来存放描述实体之间联系的数据。例如,用一个二维表表示某个学校所有学生的学号、姓名、性别、专业、出生年月等,用另一个二维表表示哪些学生选修哪些课程。表的一行针对一个具体的实体或一项具体的联系。表的一列给出所有元组都应具有的一项属性。

关系模型有严格的数学理论基础,是由 E. F. Codd 于 1970 年提出的。按照数学的术语,给定一组域(属性)$D_1, D_2, \cdots, D_n$,则它们的笛卡儿积 $D_1 \times D_2 \times \cdots \times D_n$ 的一个子集就构成了一个关系,即二维表。表中每个列有唯一的名称,叫属性名;而子集就构成了一个关系中供选用的一组值可以唯一地标识每个元组的属性,这组属性称作关键字(或键码),关系的每个属性必须是原子的,即在逻辑上是不再包含内部结构、不可分的数据项。

关系模型除数据定义部分之外还包括操作部分。它以整个关系为操作对象,给出关系代数、关系演算等具有关系处理能力的关系数据语言。关系代数除提供并、交、差等传统的集合运算外,还提供选取、投影、连接等操作。关系演算则把谓词演算引入关系运算,用谓词演算的概念表达对数据库的操作,使用户只需以谓词的形式提出自己对运算结果的要求,而把实现这种要求的任务交给系统去解决。此外还有介于关系代数和关系演算之间的语言,如目前很流行的结构化查询语言(SQL)。

把关系数据库中的一个二维表称作一个关系(Relation),源于关系产生的理论背景。这给读者造成了一定的混乱。例如人们在讨论实体-关系模型时也说到"关系",讨论面向对象时也说到类或对象之间的"关系"。讨论数据库时也说"数据库不但保存数据本身,还保存数据之间的关系"。正如 D. M. Krornke 指出的,这是计算机领域术语混乱的典型例子之一,用户只能小心地辨别其上下文来克服这种混乱。

此外,关系模型中的"关系""元组"和"属性"等术语在不同专业背景的人群中有不同的习惯说法。数据库专业人士多采用"关系""元组"和"属性"等较传统的术语,应用系统开发者往往称之为"文件""记录"和"字段"(域),用户以及许多著作中常称之为"表""行"和"列"。

在关系数据库中,无论是描述实体的数据还是描述几类实体之间联系的数据都由一个表来表示。对一个表的描述包括它的名称、属性定义和其中的数据,应满足的条件称为一个关系模式(Relational Schema)。关系数据库就是由若干表和它们的关系模式构成的。

为了定义数据之间的完整性约束条件,在建立关系数据库时需要分析研究各个表中的数据依赖。数据依赖(Data Dependency)是指一个表中一个(或一组)属性的值可以决定(即从业务逻辑上可以导出)另一个(或另一组)属性的值。反过来说就是一些属性依赖另一些属性。某些依赖将造成数据冗余和更新异常,加大数据完整性维护的难度。所以要通过规范化(Normalization)来减少关系模式中不适当的数据依赖。规范化的程度如何,以各个关系模式达到何种范式(Normal Form)来衡量。范式是按照需要满足的条件强弱来区分的,有第一范式(1NF)、第二范式(2NF)、第三范式(3NF)、Boyce-Codd 范式(BCNF)、第四范式(4NF)、域/关键字范式(DK/NF)等,也有的文献提到第五范式(5NF)。但另一种意见认为 5NF 所讨论的数据依赖比较含糊,发生这种数据依赖的条件尚无清晰直观的定义。关系数据库中要求每个表至少要满足 1NF,更强的要求是满足 2NF、3NF、BCNF 等,但也不是达到的范式越高就越好。因为规范化的主要办法是通过把属性较多的表分解成若干属性较少的表，以消除不合适的数据依赖，所以为此付出的代价是增加了表的数量，降低了关系模式与用户视图的匹配程度，并增加了某些操作（例如联结）的开销。因此，规范化要根据具体情况进行折中，决定做到何种范式。

对关系数据库更深入的理论与技术问题，这里不做更多的讨论，读者可参阅论述数据库技术的有关文献。

基于关系模型的数据库管理系统称为关系数据库管理系统。与层次和网状的 DBMS 相比，RDBMS 所采用的数据模型以二维表的形式而不是人为地设置指针（或叫导航链）来实现实体数据之间的联系，从而使用户可以直接从数据库中获取表示事物之间联系的信息，而不必借助软件专家的帮助。RDBMS 的另一个特点是提供具有关系处理能力的数据语言。RDBMS 在理论和技术上都比较成熟，也比较先进。RDBMS 的缺点是需要更多的计算机资源，处理速度比基于早期数据模型的系统慢得多，所以直到 20 世纪 80 年代才随着计算机硬件性能的提高和价格下降而真正得到普及。

随着应用领域的扩大和软件技术的发展，RDBMS 的一些局限性也开始显露。例如，面向对象的软件开发中所定义的对象，其属性可以有内部结构，也可以是被嵌套的对象；多媒体系统中要求以大尺寸、非结构化的数据类型来表示图形、图像、声音、文本等数据。这些要求都超出了关系数据模型的适应范围，须经过转换或采取其他技术措施。

4. 数据管理系统的选择

对一个用面向对象的分析与设计方法建立的系统模型，可选用不同的数据管理系统实现对象的永久存储。尽管从理论上看面向对象数据库管理系统最适合对象存储，但是在工程中更强调从实际出发，要考虑许多其他方面的因素。因此对许多项目而言，关系数据库管理系统和文件系统都可能成为最合适的选择。决定采用何种数据管理系统，要综合考虑非技术和技术两方面的因素。

（1）非技术因素。

在非技术方面，主要考虑项目的成本、工期、风险、宏观计划等问题。在实际项目中这些问题往往比技术问题更具有决定意义。

① 数据管理系统的成熟程度和先进性。这是相矛盾的两个方面。保守稳健的方针是选用成熟的产品，这可以降低失败的风险；具有开拓性的方针是选用技术先进，但未必是很成熟的产品，这可能会创造更大的发展空间，并且抢得市场先机。目前大部分文件系统和 RDBMS 都属于比较成熟的产品；OODBMS 从总体上看还不够成熟，但比较先进。

② 价格。文件系统价格低廉，RDBMS 价格有高有低，因产品的功能及性能强弱而异。OODBMS 价格大都比较昂贵。

③ 开发队伍的技术背景。如果一个开发组织的技术人员已能驾轻就熟地使用某种数据管理系统，换用一种他们不熟悉的系统往往意味着开发成本提高、工期延长和风险增大。

④ 与其他系统的关系。在很多情况下，选用何种数据管理系统不单纯是本系统的问题，而是要统一地考虑与之相关的其他系统。如果在当前系统和若干已经存在或计划中将要开发的系统之间需要频繁地进行数据交换，或者需要进行系统集成；那么采用彼此相同的数据管理系统将减少数据交换和系统集成的障碍。如果这些系统之间需要紧密地共享大批的数据，则还可能要求基于同一个数据库。

(2) 技术因素。

在技术方面,需要判断各种数据管理系统适应哪些情况,不适应或不太适应哪些情况,从而根据应用系统的技术特点选用合适的数据管理系统。

① 文件系统。文件系统几乎可存储任何类型的数据,包括具有复杂内部结构(非原子)的数据和图形、图像、视频、音频等多媒体数据。以类和对象的形式定义的数据也可以用文件存储——每个类对应一个文件,每个对象实例对应文件的一个记录。

文件系统的缺点:操作低级,例如,程序中需要辨别记录指针的位置,甚至需要知道记录的长度才能进行操作;数据操纵功能贫乏,例如,不能通过一个数据操纵语句直接检索属性值符合某一逻辑表达式的记录;缺少数据完整性支持,例如,表示某些实体的对象和表示它们之间关联的对象之间数据完整性维护较为困难,缺少多用户及多应用共享、故障恢复、事务处理等功能。

由于以上特点,文件系统适应的情况是数据类型复杂,但对数据存取、数据共享、数据完整性维护、故障恢复、事务处理等功能要求不高的应用系统;相反,文件系统不适应的情况是数据操纵复杂、多样,数据共享及数据完整性维护要求较高的应用系统,开发者要以较大的代价在自己的设计和实现中解决上述问题。

② 关系数据库管理系统。RDBMS 对数据存取、数据共享、数据完整性维护、故障恢复、事务处理等功能的支持是强有力的,适合对这些功能要求较高的应用系统。它也很适合须大量保存和管理各类实体之间关系信息的应用系统。但是关系数据模型对数据模式的限制较多。例如,数据库中的每个表至少要满足第一范式——每个属性必须是原子的,即不再含有内部结构。但是面向对象的分析、设计与编程所定义的对象,可以具有任何数据类型的属性,当对象的内部结构较为复杂时,就不能直接与关系数据库的数据模式相匹配,需要经过转换。RDBMS 更不适合图形、图像、音频、视频等多媒体数据和经过压缩处理的数据。

以上的讨论主要是从数据方面看各种数据管理系统的适应性。从操作方面看,RDBMS 适合数据操纵密集而计算简单的系统。有些典型的数据库应用系统可以仅用 RDBMS 提供的数据定义与操纵语言实现整个系统的编程,不需要再使用某种通用的、“计算完全”型的编程语言。

因为这些系统的大部分操作与数据的存储、检索、管理、维护有关,而对数据所进行的计算则较为简单。像这样的系统适合用 RDBMS(或其他 DBMS)实现。相反,对于数据操纵简单、稀少,而计算复杂的系统而言,最好的选择可能不是 RDBMS,而是文件系统加一种通用的编程语言。

尽管文件系统和 RDBMS 的优点和缺点形成了明显对照,但是对两者的选取却未必互相排斥,有时它们是互补的——某些应用系统可能既采用 RDBMS,又同时采用文件系统,分别存储各自所适合的数据。

10.2 技术整合

在整合面向对象和数据库的技术时,要考虑的问题是对象在什么时候该被保存起来?未来将如何取用这些对象?目前大家所接受的做法大多是偏向于在面向对象语言中,加入对象永续的特性,也就是定义一些声明对象永续的宏和建立一些存取对象时所要用到的类,然后通过规定的使用方式及步骤，以达到随时可保存与取用对象的目的。被保存的对象一般存在于数据文件中，任何应用程序均可以使用此数据文件来达到对象共享的目的。

从程序语言的观点，对象数据库的一个基本特性就是永续性对象保存。程序设计师甚至把一个对象数据库管理系统作为永续性保存的管理者。假如对象由一个程序所建立，它就具有永续性，即使在建立对象的程序结束之后，它仍然能够被另外一个程序存取。永续性就是数据库允许对象长久生存，永续性特别重要；反之，一个不是永续性的对象就称为暂时性对象。

解决了保存对象的问题之后，接下来要处理的是对象共享时所产生的管理问题。在一般的数据文件中，无法做到对象保密及安全性的控制，数据文件中的对象可随意让人使用。根据过去在传统数据库系统上的做法，为解决对象保密及安全性的控制问题，需要在数据文件保存区上架设一层软件，作为管理数据文件中的对象之用，而这一层即为"对象数据库管理程序"。

然而，传统的数据库管理系统本身所能处理的数据类型相当有限。因此，面向对象语言允许使用自行定义的数据类型，便无法进行处理，更不用说将对象中的方法当作数据保存起来。

对于传统数据库管理系统的解决方式，便是在该系统上再构造一个"对象转换器"。对象转换器的主要功能是在对象保存之前，先将其转换并分解成该系统可以处理的小组件，然后再进行保存的操作；而要取用该对象时，再通过该对象转换器将原先分解的小组件包装还原成原先的对象。

对于上述方式，无论是关系型或是层次型、网状型数据库都不能达到很好的效果，因为关系数据库所能处理的数据类型太简单且相当有限。因此，在分解或还原对象时，会给系统带来相当大的负担。而层次型、网状型数据库虽可直接处理复杂的数据结构，但因其本身并非是个很有弹性的数据库，故仍不是很理想。

通过数据库管理系统的使用，程序设计者可以将应用程序产生的数据放到数据库中，而不需要操心如何将这些数据存放在存储器中。当需要任何数据时，只要跟数据库系统说明，系统便能快速地把所需要的数据取出来，以供应用程序处理。数据库系统甚至可以处理部分的工作，而直接将结果回传给应用程序。

面向对象数据库管理系统最大的特点就是能直接记录复杂的数据结构，而不需要将其拆成一个个的片段。应用程序设计者可以根据应用程序实际的需要来设计数据结构，不管数据结构多么复杂都能直接存放于对象数据库中，而不会产生在内存中操作时是一套，存入数据库时又是一套的情形。使用面向对象数据库系统，可以让应用程序直接、紧密地与数据库结合，使得应用程序无须花太多额外的力气在数据库系统的沟通及数据转换的工作上。

基于以上的因素，一个要求具备下列条件的数据库便应运而生。

(1) 能提供丰富的数据类型。

(2) 能直接处理复杂对象而没有数据格式转换的问题。

(3) 能提供与传统数据库相同的管理及服务。

(4) 能兼顾系统的弹性。

因此，具备上述条件的数据库管理系统即称为"面向对象数据库管理系统"。

在面向对象数据库中，每一个对象均存在一个唯一的对象识别码来代表此对象的存在，此对象识别码并不因对象状态值的改变而有所变动。因此,可通过面向对象模型中的复合对象来表示,即一个对象包含另一个对象,而另一对象又包含其他一对象,如此继续下去,直到包含了最小的对象。每个复合对象只保存其所包含对象的地址,或称为指针(Pointer)。因此只要通过此指针便可快速地找到其欲处理的对象,提高对象取用的效率。

10.3 数据接口

大部分实用的系统都要处理数据的永久存储问题。例如,系统运行中产生的结果数据需要长期保存,系统需要在一些长期的数据支持下运行;或者系统需要对某些长期保存的数据进行增加、删除与更新等操作。凡是需要长期保存的数据,都需要保存在永久性存储介质(目前最常用的是磁盘存储器)上,而且一般是在某种数据管理系统(例如文件系统或数据库管理系统)的支持下进行数据的存储、读取和维护的。在设计中需要给出具体的措施来解决它们的永久存储问题。数据接口部分的设计正是对此做出抉择,并以面向对象的概念和表示法来体现这种设计决策。

各种数据管理系统有各自不同的数据操纵方式。例如,不同的文件系统有不同的数据组织格式和操作命令;不同的数据库管理系统有不同的逻辑数据模型和数据操纵语言。设计中的数据接口部分需要针对选用的数据管理系统实现数据格式或数据模型的转换,并利用它所提供的功能实现数据的存储与恢复。因此,针对不同的数据管理系统,需要做不同设计。

数据接口部分的设计所瞄准的问题可以归结为:在选用的编程语言和数据管理系统不能直接支持对象永久存储的情况下,通过一个专门设计的模型组成部分,实现应用系统与数据管理系统的接口,以解决应用系统中需要长期保存的对象的属性值在外存空间的保存问题。

10.3.1 针对文件系统的设计

1. 对象在内存空间和文件空间的映像

如果用文件系统实现对象的存储,那么在面向对象的分析与设计阶段为应用系统识别、定义的对象,在实现时将被表示成文件中的一些普通数据。对象概念在做出这种选择时,也可以用另一种眼光看待这一问题:面向对象的软件开发,主要是为了在系统与问题域的良好映射、控制复杂性、改进交流、适应需求变化、减小错误的影响范围、支持软件复用、提高软件开发效率与质量和改进软件维护等方面获得实际的好处。达到这些目标的关键,主要是在应用层(即在开发自己定义和实现的部分)采用面向对象的范型。文件系统只是作为底层的支撑软件为应用层的对象保存数据,对于在应用层上以面向对象的概念和原则构造系统并无本质性影响。应用系统仍然是面向对象的,它只是通过一个接口(这个接口也是由对象构成的)来利用文件系统保存对象的数据。

由于应用系统的具体要求和实现策略不同,对象实例在内存空间和文件空间的存储映像也有不同的映射方式。一种方式是,每个需要永久存储的对象都在内存空间(通过程序中的静态声明或动态创建语句)建立一个对象实例,同时又在文件中保存一个记录。就是说,对象实例在内存和文件空间的映像是一一对应的。这种映射方式不难按面向对象的观点来解释：对象在内存空间的映像，体现了它是一组属性和一组服务的封装体，文件只是被用来存储对象的属性。

另一种常见的映射方式是：一个类的每个(需要永久存储的)对象都在文件中对应着一个记录，但是在内存空间却只根据算法的需要创建一个或少量几个对象实例。当需要对某个对象的数据进行操作时，才将文件中相应记录的数据恢复成内存的对象，进行相应的操作；在操作完成之后，该对象的数据又被保存到文件中。就是说，对象在内存空间和文件系统中的映射并不是一一对应的。这种映射方法在实际系统的开发中是很常见的。

2. 对象存放策略

用文件系统存放对象的基本策略是把由每个类直接定义，并需要永久存储的全部对象实例存放在一个文件中。其中，每个对象实例的全部属性作为一个存储单元，占用该文件的一个记录。

在一般-特殊结构中，一般类和它的特殊类都可能被用于直接创建对象实例。从概念上讲，所有特殊类的对象实例都拥有比一般类更多的属性，因为特殊类除了继承一般类直接创建的对象实例外，还通过特殊类创建的对象实例分别使用不同的文件，以保持文件中每个记录是等长的，并且每个记录中都没有空余不用的字节。

另一种对象存放策略是将一个一般-特殊结构中各个类定义的所有对象实例都存放到同一个文件中，这可以减少占用的文件个数。但是，为了使对象的每个属性都在文件中有固定的字段与之对应，需要将结构中每个类定义的属性都罗列出来，按照属性的最大集合定义文件的记录结构。对缺少一些属性的对象而言，这些属性所对应的空间就是浪费的；而且这种策略在物理上模糊了逻辑上原本清晰的对象分类关系，使对象的存储与检索复杂化。所以不建议采用这种策略。

为了在文件中高效地存储和检索数据，一个重要的问题是努力在对象实例和文件记录之间建立一种有规律的映射关系。在以下情况下，这种努力将取得明显的效果。

(1) 对象名称呈线性规律的情况。

在许多应用系统中，当需要用某个类定义大量的对象实例时，通常不是单个进行的，而是整批地定义。例如，定义一个数组，该数组的每个元素是这个类的一个对象实例。在这种情况下，用对象名称(外部标识)引用一个对象，就是给出数组的名称和它的下标。如果某些类的对象实例是以这种方式定义的，那么按对象名称的排列顺序形成每个对象所对应的文件记录，则可获较高的存储与检索效率——只要给出对象名称，就可以计算出它在文件中的存放位置，从而快速而准确地找到它所对应的记录。

(2) 对象关键字呈线性规律的情况。

“关键字”是类的一组(特殊情况下可以是一个)属性，它们的值可以唯一地标识该类的每个对象实例，即该类的任何一个对象关于这组属性的值的组合与其他所有对象都不相同。

在许多应用中都是通过关键字来标识类的各个对象的。例如，在商场管理系统中可以用商品编号标识每一种商品，在银行的储蓄业务管理系统中可以用账户号码标识每个账户。对这些以某种编号作为关键字的类，如果编号是连续的，那么按关键字的顺序安排对象所对应的文件记录，则可以从关键字计算出它在文件中的存放位置，从而实现快速的存储和检索。

(3) 对象名称或关键字可以比较和排序的情况。

如果对象名称和关键字不具有上述规律,但能够直接地或者通过转换后进行比较和排序,那么采用适当的存储与检索策略仍可获得较好的效果。例如以下两种方法。

① 按关键字的顺序安排文件中记录的位置,检索时采用折半查找法直接查找文件记录。

② 建立按对象名称或者按关键字排序的索引表,设计在索引表中快速查找表项的算法,通过该表项提供的记录指针找到相应的记录。

(4) 其他情况。

根据应用系统的具体要求选择其他策略,例如散列表、倒排表、二叉排序树等。各种数据结构教科书对此类策略都有介绍,这里不再细述。

总之,一个类使用一个文件,一个对象对应文件中的一条记录是基本策略。进一步的决策要根据应用系统的具体特点与要求,考虑以下问题。

① 一个类是否有大批量的对象实例需要永久存储?

② 对象名称或关键字是否呈现某种规律?

③ 应用系统经常需要按照什么条件进行检索(例如按对象名称、关键字还是其他属性)?

④ 是否需要经常地插入或删除对象?

通过对上述问题的回答,将形成更具体的决策,包括决定如何安排对象在文件中的排放次序、决定是否建立索引和计划采用何种检索算法等。这些决策最终将体现于数据接口部分的对象设计。

3. 设计数据接口部分的对象类

这里讨论在采用文件系统时数据接口部分用哪些对象类,以及在各个类中应定义哪些属性、提供何种服务。

一个最主要的对象类是为所有(需要在文件中存储数据的)其他对象提供基本保存与恢复功能的对象类,可将它命名为“对象存储器”。应用系统中各个类的对象是按关键字存取还是按对象名称存取,或两者兼而有之,这将对“对象存储器”类的设计提出不同的要求。以下只针对按关键字存取的情况进行讨论,其余情况读者可以举一反三。

如前面所述,从关键字发现对应记录位置的算法将因关键字所呈现的不同规律而有所不同,而在一个应用系统中,可以包含各种不同的情况。为此,可设计一组类,形成如图 10-1 所示的一般-特殊结构。其中一般类“对象存储器”的属性是一个类名-文件名对照表,从这里可以查到每个类是由哪个文件存储自己的对象。它还提供两个服务:一个服务是“对象保存”,其入口参数指明要求保存的对象、该对象的关键字的值以及该对象属于哪个类,其功能是从类名-文件名对照表中查知该对象由哪个文件保存,并根据关键字确定记录位置,然后将对象数据保存到该文件的相应记录中;另一个服务是“对象恢复”,它与“对象保存”服务类似,其差别只是数据的流向相反,是把文件中相应记录的数据恢复到对象中。这两个服务都是多态的,在不同的特殊类中将有不同的算法。图 10-1 中的三个特殊类照原样继承了“对象存储器”的属性,但继承来的服务是多态的,算法各不相同。其中“换算型对象存取器”的两个服务是从关键字换算出记录位置然后进行保存或恢复的;“查找型对象存取器”的两个服务是以某种快速查找算法(例如折半查找法)在文件中查找与关键字相符的记录然后进行保存或恢复的；“索引型对象存取器”是在一个“索引表”类的支持下工作，它的两个服务（通过消息）请求“索引表”类的服务，以确定与关键字对应的记录位置，然后进行保存或恢复。“索引表”类的属性“文件记录索引”是一份从对象关键字到文件记录指针的对照表，它的服务“查找记录指针”功能是根据给定的关键字在索引中查找相应记录的指针。当系统中某些类的对象实例不便于按关键字值的大小在文件中顺序存放时（例如在需要经常增加和删除对象的情况下），则可为每个这样的类建立一个“索引表”类的对象，以便快速地找到记录位置。

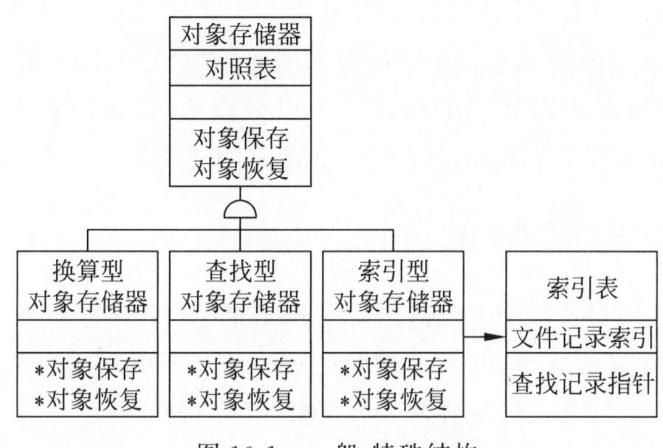

图 10-1 一般-特殊结构

对于按对象名称来存取对象的情况，读者可以参照以上策略进行设计。此外有些系统可能要求支持其他方式的对象存取，例如按某些非关键字属性的值检索对象。此时需要在数据接口部分增加其他数据结构（例如增加若干倒排表），并用对象类加以表示。总之，应用系统的要求是多种多样的，要根据不同情况进行不同的设计。

4. 问题域部分的修改

问题域部分的对象通过请求数据接口部分提供的服务实现对象的保存与恢复。为了实现这种请求，这些对象类需要增加一些属性和服务。

对每个需要长期保存其对象实例的对象类，要增加一个属性“类名”，使它的对象在发出请求时以该属性的值作为参数，指出自己是属于哪个类的；数据接口部分也可通过它知道应该对哪个文件进行操作。这个属性可以是类属性，即对该类所有对象实例而言属性值都是共同的。此外，要增加一个“请求保存”服务和一个“请求恢复”服务，它们的功能是向数据接口部分的“对象存取器”对象发消息，分别请求后者的“对象保存”服务和“对象恢复”服务，从而把自己当前的状态（属性值）保存到文件中，或者从文件中恢复以往保存的结果。

由于每个需要长久保存其对象实例的类都需要上述属性和服务，因此可以增加一个一般类来定义它们，作为共同协议，供所有这样的类继承。

这种策略可能使问题域部分的某些类由原先的单继承变为多继承，所以对不支持多继承的编程语言可能不适应。解决办法如下。

（1）在较高的层次继承“存储协议”。

（2）在出现问题的类中自己定义所需的属性与服务。这会增加编程工作量，而且使模型显得凌乱。

(3) 采用化解多继承的策略。

系统至少在以下几个时刻需要保存或恢复对象。

(1) 系统每次启动时要恢复所有需要预先恢复的永久对象。

(2) 系统停止运行之前要保存在本次运行期间曾经使用而未曾保存过的永久对象。

(3) 自系统启动以来首次使用一个未曾恢复过的永久对象时要首先恢复。

(4) 在与其他应用系统共享对象数据的情况下,要根据共享机制的数据一致性保证策略所要求的时刻保存或恢复对象。

对于上述(1)、(2)两种情况,可以由系统中的一个对象分别在系统启动和关闭时向每个需要恢复或保存自己的对象发消息,通知它们去请求恢复或请求保存。对于(3)、(4)两种情况,须根据系统的具体情况采取相应的措施。可以分散地解决,由各个对象自己在必要的时刻发出这种请求;如有可能,增加新的类和对象集中解决更好。

10.3.2 针对 RDBMS 的设计

RDBMS 是目前应用最广泛的数据管理系统,在面向对象的开发中仍然是大部分系统的首选方案。由于采用 RDBMS 和采用文件系统时有许多问题是类似的,所以这里对这些共同问题只作简单的讨论,重点讨论使用 RDBMS 时的特殊问题。

1. 对象及其对数据库的使用

和文件系统类似,RDBMS 也是面向对象的。不过可以这样理解:应用系统中定义的对象仍然是属性和服务的封装体,只是在必要时借助关系数据库长久地保存其属性数据;而关系数据库是在 RDBMS 的支持下建立,并在它的管理下工作的。

与使用文件系统的情况类似,对象实例在内存空间和关系数据库中的存储映像也有两种不同的方式。一种方式是每个需要永久存储的对象都在内存空间(通过程序中的静态声明或动态创建语句)建立一个对象实例,同时又在数据库的一个表中保存一个元组,即对象实例在内存空间和关系数据库中的映像是一一对应的;另一种很常见的方式是一个类所有需要永久存储的对象都在数据库的一个表中对应着一个元组,而在内存空间却只是根据算法的需要创建一个或少量几个对象实例,只是在需要对某个对象的数据进行操作时才将它恢复成内存中的一个对象,并进行相应的操作;在操作完成之后,该对象的数据又被保存到数据库中,即对象在内存空间和在数据库中的映像并不是一一对应的。

使用 RDBMS 和使用文件系统相比,有以下几点不同。

1) 对象可能非映射式地使用库中的数据

把当前系统中定义的对象映射为数据库中的数据,不是使用数据库的唯一方式。由于数据库支持多用户、多应用的特点,有时可能要把对象与数据库的关系处理为单纯的使用关系,而不是映射关系。

例如,在开发一个应用系统时,可能已经存在一个并非专为本系统建立的数据库,其中有大量数据是可供本系统使用的。此时,可以用两种方式处理数据库中已有的数据和应用系统中对象之间的关系。一种方式是按照被使用数据的数据模式,结合应用系统中对这些数据的操作,定义一些与之相配的对象类并创建本系统的对象。这些对象与数据库中的数据仍然属于前面谈到的两种映射关系。当数据库中某些表的大部分属性信息都对本系统有用时，采用这种处理方式较为适宜。另一种方式是把应用系统中的对象与数据库中的数据简单地处理为使用者和被使用者的关系，在这种方式下，数据库只是被应用系统的对象使用，并不是在应用系统中建立一些对象来映射这些数据。对象和数据库表中的数据之间甚至连属性级的局部对应关系也不存在，只是在对象执行其服务时从数据库中获得某些数据，作为进行计算或进行其他处理的已知量。例如，某城市已经建立了一个户籍管理数据库，现在要开发一个人口统计的一个对象，但是有一个“人口统计员”对象，它在执行统计服务时可以通过一条简单的查询语句从数据库中一个名为“市民”的表中查到本市的就业人口总数，同样也可以查到各行业从业人员的平均年龄、平均工资等数据。这种处理方式是允许应用系统中的对象直接地使用数据库中的数据，而不是拘泥于先把这些数据定义成对象才允许在系统中出现。如果数据库的某些表中只有少数属性对当前系统有用，而且当前系统只是使用这些数据，而不负责其创建、维护与更新，则这种处理方式显然既方便又有效。从面向对象的原则看，应用系统仍然是用面向对象方法构造的，只是它的某些对象要从数据库中获取相应数据资料。从实际出发，没有理由反对本系统的对象使用数据库或者任何其他系统能够提供的现成数据。

RDBMS提供的数据操纵语言一般都具有很强的数据查询功能，不仅能查询数据库中直接存储的数据(任何元组的任何属性)，而且能够提供对这些数据进行某些统计或计算所得到的结果。熟练、巧妙地使用这些功能是数据库应用系统开发者的专长，面向对象方法不应该限制对这些功能的使用。按照以上讨论的观点(允许对象以非映射的方式使用数据库中的数据)，程序员仍然可以像采用传统方法时一样，在程序中使用RDBMS所提供的语言，既可以将其语句嵌入用普通编程语言编写的程序，又可以直接用它作为编程语言，所不同的只是这些程序都被组织到对象之中。

2）可能需要数据格式转换

RDBMS基于严格的关系理论，对存入关系数据库的数据在格式上有较为严格的要求。而面向对象数据模型适应范围很宽，对其属性的数据格式几乎不加任何限制。因此，当应用系统中的某些类数据格式不符合关系数据库的要求时，就需要规范化，使之满足关系数据库所要求的某种范式。这意味着在应用系统和数据库之间进行数据格式的转换。

规范化所引起的数据格式转换可能只局限于一个类的范围之内，也可能超出一个类的范围而对OOD模型带来结构上的影响。例如，为了满足第一范式(这是关系数据库对数据格式的起码要求)，要把所有需要在数据库中存储其对象实例的类的非原子属性全都转换为原子的。这种转换的影响范围只局限于各个类的内部。为了满足第二范式或更高的范式要求，可能要把某个对象类拆分成两个或两个以上的类，在个别情况下也可能要求把一个以上的类拆分之后重新组合，组织成另外几个类。这种转换的影响将超出类的范围。

以上的讨论可以归结出两个问题。一个问题是如何将应用系统中的对象映射到关系数据库中，即如何用关系数据库实现对象的永久存储。另一个问题是应用系统中的对象为完成其功能要使用数据库中的哪些现成数据(而不是用数据库保存自己的属性数据)。这个问题可以看作对象代码的实现问题，即如何用DBMS提供的数据查询语言作为对象服务代码的一部分，以实现数据查询。这和用普遍程序语言来实现对象，使之从一种输入设备上读取数据没有本质的不同。总之，这个问题属于对象功能的实现，并不涉及对象本身如何存储。

2. 对象在数据库中的存放策略

用关系数据库存放对象的基本策略：把由每个类直接定义并需要永久存储的全部对象实例存放在一个数据库表中。每个这样的类对应一个数据库表，经过规范化之后的类的每个属性对应数据库表的一个属性(列)，类的每个对象实例对应数据库表中的一个元组(行)。和使用文件系统的情况类似，也可以把一个一般-特殊结构中所有的类对应到一个数据库表，但同样也会带来空间浪费、操作复杂等问题。以下只针对一个类对应一个数据库表的策略进行讨论。其中涉及数据库技术中的一些基本知识，请读者参阅该学科的有关著作。本小节的主要任务不是介绍数据库技术，而是介绍如何运用数据技术处理从对象模型到关系模型的映射。

1) 对象数据的规范化

关系数据库要求存入其中的数据符合一定的规范，并且用范式来衡量规范化程度的高低。最低的要求是满足第一范式(1NF)，这是作为一个数据库的表(关系)必须满足的条件。更高程度的规范化主要是为了消除更新异常(在数据更新时丢失某些有意义的信息)和减少数据冗余。但是规范化要付出一定的代价：一是规范化之后的数据格式对问题域的事物特征及其逻辑关系的映射不像规范化之前那么直接，这可能会影响系统的可理解性；二是第二范式或高于第二范式的规范化通常要增加表的数量，并在使用这些表时增加了多表查询和连接操作，从而增加了运行时的开销。因此，并非规范化程度越高就越好，而是要根据系统的实际情况，权衡性能、存储空间等各种因素，确定合理的规范化目标。

面向对象方法与关系数据库的规范化目标既有相违的一面，又有相符的一面。考察一下这种矛盾的现象是很有趣的。从数据模型的角度看，面向对象数据模型允许对象属性是任何数据类型，这使得对象的数据结构连第一范式的要求都不能满足。另外，面向对象方法以对象为中心来分析、认识问题并且以对象为单位组织系统的数据与操作，这一观点恰恰有助于达到第二范式(2NF)、第三范式(3NF)、Boyce-Codd 范式(BCNF)和第四范式(4NF)所要求的条件。

1NF 所要求的条件(每个属性必须是原子的)是由关系数据模型所决定的，是对任何一个关系的起码要求，否则就不能作为关系数据库中的一个关系而由 RDBMS 所管理。

2NF、3NF 和 BCNF 所要解决的主要问题是一个关系中的函数依赖所带来的更新异常问题。按这些范式进行的规范化也可以减少数据冗余，但相比之下更新异常问题更为重要，是讨论这些范式时所关注的真正焦点。函数依赖是指关系中一个属性的值可以由另一个(或一组)属性的值所决定，在这种情况下，称前者“函数依赖”后者，或称后者“决定”前者。函数依赖是在描述问题域的各类数据之间存在的一种数值规律，反映了问题域中的某种事实。如果函数依赖所体现的这种规律和事实相对系统正确执行其功能是重要的话，则当设计者想把这些数据和反映其他事实的数据组织在同一个关系中时，就要考虑是否存在更新异常问题。因为在这样的关系中，每个元组要同时表达两种事实：为了表示某种事实已经不存在而删除一个元组，可能导致体现另一种事实的信息被同时删除(这是删除异常)；或者由于一种事实尚未发生，导致体现另一种事实的数据无法插入到表中。可通过如图 10-2 所示的数据库表进行说明。

图 10-2(a)所示是一个数据库表(关系)。其中的数据反映了每个学生住在哪座建筑物

Housing(SID,Building,Fee)
Key:SID
Functional Dependencies:
Building->Fee
SID->Building->Fee

SID	Building	Fee
100	Baiyun	1200
150	Huayuan	1112
200	Liuhua	600
250	Pitkin	1198
300	beiyuan	340

(a) 原始表

STU-Housing
(SID,Building)
Key:SID

SID	Building
100	Baiyun
150	Huayuan
200	Liuhua
250	Pitkin
300	beiyuan

BLDG-FEE
(Building,Fee)
Key:Building

Building	Fee
Baiyun	1200
Huayuan	1112
Liuhua	600
Pitkin	1198
beiyuan	340

(b) 分解后的表

图 10-2　数据库表(关系)

中,以及每座建筑物的房间收费多少。规则是:每个学生只能住在一座建筑物内,而每座建筑物只有一种收费标准。表的属性有 SID(学生编号)、Building(建筑物)和 Fee(收费),其中,SID 是关键字属性,其余为非关键字属性。该表符合 2NF,因为每个非关键字属性都依赖整个关键字;但是它不符合 3NF,因为有传递依赖,即 Fee 依赖 Building,而 Building 又依赖 SID。这种传递依赖所带来的更新异常问题:当一座建筑物中的最后一位房客(例如表中的 150 号学生)退房时,删除相应的元组将导致反映这座建筑物收费多少的信息从表中消失;反之,在一座建筑物无人入住之前,关于它收费多少的数据也无法插入到表中,因为无法形成一个完整的元组。对这个表进行规范化的办法是把它分解成如图 10-2(b)所示的两个表,一个反映每个学生住在哪座建筑物,另一个反映每座建筑物的收费标准。这样以上两种信息的插入和删除就不再相互制约了。

下面用面向对象的观点分析一下这个例子所反映的问题。该问题涉及两类对象——学生和建筑物。每座建筑物的收费标准是建筑物的属性,学生住在哪座建筑物可看作学生的属性,或者看作学生和建筑物这两类对象之间的关联。按这种观点,在分析模型中通常设立与图 10-2(b)的两个表对应的两个类,从而不出现更新异常的问题。

总结以上的讨论,可得到以下几点认识。

(1) OOA 得到的类,其属性很可能是非原子的。如果要在关系数据库中存储其对象实例,则必须按 1NF 的要求进行规范化。

(2) 运用面向对象技术,可以在很大程度上解决 2NF、3NF、BCNF 以及 4NF 所要解决的更新异常和数据冗余问题,但是不能保证在任何情况下都能解决上述问题。

(3) 遗留的问题可通过常规的规范化策略解决,但是未必规范程度越高越好。规范化要根据实际需要,权衡利弊,适可而止。

2) 修改类图

规范化意味着从类图中原有的类到数据库表,数据格式发生了变化。现在的问题是如何在设计中体现这种变化。有以下两种策略。

(1) 保持原先的类图不变,只是按规范化的结果定义数据库表。这种策略的好处是类图更贴近问题域。类图中设备有哪些类,以及每个类有哪些属性与服务,都和开发者的初衷吻合,没有因为规范化而使类图变样。缺点是对象的存储与恢复必须经过数据格式的转换,对于每个需要规范化的类都要定义相应的数据结构和算法来实现这种转换。对开发者而言这是一个不小的负担,而且在运行时也要额外占用一些时间。

(2) 按照规范化的要求修改类图,无论是各个类内部的属性变化,还是把一个类分解成两个(或更多的)类,都体现为对类图的修改。在修改之后的类图中,各个类和它所对应的数据库表具有完全相同的数据结构,即类和表的每个属性从名称到数据类型都彼此相同。按这样的策略,对象的存储与恢复不需要数据格式的转换。缺点是类图有些变化,对问题域的映射不像规范化之前那么直接,但是这个问题并不严重。按1NF进行的规范化所引起的变化只局限于类的内部,把类的非原子属性修改成原子的,不至于严重影响类的可理解程度。2NF、3NF、BCNF和4NF所要求的规范化在很多情况下恰恰是坚持面向对象观点所带来的自然结果,只有把描述同一类事物自身特征的数据拆分到两个(或更多的)类时,才会使模型与问题域的匹配程度降低。

比较以上两种策略,后者利大于弊,更为可取,建议采用这种策略。对类图的修改可看作问题域部分的设计内容之一。修改之前的类属于OOA文档,修改之后的类属于OOD文档。为了表现修改之前和修改之后的类之间的映射关系,要建立映射表。

3) 确定关键字

对每个需要在数据库中存储其对象实例的类都要确定一个关键字。一个数据库表的关键字是一组能够唯一标识该表的每个元组(行)的属性。对类而言,关键字就是一组能够唯一地标识该类的每个对象实例的属性。一个类(或一个表)中每一组符合这种要求的属性都是一个候选关键字。极端的情况是类(或表)的全部属性组合在一起才能作为关键字,最简单的情况是一个属性就可以作为关键字。

用尽可能少的属性(最好是只用一个属性)作为关键字,无疑将为各种含有关键字的数据查询与更新操作带来方便。但是对有些类而言,可能找不到这样简单的关键字。作为一种设计策略,可能人为地给这样的类增加一个可以单独作为关键字的属性。

4) 从类图到数据库的映射

经过必要的规范化处理和关键字处理之后,得到一个符合数据库设计要求的类图。对其中每个要在数据库中存储其对象实例的类,都要建立一个数据库表。类的每个属性(既包括在本类显式定义的属性,也包括从它所有的祖先继承来的属性)都要对应表的一个属性(列),从名称到数据类型都完全相同。其中一组属性被确定为关键字,类的每个对象实例将对应表的一个元组(行)。以下通过几个例图讨论几种典型情况的处理。

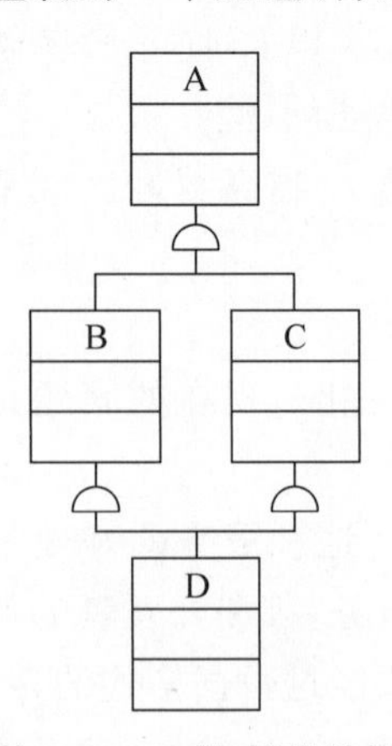

图 10-3 一般-特殊结构

(1) 对一般-特殊结构的处理。

在图10-3所示的一般-特殊结构中,假定A是一个不用于创建对象实例的类(称作抽象类),B、C和D都要创建对象实例。那么除了A之外,其他三个类都分别对应一个数据库表。B的属性既包括自己显式定义的属性也包括在A中定义的属性;类似地,C的属性包括在A和C中定义的全部属性;D同时继承了B和C(多继承),它的属性包括其自身定义的属性以及在A、B、C个三个类中定义的属性。

(2) 对关联的处理。

对关联的一般实现策略:在连接线一端的类中定义一个(或一组)属性,它的值表明另一端类的哪个对象实例与本端的对象实例相关联。为了使关系数据库实现对象存储,该属性(属性组)

应该和另一端的关键字相同。如果另一端的关键字包含多个属性，本端也只好同样地定义多个属性，通过这些属性值的组合来指出另一端的对象实例。在两端的类对应的数据库表中，一个表以相应的属性（或属性组）作为外键，另一个表以同样的属性（或属性组）作为主键，它使前一个表的元组通过其属性值指向后一个表的元组。

对于一对一的关联，无论在哪一端的类（以及它所对应的表）中设置这样的属性均无不可。但是在哪一端设置更好些还值得进一步考虑。图10-4所示的情况设置在A端比设置在B端更便于实现。因为图中的多重性约束表明，若从B端指向A端，则B表的外键对有些元组而言可能是空值（NULL），这要求DBMS提供的数据定义与操纵语言必须支持NULL，从A端指向B端则不存在这一问题。更值得考虑的是A、B两端关键字的构成情况。如果A的关键字只含一个属性，而B的关键字含有多个属性，则从B指向A更节省空间，也更容易进行数据查询和数据更新等处理。此外，还要看应用系统经常需要从哪一端的对象引用另外一端的对象，这也是考虑的因素之一。

对于一对多的关联，没有别的选择，只能从多重性约束为*的一端指向多重性约束为1的一端。例如在图10-5中，应该在A类定义指向B类对象的属性。在它们对应的数据库表中，A表以B表的主键作为自己的外键。这样处理可以避免数据冗余，每个类描述的实际事物有多少个，相应的表就只需要多少个元组。相反，如果从B指向A，描述B类一个实际事物的数据要在表中出现多次才能表示该事物与多个A类的事物相关联。读者可以结合一个更具体的例子（例如“毕业论文”和“教师”之间的一对多关联）来体会以上讨论的内容。

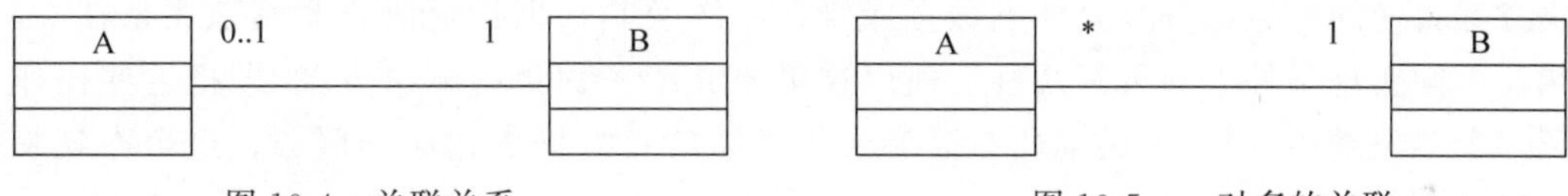

图10-4　关联关系　　　　图10-5　一对多的关联

多对多的关联可转换为两个一对多的关联，例如图10-6(a)可以转换为图10-6(b)。这种转换应该在类图中完成。所以在考虑数据库表的设计时，所面临的都是如图10-6(b)所示的情况。A、B、C三个类各对应一个数据库表，其中C类对应的表的每个元组含有两个外键，一个是A的主键，另一个是B的主键。

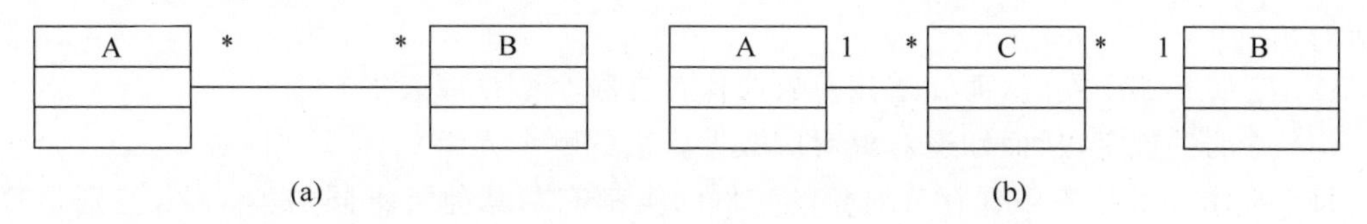

图10-6　多对多的关联可化为两面个一对多的关联

对于多元关联，可以转化为一个新增的类和原先的各个类之间的二元关联，然后按以上的策略把每个类映射为数据库表，这里不再多述。

以上的讨论主要着眼于在关联两端的哪个类中设置表示两类事物之间关联的属性，以及如何在数据库表中通过外键予以实现的问题。其实大部分类都还含有一些描述本类事物自身特征的属性。这些类转换为数据库表后，有以下三种情况。

① 表中只包含描述事物自身特征的属性。

② 表中既包含描述本类事物自身特征的属性,也包含作为外键指向其他表的元组的属性。

③ 表中只包含作为外键指向其他表的元组的属性。特别是,若这个表所对应的类是为解决多对多关联或多元关联问题而专门增设的,并且没有其他需要描述的信息,则会出现这种情况。

(3) 对整体-部分结构的处理。

整体-部分结构分为紧密、固定的和松散、灵活的两种方式。这种区分一方面取决于应用需求,另一方面取决于实现策略。当应用系统永远不可能把整体对象和它的部分对象分开并进行重新组合时,通常可以采用紧密、固定的实现方式。但是在实践中,即使对这种情况也可以采用松散、灵活的实现方式。如果应用系统可能要把整体对象和部分对象分开处理并进行重新组合,就必须采用松散、灵活的实现方式。用数据库实现整体-部分结构,既有紧密、固定方式的实现策略,也有松散、灵活方式的实现策略。

3. 数据接口部分对象类的设计

在采用 RDBMS 的情况下,系统需要经常执行的操作是把内存中的对象保存到数据库中,以及把数据库中的数据恢复成内存中的一个对象。可以把这些操作分散到各个需要长期保存的对象类中设计和实现,即在每个需要长期保存其对象实例的类中定义一对完成对象保存和对象恢复操作的服务,使这些类的对象实例能够自我保存和自我恢复。但是分散解决方案将使问题域部分与具体的数据库管理系统及其数据操纵语言紧密地联系在一起,影响在不同实现条件下的可复用性。所以这里要介绍一种集中解决方案,即把这些操作集中到一个对象类中,由这个类为所有需要永久存储的对象提供相应的服务。这个类就是数据接口部分的对象类。

这个类的名称也可以像针对文件系统的设计一样,称作“对象存取器”。它提供“对象保存”和“对象恢复”两种服务。“对象保存”是将内存中一个对象保存到相应的数据库表中;“对象恢复”是从数据库表中找到要求恢复的对象所对应的元组,并将它恢复成内存中的对象。

执行这些服务时需要知道被保存或被恢复的对象的下述信息。

(1) 它在内存中是哪个对象(从而知道从何处取得被保存的对象数据,或者把数据恢复到何处)。

(2) 它属于哪个类(从而知道该对象应保存在哪个数据库表中)。

(3) 它的关键字(从而知道对象对应数据库表的哪个元组)。

每个要求在数据库中保存其对象的实例的类都有与其他类不同的类定义,特别是每个类的关键字所包含的属性数目、名称及数据类型都可能不同。由于这一点,设计一个可供全系统所有的类使用的“对象保存”服务和“对象恢复”服务,实现时将有一定的技术难度,因此这里首先介绍一种容易实现的设计方案。

该方案是针对每个要求保存和恢复的对象类,分别设计一个“对象保存”服务和一个“对象恢复”服务,如图 10-7(a)所示。

图 10-7(a)中每个服务的命名,在实际系统中可以设计得更具有针对性。由于每个服务只负责一类对象的保存或恢复,因此该类对象存放在哪个数据库表以及关键字所包含的属

性数目与名称都是确定的。

在服务接口中只需要传递如下参数：一个在内存中定义的对象变量，用来提供或接收被保存或恢复的对象数据；要求保存或恢复的对象的关键字（可能含有一个或多个属性）的值。这些服务都是很容易实现的。用诸如 SQL 那样的语言，通常只需要一个静态（内嵌式）SQL 语句便可完成在指定的数据库表中保存（更新）或恢复（检索）一个由给定的关键字值所指明的元组的操作。

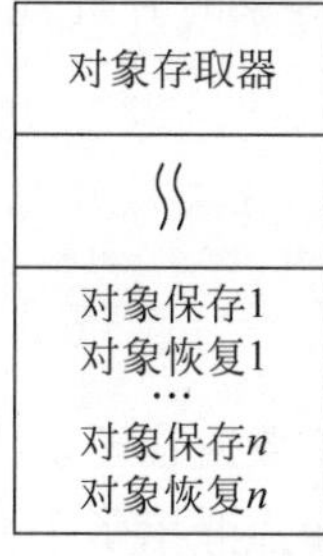

(a) 服务与对象存取一一对应　　(b) 对象存取器

图 10-7　保存和恢复的对象类

这种方案的缺点是服务个数太多（尽管每个服务都非常简单）；而且，由于不同的类要使用不同的服务，因此很难在问题域部分采用统一的消息协议。

另一种方案是在"对象存取器"类中只设计一个"对象保存"服务和一个"对象恢复"服务，供全系统所有要在数据库中存储其对象实例的类共同使用，如图 10-7(b)所示。这种可供多个类使用的服务，比前一个方案中专供一个类使用的服务实现难度要大一些，但是当编程语言和数据库语言有足够的支持时还是可以实现的。

在服务接口部分所定义的参数应能在服务被调用时传送以下三项信息：①类名，指明要求保存或恢复的对象属于哪个类；②对象变量，用来提供或接受被保存或恢复的对象数据；③关键字的值，用来指明是哪个对象实例要求保存或恢复。其中，对象变量和关键字都不能在定义服务参数时静态地确定其数据类型，因为在不同的类调用服务时，这些参数将具有不同的数据类型。这需要编程语言提供较高级的支持，例如可支持参数化数据类型等。此外，这种服务在不同的请求下要对不同的数据库表进行操作，所使用的关键字也将包括不同的属性名。因此，难以用同一个静态的数据更新或数据查询语句来实现对不同数据库表的操作。解决这个问题的办法有如下两个。

(1) 在服务体中把对每个数据库表进行操作的语句都预先编写出来，并在执行时根据不同的要求执行其中不同的语句。

(2) 使用具有动态功能的数据操纵语言，例如可使用动态 SQL 解决上述问题。

讨论这些实现问题只是为了使设计者知道自己所设计的类可以在什么条件下实现。现在仍然回到设计问题，在如图 10-7(b)所示的设计方案中，"对象存取器"类的属性部分是一个类名和数据库表名的对照表，通过它可以查到每个类对应哪个数据库表。但是如果能通过精心的设计，做到类名和它对应的数据库表的名字完全相同，那么这个属性就可以空缺。

如果"对象存取器"类的设计采用上述第一种方案，则问题域部分每个请求保存或恢复其对象实例的类都要使用不同的服务请求（即消息发送）语句，这些请求只能分散到各个类中。如果采用第二种方案，则每个类请求保存或请求恢复的语句在语法上都是相同的。因此可以在问题域部分设计一个高层的类，它提供统一的协议，供各个需要在数据库中存储其对象实例的类继承。这个类可取名为"永久对象"，它含有一个"类名"属性和"请求保存""请求恢复"两个服务。对问题域部分进行这样的处理，和采用文件系统时的处理完全一致。由此可以看到，这种方案很有利于保持问题域部分的稳定——无论底层的数据管理系统是采用文件系统还是采用 RDBMS，问题域部分为实现对象的保存与恢复所做的修改都是一样的。

系统要求保存或恢复对象的时机,以及从哪些对象发出这些请求,也都和采用文件系统时的设计相似。

小结

数据库的接口主要介绍数据管理系统的两大类别以及如何选择,各自具有的优势和不足,并且根据目前市场的情况,重点介绍了关系数据库的理论基础、数据库管理系统等内容。此外,还讨论了技术整合和数据接口方面的议题,最后给出了对象存储方案和数据接口的设计策略。

综合练习 10

一、填空题

1. 常见的文件逻辑结构有________和________。

2. ________应具备两方面的特征：一方面它是面向对象的；另一方面它又具有数据库管理系统应有的特点和功能。

3. ________是将分析模型所得转换为解答模型的过程。

二、选择题

1. 下面(　　)不是面向对象技术的特点。
   A. 系统通常由已存在的对象所构成
   B. 对象的复杂度可以一直成长
   C. 用面向对象技术来生成功能良好的系统比较容易,是由于类又包含着类
   D. 面向对象技术与传统的技术区别不大

2. 数据库技术的发展没有经历(　　)阶段。
   A. 文件管理系统　　B. 层次式数据库管理系统
   C. 面向对象数据库管理系统　　D. 面向流程数据库管理系统

3. 下面(　　)不是面向对象设计的主要特性。
   A. 模块化　　B. 强内聚力　　C. 整合性　　D. 强耦合力

三、简答题

1. 什么是文件系统?
2. 分析文件系统和数据库管理系统之间的差异。
3. 简述 DBMS 的功能。
4. 比较关系数据库和面向对象数据库。
5. 如何选择合适的数据管理系统?
6. 数据库与数据库管理系统有什么区别?
7. 面向对象和数据库技术是如何进行整合的?
8. 对象如何在数据库中存放?

第11章 软件实现

软件实现就是在详细设计的基础上，用一种程序设计语言将设计转换为程序，得到的结果是源程序代码。因此在软件实现前，一定要熟悉程序设计，了解程序设计语言的特性及编码，并应注意程序设计风格。

11.1 程序设计语言的特性及选择

程序设计语言是人机通信的工具之一。每种程序设计语言都有各自的特性，这些特性也会对人思考和解决问题产生影响。

11.1.1 程序设计语言的特性

在程序设计前充分了解语言的特性，对成功和高效开发软件有重大的影响。下面从三个方面介绍语言的特性。

1. 工程特性

从软件工程的观点，程序设计语言的特性着重考虑软件开发项目的需要，对程序编码有如下要求。

1）可移植性

可移植性指程序从一个计算机环境移植到另一个计算机环境的难易程度。计算机环境是指不同硬件、不同的操作系统版本。一般来说，程序设计中要尽量避免直接对硬件进行操作，要使用标准的程序设计语言和标准的数据库操作，尽量不使用扩充结构。对程序中各种和硬件、操作系统有关的信息，使用参数化的方法，提高通用性。

2）开发工具的可利用性

开发工具的可利用性指软件开发工具在缩短编码时间、改进源代码的质量方面的能力。目前，许多编程语言都有一套集成的软件开发环境。这些开发工具为源程序代码编写提供各种库函数、交互式调试器、报表格式定义工具、图形开发环境、菜单系统和宏处理程序等。

3）软件的可重用性

软件的可重用性指编程语言提供可重复使用的软件成分的能力，如模块化的程序可通过源代码剪贴、使用继承方式实现软件重用。提供软件重用性的程序设计语言可以大大提高源程序的利用率。

4）可维护性

可维护性指将详细设计转变为源程序的能力和对源程序进行维护的方便性。因此，将设计文档转换为源程序特性、源程序的可读性和语言的文档化特性对软件的可维护性具有重大的影响。

2. 技术特性

在确定了软件需求之后，所选择的语言的技术特性会对软件工程的其余阶段有一定的影响，因此要根据项目的特点选择相应的语言，有的要求实时处理能力强，有的要求对数据库进行很方便的操作，有的要求能对硬件做一些操作。一般在软件设计阶段的设计质量与语言的关系不大(面向对象设计除外)，但在编码阶段，质量往往受语言特性的影响，甚至可能会影响到设计阶段的质量。如面向对象的语言可以提供抽象类、继承等方法，Java 会提供关于网络设计方面的很多工具，而汇编语言可以直接对机器硬件进行操作。当选择了一种语言后，就可以影响到对概要设计和详细设计的实现。语言的特性对于软件的测试与维护也有一定的影响，支持结构化构造的语言有利于减少程序环路的复杂性，使程序易测试、易维护。

3. 心理特性

语言的心理特性指影响程序员心理的语言性能。程序的实现最终要靠人来实现，因此人的因素对程序的实现质量是有很大的影响的。而程序语言的心理特性主要表现在编码实现时对人的影响，包括对程序代码的理解等。它在语言中的表现有以下几个方面。

1）二义性

对于一个程序代码，不同的人对它的意义有不同的解释，这就是心理上的二义性。但是实际上编译程序总是根据语法，按一种固定方法来解释语句，不存在二义性。

如：$X=X_1/X_2 \cdot X_3$，编译系统只有一种解释，但人们却有不同的理解，有人理解为 $X=(X_1/X_2) \cdot X_3$，而另一个人可能理解为 $X=X_1/(X_2 \cdot X_3)$。又如 FORTRAN 语言中变量的类型有显式定义和隐式定义两种，用 REAL K 显式说明 K 是实型变量，但按隐含类型定义，K 则是整型变量。当程序很长时，将会使程序员不了解它的数据类型而产生错误。这样的程序可读性也较差。

2）简洁性

人们要掌握一种语言，就要记住语句的种类、各种数据类型、各种运算符、各种内部函数和内部过程，这些成分数量越多，简洁性越差，人们越难以掌握。但过分简洁会造成程序难以理解，一致性差。因此语言的简洁必须有一个合适的度。

3）局部性和顺序性

程序语言的局部性是人的记忆的联想方式的表现。在编码过程中，由语句组合成模块，由模块组装成系统结构，并在组装过程中实现模块的高内聚、低耦合，使局部性得到加强。顺序性是人的记忆的顺序方式的表现。人的顺序记忆提供了回忆序列中下一个元素的手段，对于具有一定顺序规律的事物，人是容易记忆的。人的记忆特性对使用语言的方式有很大的影响。

4）传统性

传统性指人们在学习新的内容时比较容易受到已有内容的影响。而传统性的表现影响人们学习新语种的积极性，若新语种的结构、形式与原来的类似，则比较容易接受，若风格和设计思想差别很大，则在学习新的语言时，原有的语言知识会起到阻碍的作用。比如学习BASIC语言的人，来学习C++语言，势必会遇到很大的困难。

11.1.2 程序设计语言的选择

为开发一个特定项目选择程序设计语言时，必须从技术特性、工程特性和心理特性几方面考虑。在选择语言时，要从问题需求入手，确定它的具体要求，以及这些要求的相对重要性，针对这种需求，需要什么特性的程序设计语言来实现。由于一种语言不可能同时满足它的各种需求，所以要对各种要求进行权衡，比较各种可用语言的适用程度，最后选择认为是最适用的语言。选择语言时，可以从以下几个方面来考虑。

1. 项目的应用领域

项目应用领域是选择语言的关键因素，有下列类型。

1）科学工程计算

该计算需要大量的标准库函数，以便处理复杂的数值计算，可供选用的语言如下。

(1) FORTRAN语言：世界上第一个被正式推广应用的计算机语言，产生于1954年，经过FORTRAN 0到FORTRAN 4，又相继扩展为FORTRAN 77、FORTRAN 95，通过几个版本的不断更新，使它不仅能面向科学计算，数据处理能力也极强。

(2) Pascal语言：产生于19世纪60年代末，具有很强的数据和过程结构化的能力，它是第一个体现结构化编程思想的语言，由于它语言简明、数据类型丰富、程序结构严谨，许多算法都用类Pascal来概括。用Pascal语言写程序，也有助于培养良好的编程风格。

(3) C语言：产生于20世纪70年代初，最初用于描述UNIX操作系统及其上层软件，后来发展成具有很强功能的语言，支持复杂的数据结构，可大量运用指针，具有丰富灵活的操作运算符及数据处理操作符。还可以直接对位进行操作，程序运行效率高。

(4) PL/1语言：一个适用性非常广泛的语言，能够适用于多种不同的应用领域，但由于太庞大，难以推广使用，目前一些PL/1的子集被广泛使用。

(5) C++/Java语言：支持面向对象的设计思想，支持继承和多态性等概念，可以大大提高程序的重用性，顺应现代软件设计的趋势。

2）数据处理与数据库应用

数据处理与数据应用可供选用的语言如下。

(1) COBOL语言：产生于20世纪50年代末，是广泛用于商业数据处理的语言。它具有极强的数据定义能力，程序说明与硬件环境说明分开，数据描述与算法描述分开，结构严谨、层次分明，说明采用类英语的语法结构，可读性强。

(2) SQL：最初是为IBM公司开发的数据库查询语言，目前不同的软件开发公司有不同的扩充版本，如20世纪80年代后期我国引入的Informix SQL、Microsoft SQL可以方便地对数据库进行存取管理。

(3) 4GL：称为第4代语言。随着信息系统的飞速发展，原来的第2代语言(如FORTRAN、COBOL)、第3代语言(如Pascal、C等)受硬件和操作系统的局限，其开发工具不能满足新技术发展的需求，因此，在20世纪70年代末，提出了第4代语言的概念。4GL的主要特征如下。

① 友好的用户界面：指操作简单，使非计算机专业人员也能方便地使用它。

② 兼有过程性和非过程性双重特性：非过程性指语言的抽象层次又提高到一个新的高度，只需告诉计算机"做什么"，而不必描述"怎么做"，"怎么做"的工作由语言系统运用它专门领域的知识来填充过程细节。

③ 高效的程序代码：指能缩短开发周期，并减少维护的代价。

④ 完备的数据库：指在4GL中实现数据库功能，不再把DBMS看成是语言以外的成分。

⑤ 应用程序生成器：能提供一些常用的程序来完成文件维护、屏幕管理、报表生成和查询等任务，从而有效提高软件生产率。

Microsoft公司的FoxPro、Sybase公司的PowerBuilder、Informix公司的Informix 4GL以及各种扩充版本的SQL等都不同程度地具有上述特征。

3) 实时处理

实时处理软件一般对实时性能的要求很高，可选用的语言如下。

(1) 汇编语言：它是面向机器的，可以完成高级语言无法满足的特殊功能，如与外部设备之间的一些接口操作。

(2) C语言：它能以简易的方式编译、处理低级存储器，提供了许多底层处理的功能，但仍然保持着跨平台的特性。它兼顾了高级语言和汇编语言的优点，相较于其他编程语言具有较大优势。它可以生成高质量、高效率的目标代码，因此通常应用于对代码质量和执行效率(包括实时性)要求较高的嵌入式系统开发。

4) 系统软件

系统类软件很多时候都需要同计算机的硬件打交道，因此在编写操作系统、编译系统等系统软件时，可选用汇编语言、C语言和Pascal语言。

5) 人工智能

人工智能是研究、模拟、延伸人的智能的理论、方法及应用系统的一门新的技术科学，是计算机科学的一个分支。人工智能研究的主要目标是使机器能够胜任某些通常需要人类智能才能完成的工作，研究领域包括机器人、语音识别、图像识别、自然语言处理和专家系统等。人工智能可以对人的意识、思维的信息处理过程进行模拟，虽然还无法达到人的智能水平，但是在某些工作上可以实现与人相仿的处理效果。人工智能系统常用的开发语言有：Python、Java、Prolog、LISP、C++。

以上讨论了一些典型语言的特点和它们的适用领域，但在具体的软件设计情况下，很多时候并不能简单地就确定采用哪种语言，要根据具体情况，权衡各种要求，选择一种合适的程序设计语言。

2. 软件开发的方法

有时编程语言的选择依赖于开发的方法,采用4GL适合用快速原型模型来开发。如果是面向对象方法,就必须采用面向对象的语言编程。近年来,推出了许多面向对象的语言,这里主要介绍以下几种。

(1) C++:是由美国AT&T公司的Bell实验室最先设计和实现的语言,它支持并实现了面向对象设计中类的定义、继承、封装概念,并且与C语言兼容,大量已经开发的C库、C工具以及C源程序不用修改就可以在C++中运行。因此,编程人员不必放弃自己熟悉的C语言,只需补充学习C++提供的那些面向对象的概念和程序设计方法,就可以从C过渡到C++,加之它的开发效率和程序运行效率较高,因此成为当今最受欢迎的面向对象语言之一。目前,除了早期的Turbo C++和Microsoft C++等版本外,又推出了Microsoft Visual C++,充分发挥了Windows和Web的功能。

(2) Java:由Sun公司开发的一种面向对象的、分布式的、安全的程序设计语言。因为它运行在Java虚拟机上,因此它是与硬件无关的,这也体现了它的易移植性。和C++比较,它不支持运算符重载、多继承等特性,但增加了内存空间自动垃圾收集的功能,使程序员不必考虑内存管理问题。Java应用程序提供了许多适合网络编程的对象。

3. 软件开发的环境

良好的编程环境不但能有效提高软件生产率,同时能减少错误,有效提高软件质量。近些年推出了许多可视化的软件集成开发环境,特别是Microsoft公司的Visual Studio和Sun公司的JDE等,都提供了强有力的调试工具,帮助用户快速形成高质量的软件。

4. 算法和数据结构的复杂性

科学计算、实时处理和人工智能领域中的问题算法较复杂,而数据处理、数据库应用和系统软件领域内的问题,数据结构化比较复杂,因此选择语言时可考虑是否有完成复杂算法的能力,或者有构造复杂数据结构的能力。

5. 软件开发人员的知识

软件开发人员原有的知识和经验对选择编程语言也有很大的影响。一般情况下,软件编程人员愿意选择曾经成功开发过项目的语言。新的语言虽然有吸引力,也会提供较多的功能和质量控制方法,但软件开发人员若熟悉某种语言,而且有类似项目的开发经验,往往还是愿意选择原有的语言。为了能选择更好的适应项目的程序设计语言,开发人员应该经常学习新的程序设计语言,掌握新技术。

11.2 程序设计风格

开发软件项目过程中,测试和维护都是很重要的阶段。不论测试与维护,都必须要阅读源程序。因此,阅读程序是软件开发和维护过程中的一个重要组成部分。因为对源程序中的变量和语句所表达的实际意义不了解,对于技巧性强的程序,读程序的时间比写程序的时间还要多,并且很难理解。一个程序的主要目的就是给其他人阅读,可以通过养成良好的程序书写风格来解决阅读性差的问题。程序设计风格指一个人编制程序时所表现出来的特点、习惯及逻辑思路等。一个公认的、良好的编程风格可以减少编码的错误,减少读程序的时间,从而提高软件的开发效率。良好的编码风格有以下几个方面。

1. 源程序文档化

编写源程序文档化的原则如下。

1) 标识符应尽量具有实际意义

若是几个单词组成的标识符,每个单词第一个字母应大写,或者之间用下画线分开,这样便于理解。如某个标识符取名为 rowofscreen,就不容易理解,但写成 RowOf_Screen 或 row_of_screen 就容易理解了。标识符太长,虽然容易体现实际意义,但书写与输入都易出错,因此要在标识符长度和实际意义之间有一个好的平衡。

2) 程序应加注释

阅读并能理解一个没有注释的程序是不可想象的。注释是程序员之间通信的重要工具,一般用自然语言或伪代码描述。注释的作用在于它说明了程序的功能和变量的实际意义。特别对于维护阶段,注释是理解程序的重要途径。注释可分为序言性注释和功能性注释。序言性注释应置于每个程序或子程序的起始部分,它的主要内容如下。

(1) 说明每个模块的用途、功能。

(2) 说明模块的接口形式、参数描述及从属模块的清单。

(3) 该模块的数据描述:特殊的数组或变量的说明、约束或其他信息。

(4) 开发历史:指程序的编写者、审阅者姓名及日期、修改说明及日期。

功能性注释嵌入在源程序内部,说明程序段或语句的功能以及数据的状态。加入功能性注释的原则有以下几点。

(1) 只给重要的、理解困难的程序段添加注释,而不是每一行程序都要加注释。

(2) 书写上要注意形式,以便区分注释和程序。

(3) 修改程序时,要注意修改相应的注释部分。

2. 数据说明

为了使数据定义更易于理解和维护,一般有以下书写原则。

(1) 数据说明顺序应规范,将同一类型的数据书写在同一段落中,从而有利于测试、纠错与维护。例如,按常量说明、类型说明、全程量说明及局部量说明顺序。

(2) 当一个语句中有多个变量声明时,将各变量名按字典顺序排列,便于查找。

(3) 对于复杂的和有特殊用途的数据结构,要加注释,说明在程序中的作用和实现时的特点。

3. 语句构造

语句构造的原则为简单直接,使用规范的语言,在书写上要减少歧义。不要一行多个语句,造成阅读的困难。不同层次的语句采用缩进形式,使程序的逻辑结构和功能特征更加清晰。要避免复杂、嵌套的判定条件，避免多重的循环嵌套，一般嵌套的深度不要超过三层。表达式中多使用括号以提高运算次序的清晰度，不要简单地依靠程序设计语言自身的运算符优先级等。

4. 输入和输出

在编写输入和输出程序时要考虑以下原则。

(1) 输入操作步骤和输入格式尽量简单，提示信息要明确，易于理解。

(2) 输入一批数据时，尽量少用计数器来控制数据的输入进度，应使用文件结束标志。

(3) 应对输入数据的合法性、有效性进行检查，报告必要的输入信息及错误信息。

(4) 交互式输入时，提供明确可用的输入信息。

(5) 当程序设计语言有严格的格式要求时，应保持输入格式的一致性。

输入、输出风格还受其他因素的影响，如输入、输出设备，以及用户经验和通信环境等。

5. 效率

效率(Efficiency)一般指对处理机时间和存储空间的使用效率。对效率追求要注意下面几个方面。

(1) 效率是一个性能要求，需求分析阶段就要对效率目标有一个明确的要求。

(2) 追求效率应该建立在不损害程序可读性或可靠性基础之上。在程序可靠和正确的基础上追求效率。

(3) 选择良好的设计方法才是提高程序效率的根本途径，设计良好的数据结构与算法都是提高程序效率的重要方法。编程时对程序语句做调整是不能从根本上提高程序效率的。

总之，在编码阶段，要善于积累编程经验，培养和学习良好的编程风格，使程序清晰易懂，易于测试与维护，从而提高软件的质量。

11.3 程序设计效率

一个良好的工程系统的标准是要求各种资源的使用达到临界状态。而处理器的时间周期和内存的利用通常被看作是临界资源，编码则被看作是能节省出几微秒或几位的最后的地方。尽管效率是值得追求的目标，但是不能一味地追求效率而损害了程序的质量。

首先，效率是一种性能需求。因此在软件需求分析阶段就应该根据实际情况来规定。软件效率只要满足实际的要求就可以了，而不是越高越好。其次，一个良好的程序设计是提高效率的根本途径。最后，要知道代码效率与代码的简单性紧密联系。

总之，不要为了追求非必需的效率提高而牺牲代码的清晰性、可读性和正确性。

11.3.1 代码效率

对代码效率影响最大的是详细设计阶段所确定的算法的效率。除此之外，编码风格也会影响运行速度和对内存的需要，它的影响体现在以下几方面。

(1) 在进行编码以前,应简化算法中的算术表达式和逻辑表达式,使之显得简洁。

(2) 对嵌套循环仔细审查,在循环内部的语句和表达式越少越好。

(3) 应尽量避免使用多维数组。

(4) 应尽量避免使用指针和复杂的列表。

(5) 采用效率高的算术运算。

(6) 要避免采用混合数据类型。

(7) 只要有可能,就应当采用占用内存少的数据类型。

如果使用折叠的是重复表达式、循环求值、快速算术运算,以及其他一些高效的算法,许多编译程序都可以自动地生成高效的目标码。对于那些要求特别高效的应用,这种编译程序是不可缺少的编码工具。

11.3.2 内存效率

由于硬件技术的发展,内存的容量增加得很快,因此在现在的微机中,大多数程序都不用考虑内存限制了。而虚拟内存管理技术又为应用软件提供了巨大的逻辑地址空间,在这种情况下,内存效率不等于使用节约内存。内存效率必须注意考虑操作系统内存管理的分页特征,而根据代码的局域性或通过结构化构造功能域的设计方法才是减少程序在运行时产生频繁页面置换和提高内存效率的最好办法。

虽然低成本、大容量的内存芯片发展很快,但在嵌入式微处理器领域中,内存限制仍是一个非常实际和不得不考虑的问题。如果系统需求要求最小内存,那就必须非常细心地对高级语言编译后的目标代码进行估算,甚至采用汇编语言。在嵌入式中,提高运行效率的技术往往会导致内存的高效。例如,限制三维或四维数组的使用,不仅使得数组元素存取算法更快,占用的内存也更少。因此,优化算法才是内存高效的关键。

11.3.3 I/O效率

在计算机的运行中,有很大一部分时间在处理I/O,它的效率也影响到程序的效率。一般有两类I/O要考虑。

(1) 由人支配的I/O。

(2) 取决于其他设备(如磁盘或另一台计算机)的I/O。

当用户可以很容易就理解输入的内容,并且程序提供了一些手段来减少用户的文字输入量时,那么用户提供的输入和产生的输出对用户来说就是高效的。对其他硬件的I/O效率牵涉对硬件的直接操作问题,已经超出了本书的范围。但是,从编码(和详细设计)角度,仍然可以从以下几方面来提高I/O效率。

(1) I/O要求的数量应当减至最小,例如将读写文件的功能合并,尽量一次完成。

(2) 所有I/O应当缓存,以减少过多中断次数。

(3) 对于辅存(如磁盘),应当选择和使用最简单的可接受的存取方法。

(4) 辅存设备的I/O,应当是块状的。

正如上面所提到的,I/O在设计阶段就确定了方式,方式确定也就决定了效率。所以,上面给出的提高I/O效率的原则,既适用于软件工程的设计阶段,也适用于编码阶段。

11.4 冗余编程

冗余(Redundancy)是改善系统可靠性的一种重要技术。广义地说,冗余是指所有对于实现系统规定功能来说多余的那部分资源,包括硬件、软件、信息和时间。例如对于一个系统,提供两套或更多的硬件,使之与原始系统并行工作。这种方式称为并行冗余,也称热备用或主动式冗余。在另外一种情况下,如果提供多套的硬件资源,但是只有一套资源在运行,只有当它失效时,备用的资源才开始运行。该方式称备用冗余,也称冷备用或被动式冗余。

在单个元件的可靠性不提高的情况下,使用冗余技术可以大大提高系统运行的可靠性。例如假设有两个平行工作的元件。单个元件工作1000小时的可靠性为0.8,即它在同一时间间隔中发生故障的概率为0.2。只有当两个零件都失效时系统才会失效,如果两个元件是相互独立的,则系统故障的概率为0.2×0.2=0.04。这时该并行系统的可靠性是0.96。可靠性提高了近20%。

但是对于软件,就不能简单地照搬硬件冗余的情况。若通过采用两个程序文本相同的程序在计算机上运行来实现软件冗余,将达不到软件冗余的目的。因为在两台计算机上程序如果是一样的,一个软件上的任何错误都会在另一个软件上出现。要想采用冗余软件,就必须设计出两个功能相同,但源程序不同的程序。

在设计冗余软件时,不仅采用不同的算法和设计来实现同一个计算,而且编程人员也应该不同。假设要计算二次方程的实根,则可以在一个程序中使用二次求根公式,而在第二个程序中采用牛顿-拉菲逊(Newton-Raphson)数值逼近法。如果两个结果在额定的"计算误差"范围内是一致的,则可以采用任何一个结果或两个结果的平均值作为答案,并且打印出来。若结果不一致,而且不知道哪一个正确,则可采用错误检测系统来纠正。如果采用三种以上的计算,则可采纳多数答案。这种技术称为逻辑或多数表决。

在冗余编程的费用上,把一个程序制成两个冗余的程序,开发费用似乎应为编写单个程序的两倍,但实际费用可能还不到1.5倍。这是因为软件的描述、设计和大部分测试以及文档编制的费用是两个程序共享的。冗余编程引起的副作用是由于文本增加而带来的存储空间的增加,以及运行时间的延长。为此可以采用海量存储器和覆盖技术,并仅仅在关键部分采用冗余计算,这样可以使成本减到最小。

11.5 软件容错技术

提高软件质量和可靠性的技术大致可分为两类:一类是避开错误(Fault-avoidance)技术,即在开发的过程中不让差错潜入软件的技术;另一类是容错(Fault-tolerance)技术,即对某些无法避开的差错,使其影响减至最小的技术。避开错误技术主要体现在提高软件的质量管理,也就是软件工程中所讨论的先进的软件分析和开发技术以及管理技术。但是,无论使用多么高明的避开错误技术,如果在理论上无法证明程序的正确性,无法做到完美无缺(Zero-defect)和绝无错误(Error-free),这就需要采用容错技术以使错误发生时不影响系统的特性,或使错误发生时对用户的影响限制在某些容许的范围内。特别是在一些要求高可靠性、高稳定性的系统中,例如原子能发电控制系统、飞机导航控制系统、医院疾病诊断系统、银行网络系统等,都非常重视应用容错技术。表 11-1 给出软件高可靠性技术一览,其中包括容错技术。

表 11-1 软件高可靠性技术

项　目	说　明
算法模型化	将可以保证正确实现需求规格说明的算法模型化
模拟模型化	为保证在一定资源条件下预定性能的实现,将软件运行时间、内存使用量、执行控制等模型化
程序正确性证明	使用形式符号及数学方法,证明程序的正确性
N 个版本的程序设计法	由 N 个独立的软件项目组同时开发同一需求规格说明的软件,从 N 个版本的执行结果的不同点出发,寻求整体的一致性
容错设计	使软件具有抗故障的功能
软件风险分析及故障树分析	从设计或编码的结构出发,追踪软件开发过程中潜入系统差错的原因
划分接口的规格说明	在设计的各个步骤,使用规范的接口规格说明,经验证划分接口的实现可能性和完全性能
可靠性模型	使用软件可靠性模型,从软件故障发生频度出发预测可靠性

11.5.1 容错软件

什么是容错软件?没有一个准确的定义,从不同的角度考察,归纳起来,有以下四种定义。

(1) 规定功能的软件,如果在一定程度上对自身错误(软件错误)具有屏蔽能力,则称此软件为具有容错功能的软件,即容错软件。

(2) 规定功能的软件,如果在一定程度上能从错误状态自动恢复到正常状态,则称为容错软件。

(3) 规定功能的软件,程序存在错误而且发生时,仍然能在一定程度上完成预期的功能,则把该软件称为容错软件。

(4) 规定功能的软件,如果在一定程度上具有容错的能力,则称为容错软件。

以上四个定义在描述上各有侧重点,但在以下三个方面是共同的。

(1) 容错的对象是一个规定功能的软件,这些功能是由需求规格说明定义的。容错是为了保证当错误存在并且发生时,能维持这些功能。

(2) 容错的能力总是有一定限度的。这是由于软件错误一般是不可预见的,输入信息的构成又是极为复杂的,因此,即使是容错软件也不能解决所有的错误。

(3) 容错软件由于自身存在错误而在运行中出错时,应能屏蔽这一错误,对其进行处理以避免失效。通常这一功能是通过错误检测算法、错误恢复算法,并调动软件冗余备份来实现的。

作为软件的冗余备份,并不要求该软件的全部功能都有冗余备份,它可以是某些功能块、子程序或程序段。这些冗余备份和检测程序、恢复程序一起统称为容错资源。容错软件就是由实现规定功能的常规软件和容错资源组成的。常规软件是主体,容错部分的功能只是提高为了可靠性。

11.5.2 容错的一般方法

实现容错计算的主要手段是冗余。由于加入了冗余资源，有可能使系统的可靠性得到较大的提高。按实现冗余的类型来分，通常冗余技术分为四类。

1. 结构冗余

结构冗余是最常用的冗余技术。按其工作方式，又有静态冗余、动态冗余和混合冗余三种。

1）静态冗余

静态冗余通过冗余结果的表决和比较来屏蔽系统中出现的错误。其中三模冗余(Triple Modulor Redundancy，TMR)和多模冗余最常用。图 11-1 所示为 TMR 表决系统的逻辑结构。图 11-1 中 V 是一个表决器，可以由硬件或软件来实现。

其表决输出为

$$U=(U_1 \wedge U_2) \vee (U_2 \wedge U_3) \vee (U_1 \wedge U_3)$$

其中的 U_1、U_2 和 U_3 分别是三个功能相同但由不同的人采用不同的方法开发出来的冗余模块的运行结果。通过上式的表决，以多数结果为系统的最终结果。这样，错误的模块的运行结果将被“屏蔽”。因为在该技术中，无须对错误进行处理，在运行时也不必进行模块的切换，故称为静态容错。

2）动态冗余

动态冗余的特点是在系统运行出错后才运行冗余模块。依靠存储多个模块，当检测到工作的当前模块出现错误时，就有一个备用的模块来顶替它并重新运行。因此动态冗余的实现是系统的检测、模块切换和恢复过程。和静态冗余的特点相比，动态冗余的结构的冗余成分是逐个运行的，称其为动态冗余。典型的动态冗余的逻辑结构如图 11-2 所示。

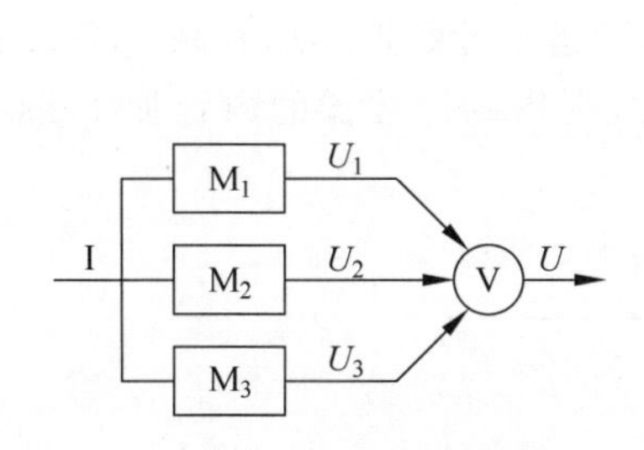

图 11-1 TMR 表决系统的逻辑结构

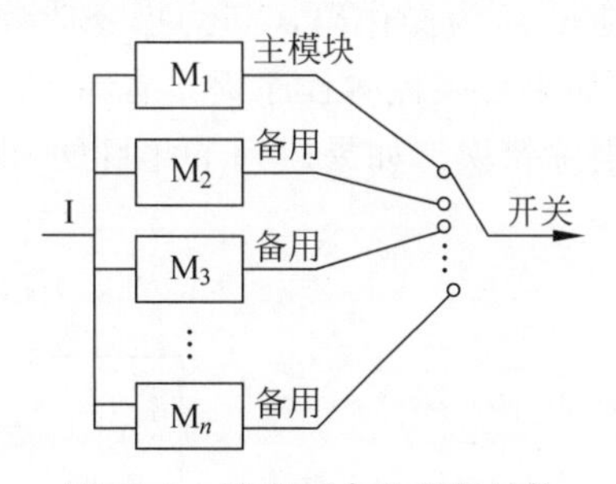

图 11-2 动态冗余的逻辑结构

图 11-2 中 $M_1, M_2, \cdots, M_n$ 是 n 个具有功能相同但独立设计的不同模块。其中 M_1 称为主模块，$M_2 \sim M_n$ 称为备用模块。当 M_1 出错时，由 M_2 顶替 M_1 工作，$M_3 \sim M_n$ 又成为 M_2 的备用模块，依次类推。只有所有 n 个模块相继都出错后，系统才会失效。

每当一个出错模块被其备用模块顶替后，冗余系统相当于进行了一次重构。如果各备用模块与主模块同时工作，只是其结果不影响主模块的结果，这称为热备系统；如果冗余模块不工作，当主模块出错后才开始运行，称为冷备系统。在热备系统中备用模块在待机过程中其失效率可视为0。

3）混合冗余

结合静态冗余和动态冗余的长处，就可以得到混合冗余结构了。通常用$H(N,K)$来表示，其逻辑结构如图11-3所示，总共有N个模块，从M_1到M_K模块组成了静态冗余结构的表决模块，而$N-K$个模块则作为动态冗余结构中的备份模块。在运行中，当参与表决的K个模块中(通常$K\geqslant 3$)有一个模块出错时，就有一个备份模块代替该模块参与静态的表决，维持静态冗余系统的完整。混合冗余系统比N重单纯的静态系统或动态冗余系统的可靠性都高，同时系统对错误检测要求不高。

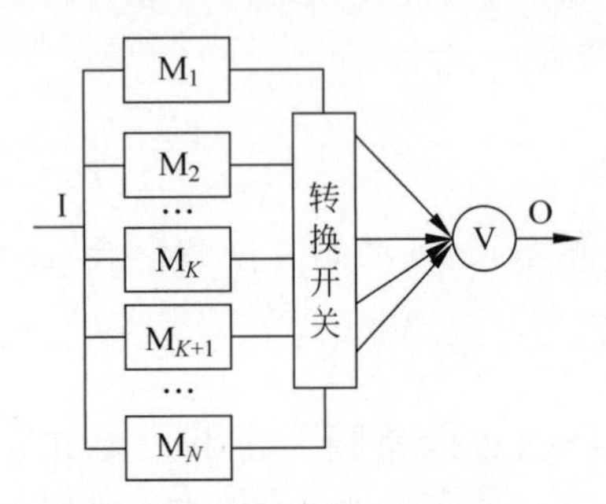

图11-3　$H(N,K)$逻辑结构

以上三种结构冗余形式都涉及信息的表决、错误的检测、切换和切换后的重新启动等问题，各有特点，在具体的应用时，需要根据系统的背景和容错的要求，采用不同的技术手段来解决。

2. 信息冗余

信息冗余是保证信息在传输过程中不出错的重要技术方法。在通信和计算机系统中，信息常以编码的形式出现。在传输过程中很容易受到干扰而出错，现在常用的技术是采用奇偶码、循环校验码等就可以发现甚至纠正这些错误。冗余码的长度远远超过不考虑误差校正时的码长，增加了计算量和信道占用的时间。

3. 时间冗余

时间冗余主要是利用对指令的重复执行(指令复执)或程序的重复运行(程序复算)来消除错误带来的影响。其运行过程的描述如图11-4所示。图11-4中R_i和R_j为源地址，R_k为目的地址，θ为操作码，CP为指令计数器。即R_i和R_j的内容经过θ运算后，其结果送入R_k中。如果错误检测程序提出有错，并发出信号，则指令计数器的内容减1，重新执行该指令以期消除错误。如果达到了此目的，即恢复成功，则指令计数器的内容加1，继续执行下一条指令。

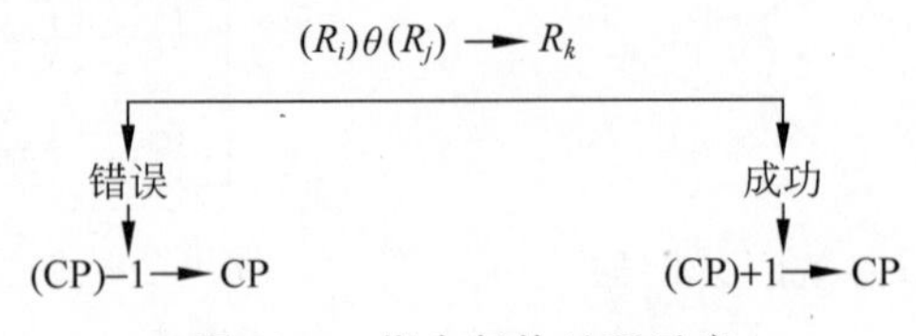

图11-4　指令复执过程示意

如果恢复不成功，则处理办法是发出中断，转入错误处理程序，或对程序进行复算，或重新组合系统，或放弃程序处理。

在程序复算中较常用的方法是程序回滚(Program Rollback)技术。其算法描述如下：图11-5是按时间序列来表示一个程序的执行顺序。其中时刻$t_0,t_1,t_2,\cdots$对应于程序中预先设置好的各个恢复点。假设程序从t_0时刻开始执行，在每个恢复点都会进行错误检测。

假设在 t_{i-1}～t_i 这段时间内有错误发生，并在 t_i 处被检出，则让程序退回到 t_{i-1} 时刻的状态重新开始执行，希望得到正确的程序执行。在各个恢复点都存有在该点对应时刻的运行数据记录，供复算使用。由于在整个程序中预先设置了若干恢复点，在复算时就可以只对某些程序段进行复算，避免整个程序的重新启动。

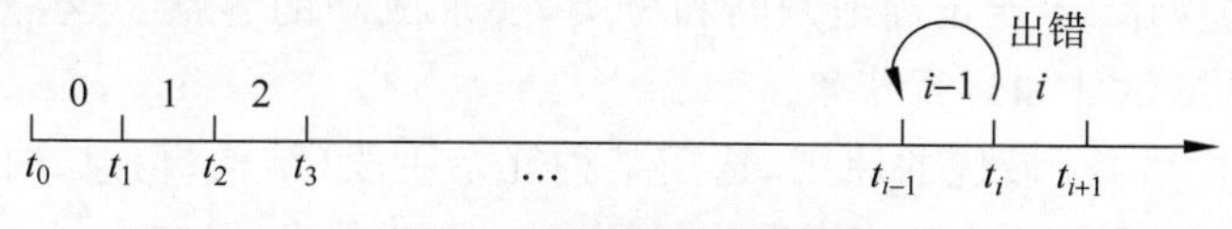

图 11-5 程序返回示意图

4. 冗余附加技术

在实现上述的冗余技术时，实际上是对硬件、程序、指令、数据等资源进行冗余储备。所有的这些冗余资源和技术统称为冗余附加技术。在没有容错要求的系统中，它们是不需要的；但在容错系统中，它们是必不可少的。按不同的目的，实现冗余附加技术重点不同。

以屏蔽硬件错误为目的的容错技术中，冗余附加技术包括：

(1) 关键程序和数据的冗余存储和调用。

(2) 检测、表决、切换、重构、纠错和复算的实现。

由于硬件出错对软件可能带来破坏作用，例如，导致进程混乱或数据丢失等，因此，对它们做预防性的冗余存储十分必要。

在屏蔽软件错误的容错系统中，冗余附加件的构成则不同。它包括：

(1) 各自独立设计的功能相同的冗余备份程序的存储及调用。

(2) 错误检测程序和错误恢复程序。

(3) 为实现容错软件所需的固化程序。

这说明容错软件也需要硬件资源的支持。容错消耗了资源，但换来对系统正确运行的保护。这与那种由于设计不当而造成资源浪费的冗余不同。

11.5.3 容错软件的设计过程

容错系统的设计过程如图 11-6 所示，它包括以下设计步骤。

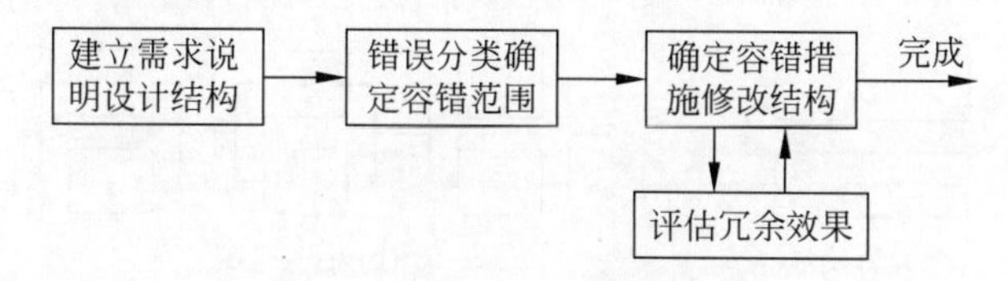

图 11-6 容错系统的设计过程

(1) 按设计任务要求进行常规设计，尽量保证设计的正确。为达到此目的，要求合理地组织软件的开发，使用先进的方法和工具，严格地实行质量管理等一系列措施来避免引入设计错误。需要注意，常规设计得到的非容错结构正是容错系统的构成基础。在结构冗余中，不论是主模块还是备用模块的设计和实现，都要在费用许可的条件下，用调试的方法尽可能提高可靠性。不能忽视常规设计和实现的质量，只把目光盯住采用容错手段实现高可靠性。

(2) 根据系统的工作环境,对可能出现的错误分类,确定实现容错的范围。对可能发生的错误进行正确的判断和分类是有效地实现容错的关键。例如,对于硬件的瞬时错误,可以采用指令复执和程序复算;对于永久错误,则需要采用备份替换或者系统重构。如果判断不正确,就达不到应有的容错效果和造成资源的浪费。对于软件来说,只有最大限度地弄清错误发生和暴露的规律,才能正确地判断和分类,实现成功的容错。这种规律的掌握,要求深入调查和分析系统设计和运行背景。

(3) 按照"成本-效益"最优的原则,选用某种冗余手段(结构、信息、时间)来实现对各类错误的屏蔽。对于事先难以预料的错误虽然不一定都能屏蔽,但应尽量考虑适当的对策,最后形成完整的冗余体系。

(4) 分析或验证上述冗余结构的容错效果。如果效果没有达到预期的程度,则应重新进行冗余结构设计。如此反复,直到有一个满意的结果为止。

11.5.4 软件的容错系统结构

在实现容错系统的时候,需要多方面技术的支持。除了上述的冗余附加技术以外,还有错误检测、恢复、错误隔离、破坏估计和继续服务等技术。这些就不再介绍。可把这些技术根据可靠性的要求综合起来应用,使其形成一个整体,实现容错功能。不同的结构,其在可靠性上的得益是不同的。高可靠性的获得取决于系统结构。系统结构是否合理,主要看其是否能满足工程上的要求和较好的成本-效益比。

1. 最小冗余单元

在硬件系统的可靠性中,一个系统可分为子系统、模块、部件和元件。所谓元件,是指一项具有独立个性的产品,如一个电阻、一个电容或一块集成电路等。电路中的一条引线、一个焊点,虽然能够因其失效而导致整个系统失效,但并不作为最小冗余单元。

在软件中,最小冗余单元是指其功能可以明确定义的最小程序段。一个字符、一条语句的错误会导致软件的失效,但如果没有独立的功能,就不是最小冗余单元。

2. 容错域

一个系统在具体设计其冗余结构时,至少有两种可供选择的方案,如图 11-7 所示。

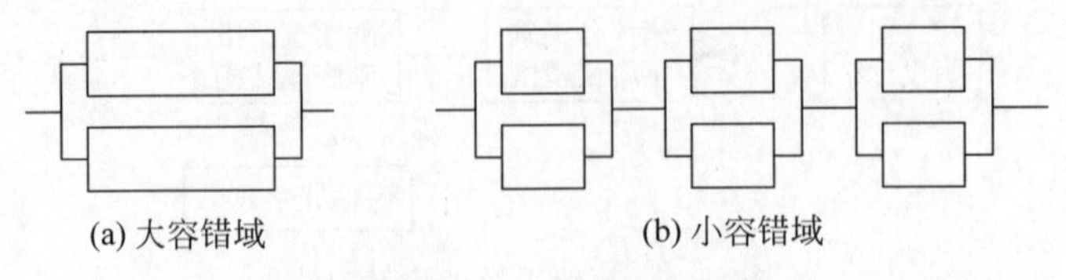

图 11-7 大小不同的容错域

图 11-7(a)所示为将整个系统与另一个功能完全相同的备份一起构成冗余系统来实现容错。图 11-7(b)所示为把系统按功能划分为小段,每一段是由一个主模块和一个冗余备份模块构成一个小的冗余子系统。前者是在大的范围内完成容错功能,后者要求系统在每一个小范围内就完成容错功能,而这就是容错域的大小问题。假设图 11-7(a)所示系统的两个备份相同且均由 n 个段组成。每一个备份的可靠度可利用串行模型的可靠度计算公式

求得

$$R = R_1 \cdot R_2 \cdot R_3 \cdot \cdots \cdot R_n$$

在不考虑容错支持部分(冗余附加件)影响的条件下,容错系统的可靠度可利用并行模型的可靠度计算公式求得

$$\begin{aligned} R_{FTA} &= 1-(1-R)\cdot(1-R) \\ &= 2R - R\cdot R \\ &= R\cdot(2-R) \\ &= R_1\cdot R_2\cdot R_3\cdot\cdots\cdot R_n\cdot(2-R_1\cdot R_2\cdot R_3\cdot\cdots\cdot R_n) \end{aligned} \tag{11-1}$$

图 11-7(b)所示系统中每一个冗余子系统的可靠度按上述并行模型的方法可得

$$\begin{aligned} R_{FT1} &= R_1\cdot(2-R_1) \\ R_{FT2} &= R_2\cdot(2-R_2) \\ &\vdots \\ R_{FTn} &= R_n\cdot(2-R_n) \end{aligned}$$

整个系统按串行模型求出的可靠度为

$$R_{FTB} = R_1\cdot R_2\cdot\cdots\cdot R_n\cdot(2-R_1)\cdot(2-R_2)\cdot\cdots\cdot(2-R_n) \tag{11-2}$$

由于可靠度的值是一个小于 1 的值,比较式(11-1)和式(11-2)可知

$$R_{FTB} \geqslant R_{FTA} \tag{11-3}$$

由此说明容错域小的系统比容错域大的系统可靠度要高。通常容错域的选择在硬件中可以以功能级为基础加以考虑。例如存储器、电源等。在软件中,容错的得益取决于各冗余备份的设计独立性。相互独立的程序,即使都可能存在错误,但其他程序受其影响的可能性却相对较小。当主备份出错时,利用备份程序就可能得到正确的结果。相反,如果软件之间的独立性差,那么无论把程序划分为多少个容错域,也不会提高系统的可靠性。

3. 软件的容错系统结构举例

目前常用的软件容错系统结构有两种。

1) 多版本程序(Multi-version Program)结构

该程序系统是由 2 个以上满足同一需求规格说明的版本构成。这里的 $n(n\geqslant 2)$ 个版本是让 n 个程序开发组各自独立地开发满足同一个需求规格说明的程序。由于这些开发组使用的设计、编码和测试方法不会完全相同,只是接口要求一致,所以这 n 个版本内潜入的错误也不会相同。换言之,这几个独立开发的软件对同一输入处理的结果,不可能发生同样的错误现象。

把这些同一功能的不同版本的程序(多为子系统级或模块级)并行连接到系统中,或者分别在 n 个计算机上并行运行,就构成一种冗余并行模型。在程序运行当中,这些不同版本的程序模块并行地执行同一功能,对它们产生的结果,经过一次多数表决,作为执行的结果。图 11-8 所示为多版本程序的示意图。

由于各个程序在运行中多少都会存在一点误差,因此通常采用“非精确表决”算法。可在一个设定的允许误差范围内进行比较和抉择,或者根据对各程序模块已做的可靠性推断,对不同程序模块的运算结果加权,使其在表决中起更大的决定作用。

2）恢复块(Recovery Block)结构

程序可划分为若干个块(块可以是过程、子程序或程序段)。程序是块的集合。

给要求做容错处理的块(称为基本块)提供备份块(即独立设计的相应冗余备份)、附加的错误检测、恢复措施和接受测试过程后，就把一般的块变成了恢复块。其结构如图 11-9 所示。

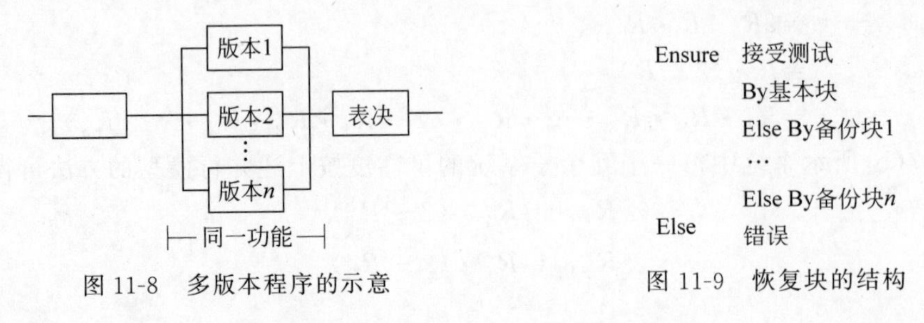

图 11-8　多版本程序的示意　　　图 11-9　恢复块的结构

从图 11-9 中可知，恢复块由基本块、备份块和接受测试等部分组成。各备份块的设计独立于基本块且相互独立。备份块按要求可以与基本块具有同样的功能，也可以设计成基本块的降级，但这种情况的接受测试与基本块不同。恢复块的工作方式是一种冗余方式。即运行时首先对基本块进行接受测试，如果接受测试成功则执行后续工作，否则用备份块替代基本块，重新开始运行。其工作方式如图 11-10 所示。

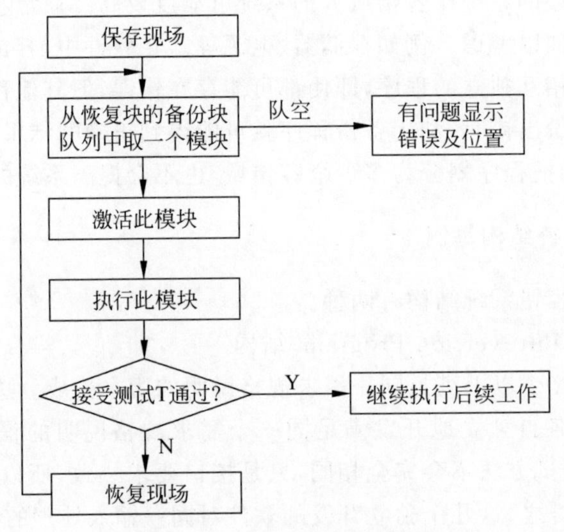

图 11-10　恢复块的工作方式

接受测试 T 是对模块执行结果进行评价估算的确认性检验。它可用于检验现在是否有错误。如果检查通过，才可以继续执行后面的工作；如果检查不通过，则系统恢复到这个模块执行以前的状态，再换一个具有相同功能的不同版本的另一个备份模块执行。接受测试 T 的两个设计标准是：

(1) 能检测实际运行与要求的偏差。

(2) 防止非安全的输出。

小结

本章主要介绍了软件实现。软件实现就是"编码"。其实在软件开发的需求阶段就要考虑软件实现所用的程序设计语言了。计算机发展到今天，出现了众多的编程语言，有的昙花一现，有的长久不衰。但是不同的程序设计语言却有自己不同的特点，有的适合面向硬件，有的适合实时性系统，有的适合开发数据库。因此要根据系统的需求来选择程序开发语言。

在编写程序时，应该以一种公认的、易于理解的格式书写程序，包括嵌套要缩进、不要在一行上书写多个语句等。良好的编程风格带来的是程序的可读性。

在程序设计时，还要考虑程序的效率，包括对硬件资源的使用效率、算法的效率等。但是不能为了追求效率而损失程序的可读性和清晰性。

冗余编程的目的是改善系统的性能。冗余的代码对提高系统的可靠性有显著的影响。

软件的容错技术也是提高系统可靠性的技术手段。容错软件是使错误发生时不影响系统的特性，或使错误发生时对用户的影响限制在某些容许的范围内的技术。结构冗余、信息冗余和时间冗余是常用的容错技术。

容错软件一般是由错误检查机构和错误恢复部分组成的。

综合练习 11

一、填空题

1. 语言的心理特性在语言中的表现形式有________、________、________、________和________。

2. 如果要实现知识库系统、专家系统、决策支持系统、推理系统、语言识别、模式识别、机器视觉、自然语言处理等人工智能领域的系统，应选择的语言有________、________、________、________、________。

3. 通常考虑选用语言的因素有________、________、________、________和________。

二、选择题

1. 一个程序如果把它作为一个整体，它也是只有一个入口、一个出口的单个顺序结构，这是一种(　　)。

A. 结构程序　　B. 组合的过程　　C. 自顶向下设计　　D. 分解过程

2. 与选择编程语言无关的因素是(　　)。

A. 软件开发的方法　　B. 软件执行的环境

C. 用户需要　　D. 软件开发人员的知识

3. 不适合作为数据处理的语言是(　　)。

A. PROLOG　　B. C语言　　C. 4GL　　D. SQL

三、简答题

1. 软件实现完成什么任务?

2. 你了解当前流行的两种以上的编程语言吗?它们的特点是什么?适合设计什么样的系统?

3. 良好的编程风格带来的好处是什么?请举例说出有哪些公认的良好的编程风格?

4. 从哪几方面可以提高程序的效率?

5. 在代码上要提高程序的效率,可以做哪些方面的工作?

6. 冗余编程的目的是什么?

7. 硬件冗余和软件冗余的区别是什么?

8. 举例说明冗余可以提高系统可靠性的原因。

9. 发展软件容错技术的目的是什么?

10. 你认为容错软件应该具有什么样的功能?

11. 简述容错软件的设计过程。

第四部分

测试与工程管理

第12章 软件测试

软件测试是软件质量保证的关键阶段，是对软件设计和编码的最终检查。在软件开发的每个阶段，人们都使用了许多保证软件质量的方法分析、设计、实现软件，包括每个阶段的复查。但是由于软件的特殊性，在工作中还是会存在错误。由于软件产品本身无形态，它是复杂的、知识高度密集的逻辑产品，没有一种软件方法可以保证在软件的设计和实现过程中没有错误。在当前的软件开发中会将30%～40%的项目精力花在测试上。

12.1 软件测试概述

软件测试就是在软件投入运行前，对软件的需求分析、设计、实现编码进行最终审查。表面上看，在软件工程的其他阶段都是建设性的，而软件测试则是摧毁性的。但是，软件测试的最终目的是建立一个可靠性高的软件系统的一部分。它的定义为：软件测试是为了发现错误而执行程序的过程。

12.1.1 软件测试的目的

统计资料表明，测试的工作量约占整个项目开发工作量的40%，对于关系到人的生命安全的软件(如飞机飞行控制系统和核反应堆控制等)，测试的工作量往往是其他阶段的3～5倍。那么，为什么要花这么大的代价进行测试？其目的何在？软件测试要求认定刚开发的软件是错误的，它的目的是找出错误所在，而不是“说明程序能正确地执行它应有的功能”，也不是“表明程序没有错误”。如果是这样，那就会无意识地选择一些不易暴露错误的例子。G. J. Myers在他的软件测试著作中对软件测试的目的提出了以下观点。

(1) 软件测试是为了发现错误而执行程序的过程。

(2) 一个好的测试用例能够发现至今尚未发现的错误。

(3) 一个成功的测试是发现了至今尚未发现的错误的测试。

因此，测试阶段的基本任务是根据软件开发各阶段的文档资料和程序的内部结构，精心设计一组测试用例，它们能够系统地揭示不同类型的错误，并且耗费的时间和工作量最小。但是，已经找出错误的测试只能够说明已经发现的错误，不能证明程序已经无错误。

12.1.2 软件测试的原则

在设计有效的测试用例之前，首先应该注意一些指导原则：

(1) 测试用例由输入数据和预期的输出数据两部分组成。需要将程序运行后的结果和预期的输出相比较来测试程序。

(2) 在输入数据的选择上,不仅要选择合理的输入数据,还要选择不合理的输入数据。这样可提高程序运行的可靠性。程序应该对不合理的输入数据给出相应提示。

(3) 用穷举测试是不可能的。可以通过设计测试用例,充分覆盖所有的条件。

(4) 应该在真正的测试工作开始之前很长时间内,就根据软件的需求和设计来制订测试计划,在测试工作开始后,要严格执行,排除随意性。

(5) 长期保留测试用例。设计测试用例是一件耗费很大的工作,必须作为文档保存。因为测试不是一次完成的,在测试出错误并修改后,需要继续测试。同时,在以后的维护阶段仍然需要测试。

(6) 对发现错误较多的程序段,应进行更深入的测试。Pareto 原则表明,测试发现的错误中的 80%是集中在 20%的模块中。因为发现错误多的程序段,表明其质量较差,可能隐藏了更多的错误。同时在修改错误过程中又容易引入新的错误。

(7) 为了达到最佳测试效果,应该由第三方来构造测试用例,避免程序员测试自己的程序。因为好的测试要求承认程序是有错误的,测试目的是发现错误,所以,程序员的心理状态是测试自己程序的障碍。另外,因为对需求说明的理解而引入错误自身则更难发现。

12.2 测试方法

软件测试方法一般分为静态测试方法与动态测试方法。动态测试方法中又根据测试用例的设计方法不同,分为黑盒测试与白盒测试两类。

12.2.1 静态测试

静态测试是采用人工检测和计算机辅助静态分析的手段对程序进行检测,方法如下。

(1) 人工测试:不依靠计算机运行程序,而靠人工审查程序或评审软件。人工审查程序的重点是对编码质量进行检查,而软件审查除了审查编码外还要对各阶段的软件产品(各种文档)进行复查。人工检测可以发现计算机不易发现的错误,特别是软件总体设计和详细设计阶段的错误。据统计,能有效地发现 30%~70%的逻辑设计和编码错误,可以减少系统测试的总工作量。

(2) 计算机辅助静态分析:利用静态分析软件工具对被测试程序进行特性分析,从程序中提取一些信息,主要检查用错的局部变量和全程变量、不匹配参数、错误的循环嵌套、潜在的死循环及不会执行到的代码等。还可以分析各种类型的语句出现的次数、变量和常量的引用表、标识符的使用方式、过程的调用层次及违背编码规则等。静态分析中还可以用符号代替数值求得程序结果,以便对程序进行运算规律的检验。

12.2.2 动态测试

动态测试与静态测试相反,主要是设计一组输入数据,然后通过运行程序来发现错误。在软件的设计中,出现了大量的测试用例设计方法。测试任何工程化产品,一般有如下两种方法。

(1) 了解了产品的功能,然后构造测试,来证实所有的功能是完全可执行的。

(2) 知道测试产品的内部结构及处理过程,可以构造测试用例,对所有的结构都进行测试。

前一种方法称为黑盒测试法,后一种方法称为白盒测试法。

1. 黑盒测试法

该方法把被测试对象看成一个黑盒子,测试人员完全不考虑程序的内部结构和处理过程,只在软件的界面上进行测试,用来证实软件功能的可操作性,检查程序是否满足功能要求,是否能很好地接收数据,并产生正确的输出。因此,黑盒测试又称为功能测试或数据驱动测试。一般用来检验系统的基本特征。

黑盒测试的任务是发现以下错误。

(1) 是否有不正确或遗漏了的功能。

(2) 在界面上,能否正确地处理合理和不合理的输入数据,并产生正确的输出信息。

(3) 访问外部信息是否有错。

(4) 性能上是否满足要求等。

(5) 初始化和终止错误。

用黑盒法测试时,必须在所有可能的输入条件和输出条件中确定测试数据。能否对每个数据都进行穷举测试呢? 例如测试一个程序,须输入 3 个整数值。3 个整数值的排列组合数为 $2^{16}\times2^{16}\times2^{16}=2^{48}\approx3\times10^{14}$。假设此程序执行,计算机 1ms 执行一次测试并得出评估,24 小时不停地运行,则需要用时 1 万年! 但这还不能算穷举测试,在黑盒测试时还包括输入一切不合法的数据。可见,穷举地输入测试数据进行黑盒测试是不可能的。

2. 白盒测试法

该方法把测试对象看作一个透明的盒子,测试人员能了解程序的内容结构和处理过程,以检查处理过程为目的,对程序中尽可能多的逻辑路径进行测试,在所有的点检验内部控制结构和数据结构是否和预期相同。

简单地来看,会认为通过全面的白盒测试法的程序将是"完全正确"的程序。但是同样,"全面"的白盒测试法也是不可能的。如测试一个循环 20 次的嵌套的 IF 语句,循环体中有 5 条路径。测试这个程序的执行路径为 5^{20},约为 10^{14},如果每毫秒完成一个路径的测试,则完成此程序的测试需 3170 年!

因为白盒测试不检查功能,因此即使每条路径都测试并正确了,程序仍可能有错。例如要求编写一个升序的程序,错编成降序程序(功能错误),就是穷举路径测试也无法发现。再如由于疏忽漏写了路径,那么白盒测试也发现不了。

所以,黑盒测试法和白盒测试法都不能使测试达到彻底。为了让有限的测试发现更多的错误,须精心设计测试用例。

黑盒测试法、白盒测试法是设计测试用例的基本策略,每一种方法对应着多种设计测试用例的技术,每种技术可达到一定的软件质量标准要求。下面分别介绍这两类方法对应的各种测试用例设计技术。

12.3 测试用例的设计

12.3.1 白盒技术

白盒测试是结构测试,所以一般都是以程序的内部逻辑结构为基础来设计测试用例的。

1. 逻辑覆盖

追求程序内部的逻辑结构覆盖程序,当程序中有循环时,覆盖每条路径是不可能的,要设计使覆盖程序较高的或覆盖最有代表性的路径的测试用例。下面根据如图 12-1 所示的程序,分别讨论几种常用的覆盖技术。

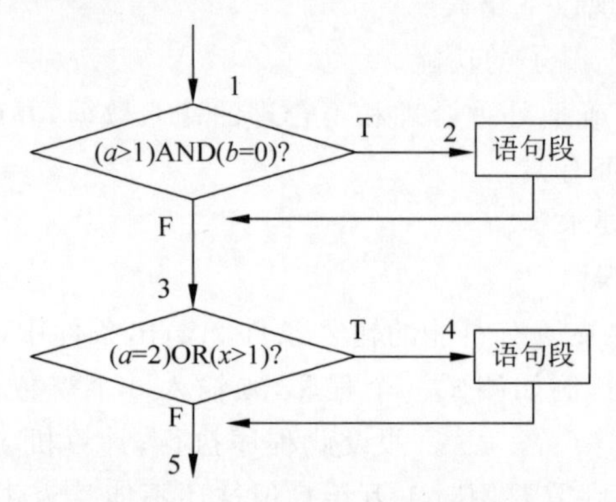

图 12-1 一个被测试程序的流程图

1) 语句覆盖

为了发现程序中的错误,程序中的每个语句都应该执行一次。语句覆盖是指使用足够多的测试数据,使被测试程序中每个语句至少执行一次。图 12-1 所示为一个被测程序的程序流程图。

如果选择的测试数据可以执行路径 1—2—4,就可以保证程序流程图中的四个语句至少执行一次,根据条件,选择 $a=2,b=0,x=3$ 作为测试数据,就能达到语句覆盖的测试标准。

语句覆盖虽然全面地检验了每个语句,但它只测试了逻辑表达式为“真”的情况,如果将第一个逻辑表达式中的 AND 错写成 OR、第二个逻辑表达式中将 $x>1$ 错写成 $x<1$,仍用上述数据进行测试,同样可以测试每一个语句,但是却不能发现错误。因此,语句覆盖是比较弱的覆盖标准。

2) 判定覆盖

相对语句覆盖技术中无法对检查出判定条件中的错误,判定覆盖则设计出足够多的测试用例,使得被测程序中每个判定表达式都执行一次“真”和一次“假”的运行,从而使程序的每一个分支至少都通过一次,因此判定覆盖也称分支覆盖。

观察图 12-1 发现,只要测试用例能通过路径 1—2—4、1—3—5 或者 1—2—5、1—3—4,就可以让每个分支都被执行一次。为了达到这个测试目的,可以选择两组数据:

- $a=3, b=0, x=1$(通过路径 1—2—5)；
- $a=2, b=1, x=2$(通过路径 1—3—4)。

对于多分支(嵌套 IF、CASE)的判定，判定覆盖要使得每一个判定表达式获得每一种可能的值来测试。同样是每个分支都被执行一次。

只要执行了判定覆盖测试，那么语句覆盖肯定也测试了。因为如果通过了各个分支，则各个语句也执行了。但该测试仍不能检查出所有的判定条件的错误，上述数据只覆盖了全部路径的一半，如果将第二个判定表达式中的 $x>1$ 错写成 $x<1$，则仍查不出错误。

3）条件覆盖

条件覆盖测试将使得判定表达式中每个条件的各种可能的值都至少出现一次。在上述程序中有 4 个条件：

$$a>1,\quad b=0,\quad a=2,\quad x>1$$

条件覆盖测试要求选择足够的数据，使得第一个判定表达式有下述各种结果出现：

$$a>1,\quad b=0,\quad a\leqslant 1,\quad b\neq 0$$

并使第二个判定表达式出现如下结果：

$$a=2,\quad x>1,\quad a\neq 2,\quad x\leqslant 1$$

才能达到条件覆盖的标准。

选择以下两组测试数据，就可满足上述要求：

- $a=2, b=0, x=3$(满足 $a>1, b=0, a=2, x>1$，通过路径 1—2—4)；
- $a=1, b=1, x=1$(满足 $a\leqslant 1, b\neq 0, a\neq 2, x\leqslant 1$，通过路径 1—3—5)。

以上两组测试覆盖了判断表达式的所有可能，还覆盖了所有判断的取“真”分支和“假”分支。在此测试数据下，条件覆盖比判断覆盖好。但是如果选择另外一组测试数据：

- $a=1, b=0, x=3$(满足 $a\leqslant 1, b=0, a\neq 2, x>1$)；
- $a=2, b=1, x=1$(满足 $a>1, b\neq 0, a=2, x\leqslant 1$)。

虽然覆盖了所有条件的可能值，满足条件覆盖，但在第一个判定表达式中只能取“假”和在第二个判定表达式中取“真”，即只测试了路径 1—3—4，连语句覆盖都不满足。所以满足条件覆盖不一定满足判定覆盖，若结合条件覆盖和判定覆盖就得到了判定/条件覆盖测试技术。

4）判定/条件覆盖

该覆盖标准指设计足够的测试用例，使得判定表达式中每个条件的所有可能取值至少出现一次，并使每个判定表达式所有可能的结果也至少出现一次。对于上述程序，选择以下两组测试用例：

$$a=2,\quad b=0,\quad x=3$$
$$a=1,\quad b=1,\quad x=1$$

该组测试数据不仅能满足判定条件覆盖要求，也满足条件覆盖的测试要求。

从表面上看，判定/条件覆盖似乎测试了所有条件的取值，但因为在条件组合中某些条件的真假会屏蔽其他条件的结果，所以判定/条件覆盖还有不完善的方面。例如在含有“与”运算的判定表达式中，第一个条件为“假”，则这个表达式中后面几个条件的值均不起作用；而在含有“或”运算的表达式中，第一个条件为“真”，后面其他条件也不起作用，此时如果后面其他条件写错就不能测试出来。

5）条件组合覆盖

在白盒测试法中，选择足够的测试用例，使得每个判定中条件的各种可能组合都至少出现一次。显然，满足条件组合覆盖的测试用例是一定满足判定覆盖、条件覆盖和判定/条件覆盖的。

上述程序中，两个判定表达式共有 4 个条件，因此有 8 种组合：

① $a>1,b=0$；　　② $a>1,b\neq0$；

③ $a\leqslant1,b=0$；　　④ $a\leqslant1,b\neq0$；

⑤ $a=2,x>1$；　　⑥ $a=2,x\leqslant1$；

⑦ $a\neq2,x>1$　　⑧ $a\neq2,x\leqslant1$。

下面 4 组测试用例就可以满足条件组合覆盖标准：

- $a=0,b=0,x=2$ 覆盖条件组合①和⑤，通过路径 1—2—4；
- $a=2,b=1,x=1$ 覆盖条件组合②和⑥，通过路径 1—3—4；
- $a=1,b=0,x=2$ 覆盖条件组合③和⑦，通过路径 1—3—4；
- $a=1,b=1,x=1$ 覆盖条件组合④和⑧，通过路径 1—3—5。

显然，满足条件组合覆盖的测试一定满足“判定覆盖”“条件覆盖”和“判定/条件覆盖”，因为每个判定表达式、每个条件都不止一次地取到过“真”“假”值。但是，该组测试数据没有能通过 1—2—5 这条路径，不能测试出这条路径中存在的错误。

6）路径覆盖

因为存在选择语句，所以从输入到输出有多条路径。路径覆盖就是要求设计足够多的测试数据，可以覆盖被测程序中所有可能的路径。

该程序中，共有 4 条路径，选择以下测试用例，就可以覆盖程序中的 4 条路径：

- $a=2,b=0,x=2$　　覆盖路径 1—2—4，覆盖条件组合①和⑤；
- $a=2,b=1,x=1$　　覆盖路径 1—3—4，覆盖条件组合②和⑥；
- $a=1,b=1,x=1$　　覆盖路径 1—3—5，覆盖条件组合④和⑧；
- $a=3,b=0,x=1$　　覆盖路径 1—2—5，覆盖条件组合①和⑧。

可以看出满足路径覆盖却未满足条件组合覆盖。

表 12-1 列出了这 6 种覆盖标准的要求。

表 12-1　6 种覆盖标准的要求

发现错误能力	覆盖标准	要　求
弱	语句覆盖	每条语句至少执行一次
↓	判定覆盖	每个判定的每个分支至少执行一次
↓	条件覆盖	每个判定的每个条件应取到各种可能的值
↓	判定/条件覆盖	同时满足判定覆盖和条件覆盖
↓	条件组合覆盖	每个判定中各条件的每一种组合至少出现一次
强	路径覆盖	使程序中每一条可能的路径至少执行一次

在前 5 种测试技术中，都是针对单个判定或判定的各个条件值上，其中条件组合覆盖发现错误能力最强，凡满足其标准的测试用例，也必然满足前 4 种覆盖标准。

路径覆盖测试则根据各判定表达式取值的组合，使程序沿着不同的路径执行，查错能力强。但由于它是从各判定的整体组合发出设计测试用例的，可能使测试用例达不到条件组合的要求。在实际的逻辑覆盖测试中，一般以条件组合覆盖为主设计测试用例，然后再补充部分用例，以达到路径覆盖测试标准。

2. 循环覆盖

除了选择结构外，循环也是程序的主要逻辑结构，要覆盖含有循环结构的所有路径是不可能的，但可通过限制循环次数来测试，一般用以下方法来设计对循环结构的测试。

1）单循环

设 n 为可允许执行循环的最大次数。可设计测试数据实现下列情况。

(1) 跳过循环。

(2) 只执行循环一次。

(3) 执行循环 m 次，其中 $m<n$。

(4) 执行循环 n 次和 $n+1$ 次。

2）嵌套循环

对嵌套循环结构的测试步骤为：

(1) 将外循环固定，对内层进行单循环测试。

(2) 由里向外，进行下一层的循环测试。

3. 基本路径测试

图 12-1 的例子只有 4 条路径。但在实际问题中，一个不太复杂的程序路径都是一个庞大的数字。将覆盖的路径数压缩到一定的限度内可简化测试，例如，循环体只执行一次。基本路径测试就是在程序流程图的基础上，通过分析导出基本路径集合，从而设计测试用例，保证这些路径至少通过一次。

设计基本路径测试的步骤如下。

(1) 以详细设计或源程序为基础，导出程序流程图的拓扑结构——程序图。程序图是简化了的程序流程图，它是反映程序流程的有向图，其中小圆圈称为节点，代表了流程图中每个处理符号(矩形、菱形框)，用箭头的连线表示控制流向，称为程序图中的边或路径。图 12-2(a)是一个程序流程图，可以将它转换为图 12-2(b)所示的程序图(假设菱形框表示的判断内设有复合的条件)。

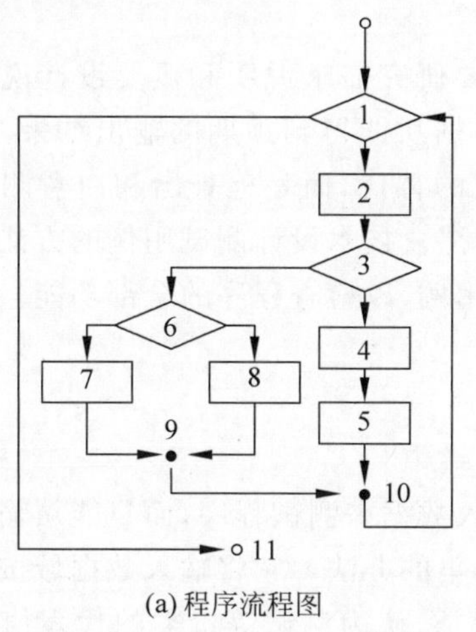

(a) 程序流程图　　(b) 程序图

图 12-2　程序流程图和程序图

在转换时注意,一条边必须终止于一节点,在选择结构中的分支汇聚处即使无语句也应有汇聚节点;若判断中的逻辑表达式是复合条件,应分解为一系列只有单个条件的嵌套判断,如对于图 12-3(a)的复合条件的判定,应画成如图 12-3(b)所示的程序图。

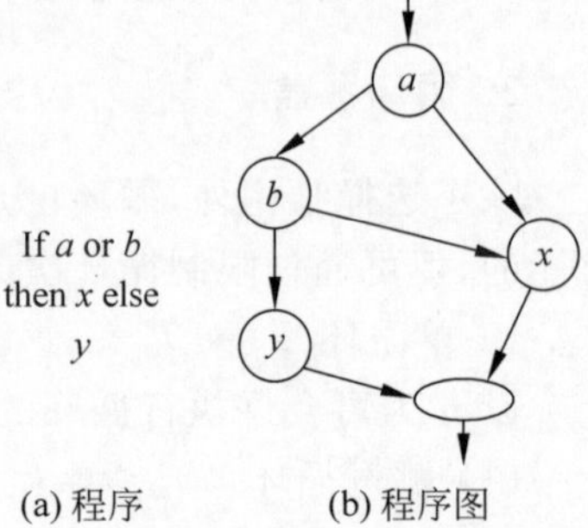

图 12-3　复合条件的程序图

(2) 计算程序图 G 的环路复杂性 $V(G)$。McCabe 定义程序图的环路复杂性为此平面图中区域的个数。区域个数为边和节点圈定的封闭区域数加上图形外的区域数 1。

例如,图 12-2(b)的 $V(G)=4$,还可以按如下两种方法计算:

- $V(G)$ = 判定节点数 + 1 = 3 + 1 = 4;
- $V(G)$ = 边的数量 − 节点数量 + 2 = 11 − 9 + 2 = 4。

(3) 确定只包含独立路径的基本路径集。环路复杂性可导出程序基本路径集合中的独立路径条数,这是确保程序中每个执行语句至少执行一次所必需的测试用例数目的上界。独立路径是指包括一组以前没有处理的语句或条件的一条路径。从程序图来看,一条独立路径是至少包含有一条在其他独立路径中未有过的边的路径,例如,在图 12-2(b)中,一组独立的路径如下。

- path1:1—11;
- path2:1—2—3—4—5—10—1—11;
- path3:1—2—3—6—8—9—10—1—11;
- path4:1—2—3—6—7—9—10—1—11。

从例中可知,一条新的路径必须包含有一条新边。这 4 条路径组成了如图 12-2(b)所示的程序图的一个基本路径集,4 是构成这个基本路径集的独立路径数的上界,这也是设计测试用例的数目。只要测试用例确保这些基本路径的执行,就可以使程序中每个可执行语句至少执行一次,每个条件的取"真"和取"假"分支也能得到测试。基本路径集不是唯一的,对于给定的程序图,可以得到不同的基本路径集。

(4) 设计测试用例,确保基本路径集合中每条路径的执行。

12.3.2 黑盒技术

黑盒测试注重于测试软件的功能需求,因此需要研究需求说明和概要设计说明中有关程序功能或输入、输出之间的关系等信息,并且要根据功能得到预期的输出结果,从而与测试后的结果进行分析比较。黑盒测试不是白盒测试的替代,而是检查出和白盒测试不同类型的错误。黑盒测试一般是在测试的后期使用。用黑盒技术设计测试用例的方法一般有以下 4 种,但没有哪一种方法能提供一组完整的测试用例,以检查程序的全部功能。在实际测试中应该把各种方法结合起来使用。

1. 等价类划分

从前面的叙述中知道,不可能用所有可能的输入数据来测试程序,而只能从输入数据中选择一个子集进行测试。等价类划分是选择测试子集的办法。它将输入数据域按有效的或无效的(也称合理的或不合理的)划分成若干个等价类,认为测试等价类的代表值的结果就等于对该类其他值的测试。也就是说，如果从某个等价类中任选一个测试用例未发现程序错误，则认为该类中其他测试用例也不会发现程序的错误。这样就把漫无边际的随机测试改变为有少数的、有针对性的等价类测试，能有效地提高测试效率。利用等价类测试的步骤如下。

1）划分等价类

从程序的功能说明（如需求说明书）中找出每个输入条件（通常是一句话或一个短语），然后将每一个输入条件划分成为两个或多个等价类，将其列表，其格式如表12-2所示。

表12-2 划分等价类

输入条件	合理等价类	不合理等价类
⋮	⋮	⋮

表12-2中合理等价类是指各种正确的输入数据，不合理等价类是其他错误的输入数据。划分等价类没有一个完整的法则，在具体划分等价类时，可以遵照如下几条经验。

(1) 如果某个输入条件规定了取值范围或值的个数，则可确定一个合理的等价类（输入值或数在此范围内）和两个不合理等价类（输入值或个数小于这个范围的最小值或大于这个范围的最大值）。

例如，要求输入学生的成绩，范围为0～100，可以将合理的等价类设定为“0≤成绩≤100”，不合理的等价类为“成绩＜0”和“成绩＞100”两个。

(2) 如果规定了输入数据的一组值，而且程序对不同的输入值做不同的处理，则每个允许的输入值是一个合理等价类，此外还有一个不合理等价类（任何一个不允许的输入值）。

例如，输入条件上说明教师的职称可为助教、讲师、副教授及教授4种之一，则分别取这4个值作为4个合理等价类，另外把4种职称之外的任何职称作为不合理等价类。

(3) 如果规定了输入数据必须遵循的规则，则可确定一个合理等价类（条例规则）和若干个不合理等价类（从各种不同角度违反规则）。

(4) 如果已划分的等价类中各元素在程序中的处理方式不同，则应将此等价类进一步划分为更小的等价类。

正确分析被测程序的功能和输入条件是正确划分等价类的基础。

2）确定测试用例

完成等价类的划分后，就可以按以下步骤设计测试用例。

(1) 为每一个等价类编号。

(2) 设计一个合理等价类的测试用例，对于各个输入条件，使其尽可能多地覆盖尚未被覆盖过的合理等价类。重复这步，直到覆盖了所有的合理等价类。

(3) 设计一个不合理等价类的测试用例。因为在输入中有一个错误存在时，往往会屏蔽掉其他错误显示，因此设计不合理的等价类的测试数据时，只覆盖一个不合理等价类。重复这一步，直到所有不合理等价类被覆盖。

例如，有一报表处理系统，要求用户输入处理报表的日期。假设日期限制在1990年1月～1999年12月，即系统只能对该段时期内的报表进行处理。如果用户输入的日期不在此范围内，则显示输入错误信息。该系统规定日期由年、月的6位数字字符组成，前4位代表年，后2位代表月。现用等价类划分法设计测试用例，来测试程序的“日期检查功能”。

(1) 划分等价类并编号:划分成3个有效等价类、7个无效等价类,如表12-3所示。

表12-3 “报表日期”的输入条件的等价类划分

输入等价类	合理等价类	不合理等价类
报表日期的类型及长度	① 6位数字字符	② 有非数字字符 ③ 少于6个数字字符 ④ 多于6个数字字符
年份范围	⑤ 1990—1999	⑥ 小于1990 ⑦ 大于1999
月份范围	⑧ 1~12	⑨ 等于0 ⑩ 大于12

(2) 为合理等价类设计测试用例,对于表中编号为1、5、8对应的3个合理等价类,用一个测试用例覆盖。

测试数据	期望结果	覆盖范围
199905	输入有效	1,5,8

(3) 为每一个不合理等价类至少设计一个测试用例:

测试数据	期望结果	覆盖范围
99MAY	输入无效	2
19995	输入无效	3
1999005	输入无效	4
198912	输入无效	6
200001	输入无效	7
199900	输入无效	9
199913	输入无效	10

在不合理的测试用例中,不能出现相同的测试用例,否则相当于一个测试用例覆盖了一个以上不合理等价类,例如不能用99MAY来同时覆盖2和3。否则即使出错,也不知道原因是2还是3。

等价类划分法比随机选择测试用例要好得多,但这个方法的缺点是没有注意选择某些高效的、能够发现更多错误的测试用例。

2. 边界值分析

边界值是指输入等价类或输出等价类边界上的值。实践经验表明,程序往往在处理边界情况时发生错误。因此检查边界情况的测试用例是比较高效的,可以查出更多的错误。

例如,在做三角形设计时,要输入三角形的3个边长A,B,C。这三个数值应当满足$A>0$,$B>0$,$C>0$,$A+B>C$,$A+C>B$,$B+C>A$才能构成三角形。但如果把6个不等式中的任何一个$>$错写成$\geqslant$,那个不能构成三角形的问题恰好出现在容易被疏忽的边界附近。在选择测试用例时,选择边界附近的值就能发现被疏忽的问题。

在划分等价类的基础上采用边界值分析方法设计测试用例,可以直接取那些等价类的边界值,选取正好等于、刚刚大于或刚刚小于边界值的测试数据。有以下一些设计原则。

(1) 如果输入条件规定了值的范围，可以选择正好等于边界值的数据作为合理的测试用例，同时还要选择刚好越过边界值的数据作为不合理的测试用例。如输入值的范围是[1,100]，可取0、1、100、101等值作为测试数据。

(2) 如果输入条件指出了输入数据的个数，则按最大个数、最小个数、比最小个数少1及比最大个数多1等情况分别设计测试用例。如一个输入文件可包括1～255个记录，则分别设计有一个记录、255个记录，以及0个记录和256个记录的输入文件的测试用例。

(3) 对每个输出条件分别按照以上两个原则确定输出值的边界情况。如一个学生成绩管理系统规定，只能查询95～98级大学生的各科成绩，可以设计测试用例，除了查询范围内的学生的学生成绩，还须设计查询94级、99级学生成绩的测试用例(不合理输出等价类)。

由于输出值的边界与输入值的边界没有必然的对应关系，因此要检查输出值的边界不一定可行，要产生超出输出值之外的结果也不一定能做到，但必要时还需试一试。

(4) 如果程序的需求说明给出的输入或输出域是个有序集合(如顺序文件、线性表和链表等)，则应选取集合的第一个元素和最后一个元素作为测试用例。

对上述报表处理系统中的报表日期输入条件，以下用边界值分析设计测试用例。

程序中判断输入日期(年月)是否有效，假设使用如下语句：

```
IF(ReportDate <= MaxDate) = AND(ReportDate >= MinDate)
THEN 产生指定日期报表
ELSE 显示错误信息
ENDIF
```

如果将程序中的<=误写为<，则上例的等价类划分中所有测试用例都不能发现这一错误，采用边界值分析法的测试用例，如表12-4所示。

表12-4 "报表日期"边界值分析法测试用例

输入等价类	测试用例说明	测试数据	期望结果	选取理由
报表日期的类型及长度	1个数字字符；	5，	显示出错	仅有一个合法字符
	5个数字字符；	19995，	显示出错	比有效长度少1
	7个数字字符；	199905，	显示出错	比有效长度多1
	有1个非数字字符；	1999.5，	显示出错	只有一个非法字符
	全部是非数字字符；	May---，	显示出错	6个非法字符
	6个数字字符	199905	显示有效	类型及长度均有效
日期范围	在有效范围边界上选取数据	199001，	输入有效	最小日期
		199912，	输入有效	最大日期
		199000，	显示出错	刚好小于最小日期
		199913	显示出错	刚好大于最大日期
月份范围	月份为1月；	199801，	输入有效	最小月份
	月份为12月；	199812，	输入有效	最大月份
	月份<1；	199800，	显示出错	刚好小于最小月份
	月份>12	199813	显示出错	刚好大于最大月份

显然采用测试用例发现程序中的错误要更彻底一些。

3. 错误推测

在测试程序时,人们根据经验或直觉推测程序中可能存在的各种错误,从而有针对性地编写检查这些错误的测试用例,这就是错误推测法。

错误推测法没有确定的步骤,凭经验进行。它的基本思想是列出程序中可能发生错误的情况,根据这些情况选择测试用例。例如,输入、输出数据为零是容易发生错误的情况;又如,输入表格为空或输入表格只有一行是容易出错的情况等。

例如,对于一个排序程序,列出以下几项须特别测试的情况。

(1) 输入表为空。

(2) 输入表只含一个元素。

(3) 输入表中所有元素均相同。

(4) 输入表中已排好序。

又如,测试一个采用二分法的检索程序,考虑以下情况。

(1) 表中只有一个元素。

(2) 表长是2的幂。

(3) 表长是2的幂减1或2的幂加1。

因此,要根据具体情况具体分析。

4. 因果图

等价类划分和边界值分析方法都只是孤立地考虑各个输入数据的测试功能,而没有考虑多个输入数据的组合引起的错误。因果图能有效地检测输入条件的各种组合可能会引起的错误。因果图的基本原理是将自然语言描述的功能说明转换为判定表,最后为判定表的每一列设计一个测试用例。

5. 综合策略

没有哪一种测试方法是最好、发现错误能力最强的。每种方法都适合于发现某种特定类型的错误。因此在实际测试中,常常联合使用各种测试方法,形成综合策略,通常先用黑盒测试法设计基本的测试用例,再用白盒测试法补充一些必要的测试用例,方法如下。

(1) 在任何情况下都应使用边界值分析法,用这种方法设计的用例暴露程序错误能力强。设计用例时,应该既包括输入数据的边界情况又包括输出数据的边界情况。

(2) 必要时用等价类划分方法补充一些测试用例。

(3) 用错误推测法补充测试用例。

(4) 检查上述测试用例的逻辑覆盖程度,如未满足所要求的覆盖标准,再增加例子。

(5) 如果需求说明中含有输入条件的组合情况,则一开始就可使用因果图法。

12.4 测试过程

12.4.1 软件测试过程中的信息

软件测试时需要以下三类信息。

(1) 软件配置:指需求说明书、设计说明书和源程序等。

（2）测试配置：指测试方案、测试用例和测试驱动程序等。

（3）测试工具：指计算机辅助测试的有关工具。

软件经过测试以后，要根据预期的结果对测试的结果进行评估，对于出现的错误要报告，并修改相应文档。修改后的程序往往要经过再次测试，直到满意为止。在分析结果的同时，要对软件可靠性进行评价，如果总是出现需要修改设计的严重错误，软件的质量和可靠性就值得怀疑，同时也须进一步测试；如果软件功能能正确完成，出现的错误易修改，可以断定软件的质量和可靠性可以接受或者所做的测试还不足以发现严重错误；如果测试发现不了错误，那么应该修改测试方案、用例，要考虑错误仍潜伏在软件中，应考虑重新制定测试方案，设计测试用例。

12.4.2　软件测试的步骤与各开发阶段的关系

测试并不只是针对编码进行的测试，一般在软件产品交付使用之前要经过单元测试、集成测试、确认测试和系统测试。图 12-4 所示为软件测试经历的步骤。

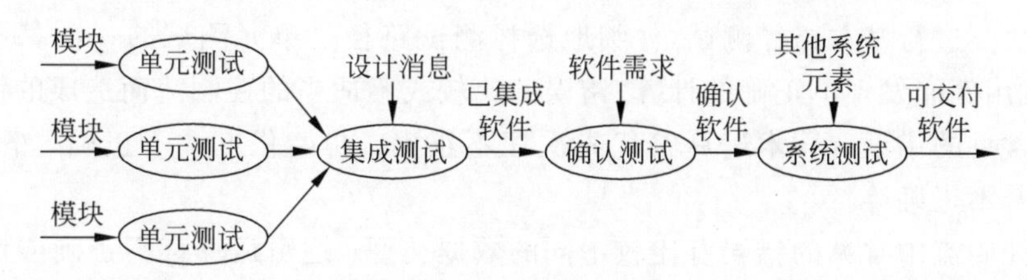

图 12-4　软件测试步骤

单元测试检查软件设计中的最小单元——模块。检查各个模块是否正确实现规定的功能，接口是否正确，从而发现模块在编码中或算法中的错误。对模块进行测试之前，必须先通过编译程序检查语法错误，然后根据该阶段涉及编码和详细设计的文档进行测试。当所有的单元测试完成后，将各模块组装起来进行集成测试，主要是检查各单元之间的接口问题，单元之间相互影响的问题以及与设计相关的软件体系结构的有关问题。完成集成测试之后，接口之间的问题已经被修改了。确认测试则主要检查已实现的软件是否满足需求说明书中确定了的各种功能。系统测试指把已确定的软件与其他系统元素（如硬件、其他支持软件、数据和人工等）结合在一起进行测试，主要包括恢复测试、安全测试、压力测试和性能测试。图 12-5 列出了软件测试与软件开发过程的关系。

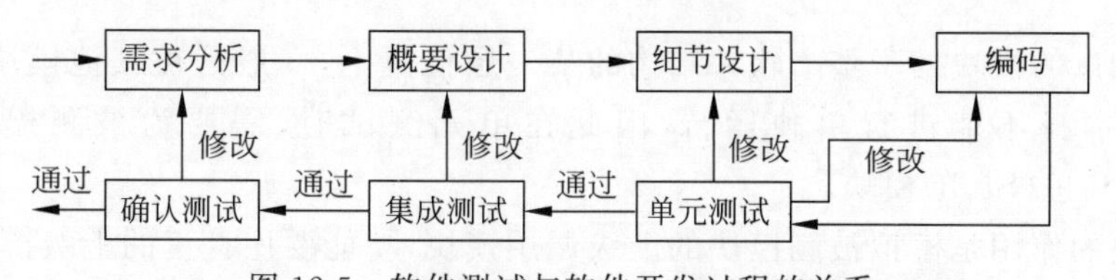

图 12-5　软件测试与软件开发过程的关系

下面将详细介绍单元测试、集成测试和确认测试的具体内容及方法。

12.4.3 单元测试

1. 测试的内容

单元测试主要针对模块的5个基本特征进行测试。

1) 模块接口

模块接口测试主要是测试数据能否正确地通过单元。检查的主要内容是实参和形参的参数个数、数据类型及对应关系是否一致。当模块通过文件进行输入/输出时,要检查文件的具体描述(包括文件的定义、记录的描述、缓冲区的大小和记录是否匹配及文件的处理方式等)是否正确。

2) 局部数据结构

局部数据结构主要检查以下几方面的错误:类型说明不正确或不一致;初始化或缺省值错误;不正确的变量名字;数据类型不相容;上溢、下溢或地址错等。

除了检查局部数据外,还应注意全局数据对模块的影响。

3) 重要的执行路径

重要模块要进行基本路径测试,仔细地选择测试路径是单元测试的一项基本任务。注意,选择测试用例能发现不正确的计算、错误的比较或不适当的控制流而造成的错误。

计算中常见的错误有算术运算符优先次序不正确;初始化方式不正确;精确度不够;表达式的符号不正确等。

条件及控制流中常见的错误有比较不同的数据类型;逻辑运算符不正确或优先次序错误;由于精确度误差造成的相等比较出错;循环终止条件错误或死循环;错误地修改循环变量;第一次或最后一次循环出错等。

4) 错误处理

错误处理主要测试程序处理错误的能力,检查是否存在以下问题:不能正确处理外部输入错误或内部处理引起的错误;对发生的错误不能正确描述或描述内容难以理解;所显示的错误与真正的错误不一致,例如条件处理不正确;在错误处理之前,系统已进行干预等。

5) 边界条件

程序最容易在边界上出错,如输入/输出数据的等价类边界、选择条件和循环条件的边界、复杂数据结构(如表)的边界等都应进行测试。

2. 测试的方法

由于被测试的模块处于整个软件结构的某一层位置上,一般是被其他模块调用或调用其他模块,其本身不能进行单独运行,因此在单元测试时,需要为被测模块设计驱动(Driver)模块和桩(Stub)模块。

驱动模块的作用是模拟被测模块的上级调用模块,功能要比真正的上级模块简单得多,仅仅是接收被测模块的测试结果并输出。桩模块则用来代替被测模块所调用的模块。它的作用是提供被测模块所需的信息。图12-6(a)表示被测软件的结构,而图12-6(b)表示用驱动模块和桩模块建立测试模块B的环境。

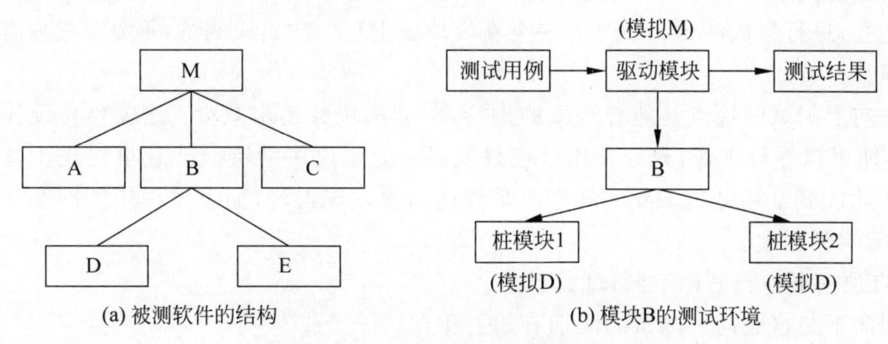

图 12-6 单元测试的测试环境

驱动模块和桩模块的编写给软件开发带来额外开销，但是设计这些模块对测试是必要的。

12.4.4 集成测试

1. 集成测试的目的

集成测试是指在单元测试的基础上，将所有模块按照设计要求组装成一个完整的系统而进行的测试，故也称组装测试或联合测试。实践证明，单个模块能正常工作，组装后不见得仍能正常工作，这是因为：

(1) 单元测试中使用的驱动模块和模块都是模拟相应模块的功能，与它们所代替的模块并不完全等效，因此单元测试有不彻底、不严格的情况。

(2) 各个模块组装起来，穿越模块接口的数据可能会丢失。

(3) 组合后，一个模块的功能可能会对另一个模块的功能产生不利的影响。

(4) 各个模块的功能组合起来可能达不到预期要求的功能。

(5) 单个模块可以接受的误差，组装起来可能累积和放大到不能接受的程度。

(6) 模块组合之后，全局数据可能会对模块产生影响。

因此必须要进行集成测试，用于发现模块组装中可能出现的问题，最终构成一个符合要求的程序结构。

2. 集成测试的方法

集成测试的方法主要有自底向上测试和自顶向下测试。

1) 自底向上测试

该测试是首先对每个模块分别进行单元测试，然后再把所有的模块按设计要求组装在一起进行的测试，测试时不再需要桩模块。

自顶向下测试的优点是能较早地发现高层模块接口、控制等方面的问题；程序在初期对功能性的验证，对增强开发人员和客户的信心都有好处。其缺点是桩模块不可能完全等效于真正的底层模块，因此许多测试只有推迟到用实际模块代替桩模块之后才能完成；测试中要设计较多的桩模块，测试开销大；早期不能并行工作，不能充分利用资源。

2）自顶向下测试

该测试首先集成主控模块，然后自顶向下逐个把未经过测试的模块组装到已经测试过的模块上去，进行集成测试。每加入一个新模块就进行一次集成测试，重复此过程直至程序组装完毕。

自底向上测试的优点是随着测试的进行，驱动模块数逐步减少；比较容易设计测试用例；在早期可以并行工作，充分利用软硬件资源；低层模块的错误能较早发现。其缺点是系统整体功能到最后才能测试；软件决策性的错误发现得晚，而上层模块的问题是全局性的问题，影响范围大。

3）自顶向下与自底向上测试的区别

自顶向下与自底向上测试的区别有如下几点。

(1) 自底向上测试把单元测试和集成测试分成两个不同的阶段，前一阶段完成模块的单元测试，后一阶段完成集成测试；而自顶向下测试把单元测试与集成测试合在一起，同时完成。

(2) 自顶向下测试可以较早地发现接口之间的错误，自底向上测试则到最后组装时才发现。

(3) 自顶向下测试有利于排错，发生错误往往和最近加进来的模块有关；而自底向上测试发现接口错误推迟到最后，很难判断是哪一部分接口出错。

(4) 自顶向下测试比较彻底，已测试的模块和新的模块组装在一起再测试。

(5) 自顶向下测试占用的时间较多，但自底向上测试需更多的驱动模块，也占用一些时间。

(6) 自底向上测试开始可并行测试所有模块，能充分利用人力，对测试大型软件很有意义。

在软件开发中，根据软件错误发现越早代价越低等特点，采用自顶向下测试较好，但在实际开发中，常将两种模式结合起来，在进行自顶向下测试中，同时组织人力对一些模块分别测试，然后将这些测试过的模块再用自顶向下测试逐步结合进软件系统中去。

3. 组装模块的方法

1）自顶向下结合

该方法从主控模块开始进行集成，测试中不需要编写驱动模块，只需要编写桩模块。然后沿被测程序的控制路径逐步向下测试，从而把各个模块都结合进来，在集成各个模块中，有以下两种组合策略。

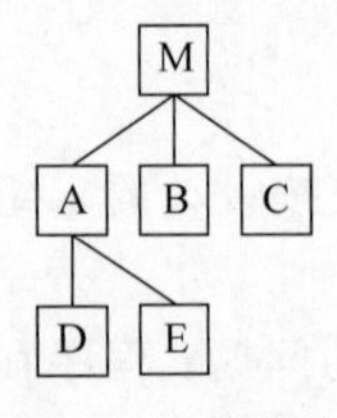

图 12-7 一个软件结构图

(1) 深度优先策略：先从软件结构中选择一条主控路径，把该路径上的模块一个个结合进来进行测试，则某个完整的功能会被实现和测试，接着再结合其他需要优先考虑的路径。主控路径一般选择系统的关键路径或输入、输出路径。图 12-7 所示为一个软件结构图。

图 12-8 是自顶向下以深度优先策略组装模块的例子，其中 S_i 模块代表桩模块。

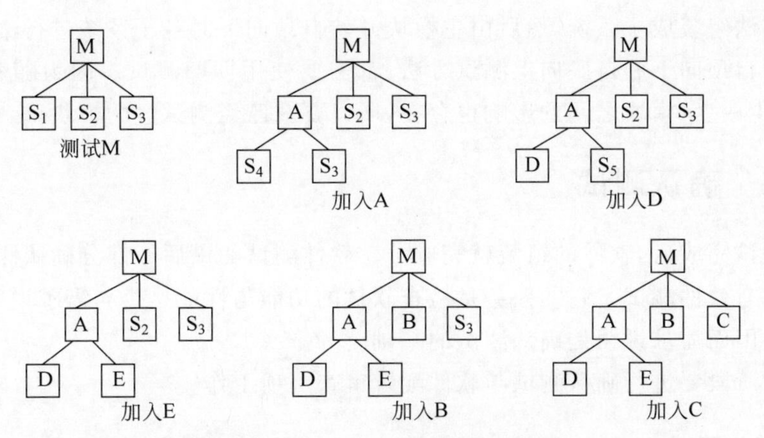

图 12-8 以深度优先策略组装模块

(2) 宽度优先策略：逐层结合直接下属的所有模块。如对于图 12-7 的例子，结合顺序为 M，A，B，C，D，E。

2) 自底向上结合

与自顶向下不同，自底向上只需编写驱动模块，不需编写桩模块。测试步骤如下。

(1) 把低层模块组合成实现一个个特定功能的族，如图 12-9 所示。

(2) 为每一个族编写一个驱动模块，以协调测试用例的输入和测试结果的输出。图 12-10 所示为每个族分别进行测试，其中 d_i 模块为驱动模块。

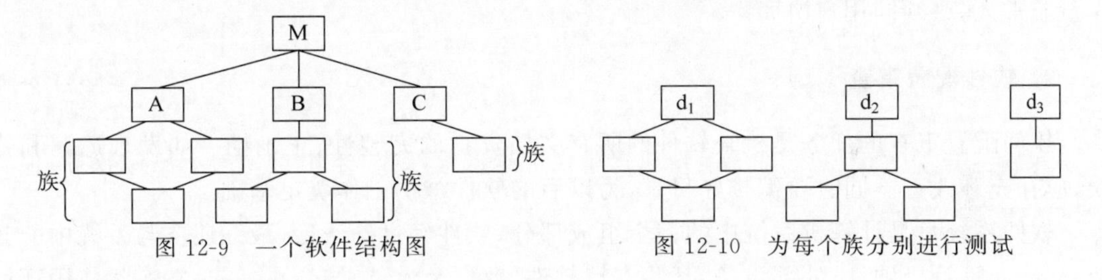

图 12-9 一个软件结构图　　图 12-10 为每个族分别进行测试

(3) 对模块族进行测试。

(4) 按软件控制结构图依次向上扩展，用实际模块替换驱动模块，形成一个个更大的族，如图 12-11 所示。

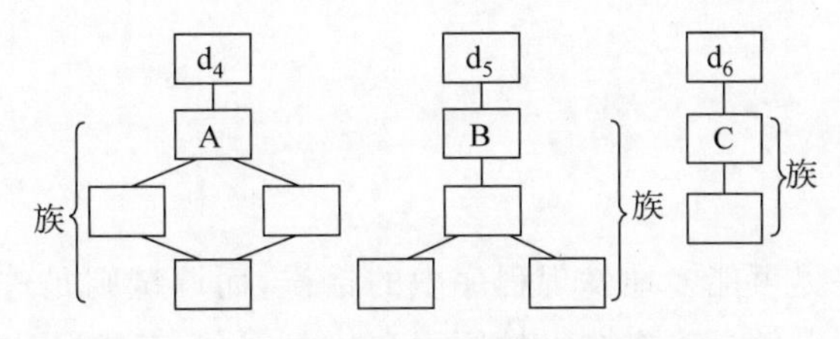

图 12-11 形成 3 个更大的族进一步测试

(5) 重复步骤(2)～(4)，直至软件系统全部测试完毕。

由于自顶向下测试和自底向上测试的方法各有利弊，实际应用时，应根据软件的特点、任务的进度安排选择合适的方法。一般是将这两种测试方法结合起来，低层模块使用自底向上结合的方法组装成子系统,然后由主模块开始自顶向下对各子系统进行集成测试。

无论使用自顶向下和自底向上测试方法,都需要使用回归测试。因为随着新模块的添加,软件就发生改变,模块之间的影响也存在,所以要对已经测试过的模块重新测试。

12.4.5 确认测试

当集成测试完成后,软件的组装就完成了。软件测试的最后一部分确认测试就开始了。确认测试又称有效性测试。它的任务是检查软件的功能与性能是否与需求说明书中确定的指标相符合。因而需求说明是确认测试的基础。

确认测试阶段要进行确认测试与软件配置审查两项工作。

1. 进行确认测试

确认测试一般是在模拟环境下运用黑盒测试方法,由专门测试人员和用户参加的测试。确认测试需要需求说明书、用户手册等文档,要制订测试计划,确定测试的项目,说明测试的内容,描述具体的测试用例。测试用例应选用实际运用的数据。测试结束后,应写出测试分析报告。

经过确认测试后,可能有如下两种情况。

(1) 功能、性能与需求说明一致,该软件系统是可以接受的。

(2) 功能、性能与需求说明有差距,要提交一份问题报告。对这样的错误进行修改,工作量非常大,必须同用户协商。

2. 软件配置审查

软件配置审查的任务是检查软件的所有文档资料的完整性、正确性。如发现遗漏和错误,应补充和改正。同时要编排好目录,为以后的软件维护工作奠定基础。

软件系统只是计算机系统中的一个组成部分,软件经过确认后,最终还要与系统中的其他部分(如计算机硬件、外部设备、某些支持软件、数据及人员)结合在一起,在实际使用环境下运行,测试其能否协调工作,这就是所谓的系统测试,系统测试有关的内容不在软件工程范围内。

12.5 调试

1. 调试的目的

软件测试的目的是尽可能多地发现程序中的错误,而调试则是进行了成功的测试之后才开始的工作。调试的目的是确定错误的原因和位置,并改正错误,因此调试也称为纠错。

调试是程序员自己进行的技巧性很强的工作,确定发生错误的内在原因和位置,几乎占整个调试工作量的90%左右。调试工作的困难与人的心理因素和技术因素都有关系,需要繁重的脑力劳动和丰富的经验。调试技术缺乏系统的理论研究,因此调试方法多是实践中的经验积累。

2. 调试技术

1）简单的调试方法

（1）在程序中插入打印语句。

该方法的优点是动态显示程序的运行状况，比较容易检查源程序的有关信息；缺点是低效率，可能输出大量无关的数据，发现错误带有偶然性。同时还要修改程序，这种修改可能会掩盖错误、改变关键的时间关系或把新的错误引入程序，因此一般是在可能出错的地方插入打印语句。调试完毕要记着将打印语句删除或注释掉。

（2）运行部分程序。

有时为了测试某些被怀疑为有错的程序段，整个程序反复执行多次，使很多时间浪费在执行已经是正确的程序段上。在此情况下，应设法使被测试程序只执行需要检查的程序段，以提高效率。可通过注释程序或开发语言所带的调试工具来查找错误。

2）归纳法调试

归纳法调试从测试结果发现的错误入手，分析它们之间的联系，导出错误原因的假设，然后再证明或否定这个假设。归纳法调试的具体步骤如下。

（1）收集有关数据：列出程序做对了什么、做错了什么的全部信息。

（2）组织数据：整理数据以便发现规律，使用分类法构造一个线索表。

（3）提出假设：分析线索之间的关系，导出一个或多个错误原因的假设。如果不能推测一个假设，再选用测试用例去测试，以便得到更多的数据。如果有多个假设，首先选择可能性最大的一个。

（4）证明假设：假设不是事实，需要证明假设是否合理。不经证明就根据假设改错，只能纠正错误的一种表现（即消除错误的征兆）或只纠正一部分错误。如果不能证明这个假设成立，则需要提出下一个假设。

3）演绎法调试

演绎法相当于是一种排错法。演绎法调试先列出所有可能的错误原因的假设，然后利用测试数据排除不适当的假设，最后再用测试数据验证余下的假设确实是出错的原因。演绎法调试的具体步骤如下。

（1）列出所有可能的错误原因的假设：把可能的错误原因列成表，不需要完全解释，仅是一些可能因素的假设。

（2）排除不适当的假设：应仔细分析已有的数据，寻找矛盾，力求排除前一步列出的所有原因。如果都排除了，则须补充一些测试用例，以建立新的假设；如果保留下来的假设多于一个，则选择可能性最大的原因做基本的假设。

（3）精化余下的假设：利用已知的线索，进一步求精余下的假设，使之更具体化，以便可以精确地确定出错位置。

（4）证明余下的假设：做法同归纳法。

4）回溯法调试

对小型程序寻找错误位置，回溯法是有效方法。该方法从程序产生错误的地方出发，人工沿程序的逻辑路径反向搜索，直到找到错误的原因为止。例如，从打印语句出错开始，通过看到的变量值，从相反的执行路径查询该变量值从何而来。

小结

本章主要介绍了软件测试。测试的目的是发现错误,而不是去证明程序正确。完善的测试用例是能够用最少的数据发现最多的错误的测试集。

测试方法分为静态测试和动态测试。静态测试不需要运行程序,只检查程序的逻辑结构和算法;动态测试通过运行程序来发现程序的错误。有两种不同的测试用例设计技术:黑盒测试和白盒测试。

白盒测试是以了解程序的内部结构为基础的。测试用例要求保证每条语句至少执行一次,每个判断条件至少执行一次,每条路径也要执行一次。

黑盒测试是一种对功能的测试,不需要知道程序的内部结构。它的目的是发现功能错误。它侧重于划分程序的输入和输出域,主要的测试用例设计方法是划分等价类。

要保证软件的质量,在软件交付使用之前应该对软件进行单元测试、集成测试和确认测试。每种测试都有它自己发现错误的重点。在对单元进行测试时,要为测试编写桩模块和驱动模块;在集成测试时可以是自顶向下和自底向上的测试方法。实际测试时要综合应用各种测试方法。

确认测试又称有效性测试,它的任务是检查软件的功能与性能是否与需求说明书中确定的指标相符合。测试发现错误后,需要定位错误,这就用到了调试技术。调试技术都属于经验总结,因此要提高调试技术,需要经常总结调试的经验。

综合练习 12

一、填空题

1. 软件产品在交付使用之前一般要经过以下四步测试:________、________、________和________。

2. 用等价类划分法设计测试用例时,如果被测试程序的某个输入条件规定了取值范围,则可确定一个合理的等价类和________。

3. 在设计测试用例时,追求程序逻辑覆盖程度的几种常用覆盖技术为________、________、________、________、________和________。

二、选择题

1. 黑盒测试是从(　　)观点的测试,白盒测试是从(　　)观点的测试。

A. 开发人员、管理人员　　B. 用户、管理人员

C. 用户、开发人员　　D. 开发人员、用户

2. 因果图法是根据(　　)之间的因果关系来设计测试用例的。

A. 输入与输出　　B. 设计与实现

C. 条件与结果　　D. 主程序与子程序

3. 使用白盒测试方法时,确定测试数据应根据(　　)和指定的覆盖标准。

A. 程序的内部逻辑　　B. 程序的复杂结构

C. 使用说明书　　D. 程序的功能

三、简答题

1. 软件测试的目的是什么?
2. 软件测试中应遵循哪些原则?
3. 说说曾经做过的测试经历。
4. 试从时间、手段和目的上比较静态测试和动态测试的区别。
5. 白盒测试的原理是什么?
6. 举例说明白盒测试不能穷举测试的原因。
7. 黑盒测试的原理是什么? 测试目的是什么?
8. 在白盒测试中,有哪些设计测试用例的技术?
9. 逻辑覆盖的含义是什么?
10. 如果你负责对一个软件进行测试,你将如何安排你的工作计划?
11. 确认测试的作用是什么?

第13章 软件项目管理与计划

据统计，即使在软件业发达的美国，每年也有差不多50%的软件项目在开发完成交付使用后遇到巨大的困难，包括程序出错、成本超支和没能完成用户的要求等。所有的这一切，都可以归结为软件项目管理太弱。

13.1 软件项目管理概述

13.1.1 软件管理的对象

在软件项目管理中，重要的是人、问题和过程三者。其中人是最重要的管理对象，因为软件工程是人的智力密集的劳动。

从20世纪60年代起，培养有创造力、技术水平高的软件人员就是一个重要的话题，以至于在软件工程的项目管理中，有一个专用于衡量管理软件人员水平的模型——人员管理成熟度模型(People Management Capability Maturity Model，PM-CMM)，目的是"通过吸引、培养、鼓励和留住改善其软件开发能力所需要的人才来增强软件组织承担日益复杂的应用程序开发的能力"。在现实情况下，在人员管理成熟度较高的组织中，更有可能成功实现软件工程开发。

组成一个软件工程的开发项目的人员有以下几类。

(1) 高级管理者：负责确定软件的问题。

(2) 项目技术管理者：管理软件开发人员。

(3) 开发人员：软件开发的专门的技术人员。

(4) 客户：负责说明软件需求的人员。

(5) 最终用户：最终使用软件的人员。

作为项目负责人的目标之一，就是使得上面的几类人可以高效地合作，发挥每个人的能力。

软件开发人员碰到的两难问题：①一开始就需要制订计划，需要定量的估算成本，但是却没有可靠的信息使用。②对软件项目的详细需求分析可以得出基本上可靠和足够的信息，但是在时间上来说太晚，制订一个计划仍然是必需的。

问题就是指软件工程的目的和范围。根据该目的和范围，选择可能的方案，定义技术规范。没有这些信息，就不能进行合理的成本估算，也不能进行有效的风险评估，对项目也就不能进行适当的划分,无法安排开发进度。定义软件的问题是在软件工程的第一阶段开始的,直到软件的需求分析完成。

一旦解决了项目的目的和范围的问题,就可以得到一个合理的解决方案,根据该方案可以对各种资源进行估算。

对过程来说,就是制订一个软件开发的综合计划。对于每一个任务集合(都是由任务、里程碑、交付物以及质量保证点组成)都可以适应软件项目的特点。现在已经有了多个过程模型(原型模型、瀑布模型、螺旋模型、增量模型等),对管理者来说,困难的是如何根据具体的情况选择一个合适的过程模型。

13.1.2　软件开发中的资源

软件项目计划的第二个任务是对完成该软件项目所需的资源进行估算。如图 13-1 所示,把软件开发所需的资源画成一个金字塔,在塔的底部必须有现成的用以支持软件开发的工具——硬件/软件,在塔的高层是最主要的资源——人。通常,对每一种资源,应说明以下四个特性:资源的描述、资源的有效性说明、资源在何时开始需要、使用资源的持续时间。最后两个特性统称为时间窗口。对每一个特定的时间窗口,在开始使用它之前就应说明它的有效性。

1. 人力资源是最重要的资源

在安排开发活动时必须考虑人员的技术水平、专业、人数以及在开发过程各阶段中对各种人员的需要。

对一些规模较大的项目,在整个软件生存期中,各种人员的参与情况是不一样的。图 13-2 所示画出了各类不同的人员随开发工作的进展在软件工程各个阶段参与情况的典型曲线。

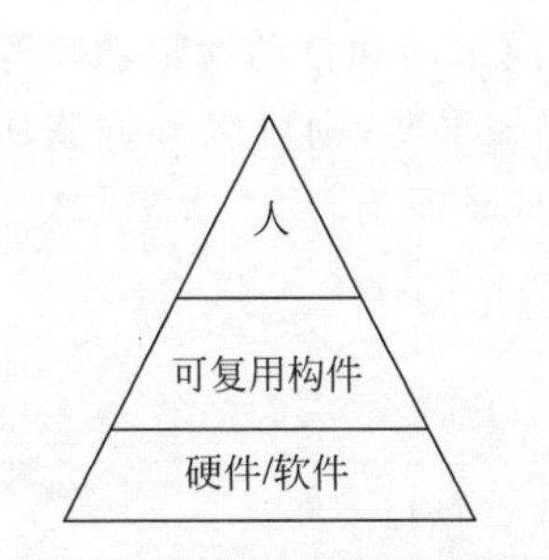

图 13-1　软件开发所需的资源

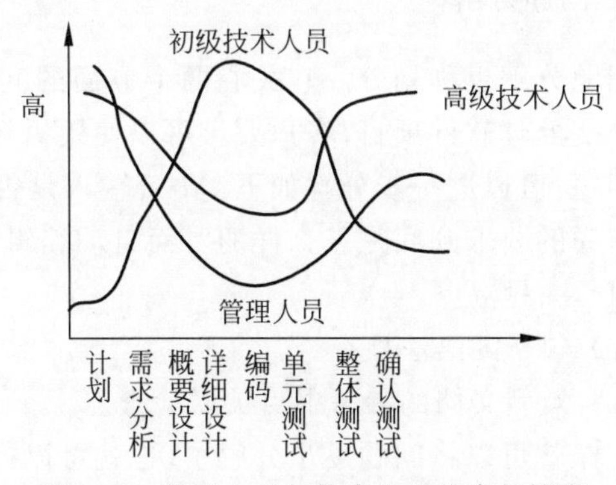

图 13-2　管理人员与技术人员的参与情况

2. 硬件/软件资源

硬件是作为软件开发项目的一种工具而投入的。在软件项目计划期间,考虑如下三种硬件资源:

(1) 宿主机(Host Machine)——软件开发时使用的计算机及外围设备。

(2) 目标机(Target Machine)——运行已开发成功软件的计算机及外围设备。

(3) 其他硬件设备——专用软件开发时需要的特殊硬件资源。

宿主机连同必要的软件工具构成软件开发系统。

软件资源包括用于开发的运行平台和各种 CASE 工具,可以帮助分析和设计软件、开发程序所有的编程语言等。

3. 可复用构件资源

为了促成软件的复用,提高软件的生产率和软件产品的质量,可建立可复用的软件部件库。根据需要,对软件部件稍做加工,就可以构成一些大的软件包。这要求这些软件部件应加以编目,以利于引用,并进行标准化和确认,以利于应用和集成。

遗憾的是,在计划阶段,人们往往忽视软件资源,直到软件工程过程的开发阶段,软件资源成为一个重大问题时才引起人们的重视。最好尽早确定软件资源的需求,这样可以对各种候选方案进行技术评价,并及时地获取这些软件。

13.1.3 分解技术

当一个待解决的问题过于复杂时,可以把它进一步分解,直到分解后的子问题变得容易解决为止。然后,分别解决每一个子问题,并将这些子问题的解答综合起来,从而得到原问题的解答。

软件项目估算是一种解决问题的形式,在多数情况下,要解决的问题(对于软件项目来说,就是成本和工作量的估算)非常复杂,想一次性整体解决比较困难。因此,对问题进行分解,把其分解成一组较小的接近于最终解决的可控的子问题,再定义它们的特性。

分解技术可以分为问题分解和过程分解。

1. 问题分解

问题分解也称划分。它关心两个方面的问题:软件的功能和交付使用的过程。例如,对一个字处理软件项目,客户要求可以使用语音输入、有页面布局和自动编辑功能等。对于这些问题,可以进一步分解如下:语音输入是否需要培训?如果要,则可以分解该功能。对页面布局的要求到底是怎么样的?而自动编辑功能进一步应该具有:

(1) 拼写检查。

(2) 句子的语法检查。

(3) 大型文档的参考书目关联检查。

这样就可以将问题逐步分解了,也就可以提高项目的估算精度。

2. 过程分解

不同的项目开发模型有不同的适应情况,在选择一个软件开发模型时,可以相对灵活。例如当要开发项目的某部分同以前曾经开发的项目相似时,可以选择线性模型。因此,可以将一个项目的过程进行分解,找到它最适合的开发过程模型。

13.2　项目管理过程

软件项目管理的对象是软件工程项目。它所涉及的范围覆盖了整个软件工程过程。

为使软件项目开发获得成功，必须对软件开发项目的工作范围、可能遇到的风险、需要的资源（人、软/硬件）、要实现的任务、经历的里程碑、花费的工作量（成本），以及进度的安排等进行非常规范、科学的管理。这种管理开始于技术工作开始之前，在软件从概念到实现的过程中持续运行，最后终止于软件工程过程结束。

1. 启动一个软件项目

通常，软件人员和用户是在软件工程的可行性分析阶段确定项目的目标和范围。目标标明了软件项目的目的；范围标明了软件要实现的基本功能，并寻求解决的方案。虽然涉及方案细节不多，但有了方案，管理人员和技术人员就能够据此选择一种“好的”方法，确定合理、精确的成本估算、实际可行的任务分解以及可管理的进度安排。

2. 成本估算

在软件项目管理过程中一个关键的活动是制订项目计划。在做计划时，必须就需要的人力、项目持续时间、成本做出估算。这种估算大多是参考以前的花费，凭经验做出的。但是现在已经有了一些软件开发中模块数量、软件的复杂度等为参数的成本估算模型，可以帮助对新开发的软件做出成本估算。

3. 风险分析

每当新建一个计算机程序时，总是存在某些不确定性。这些不确定性就是软件开发中的风险。风险分析对于软件项目管理的成功与否是决定性的，然而现在还是有许多项目不考虑风险就着手进行。Tom Gilb 在他的有关软件工程管理的书中写道：“如果谁不主动地攻击（项目和技术）风险，它们就会主动地攻击谁。”风险分析实际上就是贯穿在软件工程过程中的一系列风险管理步骤，其中包括风险识别、风险估计、风险管理策略、风险解决和风险监督，它能让人们去主动“攻击”风险。

4. 进度安排

要想软件能够按时完成，进度安排是必不可少的。进度安排的思想是，首先识别一组项目任务，再建立任务之间的相互关联，然后估算各个任务的工作量，分配人力和其他资源，制订进度时序。例如，要考虑进度如何计划、工作怎样就位、如何识别定义好的任务、管理人员对结束时间如何掌握、如何识别和监控关键路径以确保结束，以及如何建立分隔任务的里程碑。

5. 追踪和控制

建立了开发进度安排，并不能高枕无忧，项目管理人员必须负责对项目开发的追踪和控制活动。如果任务实际完成日期滞后于进度安排，则项目管理人员可以使用一种自动的项目进度安排工具来确定在项目的中间里程碑上进度误期所造成的影响。此外，还可对资源重新定向，对任务重新安排，或者(作为最坏的结果)可以修改交付日期以调整已经暴露的问题。用这种方式可以较好地控制软件的开发行为。

13.3 软件开发成本估算

软件开发和任何的商业活动一样，都是希望通过投资得到更大的回报，因此对成本的估算就是非常重要的，甚至关系到项目的成败。

软件开发成本主要是指软件开发过程中所花费的工作量及相应的代价，不包括原材料和能源的消耗，主要是人的劳动的消耗。它的开发成本是以一次性开发过程所花费的代价来计算的。因此软件开发成本的估算，应从软件计划、需求分析、设计、编码、单元测试、组装测试到确认测试，是以整个软件开发全过程所花费的人工代价作为依据的。

13.3.1 软件开发成本估算方法

由于软件开发的特殊性，开发成本的估算不是一件简单的事，往往不到最后时刻，是很难得到准确成本的。对软件成本的估算，主要靠分解和类推的手段进行。基本估算方法分为三类。

1. 自顶向下的估算法

这种方法的想法是从项目的整体出发，进行类推。即估算人员根据以前已完成项目所耗费的总成本(或总工作量)，推算将要开发的软件的总成本(即总工作量)，然后按比例将它分配到各开发任务中去，再检验它是否能满足要求。Boehm 给出一个参考例子，如表 13-1 所示。

表 13-1 软件开发各阶段工作量的分配

软件库存情况更新		开发者 W. Ward	日期 2/8/82
阶段	项目任务	工作量分布(1/53)	小计(1/53)
计划和需求	软件需求定义	5	6
	开发计划	1	
产品设计	产品设计	6	10
	初步的用户手册	3	
	测试计划	1	
详细设计	详细 PDL 描述	4	12
	数据定义	4	
	测试数据及过程设计	2	
	正式的用户手册	2	
编码与单元测试	编码	6	16
	单元测试结果	10	
组装与联合测试	按实际情况编写文档	4	9
	组装与测试	5	
总计			53

这种方法的优点是估算工作量小，速度快；缺点是对项目中的特殊困难估计不足，估算出来的成本盲目性大。

2. 自底向上的估算法

这种方法的想法是把待开发的软件细分，直到每一个子任务都已经明确所需要的开发工作量，然后把它们加起来，得到软件开发的总工作量。

这是一种常见的估算方法。它的优点是估算各个部分的准确性高；缺点是缺少各项子任务之间相互联系所需要的工作量，还缺少许多与软件开发有关的系统级工作量（配置管理、质量管理、项目管理）。所以往往估算值偏低，必须用其他方法进行检验和校正。

3. 差别估算法

这种方法综合了上述两种方法的优点，其想法是把待开发的软件项目与过去已完成的软件项目进行类比，从其开发的各个子任务中区分出类似的部分和不同的部分。类似的部分按实际量进行计算，不同的部分则采用相应的方法进行估算。这种方法的优点是可以提高估算的准确度，缺点是不容易明确"类似"的界限。

13.3.2 软件开发成本估算的经验模型

开发成本估算模型通常采用经验公式来预测软件项目计划所需要的成本、工作量和进度。这些经验数据都是从有限的一些项目样本中得到的。还没有一种估算模型能够适用于所有的软件类型和开发环境，每一种模型得到的数据都是不准确的。因此从这些模型中得到的结果必须慎重使用。

1. IBM 模型

1977 年，Walston 和 Felix 总结了 IBM 联合系统分部(FSD)负责的 60 个项目的数据。其中，各项目的源代码行数为 400～467 000 行，开发工作量为 12～11 758PM，共使用 29 种不同语言和 66 种计算机。利用最小二乘法拟合，得到如下 IBM 模型：

$$E = 5.2 \times L^{0.19} \qquad D = 4.1 \times L^{0.36} = 13.47 \times E^{0.35}$$

$$S = 0.54 \times E^{0.6} \qquad \mathrm{DOC} = 49 \times L^{1.01}$$

其中，L 是源代码行数（以 KLOC 计），E 是工作量（以 PM 计），D 是项目持续时间（以月计），S 是人员需要量（以人计），DOC 是文档数量（以页计）。因此估算出了源代码的数量，就可以对工作量、文档数量等进行估算了。

IBM 模型是一个静态单变量模型，它利用已估算的特性，例如源代码行数，来估算各种资源的需要量。IBM 模型是一个静态单变量模型，但不是一个通用公式。在应用中有时要根据具体实际情况，对公式中的参数进行修改。

2. Putnam 模型

这是 1978 年 Putnam 提出的模型，是一种动态多变量模型。该模型的基础是假定在软件开发的整个生存期中工作量有特定的分布。它把项目的资源需求当作时间的函数。根据对一些大型项目的统计分析,软件开发工作量分布可用如图 13-3 所示的曲线表示。

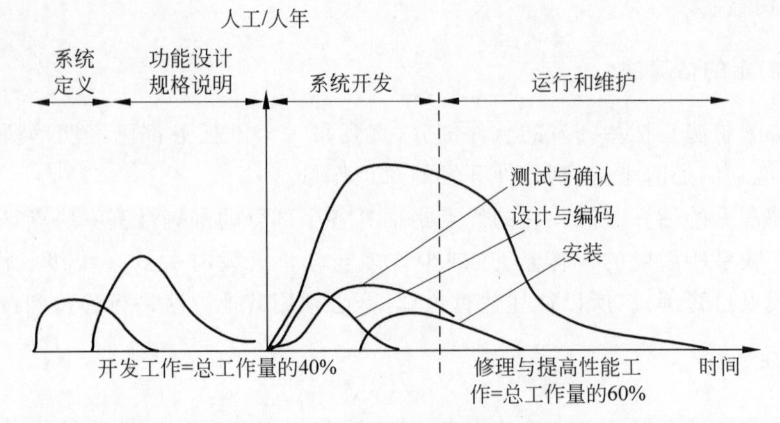

图 13-3 大型项目的工作量分布情况

图 13-3 中的曲线被称为 Rayleigh-Norden 曲线。利用该曲线得到如下经验公式:

$$L = \mathrm{Ck} \cdot K^{1/3} \cdot \mathrm{td}^{4/3}$$

其中,td 是开发持续时间(以年计),K 是软件开发与维护在内的整个生存期所花费的工作量(以人年计),L 是源代码行数(以 LOC 计),Ck 是技术状态常数,它反映出"妨碍程序员进展的限制",并因开发环境而异。

3. COCOMO 模型

COCOMO 模型(Constructive Cost Model)是 Barry Boehm 提出的一种软件估算模型的层次体系,称为结构型成本估算模型。是一种比较精确、易于使用的综合成本估算方法。

该模型分为以下三个层次。

基本的 COCOMO 模型:只是将工作量(成本)作为程序规模的函数进行计算。

中级的 COCOMO 模型:除了工作量以外,还将对产品、硬件、人员及项目属性的主观评价作为"成本驱动因子"加入估算模型中。

高级的 COCOMO 模型:除了中级模型的因素外,还加入了成本驱动因子对软件开发的每一个过程的影响的评估。

对于项目属性来说,COCOMO 规定了以下三种项目属性。

(1) 组织型(Organic):较小、较简单的软件项目。项目组人员经验丰富,对软件的使用环境很熟悉,受硬件的约束较少,程序的规模不是很大(小于 5 万行)。

(2) 嵌入型(Embadded):此种软件要求在紧密联系的硬件、软件和操作的限制条件下运行的软件。例如,航天用控制系统即属此种类型。

(3) 半独立型(Semidetached):对此种软件的要求介于上述两种软件之间,但软件规模和复杂性都属于中等以上,最大可达 30 万行。例如,大多数事务处理系统属此种类型。

基本的 COCOMO 模型的估计方式由如下公式确定:

$$E = a^b (\mathrm{KLOC}) \exp(b^b)$$

$$D = c^b (E) \exp(d^b)$$

其中,E 是以人月为单位的工作量,D 是以月表示的开发时间,KLOC 是项目的代码行(以千行为单位)，a^b、b^b、c^b 和 d^b 是系数。表 13-2 所示为基本 COCOMO 模型系数表。

表 13-2 基本 COCOMO 模型系数表

软件项目	a^b	b^b	c^b	d^b
组织型	2.4	1.05	2.5	0.38
嵌入型	3.6	1.20	2.5	0.32
半独立型	3.0	1.12	2.5	0.35

在软件开发中，人们提出了很多经验模型。但所有的经验模型都是从已有的软件项目中进行回归分析得到的，都带有极大的经验的成分。对同一个项目，使用不同的经验模型，得到的软件开发的成本不同。

对于预测的结果，预测成本和实际成本相差不到 20%，开发时间的估计相差不到 30%，就足以给软件工程提供很大的帮助了。

13.4 风险分析

在软件工程领域，也应该考虑风险。Robert Charette 关于风险的定义是："首先，风险关系到未来发生的事情。今天收获的是以前的活动播下的种子。问题是，能否通过改变今天的活动为自身的明天创造一个完全不同的充满希望的美好前景。其次，风险会发生变化，就像爱好、意见、动作或地点会变化一样……。第三，风险导致选择，而选择本身将带来不确定性。因此，风险就像死亡那样，是一个其生命很少确定性的东西。"当在软件工程的环境中考虑时，风险的含义一是关心未来，风险是否会导致软件项目失败；二是关心变化，在用户需求、开发技术、目标机器，以及所有其他与项目有关的实体中会发生的变化；三是必须解决选择问题，应当采用什么方法和工具、应当配备多少人力、在质量上强调到什么程度才满足要求？风险分析实际上是四个不同的活动：风险识别、风险估算、风险评价、风险驾驭和监控。

13.4.1 风险识别

可用不同的方法对风险进行分类。从宏观上来看，可将风险分为项目风险、技术风险和商业风险。项目风险包括潜在的预算、进度、个人(包括人员和组织)、资源用户和需求方面的问题，以及它们对软件项目的影响。技术风险包括潜在的设计、实现、接口、检验和维护方面的问题。此外，规格说明的多义性、技术上的不确定性、技术是否陈旧、最新技术是否成熟也是风险因素。之所以存在技术风险，是因为软件开发中总会意想不到的技术问题出现。而商业风险主要有以下几种。

(1) 建立的软件虽然很优秀，但不是真正所想要的(市场风险)。

(2) 建立的软件不适用整个软件产品战略。

(3) 销售部门不清楚如何推销这种软件。

(4) 失去上级管理部门的支持。

(5) 失去预算或人员的承诺(预算风险)。

(6) 最终用户的水平。

风险识别就是要识别属于上述类型中某些特定项目的风险。Barry Boehm 建议的方法是使用一个“风险项目检查表”,列出所有可能的与每一个风险因素有关的提问。例如,管理或计划人员可以通过回答下列问题得到有关人员风险的认识:可投入的人员是最优秀的吗?按技能对人员做了合理的组合了吗?投入的人员足够吗?整个项目开发进行期间人员如何投入?有多少人员不是全时投入这个项目的工作?人们对于手头上的工作是否有正确的目标?项目的成员接受过必要的培训吗?项目中的成员是否稳定和连续?

对于这些提问,通过判定分析或假设分析,给出确定的回答,就可以帮助管理计划人员估算风险的影响。

13.4.2 风险估算

风险估算又称风险预测。使用两种方法来估计每一种风险发生的可能性和概率。通常,项目计划人员与管理人员、技术人员一起,进行以下四种风险估算活动。

(1) 建立一个尺度或标准来表示一个风险的可能性。

(2) 描述风险的结果。

(3) 估计风险对项目和产品的影响。

(4) 确定风险估计的正确性。

可以通过检查风险表来度量各种风险。尺度可以用布尔值、定性或定量的方式定义。一种比较好的方法是使用定量的概率尺度,它具有下列值:极罕见的、罕见的、普通的、可能的、极可能的。还可以将多个开发人员对某个项目的风险估计进行平均后作为评估结果。

最后,根据已掌握的风险对项目的影响,可以给风险加权,并把它们安排到一个优先队列中。造成影响的因素有三种:风险的表现、风险的范围和风险的时间。风险的表现指出在风险出现时可能的问题。风险的范围则组合了风险的严重性(即它严重到什么程度)与其总的分布(即对项目的影响有多大,对用户的损害又有多大)。风险的时间则考虑风险的影响从什么时候开始,要影响多长时间。

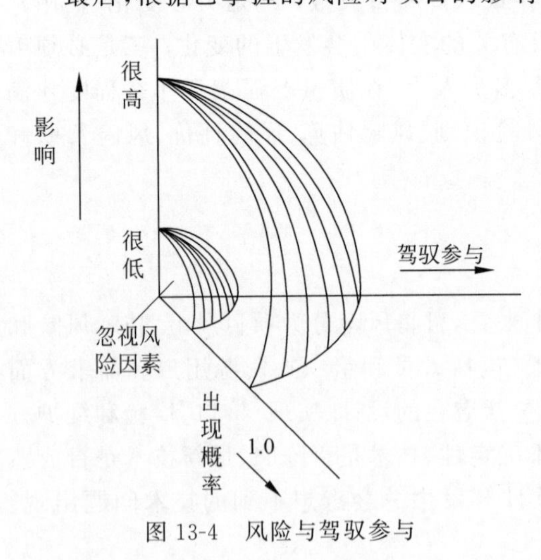

图 13-4 风险与驾驭参与

图 13-4 展示了风险与驾驭参与。风险影响和出现概率对驾驭参与有不同的影响。一个具有较高影响权值但出现概率极低的风险因素应当不占用很多有效管理时间。然而,具有中等到高概率的高影响的风险和具有高概率的低影响的风险,就必须进行风险的分析。

13.4.3 风险评价

在风险分析过程中进行风险评价的时候,应当建立一个三元组:

$$[r_i, l_i, x_i]$$

其中，r_i 是风险，l_i 是风险出现的可能性(概率)，而 x_i 是风险的影响。在做风险评价时，应当进一步检验在风险估计时所得到的估计的准确性，尝试对已暴露的风险进行优先排队，并着手考虑控制和(或)消除可能出现风险的方法。

一个对风险评价很有用的技术就是定义风险参照水准。对于大多数软件项目来说，成本、进度和性能就是三种典型的风险参照水准。就是说，对于成本超支、进度延期、性能降低(或它们的某种组合)，有一个表明导致项目终止的水准。如果风险的某种组合造成一些问题，从而超出了一个或多个参照水准，就要终止工作。在做软件风险分析的环境中，一个风险参照水准就有一个单独的点，称为参照点或崩溃点。在这个点上，就要决定是继续执行项目工作还是终止它们(出的问题太大)。

图 13-5 展示了风险参照水准。如果因为风险的一个组合引出造成项目成本和进度超出的问题，将有一个水准(在图中用曲线表示)，当超出时，将导致项目终止(图中封闭区域)。

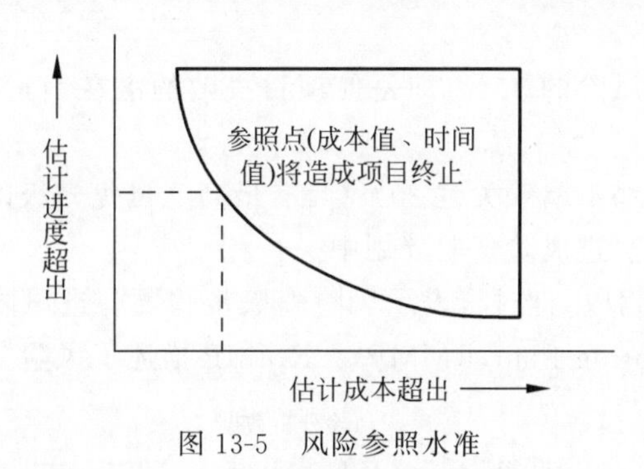

图 13-5　风险参照水准

在多数情况中，参照点不是一条平滑的曲线，而是一个区域，这个区域可能是易变动的区域，在这些区域内想要做出基于参照值组合的管理判断往往是不准确的。因此，在做风险评价时，按以下步骤执行：

(1) 为项目定义风险参照水准。

(2) 尝试找出在每个$[r_i, l_i, x_i]$和每个参照水准之间的关系。

(3) 预测参照点，定义一个终止区域，用一条曲线或一些易变动区域来界定。

(4) 努力预测复合的风险组合将如何形成一个参照水准。

支持这些步骤的更详细的数学讨论已超出本书的范围，有需要的读者可参看有关书籍。

13.4.4　风险驾驭和监控

所有的风险分析活动都只有一个目的——建立处理风险的策略。风险驾驭是指利用某些技术，如原型化、软件自动化、软件心理学、可靠性工程学以及某些项目管理方法等设法避开或转移风险。与每一风险相关的三元组(风险描述、风险可能性、风险影响)是建立风险驾驭(风险消除)步骤的基础。例如，假如人员的频繁流动是一项风险 r_i，基于过去的历史和管理经验，频繁流动可能性的估算值 l_i 为 0.70(70%相当高)，而影响 x_i 的估计值是项目开发时间增加 15%，总成本增加 12%。给出了这些数据之后，建议使用以下风险驾驭步骤。

(1) 与现有在职人员协商，确定人员流动的原因(如工作条件差、收入低、人才市场竞争等)。

(2) 在项目开始之前,把缓解这些原因(避开风险)的工作列入已拟定的驾驭计划中。

(3) 当项目启动时,做好人员流动出现的准备。采取一些办法以确保人员一旦离开时项目仍能继续(削弱风险)。

(4) 建立项目组,使大家都了解有关开发活动的信息。

(5) 制定文档标准,并建立一种机制以保证文档能够及时产生。

(6) 对所有工作组织细致的评审(使更多的人能够按计划进度来完成自己的工作)。

(7) 对每一个关键性的技术,要培养后备人员。

这些风险驾驭步骤带来了额外的项目成本。例如,花费时间来培养关键技术人员的后备需要花钱。因此要对风险驾驭带来的成本/效益进行分析。

对于一个大型的软件项目,可能识别 30～40 项风险。如果每一项风险有 3～7 个风险驾驭步骤,那么风险驾驭也可能成为一个项目。在风险管理中也可以应用 Pareto 80/20 规则。

经验表明,所有项目风险的 80%(即是使项目失败的潜在因素的 80%)能够通过 20% 的已识别风险来说明。

由于这个原因,对某些不属于关键 20%(具有最高项目优先级的风险)的风险可进行识别、估算、评价,但可以不写进风险驾驭计划中。

图 13-6 展示了风险驾驭与监控,表示风险驾驭步骤要写进风险驾驭与监控计划(Risk Management and Monitoring Plan,RMMP)。RMMP 描述了风险分析的全部工作。

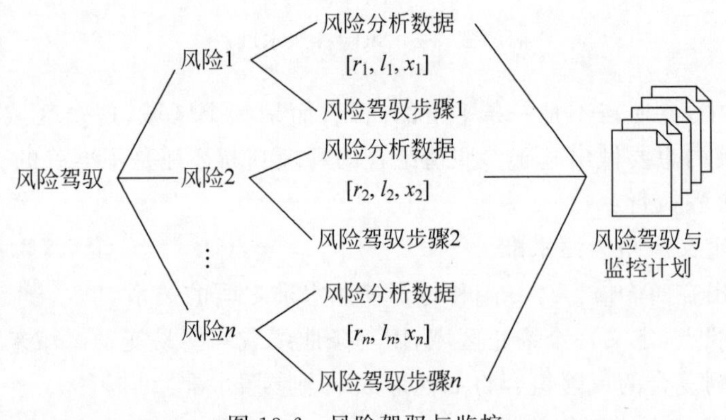

图 13-6　风险驾驭与监控

RMMP 的主要内容如图 13-7 所示。

一旦制订出 RMMP,软件项目也开始时,风险监控就开始了。风险监控的三个主要目标是:

(1) 判断一个预测的风险事实上是否发生了。

(2) 确保针对某个风险而制定的风险消除步骤正在合理地实施。

(3) 收集可用于将来风险分析的信息。

实际上,项目中发生的问题总能追踪到许多风险。风险监控的另一项工作就是要把"责任"(什么风险导致问题发生)分配到项目中去。虽然风险分析会增大成本,但是相对于因为严重的风险发生而没有采取有效措施造成的项目损失来说,这些工作量花得值得。

1. 引言
1.1 本文档的范围和目的
1.2 概述　a. 目标　b. 风险消除优先级
1.3 组织　a. 管理　b. 职责　c. 作业描述
1.4 消除过程描述　a. 进度安排　b. 主要里程碑和评审　c. 预算
2. 风险分析
2.1 识别　a. 风险概述　b. 风险源　c. 风险分类
2.2 风险估计　a. 估算风险概率　b. 估算风险后果　c. 估算规则　d. 可能的估算错误源
2.3 评价　a. 评价所使用的方法　b. 评价方法的假设和限制　c. 评价风险参照　d. 评价结果
3. 风险驾驭
3.1 劝告
3.2 风险消除的选项
3.3 风险消除的劝告
3.4 风险监控过程
4. 附录
4.1 风险位置的估算
4.2 风险排除计划

图 13-7　RMMP 的主要内容

13.5　进度安排

软件开发项目的进度安排有如下两种考虑方式。

(1) 系统最终交付日期已经确定，软件开发部门必须在规定期限内完成。

(2) 系统最终交付日期只确定了大致的年限，最后交付日期由软件开发部门确定。

对于前一种情形，只能从交付日期开始往前推，安排软件开发周期中每一个阶段的工作。如果时间太紧，就要想办法增加资源来节省时间。后一种安排能够对软件开发项目进行细致的分析，最好地利用资源，合理地分配工作，而最后的交付日期则可以在对软件进行仔细地分析之后再确定下来。

进度安排的准确程度非常重要。因为进度安排落空，导致的后果可能非常严重。例如会导致市场机会的丧失，使用户不满意，而且也会导致成本的增加。

在制定进度安排时，要考虑人员数量和生产率的关系，考虑如何追踪进度，关注开发的关键路径等。

13.5.1　软件开发小组人数与软件生产率

在软件开发中，生产率和人数往往是成反比的。在通常情况下，一个人的开发小组效率是最高的。主要原因是减少了人员之间的通信和理解工作量。但是，不可能让一个人工作10 年，而是让 10 个人工作一年去进行软件开发。因此，需要多人组成开发小组共同参加一个项目的开发。多个人开发同一个项目会产生通信问题，对接口、设计的理解问题。通信须花费时间和代价，降低软件生产率。

但是小组这种软件开发形式便于开展质量保证活动,可以获得更完善的软件分析与设计,从而减少因为软件分析引起的错误数,降低测试工作量。

一个估计有 33 000LOC,需要花费 12 个人年的软件可以用 8 个人工作 1.3 年完成。如果把完成时间延长到 1.75 年,根据 Putnam 软件方程,可得

$$K = L^3/(Ck^3 \times td^4) \approx 3.8 \text{ 人年}$$

这表明,如果把完成时间延长 6 个月,就可以把人员数从 8 个减少到 4 个。这种结果不一定可靠,但可以帮助我们在制订进度计划时做出定性的分析。经验表明,软件开发小组的规模在 2～8 人为宜。

13.5.2 任务的确定与并行性

当参加同一个软件工程项目的人数不止一人时,开发工作就会出现并行情形。图 13-8 所示展示了软件项目的并行性,表示一个典型的由多人参加的软件工程项目的任务图(* 表示项目阶段任务的里程碑)。

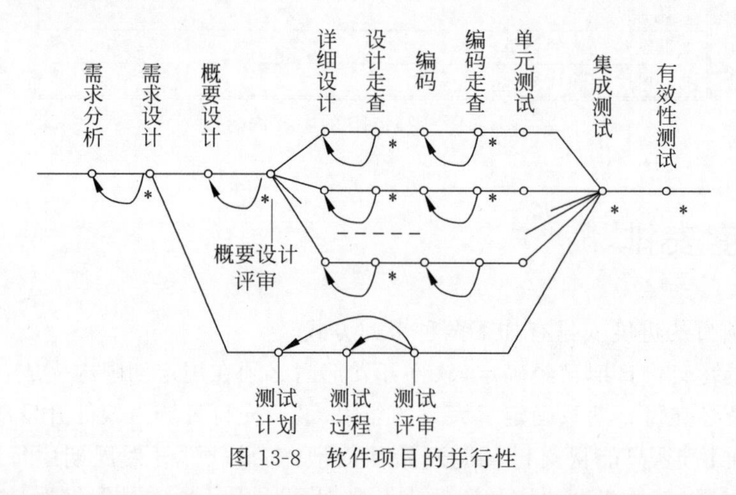

图 13-8 软件项目的并行性

在软件项目的各种活动中,在完成了软件的需求分析并通过了评审后,概要设计(系统结构设计和数据设计)工作和测试计划制订工作就可以并行进行。

随后各个模块的详细设计、编码、单元测试等工作又可以并行进行。待到每一个模块都已经调试完成,就可以对它们进行组装,并进行组装测试,最后进行确认测试,为软件交付进行确认工作。

从图 13-8 可以看到,软件开发进程中设置了许多里程碑。里程碑为管理人员提供了指示项目进度的可靠依据。当一个软件工程任务成功地通过了评审并产生了文档之后,就完成了一个里程碑。

软件工程项目的并行性提出了一系列的进度要求。按统筹的思想,对并行的任务制订进度计划时,必须决定任务之间的从属关系,确定各个任务的先后次序和衔接,确定各个任务完成的持续时间。

因此,项目负责人的一个重要任务就是要时刻注意关键路径的任务,即若要保证整个项目能按进度要求完成,就必须保证这些任务要按进度要求完成。这样就可以确定在进度安排中应保证的重点。

13.5.3　制订开发进度计划

在制订软件的开发进度计划时，有一种常用来估计在整个定义与开发阶段工作量分配的简单方案，称为 40-20-40 规则。该规则表明在开发过程中，编码的工作量仅占 20%，编码前的工作量占 40%，编码后的工作量占 40%。该规则过于简单，只能是一个粗略的指导，有许多更好的制订方法。

对实际开发的软件项目进行统计，发现花费在计划阶段的工作量很少超过总工作量的 3%。需求分析可能占项目工作量的 10%～25%。花费在分析或原型化上面的工作量应当随项目规模和复杂性成比例地增加。

通常用于软件设计的工作量为 20%～25%，而用在设计评审与反复修改的时间也必须考虑在内。由于软件设计已经投入了工作量，因此其后的编码工作相对来说困难要小一些，用总工作量的 15%～20%就可以完成。测试和随后的调试工作约占软件开发工作量的 30%～40%。

所需要的测试量往往取决于软件的重要程度。如果软件与人命相关，在测试阶段花费的工作量可能达到其余各个阶段的 3～5 倍。

在制订进度计划时，可以参照前面介绍的经验模型中对工作量的估计。如果利用基本 COCOMO 模型或其他公式，则可参照表 13-3 所示的进度分配百分比表。

表 13-3　进度分配百分比表

阶段	需求分析/%	设计/%	编码与单元测试/%	组装与测试/%
占开发时间的百分比	10～30	17～27	25～60	16～28

按此比例确定各个阶段工作量的分配，从而进一步确定每一阶段所需的开发时间，然后在每个阶段进行任务分解，对各个任务再进行工作量和开发时间的分配，一直到项目负责人认为有较好的控制水平。表 13-4 是利用基本 COCOMO 模型给出的一个较为准确的进度分配表。

表 13-4　较为准确的进度分配表

总体类型	阶段分配	规模(KDSI)				
		微型＜2	小型 8	中型 32	大型 128	特大型 512
组织型	计划与需求	10	11	12	13	
	设计	19	19	19	19	
	编码与单元测试	63	59	55	51	
	组装与测试	18	22	26	30	
嵌入型	计划与需求	24	28	32	36	40
	设计	30	32	34	36	38
	编码与单元测试	48	44	40	36	32
	组装与测试	22	24	26	28	30
半独立型	计划与需求	16	18	20	22	24
	设计	24	25	26	27	28
	编码与单元测试	56	52	48	44	40
	组装与测试	20	23	26	29	32

13.5.4 进度安排的图形方法

在具体制订软件项目的进度安排时,有很多方法,甚至可以将任何一个多重任务的安排方法直接应用到软件项目的进度安排上。常用的有表格法和图形法。采用图形法比使用语言叙述在表现各项任务之间进度的相互依赖关系上更清楚。在图形法中,必须明确标明各个任务的计划开始时间、完成时间,各个任务完成的标志(○为文档编写,△为评审),各个任务与参与工作的人数,各个任务与工作量之间的衔接情况,完成各个任务所需的物理资源和数据资源。

甘特图(Gantt Chart)是常用的多任务安排工具。用水平线段表示任务的工作阶段,垂直线段表示当前的执行情况;线段的起点和终点分别对应着任务的开始时间和完成时间;线段的长度表示完成任务所需的时间。

在甘特图中,任务完成的标准是以应交付的文档与通过评审为标准,因此在甘特图中,文档编制与评审是软件开发进度的里程碑。甘特图的优点是标明了各任务的计划进度和当前进度,能动态地反映软件开发进展情况;缺点是难以反映多个任务之间存在的复杂的逻辑关系。图 13-9 给出一个具有 5 个任务的甘特图(任务名分别为 A、B、C、D、E)。从甘特图上可以很清楚地看出各子任务在时间上的对比关系。

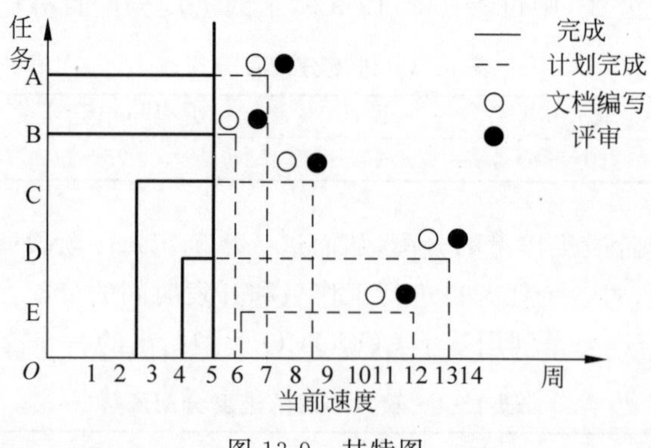

图 13-9 甘特图

有成熟的软件工具来绘制甘特图,并给出各个任务之间的联系,制订进度安排表。

在软件工程项目中必须处理好进度与质量之间的关系。在软件开发实践中常常会遇到这样的事情,当任务未能按计划完成时,只好设法加快进度赶上去。但事实说明,在进度压力下赶任务,其成果往往是以牺牲产品的质量为代价的。

13.5.5 项目的追踪和控制

一件事情,无论计划做得多完美,如果没有严格的过程管理、执行不力,则失败的可能性非常大。软件项目管理的一项重要工作就是在项目实施过程中进行追踪,对过程进行严格的控制。可以用以下不同的方式进行追踪。

(1) 定期举行项目状态会议。在会上,每一位项目成员报告自己的进展和遇到的问题。

(2) 评价在软件工程中所产生的所有评审的结果。

(3) 确定由项目的计划进度所安排的可能选择的正式的里程碑。

(4) 比较在项目资源表中所列出的每一个项目任务的实际开始时间和计划开始时间。

(5) 非正式地与开发人员交谈，以得到他们对开发进展和刚冒头的问题的客观评价。

在实际情况中应该综合使用这些追踪技术。软件项目管理人员还利用“控制”来管理项目资源、覆盖问题及指导项目工作人员。如果事情进行得顺利(即项目按进度安排要求且在预算内实施，各种评审表明进展正常且正在逐步达到里程碑)，控制可以放松一些。但是，当问题出现时，项目管理人员必须实行控制以尽可能快地排解它们。在诊断出问题之后，在问题领域可能需要一些追加资源；人员可能要重新部署或项目进度要重新调整。

13.6　软件项目的组织

13.6.1　软件项目管理的特点

解决软件项目管理的问题，涉及社会的因素、精神的因素、人的因素，比单纯的技术问题要复杂得多，仅靠技术、工程或科研项目的效率、质量、成本和进度分析，很难较好地解决软件项目管理中的问题。因此，单纯地照搬曾经成功的经验不一定奏效。此外，管理技术的基础是实践，为取得管理技术的成果必须反复实践。很显然，管理能够带来效率，能够赢得时间，最终将在技术前进的道路上取得领先地位。

1. 软件项目的特点

软件产品与其他任何产业的产品不同，没有重要、明显的物理属性，但在软件产品中融合了软件开发人员的思想、概念、算法、流程、组织、效率。软件产品开发中首先要了解的是用户的要求，但是常常因为用户不了解计算机而造成描述的困难。文档编制工作在软件开发中占有非常重要的地位。软件的特点体现在以下几方面。

1) 智力密集，可见性差

软件工程过程充满了大量高强度的脑力劳动。软件开发的成果是不可见的逻辑实体，软件产品的质量难以量化。对于不深入掌握软件知识或缺乏软件开发实践经验的人员，是不可能做好软件管理工作的，软件开发完成后的质量也难以准确评价。

2) 单件生产

软件的开发环境都是在特定的软硬件环境中，再加上软件项目特定的目标，使得软件具有独一无二的特色，几乎找不到与之完全相同的软件产品。这种建立在内容、形式各异基础上的研制或生产方式，与其他领域中大规模现代化的生产有着很大的差别，也自然会给管理工程造成许多实际困难。

3) 劳动密集，自动化程度低

软件项目经历的各个阶段都渗透了大量的手工劳动，这些劳动十分细致、复杂，容易出错。尽管近年来开展了软件工具和CASE的研究，但总体来说，仍远未达到自动化的程度，使得软件的正确性难以保证。

4) 软件工作渗透了人的因素

在软件开发的各阶段中，人的因素始终处于一个特殊和重要的位置。为高质量地完成软件项目，需要经验丰富的开发人员，还要充分发掘人员的智力才能和创造精神。软件人员的情绪和他们的工作环境对他们工作有很大的影响。与其他行业相比,它的这一特点十分突出,必须给予足够的重视。

2. 软件管理的主要职能

软件管理的主要职能包括如下内容。

(1) 制订计划：规定待完成的任务、要求、资源、人力和进度等。

(2) 建立组织：为实施计划、保证任务的完成,需要建立分工明确的责任制机构。

(3) 配备人员：任用各种层次的技术人员和管理人员。

(4) 指导：鼓励和动员软件人员完成所分配的工作。

(5) 检验：对照计划或标准,监督和检查实施的情况。

以下将针对软件项目管理的主要问题进行讨论。

13.6.2 软件项目组织的建立

建立一个好的组织来进行软件开发,是一切软件项目开发能够顺利进行的必要条件之一。无法想象松散、责任不明确的人在一起可以高效地开发软件。针对软件项目的特点,开发人员的工作习惯、素质甚至民族特性来决定开发组织采用什么形式。人的因素是不容忽视的参数。

在建立软件开发的组织时,要注意以下事项。

(1) 尽早落实责任。在软件项目工作的开始,就要指定专人负责,使其有权进行管理,并对任务的完成负全责。

(2) 减少接口。在开发过程中,人与人之间的联系是必不可少的,组织应该有合理的分工和好的组织结构,以减少不必要通信。

(3) 责权均衡。软件经理人员所负的责任不应比委任给他的权力还大。

通常有以下三种组织的模式可供选择。

1. 按课题划分的模式(Project Format)

把软件人员按软件项目中的课题组成小组,小组成员自始至终参加所承担课题的各项任务,包括完成软件产品的定义、设计、实现、测试、复查、文档编制,甚至包括维护在内的全过程。

2. 按职能划分的模式(Functional Format)

软件开发的周期是按阶段来划分的,在每个阶段都有不同的特点,对人员的技术和经验也有不同的要求。按职能划分的模式就是把参加开发项目的软件人员按任务的工作阶段划分成若干个专业小组。例如,分别建立计划组、需求分析组、设计组、实现组、系统测试组、质量保证组、维护组等。各种文档资料按软件开发的阶段在各组之间传递。这种模式的缺点是小组之间的接口较多,但便于软件人员熟悉小组的工作,进而变成这方面的专家。

3. 矩阵形模式(Matrix Format)

结合前面两种模式的优点,就形成了矩阵形模式。一方面,按工作性质,成立一些专门组，如开发组、业务组、测试组等；另一方面，每一个项目又由它的经理负责管理。每个软件人员属于某一个专门组，又参加某一项目的工作。例如，属于测试组的一个成员，他参加了某一项目的研制工作，因此他要接受双重领导（一是测试组，一是该软件项目的经理）。图 13-10 所示为软件开发组织的矩阵形模式。

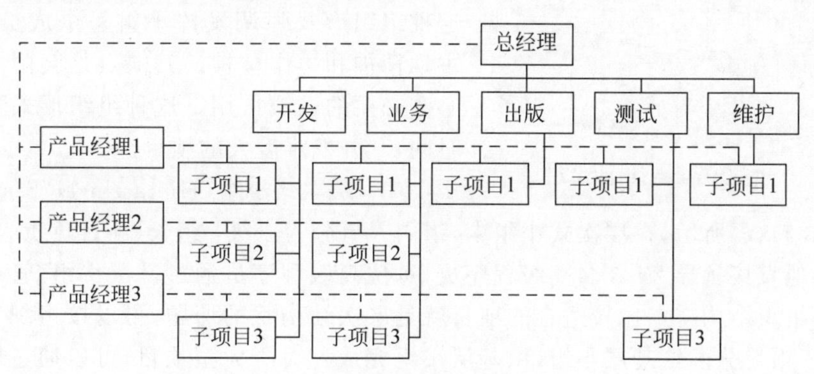

图 13-10　软件开发组织的矩阵形模式

矩阵形结构组织的优点：参加专门组的成员可在组内交流在各项目中取得的经验，这更有利于发挥专业人员的作用。而且各个项目有专人负责，有利于软件项目的完成。

程序设计小组的组织形式：在程序设计小组中，典型的有三种组织形式，如图 13-11 所示，上排的三种为结构形式，下排的三种为通信路径。

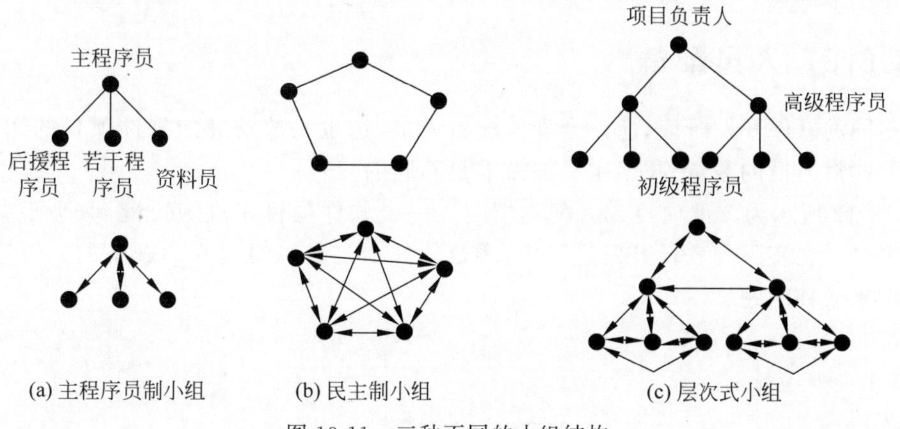

图 13-11　三种不同的小组结构

（1）主程序员制小组（Chief Programmer Team）。

小组的核心由一位主程序员（高级工程师）、2～5 位技术员、一位后援工程师组成，另外还可以有部分辅助人员（资料员）。主程序员负责小组全部技术活动的计划、协调与审查工作，还负责设计和实现项目中的关键部分。技术员负责项目的具体分析与开发，以及文档资料的编写工作。后援工程师协助和支持主程序员的工作，为主程序员提供咨询，也做部分分析、设计和实现的工作。图 13-12 所示为主程序员小组的组织。

主程序员制的开发小组强调主程序员与其他技术人员的直接联系，简化了技术人员之间的横向通信，如图 13-11(a)所示。这种组织制度的工作效果的好坏很大程度上取决于主程序员的技术水平和管理才能。

(2) 民主制小组(Democratic Team)。

在民主制小组中也设置了一位组长，但是每当遇到问题，组内成员之间可以平等地交换意见，如图 13-11(b)所示。

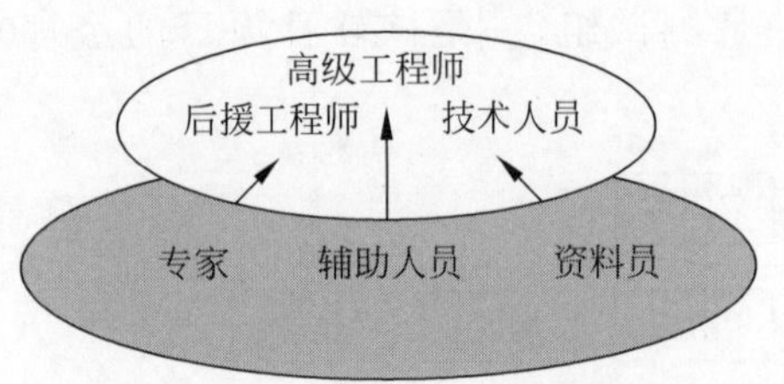

图 13-12 主程序员小组的组织

全体成员参与工作目标的制定及做出决定。这种组织形式强调发挥小组每个成员的积极性、主动精神和协作精神。其缺点是会削弱个人责任心和必要的权威作用。这种组织形式适合于研制时间长、开发难度大的项目。

(3) 层次式小组(Hierarchical Team)。

如图 13-11(c)所示，在层次式小组中，组内人员分为三级：组长(项目负责人)一人负责全组工作。他直接领导 2～3 名高级程序员，每位高级程序员通过基层小组，管理若干位程序员。这种组织结构特点比较适合的项目就是层次结构状的课题，可以按组织形式划分课题，然后把子项目分配给基层小组，由基层小组完成。对于大型项目，可以通过层次式划分将项目需要划分成若干层，因此，大型软件项目的开发比较适合于这种组织方式。

在实际应用中，组织形式并不是一成不变的，可以根据问题的特点调整。但是调整的幅度过大，会造成成员之间的交流不顺。

总之，软件开发小组的主要目的是发挥集体的力量进行软件研制。因此，小组培养从"全局"的观点出发进行程序设计，消除软件的"个人"性质，并促进更充分的复审，小组提倡在共同工作中互相学习从而改善软件的质量。

13.6.3 人员配备

在不同的软件开发阶段，应该合理地配备人员，这也是成功完成软件项目的切实保证。在各个阶段对人员的数量、技术水平的需求是不同的。

图 13-13 所示为软件项目人力配备情况。一个软件项目完成的快慢，取决于参与开发人员的多少。在实际的软件开发过程中，多数软件项目是以恒定人力配备的。恒定的人力配备会带来各种问题。

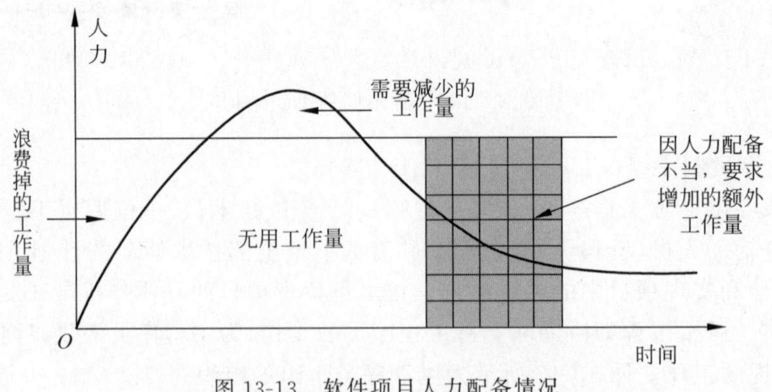

图 13-13 软件项目人力配备情况

图 13-13 中的人力需求曲线就是在前面介绍 Putnam 模型时曾引入的 Rayleigh-Norden 工作量分布曲线。该曲线表示需求定义结束后的软件生存期(包括运行和维护)内的工作量

分布情况，它也是投入人力与开发时间的关系曲线。按此曲线，需要的人力随开发的进展逐渐增加，在编码与单元测试阶段达到高峰，之后又逐渐减少。如果恒定地配备人力，在开发的初期，将会有部分人力资源用不上而浪费掉。在开发的中期（编码与单元测试），需要的人力又不够，造成进度的延误。这样在开发的后期就需要增加人力赶进度。因此，恒定地配备人力，对人力资源是比较大的浪费。

为合理地安排人力，可利用 Rayleign-Norden 曲线计算开发时间 t 所需要的人力资源：

$$\mathrm{d}Y/\mathrm{d}t = (Kt/\mathrm{td}^2) \cdot \mathrm{e}^{(-t^2/2\mathrm{td}^2)} \quad (K > 0, \mathrm{td} > 0)$$

其中，Y 为在达到时刻 t 以前需要投入的全部人力数（人年），K 为整个生存期内需要投入的总人力数（人年），td 的表达式如下：

$$\mathrm{td} = \mathrm{d}Y/\mathrm{d}t$$

为开发时刻的最大值，根据以往的开发经验，td 大约与软件开发的收尾期相重合。

由上式可以推导出：

$$Y = K[1 - \mathrm{e}^{(-t^2/2\mathrm{td}^2)}]$$

其中的 K（总工作量）和 td（开发时间）可以由下面的软件方程得到：

$$L = \mathrm{Ck} \cdot K^{1/3} \cdot \mathrm{td}^{4/3} \quad (\mathrm{Ck} > 0)$$

其中，L 是前面介绍的开发规模（LOC），Ck 是技术状态常数。

根据软件开发各阶段对人力的需求情况，配备人员时应该遵循如下原则。

（1）重质量。软件项目是技术性很强的工作，任用少量有实践经验、有能力的人员去完成关键性的任务，常常要比使用较多经验不足的人员要更有效。

（2）重培训。花力气培养所需的技术人员和管理人员，是有效解决人员问题的好方法。

（3）双阶段提升。人员的提升应分别按技术职务和管理职务进行，不能混在一起。

1. 对项目经理人员的要求

软件经理人员是工作的组织者，他的管理能力的强弱是项目成败的关键。除去一般的管理要求外，他应具有以下能力。

（1）把用户提出的非技术性要求加以整理提炼，以技术说明书形式转告给分析员和测试员。

（2）能说服用户放弃一些不切实际的要求，以便保证合理的要求得以满足。

（3）能够综合用户的需求，归结为“需要什么”“要解决什么问题”。

（4）同用户和上级有很强的沟通能力，能清晰明白地了解对方的思想和表达自己的思想。

2. 评价人员的条件

软件项目中人的因素越来越受到重视，因此对开发人员的评价也显得越来越重要。需要有一个好的方法来了解开发人员的管理能力和技术水平。人员素质的优劣常常影响到项目的成败，一个好的开发人员应该在以下几方面有较好的表现。

（1）牢固掌握计算机软件的基本知识和技能。

（2）善于分析和综合问题，具有严密的逻辑思维能力。

(3) 工作踏实、细致,不靠碰运气,遵循标准和规范,具有严格的科学作风。

(4) 工作中表现出有耐心,有毅力,有责任心。

(5) 善于听取别人的意见,善于与周围人员团结协作,建立良好的人际关系。

(6) 具有良好的书面和口头表达能力。

小结

本章主要介绍软件项目管理。一个好的项目管理方法对软件开发的成功是至关重要的。软件的项目管理有它自己的特点,主要体现在软件开发是一个智力密集、单件生产、劳动密集的活动,并且人的因素在其中有着重要的地位。软件项目管理的过程主要包括启动一个软件项目,对软件开发做风险估计,并采取各种策略驾驭和避免风险,保证软件的成功,准确估计软件的开发成本,制订软件开发计划的进度安排,在开发后对进度进行严格的控制,保证软件能按计划进行。

到目前为止,对软件成本的估算都是建立在各种经验模型上的,只要估计的成本和实际成本相差不过20%,估计的工作量和实际工作量的差别不到30%,就已经对软件的项目管理有很大的帮助了。

要驾驭风险,首先要识别风险。通过对风险分类并检查各种风险项目来识别风险,对风险的重要性要进行评估,并对重要的20%的风险建立风险驾驭策略。

对进度的控制也是项目管理的重要内容,制订计划后,用图形制订进度表是一种直观的方法,项目开始后,要经常使用各种方法对进度进行追踪、控制,并进行各种资源的调配,保证项目按计划完成。

综合练习 13

一、填空题

1. 在软件工程管理中,控制包括________、________、________和________。

2. 基线的作用是把各阶段的开发工作划分得更加明确,便于检查与确认阶段成果。因此,基线可以作为项目的一个________。

3. 根据软件工程标准制定的机构与适用范围,它分为________、________、________、________和________五个等级。

二、选择题

1. 版本用来定义软件配置项的(　　)。

A. 演化阶段　　B. 环境　　C. 要求　　D. 软件工程过程

2. 软件工程学中除重视软件开发技术的研究外,另一重要组成内容是软件的(　　)。

A. 工程管理　　B. 成本核算　　C. 人员培训　　D. 工具开发

3. 为使得开发人员对软件产品的各阶段工作都进行周密的思考,减少返工,所以(　　)的编制是很重要的。

A. 需求说明　　B. 概要说明　　C. 软件文档　　D. 测试大纲

三、简答题

1. 在一个信息系统组织中,你被指派为项目管理者。你曾经做过类似的项目,但规模要小些。需求分析已经完成。你会选择哪种小组结构?为什么?

2. 现在有一个项目,要求管理学生的成绩,分析学生的成绩情况。如果你是项目管理者,请写出该问题的范围描述。

3. 在估算开发成本时,都将代码行作为生产率的重要依据。你有反对它的证据吗?

4. 在软件开发中有哪些资源?有哪些特性来描述资源?

5. 说明在软件开发的各个阶段中,对高级技术人员、初级技术人员和管理人员的需求情况。

6. 简述本书中描述软件开发成本的几个模型的内容,总结它们的共同特征。

7. 你认为在软件开发中,如果没有风险分析,会有哪些严重的后果?

8. 风险分析的主要内容有哪些?请列举几种书中没介绍过的风险情况。

9. 风险估算和软件开发是否继续进行的关系是什么?

10. 开发小组的组织有哪些类型?

11. 在软件开发过程中,应如何配备人力资源?

12. 软件项目管理的特点是什么?

参考答案

第 1 章

一、填空题

1. 程序设计时代　程序系统时代　软件工程时代

2. 软件开发方法　软件开发过程　软件开发工具和环境　软件管理学　软件经济学　软件心理学

二、选择题

1. B　2. C　3. C

三、简答题

略。

第 2 章

一、填空题

1. 获取过程　供应过程　开发过程　操作过程　维护过程　管理过程　支持过程

2. 用户需求　对象　面向对象　迭代性　无间隙性

3. 制订计划　风险分析　开发实施　用户评估

二、选择题

1. C　2. A　3. A

三、简答题

略。

第 3 章

一、填空题

1. 技术　经济　社会　操作

2. 合同　责任　侵权

3. 对于现行系统进行分析研究　导出新系统的逻辑模型

二、选择题

1. D　2. D　3. D

三、简答题

略。

第 4 章

一、填空题

1. 数据流　加工(又称为数据处理)　数据存储　数据的源点或终点

2. 数据流图　数据字典　描述加工逻辑的结构化语言　判定表　判定树

3. 各个成分的具体含义　逻辑模型　需求说明书

4. (1) 模板名

(2) 上层模板名

(3) 输入接口

(4) 性能和限制

(5) 初始状态

(6) 内部状态说明

(7) 内部属性或变元定义

(8) 内部公式、函数定义和组件说明

(9) 规则集(状态图)

(10) 功能说明

5. (1) 模板名称

(2) 上层模板名

(3) 输入接口

(4) 性能和限制

(5) 初始状态

(6) 内部状态说明

(7) 内部属性或变元定义

(8) 内部公式、函数定义和组件说明

(9) 状态图规则集

(10) 功能说明

6. 并行的超状态间的关系　子模板、父模板之间的关系　模板(组件)同外部环境之间的交互

二、选择题

1. C　2. C　3. A

三、判断题

1. ×　2. √　3. √　4. ×　5. √

四、简答题

1. ～5. 略。

6. (1) 描述存在差异。需求通常是用自然语言描述的,而体系结构中的实体通常是用形式化的方式进行说明。

(2) 在系统需求中,一个体系结构的模型中难以说明的非功能属性。

(3) 有些需求是在体系结构建模过程中逐渐被人们所认识的,因此造成需求的迭代性、并发演化性,使得体系结构的建模只能建立在不完全的需求基础上。

(4) 如何将需求映射到体系结构并保持二者之间的一致性和可跟踪性是一个极其复杂的问题。

(5) 实时的大型系统必须满足成千上万种需求,而要在这些纷繁的需求中确定与体系结构相关的信息是十分困难的。

(6) 在系统开发过程中,各利益方所持的观点包括对系统的目标、期望,是有所不同的,因此有必要找到一个平衡点。

7. 答案要点:

软件体系结构设计过程的核心在于建立系统的一个基本框架,即识别出系统的主要组

件以及这些组件之间的通信。

良好的体系结构设计具有以下几方面作用。

① 项目相关人员之间的沟通：软件体系结构是系统的一种高层表示，它可以成为不同项目相关人员之间沟通的使能器。

② 系统分析：在系统分析过程中确定系统的初步体系结构，将对系统是否满足关键性需求（如性能、可靠性和可维护性等）产生很大的影响。

③ 大规模复用：体系结构可以在具有相似需求的系统之间互用，从而支持大规模的复用。

8.

第 1 种方法如图 A-1 所示。

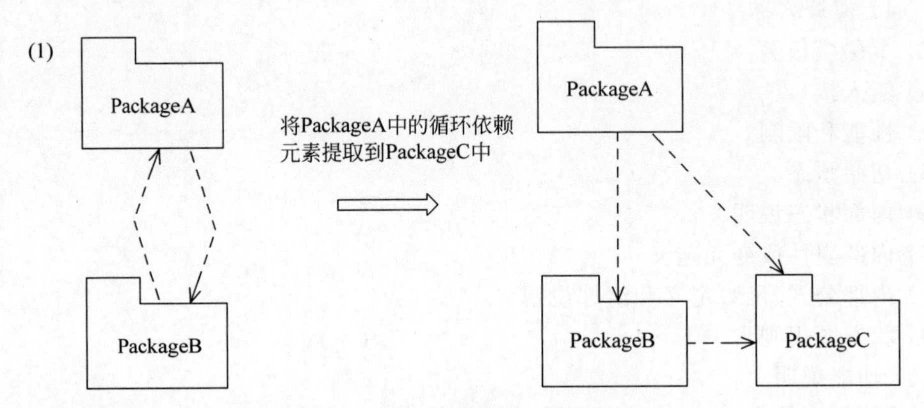

图 A-1　第 4 章习题第 8 题图(1)

第 2 种方法如图 A-2 所示。

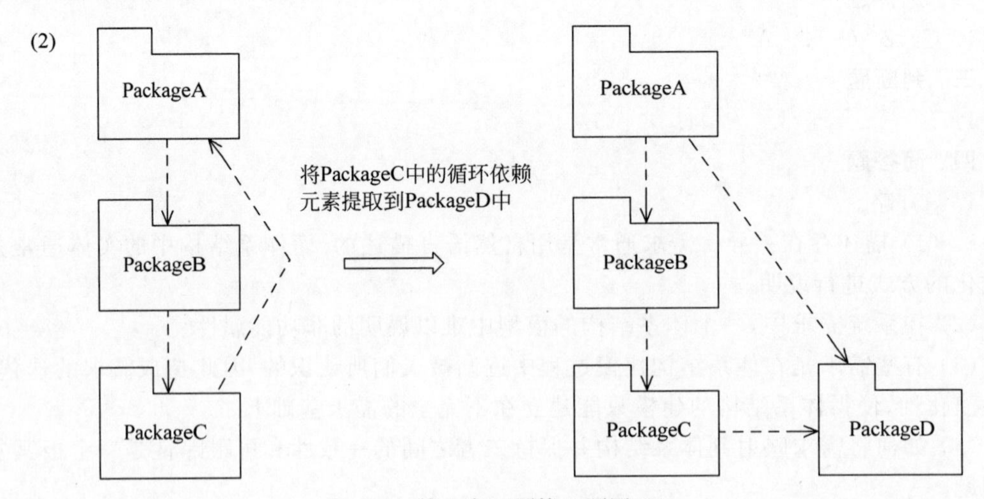

图 A-2　第 4 章习题第 8 题图(2)

9. 略。

第 5 章

一、填空题

1. 模块　模块　层次结构
2. 软件需求　软件表示　总体设计　详细设计

3. 输入　变换(或称处理)　输出

二、选择题

1. A　2. A　3. C

三、简答题

略。

第 6 章

一、填空题

1. FOR　WHILE　UNTIL

2. (1)自顶向下　逐步求精　(2)三种基本控制结构　(3)主程序员组的组织形式

3. 程序框图　三种基本控制结构　相互交叉　结构化

二、选择题

1. B　2. B　3. C

三、简答题

略。

第 7 章

一、填空题

1. 标识　分类　多态　继承

2. 紧密　松散

3. 标识

4. 服务

5. 封装

6. 消息　对象标识　输入信息

7. 脚本

8. 概括　聚合

9. 并发性

10. 数据流图　数据流图

11. 数据存储

12. 约束

13. 对象是对问题域中某个实体的抽象,这种抽象反映了系统保存有关这个实体的信息或与它交互的能力

类是对具有相同属性和行为的一个或多个对象的描述

14. 前者是后者的实例,后者是前者的定义模板

15. 主动对象是至少有一个服务不需要接收消息就能主动执行的对象

16. 阅读有关文档　与用户交流进行实地调查　记录所得认识　整理相关资料

17. 属性是描述对象静态特征的一个数据项

服务是描述对象动态特征(行为)的一个操作序列

18. 类属性是描述类的所有对象的共同特征的一个数据项,对于任何对象实例,它的属性值都是相同的

19. 属性的说明　属性的数据类型　属性所体现的关系　实现要求及其他

20. 继承关系　整体-部分关系　对象之间的静态联系　对象之间的动态联系

21. 如果类 A 具有类 B 的全部属性和全部服务，而且具有自己特有的某些属性或服务，则 B 是 A 的一般类

二、选择题

1. ABCD　2. C　3. C　4. AC　5. C　6. AD　7. C　8. B　9. B　10. D　11. C　12. A　13. D　14. D

三、简答题

1. ～14. 略。

15. 一般对象类如图 A-3 所示。主动对象类如图 A-4 所示。

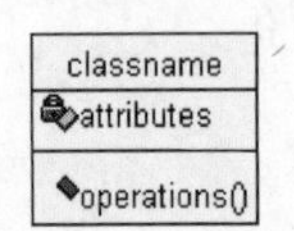

图 A-3　一般对象类

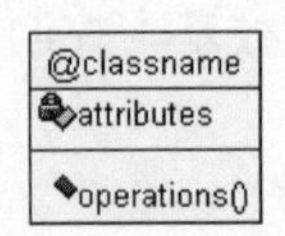

图 A-4　主动对象类

16. 包括认真听取问题域专家的见解；亲临现场，通过直接观察掌握第一手材料；阅读领域相关资料；借鉴他人经验。

17. 略。

18. 主动服务是不需要接收消息就能主动执行的服务，它在程序实现中是一个主动的程序成分，例如用于定义进程或线程的程序单位。被动服务是只有接收到消息才执行的服务，它在编程实现中是一个被动的程序成分，例如函数、过程、例程等。

19. (1) 从常理判断这个对象应该具有哪些属性。

(2) 根据当前问题域分析这个对象应该有哪些属性。

(3) 从系统责任要求的角度分析这个对象应具有哪些属性。

(4) 建立这个对象涉及系统中所需的哪些信息，包括要保存和管理的信息。

(5) 对象有哪些需要区别的状态，是否需增加一个属性来区别这些状态。

(6) 对象为了在服务中实现其功能，需要增设哪些属性。

(7) 表示整体-部分结构和实例连接需要用什么属性。

20. 状态转换图如图 A-5 所示。

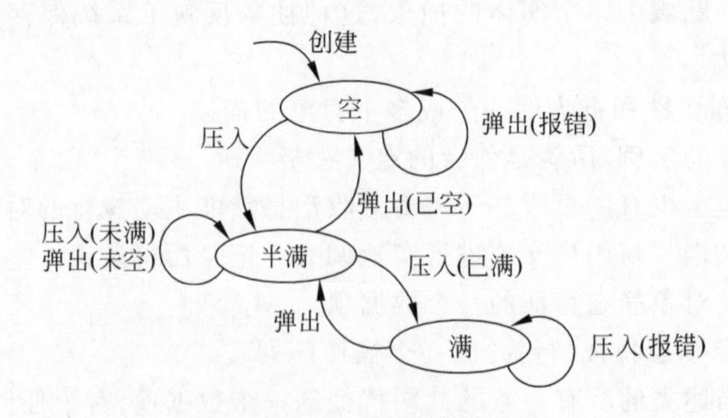

图 A-5　状态转换图

21. 如果对象 a 是对象 b 的一个组成部分，则 b 为 a 的整体对象，a 为 b 的部分对象，并把 b 和 a 之间的关系称作整体-部分关系。

22. 其图示如图 A-6 所示。

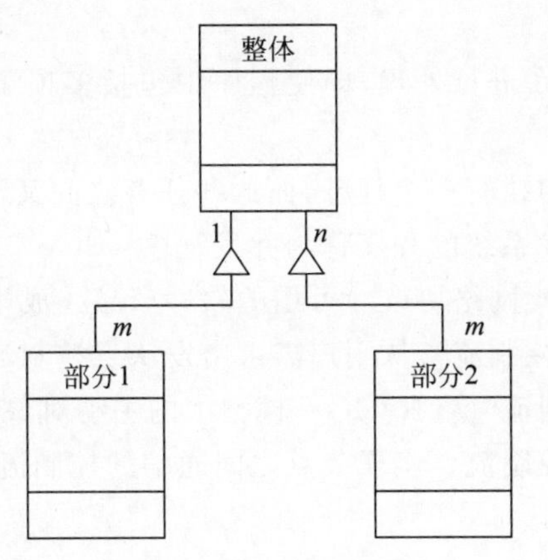

图 A-6　第 7 章习题 22 图

23. 一种情况是在两个或更多的对象类中都有一组属性和服务描述这些对象的一个相同的组成部分；另一种情况是系统中已经定义了某类对象，在定义其他对象时，发现其中一组属性和服务与这个已定义的对象是相同的。

24. 关系图如图 A-7 所示。

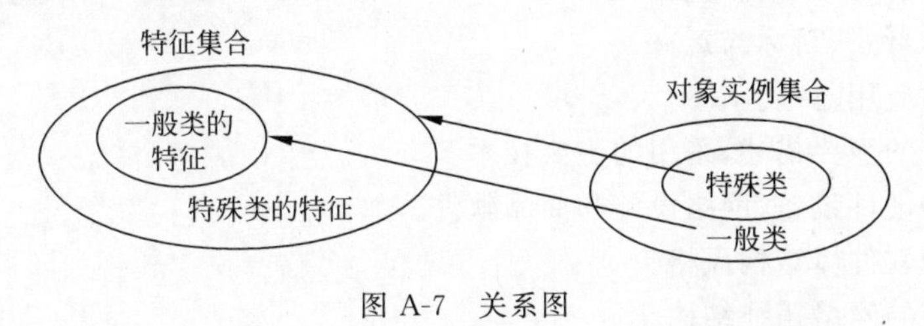

图 A-7　关系图

25. 图 A-8(a)是一般-特殊结构连接符，从圆弧引出的连线连接到一般类，从直线分出的连线连接到每个特殊类。图 A-8(b)是一个完整的一般-特殊结构，它包括结构中的每个类。

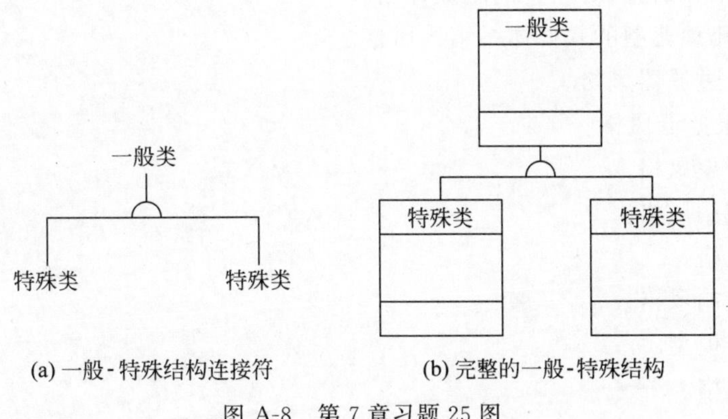

(a) 一般-特殊结构连接符　　(b) 完整的一般-特殊结构

图 A-8　第 7 章习题 25 图

第 8 章

一、填空题

1. 主机+仿真端体系结构　文件共享体系结构　客户-服务器体系结构　浏览器-服务器体系结构

2. 程序中只有一件事在进行处理,即使程序中包括多项工作,也不会在一个时间段同时做两项(或以上)工作

系统要在同一段时间内执行多个任务,而这些任务之间又没有确定的时间关系,这种系统就是并发系统。描述并发系统的程序称为并发程序

3. 被开发系统的特点　网络协议　可用的软件产品　成本及其他

4. 以节点为单位识别控制流　从用户需求出发认识控制流　从 Use Case 认识控制流　为改善性能而增设的控制流　参照 OOA 模型中的主动对象　实现并行计算的控制流　对其他控制流进行协调的控制流　实现节点之间通信的控制流

5. 对象设计

6. 显式　隐式

7. 牺牲可读性　易于修改

二、选择题

1. C　2. D　3. ABCD　4. C　5. C

三、简答题

1. 系统总体方案的内容包括:

(1) 项目的背景、目标与意义。

(2) 系统的应用范围。

(3) 对需求的简要描述,采用的主要技术。

(4) 使用的硬件设备、网络设施和商品软件。

(5) 选择的软件体结构风格。

(6) 规划中的网络拓扑结构。

(7) 子系统划分。

(8) 系统分布方案。

(9) 经费预算、工期估计、风险分析。

(10) 售后服务措施,对用户的培训计划。

2. 以下是几种典型的软件体系结构风格。

(1) 管道与过滤器风格。

(2) 客户-服务器风格。

(3) 面向对象风格。

(4) 隐式调用风格。

(5) 仓库风格。

(6) 进程控制风格。

(7) 解释器模型。

(8) 黑板风格。

(9) 层次风格。

(10) 数据抽象风格。

3. (1) 在一个表示进程的主动对象中,有且仅有一个表示进程的主动服务。

(2) 如果要把一个进程和隶属于它的线程分散到不同的对象中去表示,则尽可能使每个对象中只含有一个表示线程的服务。

(3) 如果要把进程和隶属于它的线程放在一个对象中表示,就应该把这个进程的全部线程都放在同一个对象中,避免一部分集中,一部分分散。

4. ~10. 略。

第 9 章

一、填空题

1. 对使用系统的人进行分析　对人和机器的交互过程进行分析

2. 列举所有的人员活动者　区分人员类型　调查研究　估算各类人员的比例　了解使用者的主观需求

3. 对输入命令的反馈　对当前命令处理结果的报告　对下一步可输入命令的提示

4. 一致性　使用简便　启发性　减少重复的输入　减少人脑记忆的负担　容错性　及时反馈

二、选择题

1. D　2. A

三、简答题

1. 窗口系统是控制位映像显示器与输入设备的系统软件,它所管理的资源有屏幕、窗口、像素、映像、色彩表、字体、图形资源和输入设备。

2. (1) 从输入设备和事件/消息分发机制向界面对象传送一个代表输入事件的消息。

(2) 界面对象之间的消息传递。一般是接收高层命令的界面对象向接收下一层命令的界面对象发送消息。

(3) 从接收基本命令或命令步的界面对象向进行命令处理的功能对象发消息,目的是要求后者完成命令(或命令步)所规定的功能。

(4) 从功能对象向界面对象发消息,目的是启动一个界面对象,以输出提示信息并接收命令步输入。

3. ~8. 略。

第 10 章

一、填空题

1. 流式结构　记录式结构

2. 面向对象数据管理系统

3. 面向对象设计

二、选择题

1. D　2. D　3. D

三、简答题

略。

第 11 章

一、填空题

1. 二义性　简洁性　局部性　顺序性　传统性

2. Python　Java　Prolog　LISP　C++

3. 项目的应用领域　软件开发的方法　软件执行环境　算法与数据结构的复杂性　软件开发人员的知识

二、选择题

1. B　2. C　3. A

三、简答题

略。

第 12 章

一、填空题

1. 单元测试　集成测试　确认测试　系统测试

2. 两个不合理的等价类

3. 语句覆盖　判定覆盖　条件覆盖　判定/条件覆盖　条件组织覆盖　路径覆盖

二、选择题

1. C　2. A　3. A

三、简答题

略。

第 13 章

一、填空题

1. 进度控制　人员控制　经费控制　质量控制

2. 检查点

3. 国际标准　国家标准　行业标准　企业规范　项目(课题)规范

二、选择题

1. A　2. A　3. C

三、简答题

略。

参考文献

[1] 李代平,等.软件体系结构教程[M].北京:清华大学出版社,2008.
[2] 李代平,等.软件工程习题与解答[M].北京:清华大学出版社,2007.
[3] 李代平,等.软件工程设计案例教程[M].北京:清华大学出版社,2008.
[4] 李代平.软件工程[M].2版.北京:清华大学出版社,2008.
[5] 李代平,等.软件工程分析案例[M].北京:清华大学出版社,2008.
[6] 李代平,等.软件工程综合案例[M].北京:清华大学出版社,2009.
[7] 李代平,等.系统分析与设计[M].北京:清华大学出版社,2009.
[8] 李代平.信息系统分析与设计[M].北京:冶金工业出版社,2006.
[9] 李代平.面向对象分析与设计[M].北京:冶金工业出版社,2005.
[10] 李代平.软件工程[M].北京:冶金工业出版社,2002.
[11] 李代平,等.数据库应用开发[M].北京:冶金工业出版社,2002.
[12] 李代平,等.SQL组建管理与维护[M].北京:地质出版社,2001.
[13] 李代平,等.SQL开发技巧与实例[M].北京:地质出版社,2001.
[14] SOMMERVILLE I.软件工程[M].程成,等译.北京:机械工业出版社,2003.
[15] 齐志昌.软件工程[M].北京:高等教育出版社,2004.
[16] 杨芙清,梅宏,吕建,等.浅论软件技术发展[J].电子学报,2002(12):1901-1906.
[17] 张效祥.计算机科学技术百科全书[M].北京:清华大学出版社,1998.
[18] 王立福,张世琨.软件工程——技术、方法和环境[M].北京:北京大学出版社,1997.
[19] 杨芙清,梅宏,李克勤.软件复用与软件构件技术[J].电子学报,1999,27(2):68-75.
[20] 杨芙清.软件复用及相关技术[J].计算机科学,1999,26(5):1-4.
[21] 杨芙清.青鸟工程现状与发展——兼论我国软件产业发展途径[C]//杨芙清,何新贵.第6次全国软件工程学术会议论文集,软件工程进展——技术、方法和实践.北京:清华大学出版社,1996.
[22] 杨芙清,梅宏,李克勤,等.支持构件复用的青鸟Ⅲ型系统概述[J].计算机科学,1999,5(26):50-55.
[23] 邵维忠.面向对象的系统分析[M].北京:清华大学出版社,1998.
[24] 邵维忠.面向对象的系统设计[M].北京:清华大学出版社,2003.
[25] 包晓露.UML面向对象设计基础[M].北京:人民邮电出版社,2001.
[26] 殷人昆.实用面向对象软件工程教程[M].北京:电子工业出版社,2000.
[27] 罗晓沛,侯炳辉.系统分析员教程[M].北京:清华大学出版社,2003.
[28] LI D P,YU Y Q. Algorithm on Thinking in Term of Images[C]//Proceedings of ICISIP-2005,152-155: New Dellh,2005.
[29] 李代平,罗寿文,方海翔.一个分布式并行计算新平台[J].计算机工程与设计,2005,1:24-26.
[30] 李代平,罗寿文,张信一.网络并行任务划分策略研究[J].计算机应用研究 2005,10:80-82.
[31] 李代平,罗寿文,方海翔.网格并行计算模型研究[J].计算机工程,2005,8:117-119.
[32] 李代平.罗寿文,方海翔.分布式环境软件开发平台[J].计算机工程与科学,2005.11,71-73
[33] 李代平,张信一.网络并行计算平台的构架[J].计算机应用研究,2004,10:225-227.
[34] 李代平,罗寿文.大型稀疏线性方程组的网络并行计算[J].计算机应用研究,2004,12:134-135.
[35] 李代平,罗寿文.网络并行程序开发平台体系结构形式化研究[J].计算机工程与应用,2004,40(26):133-135.
[36] 李代平,张信一.网络并行可视化平台架构[J].计算机应用,2003,12:54-57.
[37] JACOBSON I,BOOCH G,RUMBAUGH J. The Unified Software Development Process[M].周伯生,冯学民,樊东平,译.北京:机械工业出版社,2002.

[38] 孙惠民. UML 设计实作宝典[M]. 北京：中国铁道出版社，2003.
[39] MCCLURE C. Software Reuse Techniques：Adding Reuse to the Systems Development Process[M]. 廖泰安，宋志远，沈开源，译. 北京：机械工业出版社，2003.
[40] BRAUDE E J. Software Design From Programming to Architecture[M]. 李仁发，王肯，任小西，等译. 北京：电子工业出版社，2005.
[41] 张广泉，张玲红. UML 与 ADL 在软件体系结构建模中的应用研究[M]. 重庆：重庆师范大学学报：自然科学版，2004，12(4)：1-6.
[42] 于卫，杨万海，蔡希尧. 软件体系结构的描述方法研究[J]. 计算机研究与发展，2000，37(10)：1185-1191.
[43] HOFMEISTER C，NORD R，SONI D. Applied Software Architecture[M]. 王千祥，译. 北京：电子工业出版社，2004.
[44] KAZMAN R，BASS L，ABOWD G，et al. An Architectural Analysis Case Study：Internet Information Systems[C]//Proceedings of Software Architecture Workshop ICSE95，Seattle，1995.
[45] PERRY D E. Software Engineering and Software Architecture[C]//Proceedings of the International Conference on Software：Theory and Parctice. Beijing：Electronic Industry Press，2000.
[46] ALBIN S T. The Art of Software Architecture Design Methods and Techniques[M]. 刘晓霞，郝玉洁，等译. 北京：机械工业出版社，2004.
[47] CLEMENTS P，et al. 软件构架评估[M]. 影印版. 北京：清华大学出版社，2003.
[48] 张友生. 软件体系结构[M]. 北京：清华大学出版社，2004.
[49] 梅宏，申峻嵘. 软件体系结构研究进展[J]. 软件学报，2006，17：1257-1275.
[50] PRESSMAN R S. 软件工程：实践者的研究方法[M]. 5 版. 梅宏，译. 北京：机械工业出版社，2002.
[51] 胡正国. 程序设计方法学[M]. 北京：国防工业出版社，2002.

图书资源支持

感谢您一直以来对清华版图书的支持和爱护。为了配合本书的使用，本书提供配套的资源，有需求的读者请扫描下方的“书圈”微信公众号二维码，在图书专区下载，也可以拨打电话或发送电子邮件咨询。

如果您在使用本书的过程中遇到了什么问题，或者有相关图书出版计划，也请您发邮件告诉我们，以便我们更好地为您服务。

我们的联系方式：

地　　址：北京市海淀区双清路学研大厦 A 座 714

邮　　编：100084

电　　话：010-83470236　010-83470237

客服邮箱：2301891038@qq.com

QQ：2301891038（请写明您的单位和姓名）

资源下载：关注公众号“书圈”下载配套资源。

资源下载、样书申请

书圈

图书案例

清华计算机学堂

观看课程直播